飞行器不确定性多学科设计优化理论与应用

陈小前　姚　雯　欧阳琦　著

科学出版社
北　京

内 容 简 介

本书系统阐述了不确定性多学科设计优化(UMDO)理论及其在飞行器总体设计中的应用。在UMDO理论方面,介绍了UMDO研究背景与进展、UMDO基础知识、不确定性建模方法、灵敏度分析方法、近似方法、不确定性分析方法、不确定性优化方法、确定性MDO优化过程和UMDO优化过程;在UMDO应用方面,介绍了两个多学科设计优化标准测试算例和三个飞行器总体设计实例,包括基于UMDO的小卫星总体设计、在轨服务系统总体设计以及新概念分离模块航天器系统总体设计。本书内容丰富翔实,深入浅出,具有较强的前沿性和实用性。

本书可供从事飞行器或其他工业设计的研究人员和工程设计人员参考,也可作为高等院校飞行器设计及相关专业研究生和本科高年级学生的教材。

图书在版编目(CIP)数据

飞行器不确定性多学科设计优化理论与应用/陈小前,姚雯,欧阳琦著.
—北京:科学出版社,2013

ISBN 978-7-03-038436-2

Ⅰ.①飞… Ⅱ.①陈… ②姚… ③欧… Ⅲ.①飞行器-最优设计 Ⅳ.①V47

中国版本图书馆CIP数据核字(2013)第196903号

责任编辑:陈 婕 / 责任校对:宣 慧
责任印制:赵 博 / 封面设计:陈 敬

科学出版社 出版
北京东黄城根北街16号
邮政编码:100717
http://www.sciencep.com
北京盛通数码印刷有限公司印刷
科学出版社发行 各地新华书店经销
*
2013年9月第 一 版 开本:720×1000 1/16
2024年4月第五次印刷 印张:19
字数:380 000

定价:150.00元

(如有印装质量问题,我社负责调换)

前　　言

以 1903 年美国莱特兄弟制造的人类第一架有动力可操纵飞机的成功飞行作为起点，飞行器设计技术已发展了一百余年。从早期简单的参数修正法，到现代基于高精度复杂学科模型的面向价值的设计，再到近年来针对飞行器复杂系统总体设计发展的多学科设计优化（multidisciplinary design optimization，MDO）方法，飞行器设计技术随着计算机和网络技术的发展而不断进步。但是，目前的飞行器设计方法一般仅考虑确定性情况下的方案设计优化，忽略了实际上广泛存在的各类不确定性影响，如人员知识缺乏、设计缺陷、制造误差以及运行环境可变性等，而正是这些不确定性因素，可能对飞行器性能造成很大影响，甚至导致飞行器发生故障。以航天器为例，美国航空航天局曾对 2500 个航天器的在轨故障进行了调查，发现在航天器的在轨故障中，有 21.4%是由于环境的不确定性影响超出预期范围，有 30.3%是由于零部件质量以及加工、装配质量等存在不确定性。因此，如何在飞行器设计过程中尽可能全面地考虑各类不确定因素的影响，并采取相应措施提高航天器在轨运行的稳健性和可靠性，对于空天事业的健康、快速发展具有重要意义。针对上述需求，以确定性 MDO 方法为基础，近几年发展了不确定性多学科设计优化（uncertainty-based multidisciplinary design optimization，UMDO）方法。该方法继承了 MDO 方法的优点，包括通过多学科综合设计和各学科并行设计缩短设计周期和降低研制费用，通过考虑学科之间的相互耦合挖掘设计潜力，通过系统的综合分析进行方案的选择评估和优化，通过系统的高度集成实现飞行器的自动化设计。在此基础上，UMDO 方法进一步充分考虑了不确定性的交叉传递影响，在追求飞行器性能最优的同时能够综合提高设计方案的稳健性和可靠性。UMDO 为提高飞行器总体设计水平提供了新的思路，具有巨大的应用价值和广阔的应用前景。

作者长期从事飞行器总体设计方法与工程应用研究，于 1998 年在国防科学技术大学成立了“飞行器多学科设计优化研究”课题组，并于 2003 年与国内部分航空航天设计部门及软件公司联合成立了“飞行器多学科设计优化研究中心”，在国内较早开始了飞行器 MDO 理论与应用研究。2006 年，针对飞行器可靠性和稳健性设计需求，开始 UMDO 理论的研究工作。近几年来，该方向得到多项国家高技术研究计划项目（863 计划）、国家自然科学基金项目、国防预研和外协课题的资助，形成的方法与成果在多种航空器、运载器、航天器的总体设计中得到了成功应用，并在国内外期刊和会议上发表相关论文一百余篇，在国内航空航天领域产生了一定影响。本书是在总结作者近年来有关 UMDO 方法的研究成果和国内外相关领域研究进展的基础上撰写而成的。本书试图建立较为完整的 UMDO 理论框架，从不确定性建模、分析、优化和组织求解等方面对 UMDO 关键技术进行系统阐述；在此基础上，结合多学科设计优化标准测试算例和作者完成的几个飞行器设计实例，说明 UMDO 理论的具体应用。

全书共 13 章：第 1 章为绪论，介绍 UMDO 的研究背景与进展；第 2～9 章介绍 UMDO 理论，包括 UMDO 基础知识、不确定性建模方法、灵敏度分析方法、近似方法、不确定性分析方法、不确定性优化方法、确定性 MDO 过程和 UMDO 过程；第 10～13 章介绍 UMDO 应用，包括 UMDO 方法在小卫星总体设计、在轨服务系统总体设计以及新概念分离模块航天器系统总体设计中的应用。本书第 1 章由陈小前撰写，第 2、5、7 章由姚雯撰写，第 3、4 章由刘常青撰写，第 6、8～10章由欧阳琦撰写，第 11～13 章由陈小前、姚雯撰写。全书由陈小前统稿和审校。

本书的研究工作得到了国家自然科学基金项目（91216201、51205403 和 50975280）的资助。感谢课题组侯中喜、黄奕勇、罗文彩、赵勇、颜力、郭忠全、杨维维、魏月兴、朱雄峰、李光昱等给予的大力支持。特别感谢国防科学技术大学 60 周年校庆系列学术专著出版基金资助，以及科学出版社给予的支持和帮助。

本书可供从事飞行器或其他工业设计的研究人员和工程设计人员参考，也可作为高等院校飞行器设计及相关专业研究生和本科高年级学生的教材。希望本书的出版对推动 UMDO 理论在我国飞行器及其他工程设计领域的研究与应用能起到良好的作用。

由于作者水平有限，书中难免有不妥之处，如有任何意见与建议，敬请与作者联系（chenxiaoqian@nudt. edu. cn）。

作　者

2013 年 5 月于长沙

目　　录

前言

第 1 章　绪论 …… 1

1.1　UMDO 方法的提出 …… 1

1.2　UMDO 关键技术分析 …… 2

1.3　UMDO 研究进展 …… 4

1.3.1　UMDO 理论研究进展 …… 4

1.3.2　UMDO 应用研究进展 …… 12

1.4　UMDO 面临的机遇与挑战 …… 12

1.5　本书主要内容 …… 14

参考文献 …… 14

第 2 章　UMDO 基础知识 …… 25

2.1　基本概念 …… 25

2.1.1　不确定性设计优化基本概念 …… 25

2.1.2　多学科设计优化基本概念 …… 27

2.2　不确定性数学基础 …… 30

2.2.1　测度 …… 30

2.2.2　可测函数 …… 31

2.2.3　可测函数积分 …… 32

2.3　多学科设计优化理论基础 …… 33

2.3.1　系统 …… 33

2.3.2　系统优化与学科优化的关系 …… 35

2.3.3　复杂系统的分解-协调法 …… 36

参考文献 …… 37

第 3 章　不确定性建模 …… 39

3.1　不确定性来源与分类 …… 39

3.2　概率建模方法 …… 41

3.2.1　概率空间与随机变量 …… 41

3.2.2　分布函数建模与参数估计 …… 45

3.2.3　假设检验 …… 47

3.3 非概率建模方法 …… 48
3.3.1 区间与凸模型理论 …… 48
3.3.2 模糊集合与可能性理论 …… 49
3.3.3 证据理论 …… 51
参考文献 …… 53
第4章 灵敏度分析方法 …… 55
4.1 单学科灵敏度分析方法 …… 56
4.1.1 手工求导方法与符号微分方法 …… 56
4.1.2 解析法 …… 56
4.1.3 有限差分方法 …… 57
4.1.4 复变量方法 …… 58
4.1.5 自动微分方法 …… 59
4.1.6 基于正交试验设计的方法 …… 60
4.2 多学科灵敏度分析方法 …… 61
4.3 不确定性灵敏度分析方法 …… 62
参考文献 …… 65
第5章 近似方法 …… 66
5.1 试验设计方法 …… 67
5.2 近似模型与建模方法 …… 69
5.2.1 多项式模型 …… 70
5.2.2 Kriging 模型 …… 70
5.2.3 支持向量机 …… 72
5.2.4 径向基神经网络 …… 75
5.3 近似模型的评价 …… 82
5.3.1 误差分析方法 …… 82
5.3.2 近似能力评价方法 …… 84
5.4 序贯近似建模 …… 86
5.4.1 面向全局近似的序贯建模 …… 86
5.4.2 面向全局优化的序贯建模 …… 93
5.4.3 面向隐式函数近似的序贯建模 …… 95
参考文献 …… 97
第6章 不确定性分析方法 …… 100
6.1 随机不确定性传递方法 …… 100

6.1.1　蒙特卡罗法 …… 101
6.1.2　泰勒展开法 …… 102
6.1.3　随机展开法 …… 103
6.2　可靠性分析方法 …… 106
6.2.1　期望一阶二次矩法 …… 107
6.2.2　一次可靠度法 …… 107
6.2.3　二次可靠度法 …… 109
6.3　非概率不确定性分析方法 …… 111
6.3.1　区间分析 …… 111
6.3.2　可能性理论 …… 111
6.3.3　证据理论 …… 112
6.4　混合不确定性分析方法 …… 114
6.4.1　基于概率和证据理论的混合不确定性分析方法 …… 114
6.4.2　算例分析 …… 120
6.5　基于分解协调的多学科不确定性分析 …… 127
6.5.1　并行子空间不确定性分析方法 …… 127
6.5.2　联合可靠性分析方法 …… 129
参考文献 …… 131
第7章　不确定性优化方法 …… 134
7.1　基于可靠性的优化 …… 134
7.1.1　传统双层嵌套方法 …… 135
7.1.2　单层序贯优化法 …… 137
7.1.3　单层融合优化法 …… 139
7.2　稳健设计优化 …… 140
7.2.1　概率分布矩配比法 …… 141
7.2.2　最坏可能分析法 …… 141
7.2.3　角空间分析法 …… 142
7.2.4　方差模型分析法 …… 142
7.2.5　6-Sigma 方法 …… 143
7.3　混合不确定性条件下的优化算法 …… 143
7.3.1　混合不确定性优化问题 …… 143
7.3.2　基于序贯优化和混合不确定性分析的混合不确定性优化方法 …… 144
7.3.3　基于蒙特卡罗仿真的 SOMUA 实现方法 …… 152

7.3.4 算例分析 …… 155
参考文献…… 157
第8章 确定性MDO过程 …… 160
8.1 MDO过程基础知识 …… 161
8.2 单级优化过程 …… 162
8.2.1 多学科可行方法 …… 162
8.2.2 单学科可行方法 …… 163
8.2.3 同时优化方法 …… 163
8.3 多级优化过程 …… 164
8.3.1 并行子空间优化过程 …… 164
8.3.2 协同优化过程 …… 166
8.3.3 目标级联分析法 …… 168
8.4 联合优化过程 …… 171
8.4.1 基本思想 …… 171
8.4.2 求解算法 …… 173
参考文献…… 176
第9章 UMDO过程 …… 178
9.1 基于概率论的UMDO过程 …… 178
9.1.1 基于可靠性的单层优化过程 …… 178
9.1.2 概率目标级联分析法 …… 179
9.1.3 概率联合优化过程 …… 185
9.2 非概率UMDO过程 …… 190
9.2.1 基于区间的目标级联分析法 …… 191
9.2.2 基于区间的协同优化过程 …… 192
9.3 混合不确定性UMDO过程 …… 194
参考文献…… 198
第10章 UMDO算例测试 …… 200
10.1 减速器算例 …… 200
10.1.1 MDF-CSSO优化结果 …… 201
10.1.2 PMDF-CSSO优化结果 …… 204
10.1.3 MUMDF-CSSO优化结果 …… 205
10.2 平面钢架结构优化 …… 207
10.2.1 ATC优化结果 …… 209

10.2.2　SPATC 优化结果 …… 211
参考文献 …… 214
第 11 章　基于 UMDO 的小卫星总体设计 …… 215
11.1　小卫星总体设计学科模型 …… 215
11.1.1　轨道模型 …… 215
11.1.2　分系统模型 …… 216
11.1.3　学科关系分析 …… 218
11.2　小卫星总体设计不确定性建模 …… 219
11.2.1　结构分系统不确定性 …… 219
11.2.2　轨道与有效载荷分系统不确定性 …… 220
11.2.3　其他分系统质量与功率估算不确定性 …… 221
11.3　小卫星总体的 UMDO 实现与结果分析 …… 222
11.3.1　单独随机不确定性条件下的 UMDO …… 222
11.3.2　混合不确定性条件下的 UMDO …… 227
参考文献 …… 230
第 12 章　基于 UMDO 的在轨服务系统总体设计 …… 232
12.1　在轨服务技术简介 …… 232
12.2　基于不确定性全寿命周期仿真的在轨服务系统效用评价方法 …… 234
12.2.1　在轨服务系统体系结构 …… 234
12.2.2　效用评价准则与方法 …… 235
12.2.3　效用指标数学模型 …… 236
12.2.4　在轨服务系统不确定性建模 …… 242
12.2.5　运营商应对不确定性的在轨服务决策动态规划方法 …… 245
12.2.6　在轨服务系统全寿命周期仿真流程 …… 249
12.2.7　基于全寿命周期蒙特卡罗仿真的效用评价方法 …… 252
12.3　在轨服务系统效用评价方法验证 …… 253
12.3.1　问题描述 …… 254
12.3.2　结果分析与讨论 …… 257
12.3.3　灵敏度分析 …… 259
12.4　在轨服务系统的 UMDO 实现与结果分析 …… 260
12.4.1　优化问题描述 …… 260
12.4.2　MUMDF-CSSO 组织求解与结果讨论 …… 262

参考文献……………………………………………………………………… 265
第 13 章 基于 UMDO 的分离模块航天器系统总体设计……………………… 267
13.1 分离模块航天器系统简介……………………………………………… 267
13.2 基于不确定性全寿命周期仿真的分离模块航天器系统
效用评价方法……………………………………………………………… 269
13.2.1 分离模块航天器系统体系结构 ………………………………………… 269
13.2.2 效用评价准则与方法 …………………………………………………… 270
13.2.3 效用指标数学模型 ……………………………………………………… 271
13.2.4 分离模块航天器系统不确定性建模 …………………………………… 275
13.2.5 基于全寿命周期蒙特卡罗仿真的效用评价方法………………………… 277
13.3 分离模块航天器系统效用评价方法验证………………………………… 281
13.3.1 问题描述…………………………………………………………………… 281
13.3.2 结果分析与讨论 …………………………………………………………… 283
13.4 分离模块航天器系统的 UMDO 实现与结果分析 ……………………… 285
13.4.1 单独随机不确定性条件下的 UMDO …………………………………… 286
13.4.2 混合不确定性条件下的 UMDO ………………………………………… 289
参考文献……………………………………………………………………… 291

第1章　绪　　论

1.1　UMDO方法的提出

随着空天技术水平的不断提高和应用需求的不断扩展，在追求飞行器高性能的同时，对飞行器的稳健性和可靠性也提出了越来越高的要求。但是在飞行器研制过程中，由于知识缺乏、设计和制造缺陷以及产品所处运行环境客观可变等多种不确定性影响，飞行器在运行过程中部分性能指标可能产生变化和偏移，甚至发生严重偏差而引起故障和失效。以飞行器结构为例，在设计过程中由于结构学科模型的假设和简化使设计分析结果存在未知误差、在制造过程中由于材料缺陷或加工精度使结构自身性能存在不确定性、在使用过程中结构所承受的载荷也存在可变性，这些不确定性的综合效应将对飞行器结构的正常使用带来影响，甚至在某些条件下出现结构破坏和失效。以2011年4月出现在轨故障的日本先进陆地观测卫星(ALOS)为例[1]，据分析是因为太阳电池阵拉伸弹簧没有预留足够的变形公差，以及对低温下太阳电池阵的膨胀和收缩估计不足，导致太阳能帆板底部焊点出现故障且最终无法为卫星提供电能。美国的“哈勃”望远镜由于主镜镜面加工误差导致成像质量远低于预期指标，最后不得不花费3亿多美元送宇航员对其进行在轨维修，这更是大家耳熟能详的例子。因此，为了降低飞行器系统发生故障的风险和损失，需要在总体设计阶段就充分考虑各类不确定性影响，通过对方案的特别设计与优化，使其在追求某项或多项性能最优的同时，降低系统性能对不确定性影响的敏感程度以及在不确定性影响下发生故障的失效几率，提高系统整体的稳健性和可靠性，这对于我国航空航天事业的健康、快速发展具有重要意义。

针对上述需求，基于不确定性的设计(uncertainty-based design)[2]以及相关不确定性方法(non-deterministic approaches)[3]得到了迅速发展。自20世纪50年代以来，该方向的研究一直十分活跃[4,5]，涌现出大量文献[6,7]，主要用于解决以下两个问题：①提高飞行器的稳健性，降低飞行器性能对不确定性影响的灵敏度，保持飞行器在不确定性条件下的性能稳定；②提高飞行器的可靠性，降低发生故障和失效的几率，使飞行器在不确定性条件下的可靠度满足预定要求。根据上述两个不同目标，不确定性设计优化方法主要分为稳健设计优化和基于可靠性的设计优化两类，在空天工程和土木工程等对系统稳健性和可靠性有严格要求的多个领域得到成功应用[8~11]。目前，在空天工程领域，不确定性设计优化的研究主要集中于结构[12~14]、气动[15~17]、控制[18,19]等单个学科。但是飞行器的总体设计涉及多个学科且学科之间紧密耦合，学科间不确定性影响也相互交叉传递，因此需要采用整体的方法对上述涉及多个耦合学科的飞行器总体不确定性设计优化问题进行研究，通过挖掘耦合学科间的协同效应提高整个飞行器设计性能，因此不确定性多学科设计优化(uncertainty-based multidisciplinary design optimization，UMDO)方法应运而生。

UMDO 方法是多学科设计优化(multidisciplinary design optimization，MDO)方法的一个重要分支。MDO 方法是近年来美国等发达国家提出的一种新的飞行器设计方法，其主要思想是在飞行器设计的各个阶段力求各学科的平衡，充分考虑各学科之间的互相影响和耦合作用，应用有效的设计/优化策略和分布式计算机网络系统，来组织和管理整个系统的设计过程，通过充分利用各个学科之间的相互作用所产生的协同效应，以获得系统的整体最优解。该方法的优点在于可以通过多学科综合设计和各学科并行设计缩短设计周期和降低研制费用，通过考虑学科之间的相互耦合挖掘设计潜力，通过系统的综合分析进行方案的选择、评估和优化，通过系统的高度集成实现飞行器的自动化设计。UMDO 方法是在 MDO 方法的基础上，进一步充分考虑不确定性的交叉传递影响，在追求飞行器性能最优的同时综合提高设计方案的稳健性和可靠性，为提高飞行器总体设计水平提供了新的思路[2,20]，具有巨大的应用价值和广阔的应用前景。2002 年，美国国家航空航天局(National Aeronautics and Space Administration，NASA)发表的白皮书《UMDO 应用于飞行器设计的机遇和挑战》中特别强调了 UMDO 的重要性及其应用于飞行器设计的紧迫需求[2]，由此 UMDO 成为目前飞行器设计领域的前沿热点，相关研究工作发展快速。

1.2 UMDO 关键技术分析

为了使读者能够对 UMDO 方法有一个系统的认识，本节将首先介绍 UMDO 问题的一般求解流程，并对 UMDO 关键技术进行梳理。

求解 UMDO 问题的一般流程如图 1.1 所示，可以分为以下几个主要步骤。

步骤 1：不确定系统建模。

不确定系统建模是 UMDO 的前期准备阶段，包括系统建模(system modeling)和不确定性建模(uncertainty modeling)两部分。

步骤 1.1：系统建模。对研究对象的系统及其组成学科进行建模，对其设计优化问题进行数学抽象和表述，包括对优化变量、设计空间、系统参数、优化目标(包括稳健性优化目标)以及约束条件(包括可靠性约束条件)进行设置。

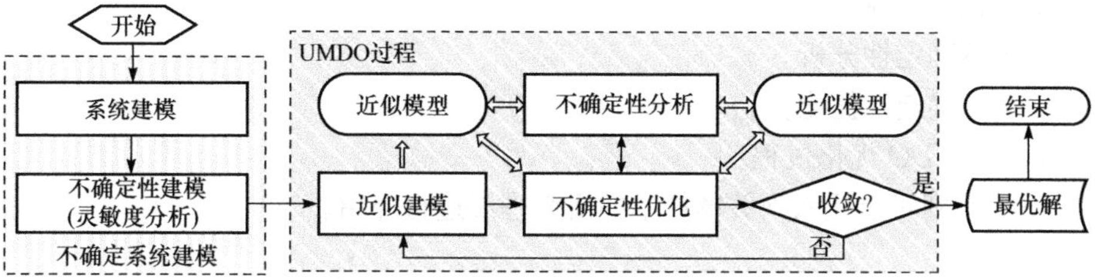

图1.1 UMDO一般求解流程示意图

步骤1.2:不确定性建模。采用合适的不确定性数学方法对设计优化中涉及的不确定性进行描述和量化。由于飞行器系统涉及的不确定性因素众多,因此在完成不确定性建模后,一般还需要采用灵敏度分析方法进行显著性分析,滤除对系统性能影响微弱的因素,以此降低不确定性设计优化的计算复杂度。

步骤2:UMDO过程组织求解。

UMDO过程是UMDO的组织实施过程。由于UMDO涉及多个耦合学科的协调优化,通过对学科优化、学科协调等进行合理组织,可以有效提高UMDO方法的求解效率,因此UMDO过程本身是一项十分重要的关键技术。在UMDO的组织实施过程中,主要包括近似建模(approximation modeling)、不确定性分析(uncertainty analysis)和不确定性优化(optimization under uncertainty)三个关键步骤。

步骤2.1:近似建模。由于飞行器设计的高精度学科模型分析一般需要较大计算量,如果直接基于高精度模型进行不确定性分析和优化,会导致计算成本难以承受。有效的解决途径就是建立高精度模型的近似模型(也称为代理模型),然后通过近似模型取代高精度模型参与不确定性分析和优化。同时,对于多学科设计优化问题,为了实现学科解耦以支持学科自治和并行优化,构造耦合变量的低复杂度近似模型以供其他学科使用,是有效解决途径之一。因此,近似建模是进行不确定性分析和优化之前的重要准备步骤。

步骤2.2:不确定性分析。对于寻优过程中给定的设计方案,对其系统性能在不确定性影响下的分布特征进行定量分析,对设计方案的稳健性和满足约束的可靠度进行计算。

步骤2.3:不确定性优化。通过在优化搜索过程中嵌套调用不确定性分析,对每个搜索点的稳健性和可靠性进行判断,从而根据稳健性和可靠性要求在设计空间进行寻优。

由上述UMDO求解过程可以看出,UMDO主要包括以下六项关键技术:

(1) 不确定系统建模。

(2) 灵敏度分析。

(3) 近似建模。

(4) 不确定性分析。

(5) 不确定性优化。

(6) UMDO 优化过程。

下面分别对上述六项关键技术的研究进展进行介绍。

1.3 UMDO 研究进展

1.3.1 UMDO 理论研究进展

1. 不确定系统建模

UMDO 的首要前提是对所研究的系统进行建模，它包含系统建模和不确定性因素建模两层含义。系统建模既包括对实际问题进行抽象的物理建模，也包括对物理模型进行数学化以便于分析计算或计算机实现的数学建模。特别是面向多学科设计优化的系统建模，建模过程一般从宏观到微观逐步细化建立系统级、分系统(学科)级、部件级各层模型以及学科耦合关系模型，并合理权衡设置各级优化变量、优化目标以及约束条件，最终建立系统的多学科设计优化模型。面向多学科设计优化的建模方法主要包括过程建模方法、可变复杂度建模方法以及面向数字化设计的几何参数化建模方法。文献[21]对这些方法进行了系统介绍。

不确定性建模主要指通过合适的数学方法对设计优化中涉及的不确定性因素进行描述和量化。根据不确定性的类型不同，不确定性建模方法也相应不同。不确定性一般分为随机不确定性(aleatory uncertainty)和认知不确定性(epistemic uncertainty)两大类。随机不确定性是指系统及其运行环境固有的可变性，亦称为客观不确定性。认知不确定性是指由于设计人员的主观认识不足或者所获得的知识和信息缺乏(特别是概念设计阶段)而导致无法对某些参数取值或者某些不确定性变量的实际精确概率分布进行准确描述，也称为主观不确定性。随机不确定性一般直接基于概率方法进行描述，认知不确定性需要根据具体特点选择相应数学工具进行描述，目前广泛采用的方法包括证据理论(evidence theory)[22~26]、模糊集合(fuzzy set)、可能性理论(possibility theory)[27,28]、区间分析方法(interval analysis)[29~32]、凸集方法(convex modeling)[33]等，统称为非概率(non-probabilistic approaches)或者不精确概率(imprecise probability)方法[34,35]。文献[36]～[38]对其进行了总结，期刊 *Reliability Engineering and System Safety* 于2004年第85卷特刊中专门对此进行了讨论[39]。

2. 灵敏度分析

UMDO 中的灵敏度分析不仅用于确定系统设计变量或参数对系统性能的影响大小，还包括量化模型本身与模型输入中各项可变因素对模型输出变化的影响程度[40]，以此对各个不确定性因素的重要性进行排序，滤除不重要因素，降低 UMDO 问题的复杂度，如图 1.2 所示。

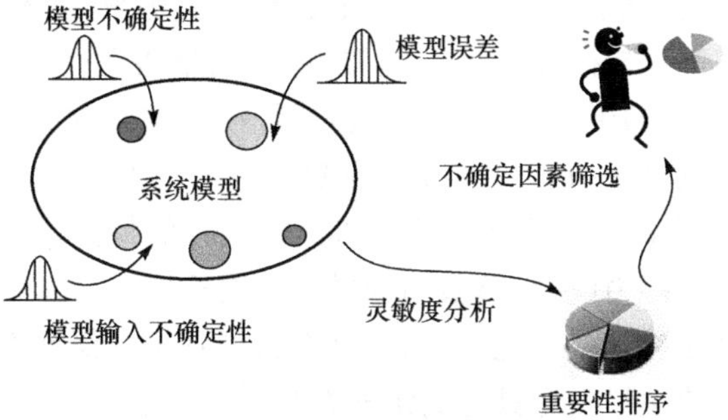

图 1.2 灵敏度分析示意图

文献[21]对确定性 MDO 条件下的灵敏度分析方法进行了系统介绍，包括面向单学科灵敏度分析的解析方法、半解析方法、手工求导方法、符号微分方法、有限差分方法、复变量方法、自动微分法等，以及在多学科设计环境中进行的多学科灵敏度分析方法，包括面向层次分解系统的最优灵敏度分析方法、面向非层次分解系统的全局灵敏度方程方法以及面向混合系统的滞后耦合伴随方法。对于不确定性因素的灵敏度分析，目前相关研究也逐步增多，特别是针对随机不确定性发展了丰富的概率灵敏度分析方法，如微分方法、响应面方法、方差分解法、傅里叶振幅灵敏度测试方法、基于抽样仿真的方法等[41~44]。其中，基于抽样仿真的方法最为简单易行，只需通过对不确定性变量取值空间进行抽样并对样本点进行系统分析或仿真，即可通过样本数据灵活进行散点分布、相关性分析、统计分析、回归分析、方差分解等获取灵敏度信息[41,45]，因此该方法因其灵活性和易于实现性而应用最广。但是，如果在全空间密集抽样必将导致巨大的计算成本，由此发展了元素效用(elementary effects，EE)方法[46,47]。该方法在每个不确定性因素的一系列递增取值条件下分别计算对应系统性能，以此基于统计方法获取灵敏度信息，实现计算成本与分析精度的折中。目前对于认知不确定性的灵敏度分析方法研究还比较少，主要针对采用证据理论描述不确定性，发展了基于抽样仿真的方法[48,49]和解析微分方法[50]。Guo 等在随机和认知不确定性混合条件下，提出通过证据理论计算可信性和似然性测度之间的差距，以此判断认知不确定性对系统输出性能不确定性分布的影响大小[51,52]。

3. 近似建模

近似建模是有效降低计算成本、辅助实现学科解耦和自治优化的关键技术，对于解决 UMDO 的计算复杂性和组织复杂性有着重要作用。目前，UMDO 中应用较为广泛的近似方法主要包括：基于多项式的响应面法、样条函数插值近似方法、径向基函数插值近似方法、Kriging 函数插值近似方法和人工神经网络方法等[21,53]。Simpson 等比较研究了多种近似方法，结果表明[54]：基于多项式的响应面和 Kriging 模型适用于中小规模的近似问题，神经网络在大规模高度非线性近似问题中具有更强的适用性。特别是插值径向基神经网络（radial basis function neural network，RBFNN），结合了样本点处无偏估计的特性，同时兼具神经网络良好的高维非线性近似能力（在足够多训练样本数据条件下可以无限逼近真实模型）和灵活的近似模型参数选择等优点，因此该方法得到了广泛研究与应用[55]。考虑本书中飞行器设计的学科模型具有高维非线性特点，且主要基于计算机数值计算和仿真试验进行学科分析，无需考虑物理试验的环境噪声影响，因此 RBFNN 插值模型具有很强的适用性。RBFNN 近似建模需要解决两个核心问题：①给定精确模型的样本信息，如何通过优化近似模型参数提高近似精度；②如何对精确模型定义域进行序贯抽样，由此对近似模型进行序贯建模，从而有针对性的提高其全局或局部近似精度。下面分别对其进行介绍。

在传统 RBFNN 插值模型中，隐含层神经元的传递函数为径向基函数，且基函数中心点与训练样本点相同[56,57]。在给定形状参数后，可以通过简单矩阵操作直接计算权重系数。因此，上述第一个核心问题中的 RBFNN 模型参数优化问题实质为形状参数优化问题。对于形状参数优化的研究，目前主要形成了三类方法：①所有神经元基函数的形状参数取值相同，则独立形状参数仅包含一个变量，既可以通过经验公式进行计算，如取值为所有训练样本点间欧氏距离的平均值[55,58]，也可以直接对其进行优化[59,60]；②将训练样本点进行分簇，基函数中心点位于相同簇的神经元具有相同的形状参数[61]，每个簇的形状参数根据该簇样本点空间分布特性[62,63]以及精确模型响应值分布特性[64]进行估计；③所有形状参数均作为独立变量通过经验公式进行估计，如每个基函数的形状参数根据该基函数中心点与其邻近样本点间的欧氏距离进行计算[65~67]，或者直接对所有形状参数进行优化，如：梯度下降法[68]、模糊规则调整法[69]、最小描述长度法[70]、遗传算法[71~74]、微分进化法[75]、粒子群优化法[76]等。上述三类方法中，第一类方法最为简单，但由于降低了 RBFNN 的模型设计自由度而使近似精度十分有限；第二类方法相对简单，也比第一类方法更为合理，但是经验方法往往不具普适性，且理论依据不足，难以有效提高近似精度;第三类方法在保持 RBFNN 建模灵活性和近似能力方面最为理想,但是当网络隐含层神经元数量较多时,如果对每个形状参数都进行优化,则计算量庞大且优化效果难以保证。

在上述近似模型参数优化过程中,需要根据一定的准则对近似模型精度进行衡量,以此指导模型参数的优化。由于 RBFNN 插值模型精确通过所有训练样本点,无法通过检验训练样本真实响应值和近似响应值的残差对模型精度进行验证,因此一种常用的方法就是借助单独的验证样本点集,根据近似模型验证样本点的估计误差(如均方根误差)以判断其精度。但是,工程实际应用中精确模型往往十分复杂,单个样本点分析计算成本巨大,导致训练样本点数量有限,建立单独的验证样本点集更加困难。因此,如何在无独立验证样本条件下提高 RBFNN 插值模型近似精度成为一个研究难题。目前无验证样本条件下的 RBFNN 形状参数优化方法主要有梯度增强法和交叉验证法。梯度增强法通过使近似模型和精确模型在训练样本点处的响应值和梯度信息匹配来提高近似精度[77]。但是由于需要样本点处的梯度信息,求导计算会导致额外计算成本,这对于基于有限差分的黑箱求导问题更加严峻。增强梯度也可以通过在已有样本点临近区域加入样本点来获得梯度分布趋势,但加点操作也需要导致额外样本计算。为了仅利用给定训练样本点对近似精度进行优化,交叉验证法得到了广泛研究和应用[78]。该方法通过将训练样本进行分组,部分用于近似建模,部分用于精度验证,在一定的分组验证策略下能够较好地描述近似模型的泛化能力。但是,本书中近似模型的一项重要应用是用于取代高精度模型进行多学科设计优化,因此模型的响应值近似精度(近似模型泛化能力)、近似模型与精确模型的梯度吻合度都十分重要,这对于高度非线性的多峰优化问题尤为明显。

上述 RBFNN 近似建模第二个核心问题的关键在于序贯加点策略[79],即以一组数量较少的初始训练样本点为基础,如何根据已有样本点信息和已构造的近似模型信息对精确模型定义域进行序贯采样,从而有针对性地补充精确模型信息,逐步提高近似模型的全局或局部近似精度直至收敛达到预定要求[79,80],以此合理确定训练样本点数,实现以较小代价构造近似模型满足精度要求[81]。目前,用于提高全局近似精度的序贯加点策略主要包括:极大熵准则[82]、均方误差积分准则[83]、最大最小折算距离法[79]、基于独立验证样本[84]或交叉验证[78,79]或部分交叉验证[80,85]的预估误差法、梯度[86]或二次导数[87]法、极大序贯建模累计变化法、基于多种准则的混合法[81]等。上述方法各有优劣,且大部分需要独立验证样本进行计算,如何在没有独立验证样本条件下有针对性地对当前近似模型低精度区域进行加点仍有待研究。如果近似模型用于取代精确模型作为优化目标函数进行优化,则针对提高近似模型在其全局最优点附近区域局部近似精度的序贯加点策略主要包括:最小统计下界法、最大改进目标期望值法以及最大改进目标概率法[88]等。

4. 不确定性分析

不确定性分析主要研究如何根据系统输入、外部环境以及系统本身的不确定性传递影响,对系统输出的不确定性分布进行量化。根据不确定性分析的实现方法不同,不确定性分析可以分为侵入式和非侵入式两类[89]。侵入式主要指通过对系统控制方程进行修改并增加不确定性项,以此直接将不确定性影响纳入系统模型。目前广泛研究的侵入式方法为多项式混沌展开(polynomial chaos expansion,PCE)法,通过将随机过程展开为一系列正交多项式进行处理。Wiener 首先提出基于 Hermite 正交多项式对高斯随机过程进行展开处理[90],在此基础上,Ghanem 和 Spanos 发展了随机有限元谱方法[91],并广泛应用于结构力学[91]和流体力学[92,93]等领域。为了提高 PCE 法对其他类型随机过程的普适性,Xiu 和 Karniadakis 提出采用 Askey 系列正交多项式对 Hermite 正交多项式展开方法进行扩展,如对于 Gamma 分布可采用 Laguerre 多项式、对于 Poisson 分布可采用 Charlier 多项式等[94]。由于 PCE 中多项式系数的求解需要通过对原系统模型的控制方程进行修改,并由此需要对计算机代码进行修改,故 PCE 具体实现过程与具体对象紧密相关。为了解决上述困难,目前已有文献对 PCE 的非侵入式求解方法进行探索研究[95,96]。非侵入式方法将系统模型作为黑箱处理,只根据其输入输出进行不确定性分析,无需对系统模型本身进行修改,因此能够直接基于原有系统模型和程序代码进行计算,避免了方法研究与实际对象的耦合关联,与侵入式方法相比应用范围更广。工程实际中常用的蒙特卡罗仿真(Monte Carlo simulation,MCS)方法、泰勒级数展开近似法、以一次可靠度法(first order reliability method,FORM)和二次可靠度法(second order reliability method,SORM)为代表的可靠性分析方法、区间分析方法等,以及专门针对多学科耦合特点基于分解协调策略发展的并行子空间不确定性分析方法(concurrent subsystem uncertainty analysis method,CSSUAM)[97~99]、基于协同优化(collaborative optimization,CO)的隐式不确定性传播(implicit uncertainty propagation,IUP)方法[100]等,均属于非侵入式方法。

根据不确定性类型不同,不确定性分析可以分为概率方法和非概率方法两类。由于概率论研究历史较长,已具备完善的数学理论基础,在实际工程应用中也更加普及,因此目前基于概率论展开的随机不确定性分析研究更加广泛。相比而言,针对认知不确定性的非概率方法发展相对较弱,综合考虑随机/认知不确定性混合影响的分析方法更是凤毛麟角,主要包括基于概率论和模糊集合的可靠度上下限分析方法[101~103]、基于一次可靠度法进行概率分析和基于证据理论进行区间分析的混合不确定性分析(unified uncertainty analysis,UUA)方法[104]以及基于PCE进行概率分析和基于优化进行区间分析的混合方法[105]。上述方法的主要思想都是对随机不确定性和认知不确定性的影响进行分开量化,然后将两者嵌套执行以分析混合不确定性的综合影响。考虑到飞行器设计的学科模型一般具有计算成本高、耗时长的特点,混合不确定性分析实现起来具有较大困难。

5. 不确定性优化

不确定性优化主要根据稳健性和可靠性要求,对设计空间进行寻优。处理具有参数不确定性的优化算法首先提出于20世纪50年代[4,106],即随机线性规划。随着线性规划、非线性规划和动态规划方法的不断发展,以及离散优化、离散/连续变量混合优化方法的提出,在随机线性规划基础上,发展了随机整数规划[107,108]、随机非线性规划[109,110]、稳健随机规划[111,112]、随机动态规划[113,114]等不确定性优化算法,统称为随机规划。随着不确定性分类与建模方法的完善,出现了多种数学工具对认知不确定性进行描述和建模,相应也进一步发展了针对认知不确定性的优化方法,如模糊规划[115~117]、随机与模糊混合优化算法[118,119]等。为了统一随机规划与模糊规划,刘宝碇提出了不确定性规划方法[119]。上述不确定性规划中,实现不确定性条件下的寻优搜索算法可以分为两类[120,121]:①基于梯度的方法,如Robbins-Monro算法;②无需梯度的算法,如基于有限差分的随机近似方法、随机方向搜索法、遗传算法和模拟退火算法等。针对基于计算机仿真而非解析计算进行系统分析的优化问题,文献[122]对基于仿真的优化算法进行了探讨。

在工程实际应用中,由于设计者对研究对象的稳健性和可靠性有特殊要求,因此特别针对上述两项设计需求,对稳健设计优化方法和基于可靠性的设计优化方法进行了大量研究。稳健设计优化需要考虑目标性能的稳健性,因此实际为多目标优化问题,目前广泛采用的方法包括加权求和法[123]、基于偏好的规划法[124,125]、折中法[126,127]、遗传算法和进化算法[128,129]。文献[130]对稳健优化中的多目标优化可视化进行了研究。基于可靠性的设计优化中,由于在每一个搜索点需要进行可靠性分析,导致计算复杂度剧增,因此在工程实际中往往采用一些近似求解方法将可靠性约束条件转化为近似等价的确定性约束条件,将原不确定性优化问题转化为确定性优化问题以降低计算复杂度。典型方法包括最差情况分析法[131]、角空间分析法[132]、变化模式分析法[133]、可靠设计空间法以及近似极限状态方程法[134,135]等。在上述等价转换后的确定性优化中,没有对设计方案的实际可靠度进行计算,因此获取的优化方案可靠度精度有限。另一种有效解决方法是将传统的优化-可靠性分析双层嵌套循环问题转化为一个单层问题,具体实现途径包括将优化和可靠性分析解耦序贯执行(单层序贯优化法),或者将二者融合转化为一个优化问题(单层融合优化法),统称为单层方法(single level approach,SLA)。

单层序贯优化法的主要思想是直接将可靠性分析从外层优化循环中解耦出来,将优化循环和不确定性分析序贯执行,由此构成一个单层循环。在每次单层循环中,首先根据前一次循环不确定性分析获得的信息将可靠性约束条件转化为等价的确定性约束条件,以此将不确定性优化问题转化为确定性优化问题;在完成确定性优化以后,对优化方案进行不确定性分析,分析结果用于指导下一次确定性优化。Wu 等[136]提出了基于安全因子的方法(safety-factor based approach,SFA),通过预设的安全因子和当前设计的最大可能点(most probable point,MPP),将违反可靠性要求的约束条件极限状态方程(约束边界方程)向安全区域平移,以平移后的极限状态方程作为等效的确定性约束条件用于指导优化。Du 等[137]提出了序贯优化与可靠性分析算法(sequential optimization and reliability assessment,SORA),该方法首先在当前设计点求解预定可靠度对应的逆最大可能点,然后平移极限状态方程直至该逆最大可能点移动到原确定性约束条件的约束边界上,并以此平移后的极限状态方程作为等效确定性约束条件用于下一个循环的确定性优化。约束条件可以在最大可能点用泰勒一阶近似,以此作为确定性约束条件。

单层融合优化法主要针对内层循环为基于最大可能点进行不确定性分析的问题,通过将内层循环优化搜索最大可能点简化为等价的最大可能点简单计算公式,以此作为约束条件作用于外层优化。Chen 等[138]提出一种单层单向量算法(single loop single vector,SLSV),根据极限状态方程在前一循环最大可能点的方向余弦和预设安全因子对当前循环各个约束条件的最大可能点进行近似计算。为了提高融合后单层优化中的最大可能点计算精度,Harish 等[139]提出将最大可能点也作为外层优化变量,同时将原内层最大可能点优化求解问题的最优方案一阶 Karush-Kuhn-Tucker(KKT)必要条件作为外层优化约束条件,以此保证外层优化所得最大可能点与内层优化所得最大可能点等价。

上述单层方法与传统优化-可靠性分析双层嵌套循环优化相比具有巨大优势。但是,目前主要基于随机不确定性展开研究,这无法适用于混合不确定性的情况。

6. UMDO 过程

UMDO 过程是不确定性多学科设计优化问题在计算机环境中实现的过程组织,目前大致可以分为两类:①单层优化过程;②基于学科分解协调的优化过程。下面分别对其进行介绍。

单层优化过程主要基于单层序贯优化法对多学科设计优化与不确定性分析进行组织求解。单层优化过程中,首先根据前一次循环中不确定性分析获得的信息将可靠性约束条件转化为等价的确定性约束条件，以此将UMDO问题转化为确定性MDO问题；在完成确定性MDO以后，对优化方案进行不确定性分析，分析结果用于指导下一次确定性MDO。对于确定性MDO，可以直接采用已经得到广泛研究的确定性MDO过程进行组织求解，如同时优化(all-at-once，AAO)方法[140]、同时设计分析(simultaneous analysis and design，SAND)法[141]、单学科可行(individual discipline feasible，IDF)方法[142]、多学科可行(multiple discipline feasible，MDF)方法[142]以及二级系统一体化合成优化(bi-level integrated system synthesis，BLISS)方法[143]等，以此提高确定性MDO的求解效率。

在基于学科分解协调的UMDO过程研究中，目前主要借鉴确定性MDO过程，如IDF方法、MDF方法、BLISS方法、CO过程、并行子空间优化(concurrent subspace optimization，CSSO)方法、目标层级分析(analytical target cascading，ATC)法等，将其学科分解协调策略应用于UMDO问题的学科组织，由此将复杂UMDO问题化解为若干个难度适中的子问题进行求解。同时，分解后各个独立的不确定性优化子问题可以利用分布式环境进行并行求解，由此进一步降低计算时间。McAllister等将基于一阶泰勒展开的期望值/方差概率估计方法集成于CO框架中，提出不确定性CO过程[144]。曹鸿钧采用凸集合对不确定性变量进行描述，在CO基础上建立了基于二级分解的多学科系统协同稳健优化(collaborative robust optimization，CRO)设计方法[145]。Gu和Renaud提出了基于协同优化框架的隐式系统不确定性分析方法，并由此提出了稳健协同优化(robust collaborative optimization，RCO)过程[100]。借鉴CSSO思想，Padmanabhan和Batill提出将UMDO问题分解为若干个学科设计优化子问题，通过将学科不确定性设计优化子问题并行求解，以此提高UMDO求解效率[146]。陈建江以CSSO和CO为基础进行改进，提出了并行子系统稳健优化设计(CSRDO)过程[147]。苏子健在基于二阶全局灵敏度方程的系统分解与基于增强型Kriging近似技术进行协调的CSSO框架中集成概率分析算法，实现了多学科不确定性设计优化[148]。许林在改进BLISS2000优化过程基础上集成系统不确定性分析方法，形成考虑随机不确定性的优化过程(UGBLISS2000)[149]。Kokkolaras等首次将ATC扩展应用于具有随机变量的层次系统UMDO问题，提出了概率目标层级分析法[150]。Liu等[151]和Xiong等[152]在此基础上分别进一步提出了改进概率目标层级分析法。

上述优化过程中，单层优化过程将UMDO解耦为确定性MDO和不确定性分析两个独立步骤序贯进行，从而减少了双层嵌套循环带来的巨大计算成本。同时，确定性MDO的求解可以直接利用现有确定性MDO优化过程进行组织求解，从而可以进一步提高优化效率。但是，确定性MDO和不确定性分析的解耦分离，使得不确定性分析结果对MDO优化的影响滞后，收敛效率低；确定性MDO中采用的确定性约束条件对其等价不确定性约束条件的近似精度有限,且一般偏于保守,因此优化效果和效率都难以保证。基于分解协调的优化过程主要借鉴基于学科分解协调的确定性 MDO 多级优化过程,将整体 UMDO 问题分解到各个学科,从而"化整为零",使各个不确定性设计优化子问题控制在计算成本能够承受的范围内。同时,各个子问题的分布式并行求解可以进一步减少计算时间,从而提高 UMDO 求解效率。

1.3.2 UMDO 应用研究进展

由于 UMDO 方法在解决复杂系统不确定性多学科设计优化问题中具有独特优势,其在飞行器设计中的应用也受到了广泛关注。Delaurentis 从稳健设计优化角度出发,将 UMDO 方法应用于超音速民用客机的概念设计中,着重考虑气动与控制的紧密耦合,根据决策者定义的不同稳健性要求获得了一系列优化方案[19]。Chen 等提出基于对策论的多学科稳健设计优化方法,并将其应用于高速民机的总体设计优化中,着重考虑气动、推进与起飞质量估算的耦合关系,通过降低各个学科方案对其他学科设计变化的敏感度,从而提高各个学科设计优化的灵活性[153]。Aminpour 等提出了基于可靠性的多学科设计优化框架(reliability based MDO, RBMDO),以此为基础对第三方商业 CAE 软件(如 NASTRAN)进行集成,并将其应用于波音某客机翼形设计中,获得了同时提高结构可靠性和降低机翼质量的优化方案[154]。陈建江将多学科稳健优化设计方法应用于飞航导弹的多学科设计优化中,建立了面向战术飞航导弹方案设计的多学科稳健优化设计系统[147]。许林将考虑随机不确定性影响的 UGBLISS2000 优化过程应用于飞行器 MEMS 构件的设计优化中,使 MEMS 构件的稳健性和可靠性都得到了大幅度的提高[149]。NASA 对 UMDO 理论及其在飞行器设计中的应用研究十分重视,于 2002 年发表的白皮书《UMDO 应用于飞行器设计的机遇和挑战》中,对 UMDO 应用于飞行器设计的需求和困难进行了深入分析,为 UMDO 理论及其在飞行器设计中的应用研究提供了思路和方向[2]。

1.4 UMDO 面临的机遇与挑战

随着飞行器技术的快速发展和应用规模的日益扩大,人们对发展周期短、费用低、可靠性和稳健性高的先进飞行器设计理念与方法提出了迫切需求。在这种大背景下,UMDO 面临着前所未有的发展机遇。但是,眼下 UMDO 的发展仍然面临很多的挑战和困难,正如文献[155]中的分析:"目前,就理论研究而言,UMDO 还未建立完善的理论体系;就应用研究而言,UMDO 还缺乏说服力很强的应用实例。因此,UMDO的研究仍然还处于起步阶段。"究其原因,是因为与确定性MDO相比,UMDO涉及的理论和应用问题均更为复杂和困难,不少问题尚未得到有效的解决。就飞行器UMDO而言,在MDO本身固有的一些困难基础上,由引入不确定性带来的新问题体现在以下三个方面:

(1) 建模复杂性。飞行器总体设计中不仅需要考虑飞行器及其运行环境客观存在的随机不确定性,还需考虑由于人的主观认识不足或者所获得的知识和信息缺乏而导致的认知不确定性。对于随机不确定性,一般采用概率方法进行处理,其复杂性主要表现在如何选择合适的概率分布函数进行建模,如正态分布、对数正态分布、指数分布等,如何对分布函数中的参数进行准确估计,以及如何验证概率分布函数的合理性等。对于认知不确定性,需要根据具体问题特点采用相应的数学工具进行处理,如对于由于设计人员主观定义边界模糊或表述含糊导致的不确定性,采用模糊数学比较合适;而对于由于知识缺乏导致对系统状态或参数取值分布描述粗糙的不确定性,则区间分析或证据理论更加适用。由于设计人员主观表述的信息本身存在不准确性,且不同人员对同一事物的认识因个人经验或偏好不同而存在差异,因此如何对来源于不同设计人员的信息进行融合并去伪存真,如何选择合理数学工具和分布模型进行建模,均存在较大困难。

(2) 计算复杂性。在飞行器总体设计中,由于各个学科的高精度分析本身需要较大计算量,如结构有限元分析和计算流体力学分析等,故多个耦合学科协调优化所需的计算量将随着优化问题的规模增大呈超线性增长趋势,因此,自MDO这一概念提出以来,计算量巨大的问题始终是其必须解决的首要问题[21]。而UMDO在确定性MDO的基础上,不仅需要在寻优过程中进一步考虑不确定性的传递影响,而且在不确定性优化算法中的每个优化搜索点还要嵌套执行计算量庞大的不确定性分析,以对其可靠性和稳健性进行判断,因而由此导致UMDO的计算成本比确定性MDO进一步剧增,使得不确定性优化问题的求解异常复杂,呈现巨大的计算复杂性。

(3) 组织复杂性。飞行器总体UMDO的组织求解涉及单学科分析、多学科耦合系统分析、单学科优化、多学科协调优化、不确定性分析等多个基本计算单元,如何对上述计算单元进行合理组织形成高效的计算机可执行序列,如何结合飞行器总体设计工程实际和学科队伍分散自治的特点对学科分析和优化进行解耦和协同,如何实现各个学科内部和学科之间的信息资源有效集成,都是UMDO组织实现需要解决的重要问题。

因此,虽然基于UMDO的设计方法能够克服传统设计方法的诸多缺陷,但是其面临计算成本高昂、工程实际难以实现等瓶颈问题,极大限制了在工程实际中的推广应用。尽管如此,上述困难无法掩盖UMDO方法在提高飞行器设计质量和水平中的巨大价值。因此,我们深信,在学术与工业界的共同努力下,通过更加广泛和深入的研究,UMDO方法必将取得更大的发展。

1.5　本书主要内容

本书系统阐述了UMDO理论方法及其在飞行器总体设计中的应用。全书共13章。第1章为绪论,介绍UMDO方法产生的背景,分析其关键技术,介绍其理论与应用研究进展。第2～9章介绍UMDO理论,其中,第2章介绍UMDO的基础知识,包括UMDO基本概念、不确定性数学基础知识和多学科设计优化基础;第3章介绍不确定性建模方法,包括不确定性分类、概率建模方法以及几种主要的非概率建模方法;第4章主要讲述灵敏度分析方法,包括UMDO中的单学科灵敏度分析、多学科灵敏度分析、离散变量灵敏度分析以及不确定性因素灵敏度分析;第5章介绍近似方法,主要包括试验设计方法、近似模型与建模方法、模型评价方法以及序贯建模方法;第6章介绍不确定性分析方法,包括随机不确定性传递方法、可靠性分析方法、非概率不确定性分析方法、随机/认知混合不确定性分析方法以及基于分解协调的多学科不确定性分析方法;第7章介绍不确定性优化方法,包括基于可靠性的优化、稳健设计优化以及混合不确定性条件下的优化方法;第8章介绍组织求解多学科设计优化问题的优化过程,包括确定性MDO过程基本概念以及常用的单级优化过程和多级优化过程;第9章介绍UMDO过程,包括基于概率论的优化过程、非概率优化过程以及随机/认知混合不确定性条件下的优化过程。第10章以两个多学科设计优化标准测试问题为例,对前述章节UMDO方法的应用进行说明。第11～13章介绍UMDO在飞行器总体设计中的应用,包括基于UMDO的小卫星总体设计、在轨服务系统总体设计以及新概念分离模块航天器系统总体设计。

参 考 文 献

[1] 哈兰 D M,罗伦次 R D. 航天系统故障与对策[M]. 北京:中国宇航出版社,2007.

[2] Zang T A, Hemsch M J, Hilburger M W, et al. Needs and Opportunities for Uncertainty-Based Multidisciplinary Design Methods for Aerospace Vehicle[R]. Hampton: Langley Research Center, 2002.

[3] Oberkampf W L, Helton J C, Joslyn C A, et al. Challenge problems: Uncertainty in system response given uncertain parameters[J]. Reliability Engineering and System Safety, 2004, 85(1-3):11—19.

[4] Dantzig B G. Linear programming under uncertainty[J]. Management Science, 1955, 1(3-4): 197—206.

[5] Freund R J. The introduction of risk into a programming model[J]. Econometrica, 1956, 24(3):253—263.

[6] Sahinidis N V. Optimization under uncertainty: State-of-the-art and opportunities[J]. Computers and Chemical Engineering, 2004, 28(6-7):971—983.

[7] Schuëlera G I, Jensen H A. Computational methods in optimization considering uncertainties-An overview[J]. Computer Methods in Applied Mechanics and Engineering, 2008, 198(1): 2—13.

[8] Dhillon B S, Belland J S. Bibliography of literature on reliability in civil engineering [J]. Microelectronics and Reliability, 1986, 26(1):99—121.

[9] Tong Y C. Literature review on aircraft structural risk and reliability analysis[R]. DSTO Aeronautical and Maritime Research Laboratory, 2001.

[10] Frangopol D M, Maute K. Life-cycle reliability-based optimization of civil and aerospace structures [J]. Computers and Structures, 2003, 81(7):397—410.

[11] Padula S L, Gumbert C R, Li W. Aerospace applications of optimization under uncertainty [J]. Optimization and Engineering, 2006, 7(3):317—328.

[12] Long M W, Narciso J D. Probabilistic design methodology for composite aircraft structures [R]. U. S. Department of Transportation, 1999.

[13] Uebelhart S A. Non-Deterministic Design and Analysis of Parameterized Optical Structures During Conceptual Design[D]. Cambridge: Massachusetts Institute of Technology, 2006.

[14] Li L. Structural Design of Composite Rotor Blades with Consideration of Manufacturability, Durability, and Manufacturing Uncertainties[D]. Atlanta: Georgia Institute of Technology, 2008.

[15] Li W, Huyse L, Padula S. Robust airfoil optimization to achieve consistent drag reduction over a mach range [R]. Langley Research Center, 2001.

[16] Gumbert C R, Newman P A. Effect of random geometric uncertainty on the computational design of a 3-D flexible wing[C]//The 20th AIAA Applied Aerodynamics Conference, St. Louis, 2002.

[17] Lindsley N J, Pettit C L, Beran P S. Nonlinear plate aeroelastic response with uncertain stiffness and boundary conditions [J]. Structure and Infrastructure Engineering, 2006, 2(3-4):201—220.

[18] Wie B, Liu Q, Sunkel J. Robust stabilization of the space station in the presence of inertia matrix uncertainty[C]//The 1st IEEE Regional Conference on Aerospace Control Systems Proceedings, 1993.

[19] Delaurentis D A. A Probabilistic Approach to Aircraft Design Emphasizing Guidance and Stability and Control Uncertainties[D]. Atlanta: Georgia Institute of Technology, 1998.

[20] Padmanabhan D. Reliability-Based Optimization for Multidisciplinary System Design[D]. South Bend: University of Notre Dame, 2003.

[21] 王振国，陈小前，罗文彩，等. 飞行器多学科设计优化理论与应用研究[M]. 北京：国防工

业出版社,2006.
[22] Oberkampf W L, Helton J C. Investigation of evidence theory for engineering applications [C]//The 4th Non-Deterministic Approaches Forum, Denver, 2002.
[23] Agarwal H, Renaud J E, Preston E L, et al. Uncertainty quantification using evidence theory in multidisciplinary design optimization[J]. Reliability Engineering and System Safety, 2004, 85(1-3): 281—294.
[24] Mourelatos Z P, Zhou J. A design optimization method using evidence theory[J]. Journal of Mechanical Design, 2006, 128(4): 901—908.
[25] Croisard N, Vasile M, Kemble S, et al. Preliminary space mission design under uncertainty [J]. Acta Astronautica, 2010, 66(5-6): 654—664.
[26] Yager R, Kacprzy K J, Fedrizzi M. Advances in the Dempster-Shafer Theory of Evidence [M]. New York: John Wiley and Sons, 1994.
[27] Zadeh L A. Fuzzy sets as a basis for a theory of possibility[J]. Fuzzy Sets and Systems, 1978, 1(1): 3—28.
[28] Zadeh L A. Fuzzy sets[J]. Information and Control, 1965, 8(3): 338—353.
[29] Rao S S, Berke L. Analysis of uncertain structural systems using interval analysis[J]. AIAA Journal, 1997, 35(4): 727—735.
[30] Rao S S, Lingtao C. Optimum design of mechanical systems involving interval parameters [J]. Journal of Mechanical Design, 2002, 124(3): 465—472.
[31] Majumder L, Rao S S. Interval-based multi-objective optimization of aircraft wings under gust loads[J]. AIAA Journal, 2009, 47(3): 563—575.
[32] Moore R E, Kearfott R B, Cloud M J. Introduction to Interval Analysis[M]. Philadelphia: SIAM Press, 2009.
[33] Ben-Haim Y, Elishakoff I. Convex Models of Uncertainty in Applied Mechanics [M]. Amsterdam: Elsevier, 1990.
[34] Klir G J. Uncertainty and information measures for imprecise probabilities: An overview [C]//The 1st International Symposium on Imprecise Probabilities and Their Applications, Ghent, 1999.
[35] Walley P. Towards a unified theory of imprecise probability[J]. International Journal of Approximate Reasoning, 2000, 24(2-3): 125—148.
[36] Klir G J, Smith R M. On measuring uncertainty and uncertainty-based information: Recent developments[J]. Annals of Mathematics and Artificial Intelligence, 2001, 32(1-4): 1012—2443.
[37] Helton J C, Oberkampf W L. Alternative representations of epistemic uncertainty[J]. Reliability Engineering and System Safety, 2004, 85(1-3): 1—10.
[38] Helton J C, Johnsonb J D, Oberkampf W L. An exploration of alternative approaches to the representation of uncertainty in model predictions[J]. Reliability Engineering and System

Safety,2004,85(1-3):39—71.

[39] Fersona S, Joslyn C A, Helton J C, et al. Summary from the epistemic uncertainty workshop: Consensus amid diversity [J]. Reliability Engineering and System Safety, 2004, 85(1-3):355—369.

[40] Saltelli A, Ratto M, Andres T, et al. Global Sensitivity Analysis: The Primer [M]. Chichester: John Wiley and Sons, 2008.

[41] Helton J C, Johnson J D, Salaberry C J, et al. Survey of sampling-based methods for uncertainty and sensitivity analysis [J]. Reliability Engineering and System Safety, 2006, 91(10-11):1175—1209.

[42] Iman R L, Helton J C. An investigation of uncertainty and sensitivity analysis techniques for computer models[J]. Risk Anal, 1988, 8(1):71—90.

[43] Cacuci D G, Ionescu-Bujor M. A comparative review of sensitivity and uncertainty analysis of large-scale systems-Ⅱ: Statistical methods[J]. Nuclear Science and Engineering, 2004, 147(3):204—217.

[44] Liu H, Chen W, Sudjianto A. Probabilistic sensitivity analysis methods for design under uncertainty[C]//The 10th AIAA/ISSMO Multidisciplinary Analysis and Optimization Conference, Albany, 2004.

[45] Hofer E. Sensitivity analysis in the context of uncertainty analysis for computationally intensive models[J]. Computer Physics Communications, 1999, 117(1-2):21—34.

[46] Morris M D. Factorial sampling plans for preliminary computational experiments [J]. Technometrics, 1991, 33(2):161—174.

[47] Campolongo F, Cariboni J, Saltelli A. An effective screening design for sensitivity analysis of large models[J]. Environmental Modelling and Software, 2007, 22(10):1509—1518.

[48] Helton J C, Johnson J D, Oberkampf W L, et al. Sensitivity analysis in conjunction with evidence theory representations of epistemic uncertainty[J]. Reliability Engineering and System Safety, 2006, 91(10-11):1414—1434.

[49] Oberguggenberger M, King J, Schmelzer B. Classical and imprecise probability methods for sensitivity analysis in engineering: A case study[J]. International Journal of Approximate Reasoning, 2009, 50(4):680—693.

[50] Bae H R, Grandhi R V, Canfield R A. Sensitivity analysis of structural response uncertainty propagation using evidence theory[J]. Structural and Multidisciplinary Optimization, 2006, 31(4):270—291.

[51] Guo J, Du X. Sensitivity analysis with mixture of epistemic and aleatory uncertainties [J]. AIAA Journal, 2007, 45(9):2337—2349.

[52] Guo J. Uncertainty Analysis and Sensitivity Analysis for Multidisciplinary Systems Design [D]. Rolla: Missouri University of Science and Technology, 2008.

[53] Allen T T, Bernshteyn M A, Kabiri-Bamoradian K. Constructing meta-models for computer

experiments[J]. Journal of Quality Technology, 2003, 35(3): 264—274.

[54] Simpson T W, Peplinski J D, Koch P N. Metamodels for computer-based engineering design survey and recommendations[J]. Engineering with Computers, 2001, (17): 129—150.

[55] Park J, Sandberg I W. Universal approximation using radial basis function networks [J]. Neural Computation, 1991, 3(2): 246—257.

[56] Powell J D. Radial basis function approximations to polynomials[C]//Numerical Analysis. New York: Longman Publishing Group White Plains, 1987.

[57] Bromhead D S, Lowe D. Multivariable functional interpolation and adaptive networks [J]. Complex Systems, 1988, 2(3): 321—355.

[58] Haykin S. Neural Networks: A Comprehensive Foundation[M]. New Jersey: Prentice-Hall, 1998.

[59] Wei Y, Xu L, Chen X. The radial basis function shape parameter chosen and its application in engineering[C]//International Conference on Intelligent Computing and Intelligent Systems, Shanghai, 2009.

[60] Orr M. Optimising the widths of radial basis functions[C]//The 5th Brazilian Symposium on Neural Networks, Brazil, 1998.

[61] Verleysen M, Hlavackova K. Learning in RBF networks[C]//International Conference on Neural Networks, Washington DC, 1996.

[62] Benoudjit N, Archambeau C, Lendasse A. Width optimization of the Gaussian Kernels in radial basis function networks[C]//Proceedings of European Symposium on Artificial Neural Networks, Bruges, 2002.

[63] Benoudjit N, Verleysen M. On the Kernel widths in radial-basis function networks [J]. Neural Processing Letters, 2003, 18(2): 139—154.

[64] Yao W, Chen X, van Tooren M. Euclidean distance and second derivative based widths optimization of radial basis function neural networks[C]//International Joint Conference on Neural Networks, Barcelona, 2010.

[65] Moody J, Darken C J. Fast learning in networks of locally-tuned processing units[J]. Neural Computation, 1989, 1(2): 281—294.

[66] Saha A, Keeler J D. Algorithms for Better Representation and Faster Learning in Radial Basis Function Networks[M]. Burlington: Morgan Kaufmann Publishers, 1990.

[67] Lin C L, Wang J F, Chen C Y. Improving the generalization performance of RBF neural networks using a linear regression technique[J]. Expert Systems with Applications, 2009, 36(10): 12049—12053.

[68] Lowe D. Adaptive radial basis function nonlinearities, and the problem of generalization[C]//The 1st IEE International Conference on Artificial Neural Networks, London, 1989.

[69] Rivera Rivas A J, Ortega J, Rojas I, et al. Optimizing RBF networks with cooperative/competitive evolution of units and fuzzy rules[C]//IWANN'01 Proceedings of the 6th Interna-

tional Work Conference on Artificial and Natural Neural Networks, London, 2001.
[70] Leonardisa A, Bischofb H. An efficient Mdl-based construction of RBF networks[J]. Neural Networks, 1998, 11(5): 963—973.
[71] Harpham C, Dawson C, Brown M. A review of genetic algorithms applied to training radial basis function networks[J]. Neural Computing and Application, 2004, 13(2): 193—201.
[72] Sheta A F, de Jong K. Time-series forecasting using ga tuned radial basis functions [J]. Information Sciences, 2001, 133(3-4): 221—228.
[73] Maillard E P, Gueriot D. RBF neural network, basis functions and genetic algorithm[C]// International Conference on Neural Networks, Houston, 1997.
[74] Chen S, Wu Y, Luk B L. Combined genetic algorithm optimization and regularized orthogonal least squares learning for radial basis function networks[J]. IEEE Transactions on Neural Networks, 1999, 10(5): 1239—1243.
[75] Liu J H, Lampinen J. A differential evolution based incremental training method for RBF networks[C]//Proceedings of the 2005 Conference on Genetic and Evolutionary Computation, New York, 2005.
[76] Noman S, Shamsuddin S M, Hassanien A E. Hybrid Learning Enhancement of RBF Network with Particle Swarm Optimization[M]. Berlin: Springer-Verlag, 2009.
[77] Liu W. Development of Gradient-Enhanced Kriging Approximations for Multidisciplinary Design Optimization[D]. South Bend: The University of Notre Dame, 2003.
[78] Li G, Azarm S. Maximum accumulative error sampling strategy for approximation of deterministic engineering simulations[C]//The 11th AIAA/ISSMO Multidisciplinary Analysis and Optimization Conference, Portsmouth, 2006.
[79] Jin R, Chen W, Sudjianto A. On sequential sampling for global metamodeling in engineering design[C]//ASME 2002 Design Engineering Technical Conference, Montreal, 2002.
[80] Yao W, Chen X. A sequential radial basis function neural network modeling method based on partial cross validation error estimation[C]//The 5th International Conference on Natural Computation, Tianjin, 2009.
[81] 姚雯. 不确定性 MDO 理论及其在卫星总体设计中的应用研究[D]. 长沙：国防科学技术大学，2007.
[82] Currin C, Mitchell T, Morris M D. Bayesian prediction of deterministic functions, with applications to the design and analysis of computer experiments[J]. Journal of the American Statistical Association, 1991, 86(416): 953—963.
[83] Sacks J, Welch W J, Mitchel L T J. Design and analysis of computer experiments [J]. Statistical Science, 1989, 4(4): 409—423.
[84] Lin Y, Mistree F, Allen J K. Sequential metamodeling in engineering design[C]//The 10th AIAA/ISSMO Multidisciplinary Analysis and Optimization Conference, Albany, 2004.
[85] 姚雯，陈小前，罗文彩. 基于部分交叉验证的多准则序贯近似建模方法[J]. 系统工程与电

子技术,2010,32(7):1462—1467.

[86] Yao W, Chen X, Luo W. A gradient-based sequential radial basis function neural network modeling method[J]. Neural Computing and Applications, 2009, 18(5): 477—487.

[87] Keys A C, Rees L P. A sequential-design metamodeling strategy for simulation optimization [J]. Computers & Operations Research, 2004, (31): 1911—1932.

[88] Jones D R. A taxonomy of global optimization methods based on response surfaces [J]. Journal of Global Optimization, 2001, (21): 345—383.

[89] Keane A J, Nair P B. Computational Approaches for Aerospace Design: The Pursuit of Excellence[M]. Chichester: John Wiley and Sons, 2005.

[90] Wiener N. The homogeneous chaos[J]. American Journal of Mathematics, 1938, 60(4): 897—936.

[91] Ghanem R, Spanos P. Stochastic Finite Elements: A Spectral Approach[M]. New York: Springer-Verlag, 1991.

[92] Le Maitre O P, Knio O M, Najm H N, et al. A stochastic projection method for fluid flow I. Basic formulation[J]. Journal of Computational Physics, 2001, 173(2): 481—511.

[93] Le Maitre O P, Reagan M T, Najm H N, et al. A stochastic projection method for fluid flow II. Random process[J]. Journal of Computational Physics, 2002, 181(1): 9—44.

[94] Xiu D, Karniadakis G E. The wiener-askey polynomial chaos for stochastic differential equations[J]. SIAM Journal of Scientific Computing, 2002, 24: 619—644.

[95] Eldred M S, Burkardt J. Comparison of non-intrusive polynomial chaos and stochastic collocation methods for uncertainty quantification[C]//The 47th AIAA Aerospace Sciences Meeting Including the New Horizons Forum and Aerospace Exposition, Orlando, 2009.

[96] Eldred M S. Recent advances in non-intrusive polynomial chaos and stochastic collocation methods for uncertainty analysis and design[C]//The 50th AIAA/ASME/ASCE/AHS/ASC Structures, Structural Dynamics, and Materials Conference, Palm Springs, 2009.

[97] Du X, Chen W. An efficient approach to probabilistic uncertainty analysis in simulation-based multidisciplinary design[C]//The 38th AIAA Aerospace Sciences Meeting and Exhibit, Reno, 2000.

[98] Du X, Chen W. Efficient uncertainty analysis methods for multidisciplinary robust design [J]. AIAA Journal, 2002, 40(3): 545—552.

[99] Du X, Wang Y, Chen W. Methods for robust multidisciplinary design[C]//The 41st AIAA/ASME/ASCE/AHS/ASC Structures, Structural Dynamics, and Materials Conference and Exhibit, Atlanta, 2000.

[100] Gu X, Renaud J E. Implicit uncertainty propagation for robust collaborative optimization [C]//Proceedings of Design Engineering Technical Conferences and Computers and Information in Engineering Conference, Pittsburgh, 2001.

[101] Du L, Choi K K. An inverse analysis method for design optimization with both statistical

and fuzzy uncertainties[J]. Structural and Multidisciplinary Optimization, 2008, 37(2): 107—119.

[102] Adduri P R, Penmetsa R C. System reliability analysis for mixed uncertain variables [J]. Structural Safety, 2009, 31(5): 375—382.

[103] Zhang X, Huang H, Xu H. Multidisciplinary design optimization with discrete and continuous variables of various uncertainties[J]. Structural and Multidisciplinary Optimization, 2010, 42(4): 605—618.

[104] Du X. Unified uncertainty analysis by the first order reliability method[J]. Journal of Mechanical Design, 2008, 130(9): 91401.

[105] Eldred M S, Swiler L P, Tang G. Mixed aleatory-epistemic uncertainty quantication with collocation-based stochastic expansions and optimization-based interval estimation [J]. Reliability Engineering and System Safety, 2011, 96: 1092—1113.

[106] Beale E M L. On minizing a convex function subject to linear inequalities [J]. Journal of the Royal Statistical Society. Series B (Methodological), 1955, 17(2): 173—184.

[107] Stougie L. Design and Analysis of Methods for Stochastic Integer Programming [D]. Amsterdam: University of Amsterdam, 1985.

[108] Hené T S, Dua V, Pistikopoulos E N. A hybrid parametric/stochastic programming approach for mixed-integer nonlinear problems under uncertainty[J]. Industrial and Engineering Chemistry Research, 2002, 41(1): 67—77.

[109] Bastin F. Nonlinear Stochastic Programming[D]. Namur: University of Namur, 2001.

[110] Bastin F. Trust-Region Algorithms for Nonlinear Stochastic Programming and Mixed Logit Models[D]. Namur: University of Namur, 2004.

[111] Mulvey J M, Vanderbei R J, Zenios S A. Robust optimization of large-scale systems [J]. Operations Research, 1995, 43(2): 264—281.

[112] Chen X, Sim M, Sun P. A robust optimization perspective on stochastic programming [J]. Operations Research, 2007, 55(6): 1058—1071.

[113] Zhang Y, Monder D, Forbes J F. Real-time optimization under parametric uncertainty: A probability constrained approach[J]. Journal of Process Control, 2002, 12(3): 373—389.

[114] Kadam J V, Schlegel M, Srinivasan B, et al. Dynamic optimization in the presence of uncertainty from off-line nominal solution to measurement-based implementation[J]. Journal of Process Control, 2007, 17(5): 389—398.

[115] Delgado M, Verdegay J L, Vila M A. A general model for fuzzy linear programming [J]. Fuzzy Sets and Systems, 1989, 29(1): 21—29.

[116] Guu S, Wu Y. Two-phase approach for solving the fuzzy linear programming problems [J]. Fuzzy Sets and Systems, 1999, 107(2): 191—195.

[117] Li X, Zhang B, Li H. Computing efficient solutions to fuzzy multiple objective linear programming problems[J]. Fuzzy Sets and Systems, 2006, 157(10): 1328—1332.

[118] Shih C J, Wangsawidjaja R A S. Mixed fuzzy-probabilistic programming approach for multiobjective engineering optimization with random variables[J]. Computers and Structures, 1996, 59(2): 283—290.

[119] Liu B. Theory and Practice of Uncertain Programming[M]. Berlin: Springer-Verlag, 2009.

[120] Spall J C. Introduction to Stochastic Search and Optimization[M]. Hoboken: John Wiley and Sons, 2003.

[121] Ljung L, Pflug G C, Walk H. Stochastic Approximation and Optimization of Random Systems[M]. Basel: Birkhauser Verlag, 1992.

[122] Rosen S L, Harmonosky C M, Traband M T. A simulation optimization method that considers uncertainty and multiple performance measures[J]. European Journal of Operational Research, 2007, 181: 315—330.

[123] Lee K, Park G. Robust optimization considering tolerances of design variables [J]. Computers and Structures, 2001, 79(1): 77—86.

[124] Chen W, Sahai A, Messac A, et al. Exploration of the effectiveness of physical programming in robust design[J]. Journal of Mechanical Design, 2000, 122(2): 155—163.

[125] Messac A, Ismail-Yahaya A. Multiobjective robust design using physical programming [J]. Structural and Multidisciplinary Optimization, 2002, 23(5): 357—371.

[126] Chen W, Wiecek M M, Zhang J. Quality utility: A compromise programming approach to robust design[J]. Journal of Mechanical Design, 1999, 121(2): 179—187.

[127] Govindaluri S M, Cho B R. Robust design modeling with correlated quality characteristics using a multicriteria decision framework [J]. Journal of Advanced Manufacturing Technology, 2007, 32(5-6): 423—433.

[128] Rai M M. Robust optimal design with differential evolution[C]//The 10th AIAA/ISSMO Multidisciplinary Analysis and Optimization Conference, Albany, 2004.

[129] Li M, Azarm S, Aute V. A multi-objective genetic algorithm for robust design optimization [C]//Proceedings of the Conference on Genetic and Evolutionary Computation, Washington DC, 2005.

[130] Rangavajhala S, Mullur A A, Messac A. Uncertainty visualization in multiobjective robust design optimization[C]//The 47th AIAA/ASME/ASCE/AHS/ASC Structures, Structural Dynamics, and Materials Conference, Newport, 2006.

[131] Parkinson A, Sorensen C, Pouthassan N. A general approach for robust optimal design [J]. Transactions of the ASME, 1993, 115(1): 74—80.

[132] Sundaresan S, Ishii K, Houser D R. A robust optimization procedure with variations on design variables and constraints [J]. Advances in Design Automation, 1993, 69 (1): 379—386.

[133] Du X, Chen W. Towards a better understanding of modeling feasibility robustness in engineering design[J]. Journal of Mechanical Design, 2000, 122(4): 385—394.

[134] Cheng G, Xua L, Jiang L. A sequential approximate programming strategy for reliability-based structural optimization[J]. Computers and Structures, 2006, 84(21): 1353—1367.

[135] Kuran B. Reliability based design optimization of a solid rocket motor using surrogate models[C]//The 43rd AIAA/ASME/SAE/ASEE Joint Propulsion Conference & Exhibit, Cincinnati OH, 2007.

[136] Wu Y T, Shin Y, Sues R, et al. Safety-factor based approach for probability-based design optimization[C]//The 42nd AIAA/ASME/ASCE/AHS/ASC Structures, Structural Dynamics and Materials Conference and Exhibit, Seattle, 2001.

[137] Du X, Chen W. Sequential optimization and reliability assessment method for efficient probabilistic design[C]//Proceedings of ASME Design Engineering Technical Conference and Computers and Information in Engineering Conference, Montreal, 2002.

[138] Chen X G, Hasselman T K, Neill D J. Reliability based structural design optimization for practical applications[C]//The 38th AIAA/ASME/ASCE/AHS Structures, Structural Dynamics, and Materials Conference, 1997.

[139] Harish A, John R, Jason L, et al. A unilevel method for reliability based design optimization [C]//The 45th AIAA/ASME/ASCE/AHS Structures, Structural Dynamics, and Materials Conference, 2004.

[140] Mcdonald M, Mahadevan S. All-at-once multidisciplinary optimization with system and component-level reliability constraints[C]//The 12th AIAA/ISSMO Multidisciplinary Analysis and Optimization Conference, Victoria, 2008.

[141] Agarwal H, Renaud J E, Mack J D. A decomposition approach for reliability-based multidisciplinary design optimization[C]//The 44th AIAA/ASME/ASCE/AHS Structures, Structural Dynamics, and Materials Conference, Norfolk, 2003.

[142] Zhang X, Huang H. Sequential optimization and reliability assessment for multidisciplinary design optimization under aleatory and epistemic uncertainties[J]. Journal of Structural and Multidisciplinary Optimization, 2010, 40(1): 165—175.

[143] Ahn J, Kwon J. An efficient strategy for reliability-based multidisciplinary design optimization using BLISS [J]. Journal of Structural and Multidisciplinary Optimization, 2006, 31(5): 363—372.

[144] Mcallister C D, Simpson T W. Multidisciplinary robust design optimization of an internal combustion engine[J]. Journal of Mechanical Design, 2003, 125(1): 124—130.

[145] 曹鸿钧．基于凸集合模型的结构和多学科系统不确定性分析与设计[D]．西安：西安电子科技大学，2005.

[146] Padmanabhan D, Batill S. Reliability based optimization using approximations with a pplications to multi-disciplinary system design[C]//The 40th Aerospace Sciences Meeting and Exhibit, Reno, 2002.

[147] 陈建江．面向飞航导弹的多学科稳健优化设计方法及应用[D]．武汉：华中科技大

学,2004.
[148] 苏子健．多学科设计优化的分解．协同及不确定性研究[D]．武汉:华中科技大学,2008.
[149] 许林．飞行器MDO过程及相关技术研究与应用[D]．长沙:国防科学技术大学,2009.
[150] Kokkolaras M, Moulrlatos Z P, Papalambros P Y. Design optimization of hierarchically decomposed multilevel systems under uncertainty[J]. Journal of Mechanical Design, 2006, 128(2): 503—508.
[151] Liu H, Chen W, Kokkolaras M, et al. Probabilistic analytical target cascading: A moment matching formulation for multilevel optimization under uncertainty[J]. Journal of Mechanical Design, 2006, 128(4): 503—508.
[152] Xiong F, Yin X, Chen W, et al. Enhanced probabilistic analytical target cascading with application to multiscale design[C]//The 8th World Congress on Structural and Multidisciplinary Optimization, Lisbon, 2009.
[153] Chen W, Lewis K. A robust design approach for achieving flexibility in multidisciplinary design[J]. AIAA Journal, 1999, 7(8): 982—989.
[154] Aminpour M A, Shin Y, Sues R H, et al. A framework for reliability-based MDO of aerospace systems[C]//The 43rd AIAA/ASME/ASCE/AHS/ASC Structures, Structural Dynamics, and Materials Conference, Denver, 2002.
[155] 姚雯．飞行器总体不确定性多学科设计优化研究[D]．长沙:国防科学技术大学,2011.

第 2 章　UMDO 基础知识

本章首先对不确定性设计优化和多学科设计优化涉及的基本概念和常用术语进行介绍；其次，对处理不同不确定性的数学工具共同涉及的测度论基础知识进行简要介绍；最后，从大系统优化理论出发，对多学科设计优化中涉及的系统、系统优化与学科优化、系统分解与协调等理论基础进行阐述。

2.1　基本概念

2.1.1　不确定性设计优化基本概念

本节对不确定性设计优化中涉及的基本概念和常见术语进行介绍。

定义 2.1　不确定性(uncertainty)：物理系统及其环境的内在可变性，以及人对物理系统及其环境认识的知识不完整性。

由该定义可以看出，不确定性主要分为随机不确定性和认知不确定性两类[1,2]。前者描述了物理系统及其环境中的固有可变性，也称为客观不确定性；后者描述了由于人的认识不足或者信息缺乏造成的不确定性，因此也称为主观不确定性(subjective uncertainty)。

定义 2.2　稳健性(robustness)：系统性能在不确定性影响下的稳定程度。

稳健的系统能够对系统本身及其环境的变化不敏感。在不确定性影响下，稳健系统的性能变化和功能损失程度很小，能够维持相对稳定的水平[3]。

定义 2.3　可靠性(reliability)：规定条件下和规定时间内完成规定功能的能力[4~6]。

系统可靠性通过可靠度衡量，定义为产品在规定条件下和规定时间内完成规定功能的不确定性测度。对应不同不确定性数学处理方法，可靠度的不确定性测度也相应不同，如概率论对应概率测度、证据理论则对应似然性和可信性测度等。关于测度的概念将在 2.2 节中进行介绍。

定义 2.4　确定性设计优化(deterministic design optimization)：优化变量(也称为设计变量)、系统参数以及数学模型均为确定性优化问题。

本书考虑的优化模型表述如下：

$$\begin{cases} \text{find} & \boldsymbol{X} \\ \min & f(\boldsymbol{X},\boldsymbol{P}) \\ \text{s.t.} & \boldsymbol{g}(\boldsymbol{X},\boldsymbol{P})\geqslant \boldsymbol{c} \\ & \boldsymbol{X}^{\mathrm{L}}\leqslant \boldsymbol{X}\leqslant \boldsymbol{X}^{\mathrm{U}} \end{cases} \tag{2.1}$$

式中，$\boldsymbol{X}$ 和 $\boldsymbol{P}$ 分别为设计变量向量和系统参数向量；$\boldsymbol{X}^{\mathrm{U}}$ 和 $\boldsymbol{X}^{\mathrm{L}}$ 分别为设计变量 $\boldsymbol{X}$ 的上、下限；$f(\cdot)$为优化目标函数；$\boldsymbol{g}(\cdot)$为不等式约束条件向量；$\boldsymbol{c}$ 为不等式约束条件向量对应的极限状态向量（约束边界）。不失一般性，$\boldsymbol{c}$ 在优化问题中通常表述为 0（通过移项处理即可）。由于等式约束可化为一对不等式约束，故此模型中没有列出等式约束。

定义 2.5　基于可靠性的设计优化（reliability-based design optimization，RBDO）：通过对设计方案满足约束的可靠度进行考虑[7,8]，实现在满足预定可靠度要求的基础上对目标性能进行优化，如图 2.1 所示。以考虑随机不确定性影响为例，基于可靠性的设计优化数学模型中，约束表述如下：

$$\Pr\{\boldsymbol{g}(\boldsymbol{X},\boldsymbol{P})\geqslant \boldsymbol{c}\}\geqslant \boldsymbol{R} \tag{2.2}$$

其中，$\Pr\{\cdot\}$为花括号中约束条件满足的概率；$\boldsymbol{R}$ 为约束条件向量 $\boldsymbol{g}$ 对应的预定可靠度要求。概率约束条件(2.2)也称为可靠性约束或机会约束（chance constraint），用条件(2.2)取代条件(2.1)中确定性约束条件进行优化的可靠性设计优化问题也称为机会约束规划问题。

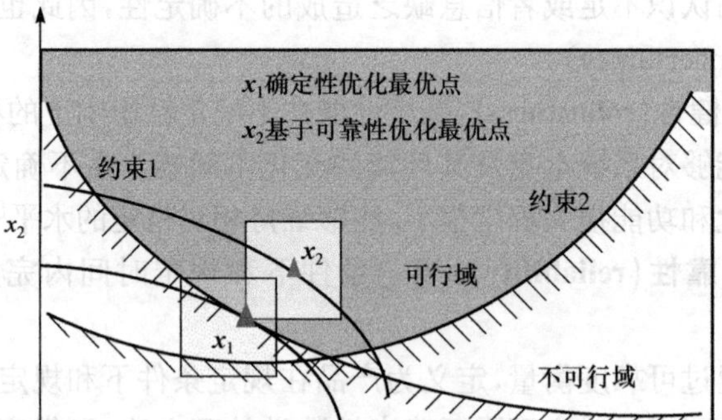

图 2.1　基于可靠性的设计优化

定义 2.6　稳健设计优化（robust design optimization，RDO）：追求系统质量稳定性、降低系统性能对不确定性影响的敏感度的优化方法[9~12]，如图 2.2 所示，最早由日本学者 Taguchi 提出，通过降低误差因素对产品性能的影响，从而达到提高产品质量、保持性能稳定、降低制造成本的目的[9,13]。随着该领域研究的不断深入，稳健设计优化中考虑的系统稳健性的内涵及其度量指标也在不断丰富，目前主要分为以下两大类：

（1）优化目标的稳健性（objective robustness），旨在降低目标函数响应值对不确定性影响的敏感度，其典型度量指标为目标函数响应值的标准差。由于优化过程中既需要对目标性能进行优化，又需要降低其对不确定性影响的敏感度，因此该优化问题为典型的多目标优化问题。一种简单的实现方法是将目标函数期望值与标准差的加权和作为新的目标函数，以此实现优化目标性能与其稳健性的折中。

（2）满足约束条件（方案可行）的稳健性（feasibility robustness），旨在保证不确定性因素变化容差范围内优化方案均可行（保证最坏可能情况下亦满足约束），或者满足约束的可靠度达到预定指标（同可靠性约束）。当稳健设计优化中的约束条件表述为概率约束条件（2.2）时，该优化问题亦称为基于可靠性的稳健设计优化（reliability-based robust design optimization）。

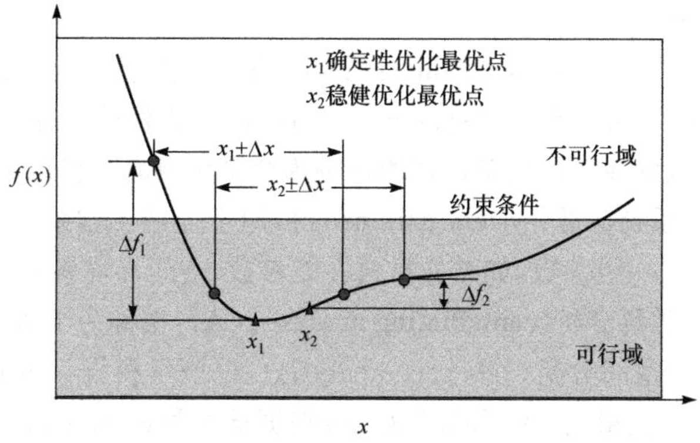

图 2.2　稳健设计优化

2.1.2　多学科设计优化基本概念

本节对多学科设计优化中的常见专用术语进行介绍。

定义 2.7　学科（discipline）：系统中本身相对独立、相互之间又有数据交换关系的基本模块。MDO 中的学科又称为子系统（subsystem）或子空间（subspace），是一个抽象的概念。以飞行器为例，学科既可以指气动、结构、控制等通常所说的学科，又可以指系统的实际物理部件或分系统，如航天器的载荷、姿态确定与控制、电源、热控等分系统。

定义 2.8　设计变量（design variable）：描述工程系统的特征、在设计过程中可被设计者控制的一组相互独立的变量。

设计变量可以分为系统设计变量（system design variable）和局部设计变量

(local design variable)。系统设计变量在整个系统范围内起作用，而局部设计变量则只在某一学科范围内起作用。局部设计变量也称为学科变量(discipline variable)或子空间设计变量(subspace design variable)。

定义 2.9 状态变量(state variable)：描述工程系统的性能或特征的一组参数。

状态变量一般需要基于系统模型进行分析或计算得到，是设计过程中进行决策的重要信息。状态变量可以分为系统状态变量(system state variable)、学科状态变量(discipline state variable)和耦合状态变量(coupled state variable)。其中，系统状态变量表征整个系统的性能或特征；学科状态变量表征某一学科的性能或特征，也称为子空间状态变量(subspace state variable)；耦合状态变量描述学科间的耦合关系，指某一学科输出作为另一学科输入的状态变量。针对某一具体学科而言，由其他学科输出、耦合输入该学科的状态变量称为非局部状态变量(non-local state variable)。

定义 2.10 约束条件(constraint)：系统在设计过程中必须满足的条件。

约束条件分为系统约束(system constraint)和学科约束(discipline constraint)，两者的区别在于约束条件作用范围为全系统或者学科局部。

定义 2.11 系统参数(system parameter)：用于描述工程系统的特征、在设计过程中保持不变的一组参数，如结构材料性能参数、空间环境参数等。

定义 2.12 学科分析(contributing analysis，CA)：也称为子系统分析(subsystem analysis)或子空间分析(sabspace analysis)，以该学科设计变量、其他学科对该学科的耦合状态变量及系统参数为输入，根据该学科的内在物理规律确定系统输出或系统状态的过程。学科分析可用求解状态方程的方式来表示，以学科 i 为例表述如下：

$$\boldsymbol{Y}_i = \mathrm{CA}_i(\boldsymbol{X}_i, \boldsymbol{Y}_{\cdot i}) \tag{2.3}$$

式中，$\boldsymbol{X}_i$ 为学科 i 的设计变量；$\boldsymbol{Y}_{\cdot i}$ 为以其他学科输出作为学科 i 输入的耦合状态变量，$\boldsymbol{Y}_{\cdot i} = \{\boldsymbol{Y}_{ji}, j = 1, 2, \cdots, N_D, j \neq i\}$，$N_D$ 为系统包含的学科数量；CA_i 为学科分析模型。

定义 2.13 系统分析(system analysis，SA)：也称为多学科分析(multi-disciplinary analysis，MDA)，给定一组设计变量，通过求解系统的状态方程得到系统状态变量的过程。对由 N_D 个学科组成的系统，其系统分析过程可以通过下式来表示：

$$\boldsymbol{Y} = \mathrm{SA}(\boldsymbol{X}_1, \boldsymbol{X}_2, \cdots, \boldsymbol{X}_{N_D}) \tag{2.4}$$

以图 2.3 所示三学科耦合系统为例，系统分析涉及的学科分析方程组如下：

$$
\begin{cases}
\boldsymbol{Y}_1 = \mathrm{CA}_1(\boldsymbol{X}_1, \boldsymbol{Y}_{21}, \boldsymbol{Y}_{31}) \\
\boldsymbol{Y}_2 = \mathrm{CA}_2(\boldsymbol{X}_2, \boldsymbol{Y}_{12}, \boldsymbol{Y}_{32}) \\
\boldsymbol{Y}_3 = \mathrm{CA}_3(\boldsymbol{X}_3, \boldsymbol{Y}_{13}, \boldsymbol{Y}_{23})
\end{cases}
\tag{2.5}
$$

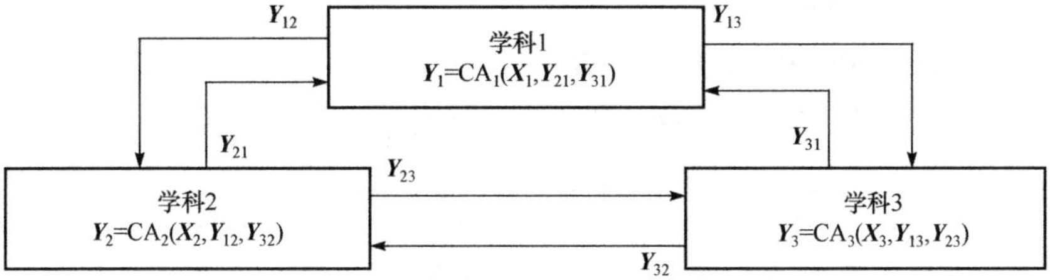

图 2.3　三学科非层次系统学科耦合结构图

由于各个学科分析的输入输出互相耦合，因此求解上述方程组往往需要多次迭代学科分析才能获得一致满足上述方程组的状态变量，该状态变量称为**多学科相容解**。一个设计变量取值方案与该方案通过系统分析获得的系统状态输出向量构成一个**相容系统设计**(consistent design)，也称为**一致性设计**。

定义 2.14　可行设计(feasible design)：满足所有设计约束的一致性设计。

定义 2.15　最优设计(optimal design)：使目标函数响应值最小(或最大)的可行设计。

综上，N_D 个耦合学科构成复杂系统的确定性 MDO 优化问题表述为

$$
\begin{cases}
\text{find} \quad \boldsymbol{X} \\
\min \quad f \\
\text{s. t.} \quad \boldsymbol{g} \geqslant \boldsymbol{c} \\
\qquad \boldsymbol{Y}_{\mathrm{i}} = \mathrm{CA}_i(\boldsymbol{X}_i, \boldsymbol{Y}_{\cdot i}),\ i = 1, \cdots, N_D \\
\qquad \boldsymbol{X} = \bigcup\limits_{i=1,\cdots,N_D} \boldsymbol{X}_i, \quad \boldsymbol{Y} = \bigcup\limits_{i=1,\cdots,N_D} \boldsymbol{Y}_i, \quad \boldsymbol{Y}_{\cdot i} \subseteq \left(\bigcup\limits_{j=1,\cdots,N_D, j\neq i} \boldsymbol{Y}_j \right) \\
\qquad \boldsymbol{X}^{\mathrm{L}} \leqslant \boldsymbol{X} \leqslant \boldsymbol{X}^{\mathrm{U}}, \quad f \in \boldsymbol{Y}, \quad \boldsymbol{g} \subseteq \boldsymbol{Y}
\end{cases}
\tag{2.6}
$$

其中，$\boldsymbol{X}$ 为优化变量向量，定义域为$[\boldsymbol{X}^{\mathrm{L}}, \boldsymbol{X}^{\mathrm{U}}]$；$\boldsymbol{X}_i$ 为学科 i 的局部优化变量向量，是 $\boldsymbol{X}$ 的子向量；$\boldsymbol{Y}$ 为系统状态变量向量，$\boldsymbol{Y}_i$ 是 $\boldsymbol{Y}$ 的子向量，代表学科 i 的局部状态变量向量；$\boldsymbol{Y}_{\cdot i}$为学科 i 的输入状态变量向量，即由其他学科 $j(j\neq i)$输出并作为学科 i 输入的耦合变量。各个学科的设计变量可以重合，即学科间可以共享设计变量，但是各个学科的输出状态变量 $\boldsymbol{Y}_i$ 互不相交。以飞机结构与气动两个学科的设计为例，两者均涉及机翼尺寸的设计，但气动学科输出的是飞机气动性能，而结构学科输出的则是飞机结构性能，两者互不重合。优化目标 f 和约束条件向量 $\boldsymbol{g}$ 为状态向量 $\boldsymbol{Y}$ 的子向量。

在确定性 MDO 优化问题基础上,考虑优化变量 $\boldsymbol{X}$ 和系统参数 $\boldsymbol{P}$ 具有随机不确定性,则考虑可靠性和稳健性要求的 UMDO 问题可表述为

$$\begin{cases} \text{find} & \boldsymbol{\mu_X} \\ \text{min} & F(\mu_f,\sigma_f) \\ \text{s. t.} & \Pr\{\boldsymbol{g}(\boldsymbol{X},\boldsymbol{P})\geqslant\boldsymbol{c}\}\geqslant\boldsymbol{R} \\ & \boldsymbol{Y}_i=\mathrm{CA}_i(\boldsymbol{X}_i,\boldsymbol{Y}_{\cdot i},\boldsymbol{P}_i),\ i=1,\cdots,N_D \\ & \boldsymbol{X}=\bigcup\limits_{i=1,\cdots,N_D}\boldsymbol{X}_i,\quad \boldsymbol{Y}=\bigcup\limits_{i=1,\cdots,N_D}\boldsymbol{Y}_i,\quad \boldsymbol{Y}_{\cdot i}\subseteq\left(\bigcup\limits_{j=1,\cdots,N_D,j\neq i}\boldsymbol{Y}_j\right) \\ & \boldsymbol{X}^{\mathrm{L}}\leqslant\boldsymbol{\mu_X}\leqslant\boldsymbol{X}^{\mathrm{U}},\quad f\in\boldsymbol{Y},\quad \boldsymbol{g}\subseteq\boldsymbol{Y} \end{cases} \tag{2.7}$$

通过对优化变量 $\boldsymbol{X}$ 的期望值 $\boldsymbol{\mu_X}$ 进行优化,使优化目标函数和约束函数的响应值分布满足一定要求,例如:目标函数输出期望值和标准差越小越好,且满足约束条件(约束函数响应值位于可行域)的概率不小于预定可靠度 $\boldsymbol{R}$。

2.2　不确定性数学基础

测度与积分是研究不确定性的基础。本节简要介绍测度论的基本概念,包括测度、Borel 集、可测函数、可测函数积分等,为后续章节进一步介绍概率论(probability theory)、证据理论(evidence theory)、可能性理论(possibility theory)等不确定性理论奠定基础。

2.2.1　测度

考虑任意非空集合 Ω,称之为空间,其成员称为元素。该空间的子集以斜体大写字母 A、B、C 等表示,称为这个空间的集合,空集记为 $\varnothing$。元素 x 属于集合 A,记作 $x\in A$;反之,元素 x 不属于集合 A,记作 $x\notin A$。集合 A 的余记为 A^{C},定义为 $A^{\mathrm{C}}=\{x:x\in\Omega,x\notin A\}$。以 Ω 空间中的一些集合为元素组成的集合称为 Ω 上的集合系,用花体大写字母 $\mathscr{A}$、$\mathscr{B}$、$\mathscr{C}$ 等表示。

定义 2.16　σ 代数:Ω 空间上满足下列三个条件的集合系 $\mathscr{A}$ 称为 σ 代数,或者 σ 域:(a)$\Omega\in\mathscr{A}$;(b)若 $A\in\mathscr{A}$,则 $A^{\mathrm{C}}\in\mathscr{A}$;(c)若 $A_i\in\mathscr{A}(i=1,2,\cdots)$,则 $\bigcup\limits_{i=1}^{\infty}A_i\in\mathscr{A}$。

Ω 上有两个特殊的 σ 代数,分别是含集合最少的最小 σ 代数 $\{\varnothing,\Omega\}$,以及含集合最多的最大 σ 代数 $\{A:A\subseteq\Omega\}$,即包含 Ω 所有子集全体,称为幂集。对于 Ω 上的非空真子集 A,包含 A 的最小 σ 代数为 $\{\varnothing,A,A^{\mathrm{C}},\Omega\}$。

定理 2.1　σ 代数的交仍然是一个 σ 代数。对于任何非空集合系 $\mathscr{A}$,存在唯一一个包含 $\mathscr{A}$ 的最小 σ 代数。

定义 2.17　可测空间：设 $\mathscr{A}$ 是由 Ω 空间上一些子集构成的 σ 代数，则 $(\Omega,\mathscr{A})$ 称为可测空间，$\mathscr{A}$ 中的集合称为可测集。

定义 2.18　测度：设 $(\Omega,\mathscr{A})$ 是一个可测空间，如果定义在 $\mathscr{A}$ 上的广义实值函数 π 满足：(a) $\forall A\in\mathscr{A},\pi\{A\}\geqslant 0$；(b)对于可数个互不相交的集合 $\{A_i\}_{i=1}^{\infty}$，

$$\pi\left\{\bigcup_{i=1}^{\infty}A_i\right\}=\sum_{i=1}^{\infty}\pi\{A_i\} \tag{2.8}$$

则 π 称为 $\mathscr{A}$ 上的测度。如果对于任意 $A\in\mathscr{A}$ 有 $\pi\{A\}<\infty$，则称测度 π 是有限的。如果对于任意 $A\in\mathscr{A}$，存在满足 $\pi\{A_i\}<\infty$ 的集合系 $\{A_i\in\mathscr{A},i=1,2,\cdots\}$，使得 $\bigcup_{i=1}^{\infty}A_i\supset A$，则称测度 π 是 σ 有限的。

定义 2.19　测度空间：设 $\mathscr{A}$ 是由 Ω 空间上一些子集构成的 σ 代数，π 是 $\mathscr{A}$ 上的测度，则三元组 $(\Omega,\mathscr{A},\pi)$ 称为一个测度空间。

定义 2.20　乘积 $\boldsymbol{\sigma}$ 代数：任意 n 个空间 $\Omega_i(i=1,2,\cdots,n)$，其卡氏积表示为 $\Omega=\Omega_1\times\Omega_2\times\cdots\times\Omega_n$，即形如 $(x_1,x_2,\cdots,x_n)$ 的一切有序的 n 元组的集合，其中 $x_i\in\Omega_i(i=1,2,\cdots,n)$。设 $\mathscr{A}_i$ 是 Ω_i 的子集构成的 σ 代数，则定义 Ω 中的一个可测矩形为 $A=A_1\times A_2\times\cdots\times A_n$，其中 $A_i\in\mathscr{A}_i(i=1,2,\cdots,n)$。包含 Ω 中的所有可测矩形的最小 σ 代数称为乘积 σ 代数，记为 $\mathscr{A}=\mathscr{A}_1\times\mathscr{A}_2\times\cdots\times\mathscr{A}_n$。

定理 2.2　乘积测度定理：设 $(\Omega_i,\mathscr{A}_i,\pi_i)(i=1,2,\cdots,n)$ 是测度空间，且 $\pi_i(i=1,2,\cdots,n)$ 是 σ 有限的，记 $\Omega=\Omega_1\times\Omega_2\times\cdots\times\Omega_n$，$\mathscr{A}=\mathscr{A}_1\times\mathscr{A}_2\times\cdots\times\mathscr{A}_n$，则 $\mathscr{A}$ 上存在唯一测度 π 使得

$$\pi\{A_1\times A_2\times\cdots\times A_n\}=\pi_1\{A_1\}\times\pi_2\{A_2\}\times\cdots\times\pi_n\{A_n\} \tag{2.9}$$

对每个可测矩形 $A_1\times A_2\times\cdots\times A_n$ 成立。测度 π 称为 $\pi_i(i=1,2,\cdots,n)$ 的乘积，记为 $\pi=\pi_1\times\pi_2\times\cdots\times\pi_n$，三元组 $(\Omega,\mathscr{A},\pi)$ 称为乘积测度空间。

设 $\mathbb{R}$ 为实数集，$\mathbb{R}^n$ 为 Euclid 空间，集合 $O\subset\mathbb{R}^n$ 称为开集，如果对任意 $\boldsymbol{x}\in O$，存在充分小的正整数 δ 使得 $\left\{\boldsymbol{y}\in\mathbb{R}^n\,\middle|\,\|\boldsymbol{y}-\boldsymbol{x}\|<\delta\right\}\subset O$。空集 $\varnothing$ 与 $\mathbb{R}^n$ 是开集。开集的有限交集和无限并集是开集，但是开集的无限交集未必是开集。开集的补称为闭集，闭集的无限交集和有限并集是闭集，闭集的无限并集未必是闭集。

定义 2.21　Borel 集：$\mathbb{R}^n$ 上开集系的最小 σ 代数 $\mathscr{B}$ 称为 Borel 代数，$\mathscr{B}$ 中的元素称为 Borel 集，$(\mathbb{R}^n,\mathscr{B})$ 称为 Borel 可测空间。

2.2.2　可测函数

设 X 和 Y 是任意给定的集合，如果对每个 $x\in X$，存在唯一的 $f(x)\in Y$ 与之对应，则对应关系 f 称为从 X 到 Y 的映射或定义在 X 上取值于 Y 的函数。

定义 2.22　可测映射：设 $(\Omega_1,\mathscr{A}_1)$ 和 $(\Omega_2,\mathscr{A}_2)$ 为可测空间，如果 Ω_1 到 Ω_2 的映

射 f 满足

$$f^{-1}(A)\in\mathscr{A}_1,\quad \forall A\in\mathscr{A}_2 \tag{2.10}$$

则 f 称为$(\Omega_1,\mathscr{A}_1)$到$(\Omega_2,\mathscr{A}_2)$的可测映射。

定义广义实数集$\bar{\mathbb{R}}=\mathbb{R}\cup\{-\infty\}\cup\{\infty\}$,广义实数集$\bar{\mathbb{R}}$上的 Borel 代数记为 $\mathscr{B}_{\bar{\mathbb{R}}}=\sigma(\mathscr{B}_{\mathbb{R}},\{-\infty\},\{\infty\})$,其中 $\mathscr{B}_{\mathbb{R}}$ 为实数集$\mathbb{R}$上的 Borel 代数。

定理 2.3　设 g 是$(\Omega_1,\mathscr{A}_1)$到可测空间$(\Omega_2,\mathscr{A}_2)$的可测映射,f 是可测空间$(\Omega_2,\mathscr{A}_2)$到可测空间$(\Omega_3,\mathscr{A}_3)$的可测映射,则映射 $f(g(\cdot))$是$(\Omega_1,\mathscr{A}_1)$到$(\Omega_3,\mathscr{A}_3)$的可测映射。

定义 2.23　可测函数:从可测空间$(\Omega_1,\mathscr{A}_1)$到$(\bar{\mathbb{R}},\mathscr{B}_{\bar{\mathbb{R}}})$的可测映射称为$(\Omega_1,\mathscr{A}_1)$上的可测函数。从$(\Omega_1,\mathscr{A}_1)$到$(\mathbb{R},\mathscr{B}_{\mathbb{R}})$的可测映射称为$(\Omega_1,\mathscr{A}_1)$上的有限值可测函数。

从$\mathbb{R}^n$ 到$\mathbb{R}$的任一连续函数 f 是可测的。

定理 2.4　设 f,g 是$(\Omega_1,\mathscr{A}_1)$到$(\bar{\mathbb{R}},\mathscr{B}_{\bar{\mathbb{R}}})$的可测函数,则

(a) $\forall a\in\bar{\mathbb{R}}$,$af$ 是可测函数;

(b) 如果 $f+g$ 有意义,即对$\forall x\in\Omega_1$,$f(x)+g(x)$均有意义,则 $f+g$ 为可测函数;

(c) fg 是可测函数;

(d) 如果$\forall x\in\Omega_1$,$g(x)\neq 0$,则 f/g 是可测函数。

对于空间 Ω,如果有限个两两不交的集合$\{A_i\subset\Omega,i=1,2,\cdots,n\}$满足$\bigcup_{i=1}^{n}A_i=\Omega$,则称其为空间 Ω 的一个有限分割。如果每个 $A_i(i=1,2,\cdots,n)$均满足 $A_i\in\mathscr{A}$,则称$\{A_i,i=1,2,\cdots,n\}$为可测空间$(\Omega,\mathscr{A})$的有限可测分割。定义集合 A_i 的指示函数 I_{A_i} 为

$$I_{A_i}(x)=\begin{cases}1, & x\in A_i\\ 0, & x\notin A_i\end{cases} \tag{2.11}$$

定义 2.24　简单函数:对于可测空间$(\Omega,\mathscr{A})$上的函数 $f:\Omega\to\mathbb{R}$,如果存在有限可测分割$\{A_i\subset\mathscr{A},i=1,2,\cdots,n\}$和实数$\{a_i,i=1,2,\cdots,n\}$,使

$$f=\sum_{i=1}^{n}a_iI_{A_i} \tag{2.12}$$

则称 f 为简单函数。简单函数总是可测的,简单函数的线性组合仍是简单函数。

2.2.3　可测函数积分

定义 2.25　非负简单函数的积分:设 f 是测度空间$(\Omega,\mathscr{A},\pi)$上的非负简单函数,记有限可测分割$\{A_i\subset\mathscr{A},i=1,2,\cdots,n\}$和实数$\{a_i,i=1,2,\cdots,n\}$,使 $f=\sum_{i=1}^{n}a_iI_{A_i}$,称

$$\int_{\Omega} f \mathrm{d}\pi = \sum_{i=1}^{n} a_i \pi(A_i) \tag{2.13}$$

为 f 的积分。

定义 2.26　非负可测函数的积分：对于测度空间$(\Omega,\mathscr{A},\pi)$上的非负可测函数 f，若存在一列非负可测简单函数$\{f_i, i=1,2,\cdots\}$，且 $f_n \uparrow f$，则称

$$\int_{\Omega} f \mathrm{d}\pi = \lim_{i\to\infty} \int_{\Omega} f_i \mathrm{d}\pi \tag{2.14}$$

为 f 的积分。

定义 2.27　一般可测函数的积分：对于测度空间$(\Omega,\mathscr{A},\pi)$上的可测函数 f，定义其正部 f^+ 与负部 f^- 如下：

$$f^+(x)=\begin{cases} f(x), & f(x)\geqslant 0 \\ 0, & f(x)<0 \end{cases},\quad f^-(x)=\begin{cases} -f(x), & f(x)\leqslant 0 \\ 0, & f(x)>0 \end{cases} \tag{2.15}$$

如果满足 $\min\left\{\int_{\Omega} f^+ \mathrm{d}\pi, \int_{\Omega} f^- \mathrm{d}\pi\right\} < \infty$，则称 f 积分存在或积分有意义。如果满足 $\max\left\{\int_{\Omega} f^+ \mathrm{d}\pi, \int_{\Omega} f^- \mathrm{d}\pi\right\} < \infty$，则称 f 为可积的。在上述两种情况下，称

$$\int_{\Omega} f \mathrm{d}\pi = \int_{\Omega} f^+ \mathrm{d}\pi - \int_{\Omega} f^- \mathrm{d}\pi \tag{2.16}$$

为 f 的积分。

设 $A\in\mathscr{A}$，只要可测函数 fI_A 积分存在或可积，则称 f 在集合 A 上积分存在或可积，称

$$\int_{A} f \mathrm{d}\pi = \int_{\Omega} f I_A \mathrm{d}\pi \tag{2.17}$$

为 f 在集合 $A\in\mathscr{A}$ 上的积分。

2.3　多学科设计优化理论基础

2.3.1　系统

系统是指由若干个既相对独立又相互联系的单元组成的、具有特定功能的整体。把飞行器视为系统，用系统论和系统工程的观点和方法进行飞行器设计，是工程设计学的一个重要进步，也是 MDO 方法的基本出发点。

1. 系统的特点

系统具有整体性和层次性，在设计优化中必须对其充分考虑。

1) 整体性

从系统论的观点看，系统是由相关的要素(分系统、子系统或组成部分)有机组

成的整体。系统具有组成它的相关要素所不具备的整体性质和功能。系统的性质和功能来源于其组成要素之间的相互作用、相互联系而造成的彼此活动的限制和支持、彼此属性的筛选和彼此功能的协同。因此,系统的性质和功能不是其组成要素的性质和功能的线性相加,而是系统整体层次上的新的性质和功能。系统的这种非加和特性是系统论的一项基本规律,即系统具有整体性。飞行器作为典型的复杂系统,也必然具有整体性,因此飞行器设计应从其整体性质和功能出发,从飞行器整体与其组成要素(各分系统和部件)以及各组成要素之间的相互作用和相互联系中综合地把握设计对象,避免盲目突出局部和以局部优化取代整体优化。MDO 方法的根本出发点正是基于对系统整体性的重视,在设计过程中将系统整体性质和功能的优化作为首要目标,充分考虑系统各组成要素之间的相互作用和相互联系,进行系统方案的筛选和优化。

2) 层次性

任何一个工程项目都是处在一定系统层次上的系统,都是比它高一层次的工程项目的一个有机组成要素。而这个工程项目本身又是由比它低一层次的各组成要素有机组成的。系统论认为,同层次系统与系统之间、系统各层次之间是通过中介(即物质、能量和信息)相互联系的。例如:卫星通信工程系统由通信卫星、运载器、应用系统相关的地球站、发射场、运载器测控网和卫星测控网六个系统有机组成。这六个系统又分别由比它们低一层次、相互作用和相互联系的分系统有机组成,如通信卫星是由卫星有效载荷、结构、电源、星上计算机等分系统组成,而上述各分系统又是由比其更低一层次的子系统或部件有机组成。设计师在进行设计任务时,首先应该认清其所承担的项目位于哪一个系统层次,即在大系统层级结构中的位置,并明确所包含的下层分系统;然后根据该项目与其所隶属的上层系统和平级系统之间的相互作用与联系,以及该项目对应的下层分系统之间的关系,从系统整体性能优化原则出发,进行该项目的设计。

2. 系统的分类

在项目的具体设计过程中,设计对象可以视为一个单独的系统,其上层系统与平级系统对该系统设计的影响可以转换为该系统设计需要达到的目标或满足的约束。

对于该系统的设计,如果设计对象十分复杂,一种有效的方法是按某种方式将其分解为若干个小的子系统分别设计。根据子系统之间的关系,可以将子系统体系构成的复杂系统划分为两类:一类是层次系统(hierarchic system);另一类是非层次系统(non-hierarchic system),也称为耦合系统(coupled system),如图 2.4 所示。层次系统特点是子系统之间信息流程具有顺序性,每个子系统只与上一级和下一级层次的子系统有直接联系，子系统之间没有耦合关系，它是一种“树”状结构。例如，台式计算机由显示器、主机、键盘/鼠标、音箱等分系统组成，显示器又由液晶屏幕和支撑框架等组成，各分系统的设计相互独立，只需满足上层确定的集成接口、性能指标等要求即可。非层次系统的特点是子系统之间没有等级关系，子系统 A 的输出往往是子系统 B 的输入，而子系统 B 的输出往往又是子系统 A 的输入，即子系统之间信息流程是“耦合”在一起，从结构上看，它是一种“网”状结构。例如，卫星由有效载荷、结构、姿控、电源等分系统组成，载荷对结构提出安装要求，对电源提出供电要求，对姿控提出姿态指向要求，结构布局、电源系统的太阳能帆板设计等对姿控所需的惯量矩等参数产生影响，而卫星姿态对电源太阳能帆板受晒面积与光照入射角度产生影响，进而影响太阳能帆板面积设计。

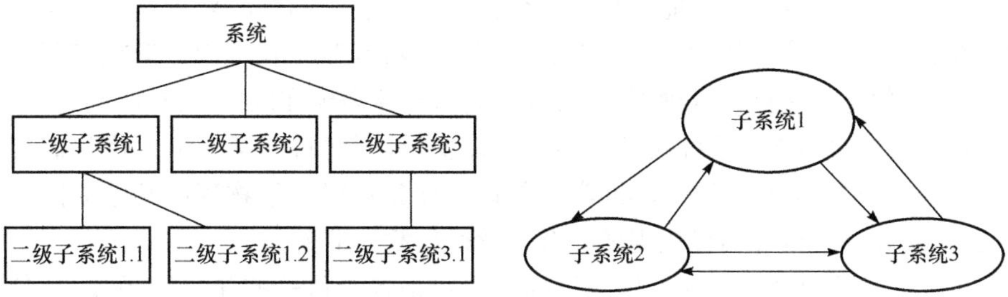

(a) 层次系统　　(b) 非层次系统

图 2.4　层次系统和非层次系统

工程中的复杂系统往往是兼具层次和非层次特点的混合系统。部分子系统之间的信息流程具有顺序性，部分子系统之间的信息流程具有耦合关系。实际上，如果忽略非层次系统中的耦合关系，非层次系统往往可以转换为层次系统，因此可以认为层次系统是非层次系统的特殊情况。目前对于层次系统设计优化的研究相对比较成熟，为基于多学科设计优化方法研究更为复杂的非层次系统设计优化问题奠定了一定基础。

本节对系统的介绍沿用了系统论中对系统和子系统等术语的使用。在多学科设计优化中，如 2.1.2 节所述，广义的“学科”的概念即涵盖了子系统的概念。为了表述统一，后文中采用多学科设计优化术语“学科”对原狭义的学科领域、子系统、子空间等进行统称。

2.3.2　系统优化与学科优化的关系

无论对于层次系统还是非层次系统，都希望分解后在各学科优化的基础上能够得到原系统的优化结果。

假设系统由 N_D 个既相对独立又相互联系的学科组成。记第 i 个学科的优化问题为 SP_i，$\boldsymbol{X}_i^*$ 为其最优解，称为学科 i 的“局部最优解”。记整个系统的优化问题为 TP，$\boldsymbol{X}^*$ 为其最优解，称为系统的“全局最优解”。如需通过直接合并各学科单独优化的结果得到系统的全局最优解，学科优化问题 SP_i（$i=1,2,\cdots,N_D$）与总优化问题 TP 必须有如下联系：

(1) 各学科设计变量互不重合，TP 的设计变量 $\boldsymbol{X}$ 由所有 SP_i 的设计变量 $\boldsymbol{X}_i$（$i=1,2,\cdots,N_D$）组合而成。

(2) 任一 SP_i 优化目标 f_i 的改善都有利于系统总优化目标 f 的改善，即总目标 f 是各学科目标 f_i 的增函数。

(3) TP 的约束由所有学科优化约束的全体组成。

由上看出，“局部最优”能够直接组合为“全局最优”的核心要求是各学科优化是完全独立的，系统整体优化只是在数学形式上将其联系在一起。但在实际情况中，各学科优化往往存在各种不同形式的耦合，具体表现在以下几方面：

(1) 变量的耦合。学科间可能共享设计变量，因此对共享变量的优化需要综合权衡各学科的利益。此外，不同学科的设计变量可能由于物理或其他原因而产生关联，对其进行设计与优化需要综合各学科利益的平衡。

(2) 目标的耦合。系统优化总目标不一定是各子目标的简单增函数，且各个学科优化目标之间往往存在此消彼长、互相制约的关系，需要综合权衡。

(3) 约束的耦合。系统优化 TP 的约束除了包括所有学科约束以外，往往还包括系统级整体层次的一些约束，一般表达为所有设计变量的函数。

当出现上述情况时，由于不能通过求解各子优化问题而直接获取系统的“全局最优解”，就必须通过求解整个系统的优化问题才能得到“全局最优解”。而一般系统整体优化问题都存在规模大、复杂度高的特点，当考虑不确定性影响后计算成本将剧增，因此，如何对其有效求解正是 UMDO 研究的重要内容。

2.3.3　复杂系统的分解-协调法

对于大型复杂系统的优化问题，如果直接对其采用传统优化方法进行求解，势必面临计算成本巨大、甚至无法获取最优解的问题。一种直观的解决途径就是将复杂系统优化问题分解为多个学科的优化问题与学科间的协调问题。该分解-协调法具有以下有优点：①将大系统优化分解为多个学科，大幅降低单个学科优化问题的规模，易于采用传统优化方法进行处理；②通过解除学科之间的耦合，学科优化能够并行进行；③与工程实际专业分工形式一致，能够实现各个学科专家的设计优化自治。基于上述优势，分解-协调法得到了工业界和学术界的广泛重视和大量研究。分解-协调法的基本思路是：把整个系统全局优化的总优化问题分解为若干个相对独立的学科优化问题 SP_i（$1\leqslant i\leqslant n$）和一个进行全局协调优化的协调器 MP，如图 2.5 所示。

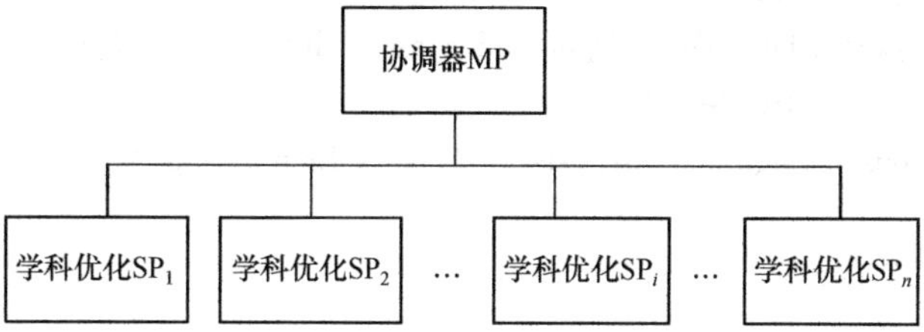

图 2.5　分解-协调法的结构

(1) 协调器 MP 不直接对各学科的设计变量进行优化，其任务是根据学科间的耦合关系对学科优化方案进行协调。

(2) 各学科优化 SP_i 根据协调器下达的指标，结合本学科的目标与约束，对本学科的局部设计变量进行优化。

(3) 各学科优化 SP_i 完成后，将优化结果反馈给协调器 MP，MP 从整个系统的目标与约束考虑进行全局协调优化，并将协调结果下达给各学科优化 SP_i。上述过程反复迭代直至收敛。

分解-协调法将一个高维复杂耦合的系统优化问题化解为若干个相对独立的低维学科优化和一个低维协调器的优化，对于具有多层次分系统的系统，可逐层分解-协调，为复杂系统优化问题的解决提供了一条根本的出路。

参考文献

[1] Fersona S, Joslyn C A, Helton J C, et al. Summary from the epistemic uncertainty workshop: Consensus amid diversity[J]. Reliability Engineering and System Safety, 2004, 85(1-3): 355—369.

[2] Oberkampf W L, Helton J C, Joslyn C A, et al. Challenge problems: Uncertainty in system response given uncertain parameters[J]. Reliability Engineering and System Safety, 2004, 85(1-3): 11—19.

[3] Noor A K. Nondeterministic Approaches and their Potential for Future Aerospace Systems[R]. Hampton: Langley Research Center, 2001.

[4] Ingram-Cotton J B, Hecht M J, Duphily R J, et al. Reliability Program Requirements for Space Systems[R]. Canada: The Aerospace Corporation, 2007.

[5] Mil-Std-785Revb Reliability Program for Systems and Equipment Development and Production[R]. U. S. Department of Defense, 1980.

[6] 曾声奎，赵廷弟，张建国，等. 系统可靠性设计分析教程[M]. 北京：北京航空航天大学出版

社,2001.
[7] Agarwal H. Reliability Based Design Optimization Formulations and Methodologies[D]. South Bend: University of Notre Dame, 2004.
[8] Padmanabhan D. Reliability-Based Optimization for Multidisciplinary System Design[D]. South Bend: University of Notre Dame, 2003.
[9] Park S H. Robust Design and Analysis for Quality Engineering[M]. London: Chapman and Hall, 1996.
[10] Park G, Lee T, Lee K H, et al. Robust optimization: An overview[J]. AIAA Journal, 2006, 44(1): 181—191.
[11] Beyer H, Sendhoff B. Robust optimization: A comprehensive survey[J]. Computer Methods in Applied Mechanics and Engineering, 2007, 196(33-34): 3190—3218.
[12] Mohan N S. Robust Design[D]. Delhi: Indian Institute of Technology, 2002.
[13] Taguchi G, Elsayed E A, Hsiang T C. Quality Engineering in Production Systems[M]. New York: McGraw-Hill, 1989.

第 3 章　不确定性建模

3.1　不确定性来源与分类

从飞行器设计、制造到存贮、转运、发射与运行，其全寿命周期内各个阶段均存在多种不确定性。在设计过程中就需要对全寿命周期的不确定性因素进行综合考虑，如图 3.1 所示，主要包括：早期任务分析阶段中任务需求、项目经费、科学技术、政治文化等因素的可变性，方案设计过程中所用模型及其输入输出的不确定性，制造过程中人员操作、材料属性和加工精度等导致的不确定性，以及飞行器运行过程中外部环境、用户市场价格等的可变性。

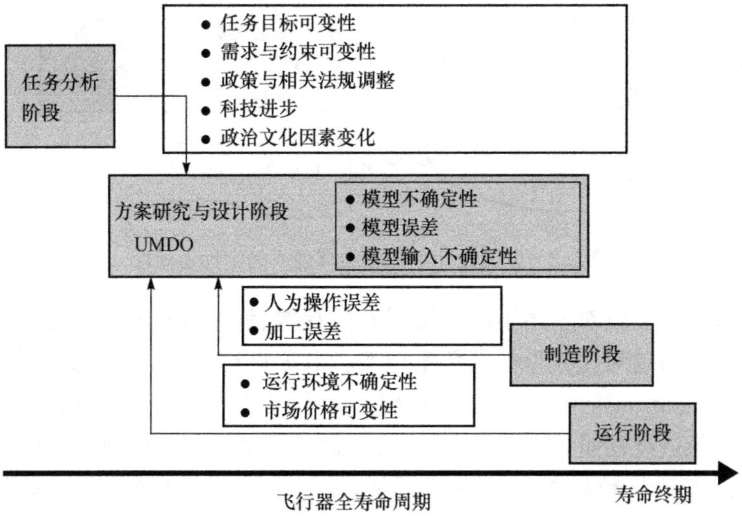

图 3.1　飞行器全寿命周期各阶段不确定性因素

虽然全寿命周期内存在形式多样的各类不确定性，但是在设计阶段均可以统一转换为研究对象系统模型的内部或外部不确定性，如图 3.2 所示。系统内部不确定性主要指系统本身的可变性（如结构材质属性等）以及建立其物理模型和数学模型过程中，由于知识缺乏、理解偏差、假设简化等导致的模型不确定性，包括模型结构不确定性(model structure uncertainty)和模型参数不确定性(model parameter uncertainty)。前者也称为非参数不确定性，是由于知识缺乏或人为简化导致的数学模型与实际真实物理模型之间的差异[1,2]；后者主要指由于信息缺乏导致对给定模型结构的参数估计不准确。模型内部不确定性还需要考虑在基于系统模型进行编程计算或仿真过程中，可能出现的由于离散化处理、舍入误差以及人为编程错误等导致的误差(error)。模型外部不确定性主要指设计过程中模型输入变量的不确定性，如作为设计变量的结构尺寸需要同时考虑由于加工精度导致的实际尺寸变化。综合考虑系统模型本身以及模型输入的不确定性，即可对模型输出不确定性进行分析，以此为基础对飞行器系统性能的不确定性分布特征进行分析并指导系统方案的设计与优化。

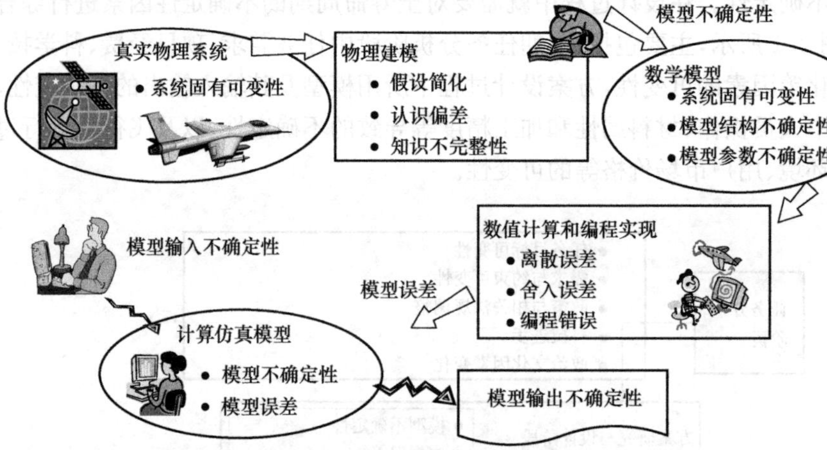

图 3.2　方案设计中涉及的模型不确定性示意图

目前有不少文献对上述不确定性因素的提取、评估与建模进行了研究。模型不确定性可以通过对比模型仿真数据与实验数据进行评估，该过程也称为模型确认(model validation)[1,2]。对于模型误差，舍入误差可以通过与先进计算机设备仿真结果比较进行衡量，人为编程错误可以通过冗余检查进行确认，离散化误差可以通过变化离散化粒度等方法进行评估，该过程称为模型验证(model verification)[2]。提取不确定性因素后，需要根据其属性采用相应的数学工具进行建模。如 2.1 节基本概念介绍所述，不确定性可以分为随机不确定性和认知不确定性两大类，前者描述物理系统及其运行环境中的固有可变性，也称为客观不确定性；后者描述由于人的认识不足或者信息缺乏造成的不确定性，也称为主观不确定性。随机不确定性通常采用概率方法通过随机变量或随机过程进行建模，而认知不确定性可以通过模糊数学理论、区间分析理论、证据理论、未确知信息理论等进行建模，上述方法统称为非概率方法。对于同一不确定性因素，其属于随机不确定性或认知不确定性的类型划分并不是绝对的，而是与所研究的对象、所考虑的环境、所关注的问题、所掌握的信息以及设计者的经验与偏好有关[3]。例如：产品转运过程中运输设备的振动频率与车况路况等有关，如果设计者对此有充分了解且通过实验获取了大量数据，则可以基于统计方法对其概率分布特征进行描述；但是如果设计者不具备充分的数据对其分布进行统计分析，且只关心运输过程中的可能最坏情况，则只需对其分布的可能取值区间进行考虑即可。对于描述某一不确定性因素的数学模型，模型结构与参数也可能具有不确定性，例如：通常采用随机过程描述市场价格走势，但是模型中刻画未来市场变化的参数很难准确预测，因此不能将其简化作为一个固定值处理，而应对其可能取值区间进行讨论。因此，不确定性因素建模需要结合具体问题进行讨论，对其类型进行划分，对合适的建模工具进行选择，而不能一概而论。本章不对具体问题中的不确定性因素分类方法进行讨论，仅分别针对随机和认知两类不确定性，对其对应的概率和非概率建模方法进行介绍。

3.2　概率建模方法

对于随机不确定性，一般采用概率方法进行处理，其复杂性主要表现在如何选择合适的概率分布函数进行建模，如正态、对数正态、指数分布等，如何对分布函数中的参数进行准确估计，以及如何验证概率分布函数的合理性等。

3.2.1　概率空间与随机变量

1. 概率空间

概率论研究的对象是概率空间，通常采用三元组$(\Omega, X_\Omega, \mathrm{Pr})$表示。其中$\Omega$表示样本空间，为随机不确定性变量可能取值的全体；$X_\Omega$是定义在$\Omega$的$\sigma$代数，满足以下条件：

(1) $\Omega \in X_\Omega$；

(2) $\forall A \in X_\Omega, A^{\mathrm{C}} \in X_\Omega$；

(3) $\forall \{A_n\} \subset X_\Omega (n \in N), \bigcup_n A_n \in X_\Omega, \bigcap_n A_n \in X_\Omega$。

Pr 是定义在X_Ω上的概率测度，满足以下公理：

(1) $\forall A \in X_\Omega, 0 \leqslant \mathrm{Pr}\{A\} \leqslant 1$；

(2) $\mathrm{Pr}\{\Omega\} = 1$；

(3) $\forall i \neq j$，如果 $A_i \cap A_j = \varnothing, \mathrm{Pr}\left\{\bigcup_{i=1}^{\infty} A_i\right\} = \sum_{i=1}^{\infty} \mathrm{Pr}\{A_i\}$。

2. 随机变量及其分布

随机变量定义为从概率空间$(\Omega, X_\Omega, \mathrm{Pr})$到实数集的可测函数，即对于样本空

间$\Omega=\{\omega\}$，随机变量$X=X(\omega)$为定义在Ω上的可测函数，且对于任意实数x，集合$\{\omega|X(\omega)\leqslant x\}$（使得$X(\omega)\leqslant x$的所有样本点$\omega$组成的集合）有确定的概率。如果随机变量具有有限个或可列无限个可能取值，则称其为离散型随机变量，反之为非离散型随机变量。

设离散型随机变量X所有可能取值为$x_k(k=1,2,\cdots)$，X取各可能值，即事件$\{X=x_k\}$的概率为

$$\Pr\{X=x_k\}=p_k, \quad k=1,2,\cdots \tag{3.1}$$

式(3.1)称为离散型随机变量X的分布律。下面介绍三种重要的离散型随机分布。

(1) 0-1分布。

设随机变量X只可能取0和1两个值，其分布律为

$$\Pr\{X=k\}=p^k(1-p)^{1-k}, \quad k=0,1;\ 0<p<1 \tag{3.2}$$

则称X服从0-1分布或两点分布，例如抛硬币试验等都可以通过该分布的随机变量进行描述。

(2) 伯努利试验，二项分布。

设试验只有两个可能结果，即A和$\overline{A}$，则称该试验为伯努利(Bernoulli)试验。设$\Pr\{A\}=p(0<p<1)$，则$\Pr\{\overline{A}\}=1-p$，将试验独立重复n次，则称为n重伯努利试验。设随机变量X表示n重伯努利试验中A发生的次数，则发生k次的概率为

$$\Pr\{X=k\}=\binom{n}{k}p^k(1-p)^{n-k}, \quad k=0,1,2,\cdots,n \tag{3.3}$$

记$q=1-p$，注意到$\binom{n}{k}p^kq^{n-k}$恰好是二项式$(p+q)^n$展开式中出现p^k的项，故称随机变量X服从n和p的二项分布，记为$X\sim b(n,p)$。易知，当$n=1$时，二项分布化为0-1分布。

(3) 泊松分布。

设随机变量X的所有可能取值为$0,1,2,\cdots$，而取各个值的概率为

$$\Pr\{X=k\}=\frac{\lambda^k\exp(-\lambda)}{k!}, \quad k=0,1,2,\cdots \tag{3.4}$$

其中$\lambda>0$是常数，则称X服从参数为λ的泊松分布，记为$X\sim\pi(\lambda)$。实际应用中有很多泊松分布的随机变量，如一本书中某一页的印刷错误数、某一医院一天内急诊病人数等。

对于非离散型随机变量X，概率分布函数定义为

$$F(x)=\Pr\{X\leqslant x\} \tag{3.5}$$

其中,x为任意实数。如果存在非负函数$p(x)$,使对于任意实数x有

$$F(x)=\int_{-\infty}^{x}p(t)\mathrm{d}t \tag{3.6}$$

则称X为连续型随机变量,$p(x)$称为X的概率密度函数,简称概率密度。值得注意的是,连续型随机变量X取任意指定实数值a的概率为0,即$\Pr\{X=a\}=0$,因此计算连续型随机变量落在某一区间的概率时,可以不必区分该区间是开区间或闭区间或半闭区间。下面介绍三种重要的连续型随机变量。

(1) 均匀分布。

设连续型随机变量X具有概率密度

$$p(x)=\begin{cases}\dfrac{1}{b-a}, & a<x<b\\ 0, & \text{其他}\end{cases} \tag{3.7}$$

则称X在区间(a,b)上服从均匀分布,记为$X\sim U(a,b)$。

(2) 正态分布。

设连续型随机变量X具有概率密度

$$p(x)=\frac{1}{\sqrt{2\pi}\sigma}\exp\left[-\frac{(x-\mu)^2}{2\sigma^2}\right],\quad x\in\mathbb{R} \tag{3.8}$$

其中μ和σ为非负常数,则称X服从参数为μ和σ的正态分布或高斯(Gauss)分布,记为$X\sim N(\mu,\sigma^2)$。当$\mu=0$和$\sigma=1$时,称X服从标准正态分布,概率密度和概率分布函数分别用$\varphi(x)$和$\Phi(x)$表示。设$X\sim N(0,1)$,若z_α满足条件

$$\Pr\{X>z_\alpha\}=\alpha,\quad 0<\alpha<1 \tag{3.9}$$

则称点z_α为标准正态分布的上α分为点。由对称性可知$z_{1-\alpha}=-z_\alpha$。在自然现象和社会现象中,大量随机变量都服从或近似服从正态分布,因此在概率论和数理统计的理论研究和实际应用中起着特别重要的作用。

(3) 指数分布。

设连续型随机变量X具有概率密度

$$p(x)=\begin{cases}\dfrac{1}{\theta}\exp\left(-\dfrac{x}{\theta}\right), & x>0\\ 0, & \text{其他}\end{cases} \tag{3.10}$$

其中$\theta>0$为常数,则称X服从参数为θ的指数分布,记为$X\sim \mathrm{EXP}(\theta)$。服从指数分布的随机变量具有无记忆性,即对于任意非负实数s和t,有

$$\Pr\{X>s+t\mid X>s\}=\Pr\{X>t\} \tag{3.11}$$

上式表示事件$A=\{X>s\}$发生的条件下事件$B=\{X>s+t\}$发生的条件概率与事件$C=\{X>t\}$发生的概率相同。例如:X为某元件寿命,式(3.11)表示已知元件

已使用了 s 小时，则其寿命大于 $s+t$ 小时(亦即再使用 t 小时)的概率，与从使用开始至少能使用 t 小时的概率相等，也就是说元件对其已使用的 s 小时无记忆。该性质使指数分布在可靠性理论中得到广泛应用。

n 个随机变量构成 n 维随机向量，即从概率空间 $(\Omega, X_\Omega, \mathrm{Pr})$ 到 n 维实数向量空间的可测函数，记为 $\boldsymbol{X}=[X_1, X_2, \cdots, X_n]$。随机向量的联合概率分布函数定义为

$$F(x_1, x_2, \cdots, x_n)=\mathrm{Pr}\{X_1 \leqslant x_1, X_2 \leqslant x_2, \cdots, X_n \leqslant x_n\} \tag{3.12}$$

如果存在非负函数 $p(x_1, x_2, \cdots, x_n)$，使对于任意实数向量 $(x_1, x_2, \cdots, x_n)$ 有

$$F(x_1, x_2, \cdots, x_n)=\int_{-\infty}^{x_1} \int_{-\infty}^{x_2} \cdots \int_{-\infty}^{x_n} p(t_1, t_2, \cdots, t_n) \mathrm{d}t_1 \mathrm{d}t_2 \cdots \mathrm{d}t_n \tag{3.13}$$

则称 p 为随机向量的联合概率密度函数。若对于任意实数向量 $(x_1, x_2, \cdots, x_n)$ 有

$$\mathrm{Pr}\{X_i \leqslant x_i, 1 \leqslant i \leqslant n\}=\prod_{i=1}^{n} \mathrm{Pr}\{X_i \leqslant x_i\} \tag{3.14}$$

则称 $X_1, X_2, \cdots, X_n$ 为相互独立的随机变量。设随机变量 X_i 具有概率分布函数 F_i 和概率密度函数 p_i，则 $X_1, X_2, \cdots, X_n$ 相互独立等价于

$$F(x_1, x_2, \cdots, x_n)=\prod_{i=1}^{n} F_i(x_i) \tag{3.15}$$

$$p(x_1, x_2, \cdots, x_n)=\prod_{i=1}^{n} p_i(x_i) \tag{3.16}$$

3. 随机变量的数字特征

随机变量能够通过分布函数完整描述其统计特性，本节对常用的描述随机变量分布的数字特征进行介绍，包括数学期望、方差、相关系数和矩。

对于离散型随机变量 X，其分布律为 $\mathrm{Pr}\{X=x_k\}=p_k, k=1,2,\cdots$，如果级数 $\sum_{k=1}^{\infty} x_k p_k$ 绝对收敛，则称该级数为随机变量 X 的数学期望。对于连续型随机变量，其概率密度为 $p(x)$，设积分 $\int_{-\infty}^{\infty} x p(x) \mathrm{d}x$ 绝对收敛，则称该积分值为 X 的数学期望。数学期望简称期望，也称为均值，记为 $E(X)$。

对于随机变量 X，如果 $E([X-E(X)]^2)$ 存在，则称其为 X 的方差，记为 $D(X)$ 或 $\mathrm{Var}(X)$。引入与 X 具有相同量纲的量 $\sqrt{D(X)}$，记为 $\sigma(X)$，称为标准差或均方差。对于任意正整数 k，如果 $E(X^k)$ 存在，则称其为 X 的 k 阶原点矩，简称 k 阶矩。若 $E([X-E(X)]^k)$ 存在，则称其为 X 的 k 阶中心矩。

对于随机变量 X 和 Y，给定任意正整数 k 和 l，若 $E([X-E(X)]^k [Y-E(Y)]^l)$ 存在，则称其为 X 和 Y 的 $k+l$ 阶混合中心矩，其中二阶混合中心距为协方差，记

为 cov(X,Y)。

对于 n 维随机向量 $\boldsymbol{X}=[X_1,X_2,\cdots,X_n]$，设随机变量两两之间二阶混合中心距 $c_{ij}=\mathrm{cov}(X_i,X_j)(i,j=1,2,\cdots,n)$ 均存在，则称矩阵

$$\boldsymbol{C}=\begin{bmatrix} c_{11} & c_{12} & \cdots & c_{1n} \\ c_{21} & c_{22} & \cdots & c_{2n} \\ \vdots & \vdots & & \vdots \\ c_{n1} & c_{n2} & \cdots & c_{nn} \end{bmatrix} \tag{3.17}$$

为 n 维随机向量 $\boldsymbol{X}=[X_1,X_2,\cdots,X_n]$ 的协方差矩阵。易知 $c_{ij}=c_{ji}$，因此 $\boldsymbol{C}$ 为对称矩阵。

常用随机变量分布类型及其数字特征如表 3.1 所示。

表 3.1　常见概率分布及数字特征

分布	参数	分布律或概率密度函数	期望	方差
0-1 分布	$0<p<1$	$\Pr\{X=k\}=p^k(1-p)^{1-k}$ $k=0,1$	p	$p(1-p)$
二项分布	$n\geqslant 1$ $0<p<1$	$\Pr\{X=k\}=\binom{n}{k}p^k(1-p)^{n-k}$ $k=0,1,2,\cdots,n$	np	$np(1-p)$
泊松分布	$\lambda>0$	$\Pr\{X=k\}=\dfrac{\lambda^k\exp(-\lambda)}{k!}$ $k=0,1,2,\cdots$	λ	λ
均匀分布 $U(a,b)$	$a<b$	$p(x)=\begin{cases}\dfrac{1}{b-a}, & a<x<b \\ 0, & 其他\end{cases}$	$\dfrac{a+b}{2}$	$\dfrac{(b-a)^2}{12}$
正态分布 $N(\mu,\sigma^2)$	μ $\sigma>0$	$p(x)=\dfrac{1}{\sqrt{2\pi}\sigma}\exp\left[-\dfrac{(x-\mu)^2}{2\sigma^2}\right]$	μ	σ^2
指数分布 EXP(θ)	$\theta>0$	$p(x)=\begin{cases}\dfrac{1}{\theta}\exp\left(-\dfrac{x}{\theta}\right), & x>0 \\ 0, & 其他\end{cases}$	θ	θ^2

3.2.2　分布函数建模与参数估计

对随机不确定性进行建模，主要基于数理统计的方法，通过对研究对象的样本数据进行分析，从而对其随机分布做出推断，即统计推断。统计推断包括估计和假设检验两类问题，前者基于一定假设对随机变量分布函数与特征进行推断，后者对上述假设和推断进行检验。本节对估计问题进行介绍。

估计包括两类情况：一类是分布函数完全未知；另一类是已知函数形式不知其参数的情况。对于前者，可以根据样本构造经验分布函数来近似实际分布函数，方法如下：

设观察随机变量 X 获得 n 个样本，记为$\{x_1,x_2,\cdots,x_n\}$。对于任意实数 x，记不大于 x 的样本个数为 $S(x)$，则经验分布函数 $F_n(x)$定义为

$$F_n(x)=\frac{1}{n}S(x),\quad -\infty<x<\infty \tag{3.18}$$

Glivenko 于 1933 年证明了当 $n\to\infty$时，$F_n(x)$以概率 1 一致收敛于 X 的真实分布函数 $F(x)$。但在实际中很难获取充分多的样本，因此 $F_n(x)$的精度也是有限的。另一种常用的方法是对随机变量 X 的分布函数形式进行假设，然后对该函数形式对应的分布参数进行估计，由此转换为第二类参数估计问题。对未知参数值进行估计称为参数的点估计问题。假设随机变量 X 的分布函数为 $F(x;\theta_1,\theta_2,\cdots,\theta_k)$，其中 $\theta_i(1\leqslant i\leqslant k)$为分布函数的 k 个待估参数。点估计问题就是构造适当的统计量，根据样本$\{x_1,x_2,\cdots,x_n\}$获取 θ_i 的估计值 $\hat{\theta}_i$。常用的点估计方法包括矩估计法和最大似然估计法。

(1) 矩估计法。

设 X 为连续型随机变量，概率密度函数为 $f(x;\theta_1,\theta_2,\cdots,\theta_k)$，或 X 为离散型随机变量，其分布律为 $\Pr\{X=x\}=p(x;\theta_1,\theta_2,\cdots,\theta_k)$，其中 $\theta_i(1\leqslant i\leqslant k)$为分布函数的 k 个待估参数。已知 n 个样本$\{x_1,x_2,\cdots,x_n\}$，假设 X 的前k 阶矩$\mu_l=E(X^l)$存在，则样本矩 $A_l=\frac{1}{n}\sum_{i=1}^{n}x_i^l(1\leqslant l\leqslant k)$ 依概率收敛于相应的 l 阶矩μ_l，样本矩 A_l 的连续函数依概率收敛于μ_l 的连续函数，由此可以将样本矩 A_l 作为μ_l 的估计量，这种估计方法称为矩估计法。根据原点矩 $\mu_l=E(X^l)$定义，可以将 μ_l $(1\leqslant l\leqslant k)$分别表述为 $\theta_i(1\leqslant i\leqslant k)$的函数，求解联立方程组可将 $\theta_i(1\leqslant i\leqslant k)$表述为 $\mu_l(1\leqslant l\leqslant k)$的函数 $\theta_i=\theta_i(\mu_1,\mu_2,\cdots,\mu_k)$。由此带入 μ_l 的估计量 $A_l(1\leqslant l\leqslant k)$，即可获得 $\theta_i(1\leqslant i\leqslant k)$的估计值 $\hat{\theta}_i(1\leqslant i\leqslant k)$。

(2) 最大似然估计法。

已知 n 个样本$\{x_1,x_2,\cdots,x_n\}$，由于每一个样本是对随机变量 X 的一次独立观察值，因此获得 n 个观察值分别为$\{x_1,x_2,\cdots,x_n\}$这一事件发生的概率为

$$L(\theta_1,\theta_2,\cdots,\theta_k)=\begin{cases}\prod_{i=1}^{n}p(x_i;\theta_1,\theta_2,\cdots,\theta_k), & \text{离散型}\\ \prod_{i=1}^{n}f(x_i;\theta_1,\theta_2,\cdots,\theta_k), & \text{连续型}\end{cases} \tag{3.19}$$

$L(\theta_1,\theta_2,\cdots,\theta_k)$称为样本的似然函数。最大似然法选取使得 $L(\cdot)$取值达到

最大的参数值 $\hat{\theta}_i(1\leqslant i\leqslant k)$ 作为未知参数的估计值，称为最大似然估计值，可以通过下述 k 个方程构成的方程组获得：

$$\frac{\partial L}{\partial \theta_i}=0,\quad 1\leqslant i\leqslant k \tag{3.20}$$

由以上两种点估计方法可知，对于同一参数，用不同的估计方法求出的估计量可能不相同。针对具体的问题如何选用合适的方法，就涉及估计量的优劣判别问题。统计上常用的判别标准有无偏性、有效性和相合性，各个准则对应的判别方法请参见数理统计相关文献[4]，此处不再赘述。

虽然通过点估计方法能够获得分布函数未知参数的近似估计值，但在实际应用中往往还需要对该估计的误差进行评估，亦即判断估计的精确程度。通常希望给出一个区间范围以及该范围包含真值的可信程度，这种形式的估计称为区间估计，该区间称为置信区间。通常，区间估计给出如下形式的置信区间：

$$\Pr\{\underline{\theta}<\theta<\overline{\theta}\}=1-\alpha \tag{3.21}$$

区间 $(\underline{\theta},\overline{\theta})$ 是 θ 的置信水平为 $1-\alpha$ 的置信区间，区间范围反映了估计的精确性，置信度 $1-\alpha$ 反映了区间估计的可靠性，具体区间估计方法参见文献[4]。

3.2.3　假设检验

在基于样本信息对随机变量分布函数进行建模的过程中，在完全未知分布函数的情况下往往需要首先对分布函数形式进行假设，或者在已知分布函数形式条件下对参数进行估计推断。本节对是否能够接受上述假设和推断的决策方法，亦即假设检验方法，进行简单介绍。

假设检验分为参数假设检验和非参数假设检验。在参数假设检验理论中，目前比较成熟的方法几乎都是针对正态总体的检验，比如单正态总体均值（方差已知、方差未知）的检验、单正态总体方差的检验、两正态总体均值（方差已知、方差未知但相等）的检验、两正态总体方差齐性（相等）的检验等。但在实际问题当中存在不能预知随机变量服从什么分布的情况，这就需要根据样本来检验关于分布函数的各种假设，这就是分布的假设检验问题。在数理统计中把不依赖于分布的统计方法称为非参数统计方法，表述为如下假设检验问题：

$$H_0: F(x)=F_0(x);\quad H_1: F(x)\neq F_0(x) \tag{3.22}$$

其中，$F(x)$ 为总体 X 的实际分布函数，未知；$F_0(x)$ 为某已知的分布函数，$F_0(x)$ 中可以含有未知参数，也可以不含有未知参数。分布函数 $F_0(x)$ 一般是根据总体的物理意义、样本的经验分布函数、直方图得到启发而确定的。对 H_0 进行检验，针对 $F_0(x)$ 的不同类型有不同的检验方法，如当 $F_0(x)$ 为正态分布函数时，常用正态概率纸法与偏度、峰度法。一般情形可以采用 Pearson 的χ^2 检验法和 Kolmogrov 检验法,具体参见文献[4]。

3.3　非概率建模方法

对于认知不确定性,需要根据具体问题特点采用相应的数学工具进行处理,如:对于由于设计人员主观定义边界模糊或表述含糊导致的不确定性,采用模糊数学比较合适;而对于由于知识缺乏导致对系统状态或参数取值分布描述粗糙的不确定性,则区间分析或证据理论更加适用。本节对目前几种主要的非概率建模方法进行介绍,包括区间分析方法(interval analysis)和凸集方法(convex modeling)、模糊集合(fuzzy set)与可能性理论(possibility theory)、证据理论(evidence theory)等。

3.3.1　区间与凸模型理论

通过区间对不确定性进行描述是最简单的非概率方法。该方法将不确定性变量 X 通过其可能取值下限 $\underline{\xi}$ 和上限 $\overline{\xi}$ 进行描述,表示为区间的形式记为$[\underline{\xi},\overline{\xi}]$。与概率表示方法不同,区间分析方法无法给出 X 在区间$[\underline{\xi},\overline{\xi}]$内取值的概率分布,而只能通过该区间表明 X 的可变范围。因此,有的文献将区间定义为一种新类型的“数”[5],这也是区间数名称的由来。对于多个不确定性变量组成的向量,其可变区间通过各分量的上下限构成的超长方体进行描述。根据模型中参数以及模型输入存在的区间不确定性,通过区间分析可以计算模型输出在不确定性影响下的可能取值区间,相关具体介绍参见文献[6]～[9]。

Ben-Haim 和 Elishakoff 于 1990 年提出凸模型理论[10],采用比区间模型更具一般性的凸集模型(convex set)对不确定性进行描述。目前,应用较广的凸集模型主要包括一致界限凸集模型、椭球界限凸集模型、包线界限凸集模型、瞬时能量界限凸集模型、累积能量界限凸集模型等[11,12]。以椭球界限凸集模型为例,对不确定性向量 $\boldsymbol{X}=[X_1,X_2,\cdots,X_{N_X}]^{\mathrm{T}}$ 的描述为

$$\boldsymbol{X}^{\mathrm{T}}\boldsymbol{W}\boldsymbol{X}\leqslant a \tag{3.23}$$

式中,$\boldsymbol{W}$ 为正定矩阵;参数 a 为正实数。该模型考虑了各不确定性分量之间可能存在的相关性,由此不确定性向量 $\boldsymbol{X}$ 的可变范围通过椭球体进行描述,而不再是区间模型中假设各分量独立,通过各分量的上下限构成的超长方体进行描述。二维情况下两者的区别如图 3.3 所示,因此实际上区间模型可以认为是凸集模型的一种特殊情况。

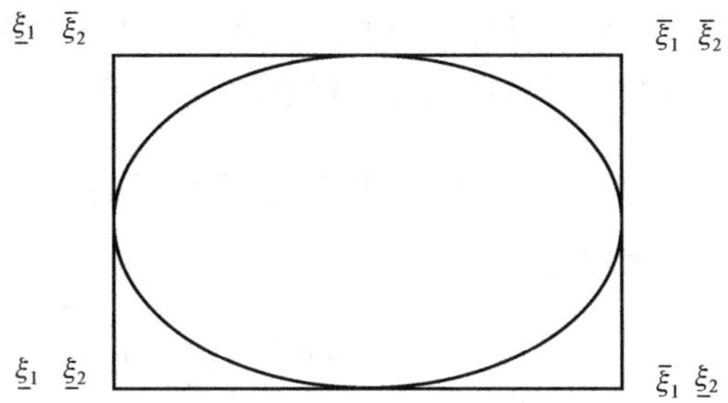

图 3.3　二维不确定性变量的区间分析模型和椭圆凸集模型

3.3.2　模糊集合与可能性理论

模糊数学理论最早由美国 Zadeh 提出[13]。在经典集合理论中，每一个集合都必须由确定的元素构成，即集合的边界是清晰的(crisp)，元素对集合的隶属关系是明确的，只有属于(用“1”表示)或不属于(用“0”表示)两种状态。而模糊数学理论将经典的集合理论扩展为模糊集合，元素对模糊集合的隶属度可以在 0 和 1 之间取值，通过隶属度函数(membership function)进行描述，即元素不能完全确定其属于或不属于该集合，集合的边界是模糊的(fuzzy)。对于不确定性变量 X，采用经典集合 $\widetilde{A}$ 和模糊集合 A 分别对其可能取值空间进行描述，如图 3.4 所示。其中，横坐标表示 X 的可能取值，纵坐标表示 X 取值为 x 对应属于集合的隶属度。X 取值属于经典集合 $\widetilde{A}$ 的隶属度只能取值为 0 或 1，则 X 可能取值范围明确表示为虚线方框限定的区间。X 取值 x 属于模糊集合 A 的隶属度可以为 0 到 1 之间的值，通过隶属度函数 $\mu_A(x)$进行描述。给定属于集合 A 的隶属度水平 0.4，不确定性变量 X 的可能取值区间为[2.5，6.5]。故在给定隶属度水平(也称为可能性水平)不小于 $\alpha\in[0,1]$的条件下，不确定性变量 X 的可能取值可以通过集合 $A_\alpha=\{x|\mu_A(x)>\alpha\}$进行描述，称为 α 截集或 α 水平集[14]。

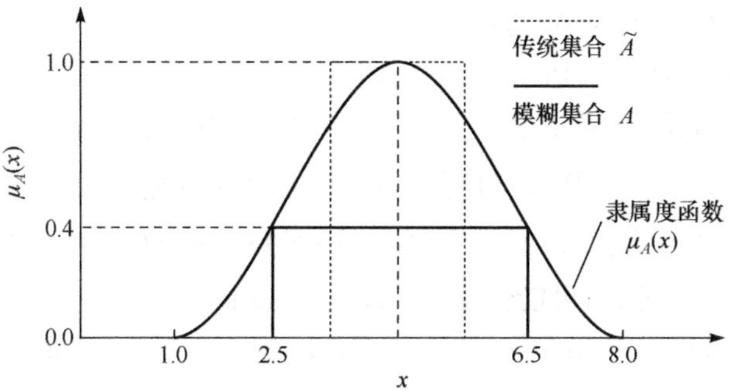

图 3.4　元素与模糊子集的关系

隶属度函数的形式一般可以分为分段线性函数和非线性函数两大类,常用的简单分段线性隶属度函数主要包括三角形和单调形[15],三角形隶属度函数表示为

$$\mu_A(x,a,b,c)=\max\left\{\left[\min\left(\frac{x-a}{b-a},\frac{c-x}{c-b}\right)\right],0\right\} \tag{3.24}$$

单调形隶属度函数表示为

$$\mu_A(x,a,b)=\begin{cases}\max\left[\min\left(\frac{x-a}{b-a},0\right),0\right]\\ \max\left[\min\left(1,\frac{b-x}{b-a}\right),0\right]\end{cases} \tag{3.25}$$

隶属度函数的构造一直是模糊数学理论的研究热点问题,目前主要包括模糊统计法、例证法、专家经验法和二元对比排序法等。其中,二元对比排序法是一种较为实用的隶属度函数确定方法,其基本思想是对多个元素进行两两比较,分别确定元素间的相对排序,然后根据排列结果进行隶属度函数形状的推断[16]。此外,近期还发展了基于多特征相似性融合的隶属度函数确定方法[17]、基于贝塞尔函数曲线理论的构建方法[18]、模糊减法均值聚类确定法[19]等,可以根据具体实际问题进行选择,此处不再赘述。

在模糊集合基础上,Zadeh 进一步发展了可能性理论[13]。该理论中,不确定性变量 X 的可能取值范围由集合 χ 表示,其幂集表示为 2^{χ},定义可能性测度 $\text{Pos}\{A\}$,满足以下条件:

$$\begin{cases}\text{Pos}\{2^{\chi}\}=1\\ \text{Pos}\{\varnothing\}=0\\ \forall A_i\in 2^{\chi}(i=1,2,\cdots,N),\quad \text{Pos}\{\bigcup_i A_i\}=\sup_i \text{Pos}\{A_i\}\end{cases} \tag{3.26}$$

则不确定性变量 X 可以通过三元组$(\chi,2^{\chi},\text{Pos})$构成的可能性空间进行描述。由式(3.26)可知:

(1) $\forall A\in 2^{\chi}$,有 $0\leqslant \text{Pos}\{A\}\leqslant 1$;

(2) 如果 $A\subset B$,$\text{Pos}\{A\}\leqslant \text{Pos}\{B\}$;

(3) 对于 $\forall A,B\in 2^{\chi}$,$\text{Pos}\{A\cup B\}\leqslant \text{Pos}\{A\}+\text{Pos}\{B\}$。

对于多个独立不确定性变量构成的向量 $\boldsymbol{X}=[X_1,X_2,\cdots,X_{N_X}]^{\mathrm{T}}$,每个元素 X_i 通过可能性空间$(\chi_i,2^{\chi_i},\text{Pos}_i)$进行描述,则向量 $\boldsymbol{X}$ 通过乘积可能性空间$(\chi,2^{\chi},\text{Pos})$表述,其中 χ 由卡式积 $\chi=\chi_1\times\chi_2\times\cdots\times\chi_{N_X}$ 确定(相关乘积空间定义参见 2.2.1 节),对于 $\forall A\in 2^{\chi}$,可能性测度 Pos 定义如下:

$$\text{Pos}\{A\}=\sup_{(x_1,x_2,\cdots,x_{N_X})\in A}\text{Pos}_1\{x_1\}\wedge\text{Pos}_2\{x_2\}\wedge\cdots\wedge\text{Pos}_{N_X}\{x_{N_X}\} \tag{3.27}$$

其中,符号 $\wedge$ 表示取最小值运算符,向量 $\boldsymbol{X}$ 的乘积可能性测度记 $\text{Pos}=\text{Pos}_1\wedge\text{Pos}_2$

$\wedge \cdots \wedge \mathrm{Pos}_{N_X}$。

在可能性理论中，另一个重要的测度为必要性测度(necessity)。给定可能性空间$(\chi,2^{\chi},\mathrm{Pos})$，对于$A\in 2^{\chi}$，记$A^{\mathrm{C}}$为其补集，则定义$\mathrm{Nec}\{A\}=1-\mathrm{Pos}\{A^{\mathrm{C}}\}$为$A$的必要性测度。可能性和必要性测度的关系如下：

$$\begin{aligned}&\mathrm{Nec}(A)+\mathrm{Pos}(A^{\mathrm{C}})=1,\quad \mathrm{Nec}(A)\leqslant \mathrm{Pos}(A)\\&\mathrm{Pos}(A)+\mathrm{Pos}(A^{\mathrm{C}})\geqslant 1,\quad \mathrm{Nec}(A)+\mathrm{Nec}(A^{\mathrm{C}})\leqslant 1\end{aligned}\tag{3.28}$$

对于$\forall A\in 2^{\chi}$，如果$\mathrm{Pos}(A)<1$，则有$\mathrm{Nec}(A)=0$[20]。

与概率论中通过概率分布函数描述随机不确定性变量的分布相似，可能性理论可以通过累积必要性分布函数(cumulative necessity function,CNF)和累积可能性分布函数(cumulative possibility function,CPoF)进行描述，定义如下[21]：

$$\mathrm{CNF}(x)=\mathrm{Nec}(X<x)\tag{3.29}$$

$$\mathrm{CPoF}(x)=\mathrm{Pos}(X<x)\tag{3.30}$$

关于模糊集合和可能性理论的具体介绍参见文献[13]和[22]。

3.3.3 证据理论

证据理论也称为Dempster-Shafer理论(D-S理论)[23]。当信息不足无法对不确定性分布采用概率方法进行准确描述的情况下，证据理论基于已有信息(或证据)，可采用可信性测度(belief)和似然性测度(plausibility)对精确概率的可能取值区间进行描述[24]。

设不确定性变量X的有限个可能取值全集为Ω，其幂集2^{Ω}中每个元素对应一个基本可信性赋值(basic probability assignment,BPA)。BPA函数记为m：$2^{\Omega}\rightarrow[0,1]$，满足以下条件：

$$\begin{cases}\forall A\in 2^{\Omega},\quad m(A)\geqslant 0\\ m(\varnothing)=0\\ \displaystyle\sum_{A\in 2^{\Omega}} m(A)=1\end{cases}\tag{3.31}$$

其中，$m(A)$只对命题A有效，而不对A的子命题有效。幂集2^{Ω}中BPA大于0的元素称为焦元(focal element)。若所有焦元构成的集合记为Ψ，则不确定性变量X可以通过三元组$(2^{\Omega},\Psi,m)$构成的证据空间进行描述。

对于$\forall A\in 2^{\Omega}$，X取值属于A的概率下界为可信性测度，记为$\mathrm{Bel}(A)$，上界为似然性测度，记为$\mathrm{Pl}(A)$，定义如下：

$$\begin{aligned}&\mathrm{Bel}(A)=\sum_{B\mid B\subseteq A} m(B),\quad \mathrm{Pl}(A)=\sum_{B\mid B\cap A\neq\varnothing} m(B)\\&\mathrm{Bel}(A)\leqslant \mathrm{Pr}(A)\leqslant \mathrm{Pl}(A),\quad \mathrm{Pl}(A)=1-\mathrm{Bel}(A^{\mathrm{C}})\end{aligned}\tag{3.32}$$

其中，B 为幂集 2^{Ω} 中的所有焦元；$m(\cdot)$为 BPA 函数；$\Pr(A)$为 X 取值属于 A 的实际精确概率；A^C 为 A 的补集；$\mathrm{Bel}(A)$表示完全包含于 A 中的焦元对应的基本可信性赋值之和；$\mathrm{Pl}(A)$表示与 A 相交非空的焦元对应的基本可信性赋值之和。随着关于不确定性变量 X 的信息不断增多，对其取值分布的描述不断精细，概率上下界的区别将不断缩小，直至收敛到精确概率值。因此，证据理论为比概率论更具普适性的方法，且对不确定性的描述和处理可以随着信息的增多而不断接近概率论方法，这对两者结合处理混合不确定性奠定了基础[25,26]。

对于多个独立不确定性变量构成的向量 $\boldsymbol{X}=[X_1,X_2,\cdots,X_{N_X}]^{\mathrm{T}}$，每个元素 X_i 通过证据空间(C_i,Ψ_i,m_i)进行描述，则向量 $\boldsymbol{X}$ 通过乘积证据空间$(C,\boldsymbol{\Psi},m)$来表述，其中，C 由卡式积确定如下：

$$C=C_1\times C_2\times\cdots\times C_{N_X}=\{c_k=(b_1,b_2,\cdots,b_{N_X})\mid b_i\in C_i,1\leqslant i\leqslant N_X\} \tag{3.33}$$

对于 $\forall A\in C$，BPA 函数 m 为

$$m(c_k)=\prod_{i=1}^{N_X} m_i(b_i),\quad c_k=(b_1,b_2,\cdots,b_{N_X}) \tag{3.34}$$

Ψ 为根据 BPA 函数 m 确定的焦元构成的集合。以两变量向量 $\boldsymbol{X}=[X_1,X_2]^{\mathrm{T}}$ 为例，各分量 BPA 函数 m_i 和联合分布 BPA 函数 m 如表 3.2 所示。

表 3.2 两个独立不确定性变量的联合 BPA 分布

X_1 \ X_2	$m_2(b_1)=0.3$	$m_2(b_2)=0.3$	$m_2(b_3)=0.4$
$m_1(a_1)=0.3$	$m(a_1,b_1)=0.09$	$m(a_1,b_2)=0.09$	$m(a_1,b_3)=0.12$
$m_1(a_2)=0.3$	$m(a_2,b_1)=0.09$	$m(a_2,b_2)=0.09$	$m(a_2,b_3)=0.12$
$m_1(a_3)=0.4$	$m(a_3,b_1)=0.12$	$m(a_3,b_2)=0.12$	$m(a_3,b_3)=0.16$

与概率论中通过概率分布函数描述随机不确定性变量的分布相似，证据理论可以通过累积可信性分布函数(cumulative belief function，CBF)和累积似然性分布函数(cumulative plausibility function，CPF)进行描述，定义如下[21]：

$$\mathrm{CBF}(x)=\mathrm{Bel}(X<x) \tag{3.35}$$

$$\mathrm{CPF}(x)=\mathrm{Pl}(X<x) \tag{3.36}$$

构造 BPA 函数是证据理论对不确定性建模的关键。关于不确定性因素的信息可以来源于实验数据、理论分析或者专家知识等多种途径，然后通过一定聚合准则(combination rules)[27]对多种证据(包括冲突的证据)进行归纳整合，由此对认知不确定性分布进行描述。最早的证据合并准则为 Dempster 准则(Dempster's rule)，其基本思想是通过一定的规范化因子作用，保留各种信息源中相一致的部分，而舍弃相互矛盾的部分。对于分别来源于两个信息源给定的基本可信性赋值

函数 m_1 与 m_2，基于 Dempster 准则对其进行合并得到的基本可信性赋值函数 m_{12} 通过下式计算：

$$m_{12}(A)=\frac{\sum\limits_{B\cap C=A} m_1(B)m_2(C)}{1-K},\quad A\neq\varnothing \tag{3.37}$$

其中

$$K=\sum_{B\cap C=\varnothing} m_1(B)m_2(C)$$

因子 K 表示两个信息源中相矛盾的证据对应的基本可信性赋值之和。虽然该合并准则能够通过因子 K 有效滤除不同信息源中的矛盾证据，但是一些情况下根据该准则进行合并会产生违反常理的结果。例如：一个医生认为病人患脑膜炎的基本可信性赋值为 0.99，患脑肿瘤的基本可信性赋值为 0.01，而另一个医生认为病人患脑震荡的基本可信性赋值为 0.99，患脑肿瘤的基本可信性赋值为 0.01，则根据式(3.37)合并两位医生的诊断知识，计算病人患脑肿瘤的基本可信性赋值为 1，明显与两个医生均认为该情况发生概率很小的诊断结果相违背[28]。于是，基于 Dempster 准则发展了很多改进方法，如 Yager 方法、Inagaki 统一合并方法、Zhang 中心合并方法和 Dubois-Prade 分离联营方法等，具体参见文献[27]。

参考文献

[1] Roy C J, Oberkampf W L. A complete framework for verification, validation, and uncertainty quantification in scientific computing[C]//The 48th AIAA Aerospace Sciences Meeting Including the New Horizons Forum and Aerospace Exposition, Orlando, 2010.

[2] Faragher J. Probabilistic Methods for the Quantification of Uncertainty and Error in Computational Fluid Dynamics Simulations[R]. DSTO Platforms Sciences Laboratory, 2004.

[3] der Kiureghian A, Ditlevsen O. Aleatory or epistemic? Does it matter? [J]. Structural Safety, 2009, 31(2): 105—112.

[4] 盛骤，谢式千，潘承毅. 概率论与数理统计[M]. 北京：高等教育出版社，2003.

[5] Moore R E. Methods and Applications of Interval Analysis[M]. London: Prentice-Hall, 1979.

[6] Rao S S, Berke L. Analysis of uncertain structural systems using interval analysis[J]. AIAA Journal, 1997, 35(4): 727—735.

[7] Rao S S, Lingtao C. Optimum design of mechanical systems involving interval parameters [J]. Journal of Mechanical Design, 2002, 124(3): 465—472.

[8] Majumder L, Rao S S. Interval-based multi-objective optimization of aircraft wings under gust loads[J]. AIAA Journal, 2009, 47(3): 563—575.

[9] Moore R E, Kearfott R B, Cloud M J. Introduction to Interval Analysis[M]. Philadelphia: SIAM Press, 2009.

[10] Ben-Haim Y, Elishakoff I. Convex Models of Uncertainty in Applied Mechanics [M]. Amsterdam: Elsevier, 1990.

[11] 姜潮．基于区间的不确定性优化理论与算法[D]．长沙：湖南大学，2008.

[12] Ben-Haim Y, Elishakoff I. Convex Models of Uncertainty in Applied Mechanics [M]. Amsterdam: Elsevier Science Publishers, 1990.

[13] Zadeh L A. Fuzzy sets as a basis for a theory of possibility[J]. Fuzzy Sets and Systems, 1978, 1(1): 3—28.

[14] Keane A J, Nair P B. Computational Approaches for Aerospace Design: The Pursuit of Excellence[M]. Chichester: John Wiley and Sons, 2005.

[15] 刘琪，王少辉．分段线性隶属度函数确定的密度聚类方法[J]．周口师范学院学报，2011，28(2)：57—88.

[16] 王季方，卢正鼎．模糊控制中隶属度函数的确定方法[J]．河南科学，2000，18(4)：348—351.

[17] 毕翔，韩江洪，刘征宇．基于多特征相似性融合的隶属度函数研究[J]．电子测量与仪器学报，2011，25(10)：835—841.

[18] 王林，富庆亮．基于贝塞尔曲线理论的备件需求模糊隶属度函数构建模型[J]．运筹与管理，2011，20(1)：87—92.

[19] 刘琪，刘晓青．正态云隶属度函数确定的 FSM 方法[J]. Process Automation Instrumentation, 2012, 33(2): 16—18.

[20] 刘宝碇，彭锦．不确定理论教程[M]．北京：清华大学出版社，2005.

[21] Helton J C, Johnson J D, Oberkampf W L, et al. Representation of Analysis Results Involving Aleatory and Epistemic Uncertainty[R]. Albuquerque: Sandia National Laboratories, 2008.

[22] Zadeh L A. Fuzzy sets[J]. Information and Control, 1965, 8(3): 338—353.

[23] Shafer G. A Mathematical Theory of Evidence [M]. Princeton: Princeton University Press, 1976.

[24] Yager R, Kacprzy K J, Fedrizzi M. Advances in the Dempster-Shafer Theory of Evidence [M]. New York: John Wiley and Sons, 1994.

[25] Mourelatos Z, Zhou J. A design optimization method using evidence theory[J]. Journal of Mechanical Design, 2006, 128(4): 901—908.

[26] Heltona J C, Johnson J D, Oberkampf W L, et al. A sampling-based computational strategy for the representation of epistemic uncertainty in model predictions with evidence theory [J]. Computer Methods in Applied Mechanics and Engineering, 2007, 196 (37-40): 3980—3998.

[27] Sentz K, Ferson S. Combination of Evidence in Dempster-Shafer Theory[R]. Albuquerque: Sandia National Laboratories, 2002.

[28] Zadeh L A. Review of books: A mathematical theory of evidence[J]. The AI Magazine, 1984, 5(3): 81—83.

第 4 章　灵敏度分析方法

灵敏度分析(sensitivity analysis,SA)用于分析系统性能对设计变量或其他参数变化的敏感程度,是飞行器 UMDO 的关键技术之一。对飞行器系统性能关于设计变量或其他参数的灵敏度信息加以分析处理,可用于确定系统设计变量、参数以及不确定性因素对目标函数或约束函数的影响大小,进而筛选设计变量和确定需要重点考虑的系统参数和不确定性因素,避免通盘考虑导致巨大的复杂性。此外,基于灵敏度信息可以确定飞行器各子系统之间的耦合强度,用于指导学科分解与协调;在寻优过程中,灵敏度信息还可用于辅助确定优化搜索方向。因此,在飞行器设计优化中,获取灵敏度信息只是一种中间手段,最终为指导设计和辅助决策服务[1]。

灵敏度分析应用于多学科设计优化中可追溯至 20 世纪 70 年代,当时研究人员利用有限差分方法对基于低精度流体模型的机翼进行设计,但是该灵敏度分析方法精度差、效率低。到了 80 年代中期,随着计算机技术的发展,用单独部件的高精度欧拉方程与 N-S 方程进行空气动力学分析成为可能,Sobieski 提出了飞行器气动外形相对于设计参数的灵敏度分析概念,并出现了灵敏度分析的自动微分方法。后来,针对有限差分方法精度低的缺点,基于复变函数理论,出现了复数步微分近似方法。针对耦合系统灵敏度分析问题,Sobieski 提出了著名的全局灵敏度方程分析方法,该方法被广泛应用于气动外形的灵敏度分析、多学科灵敏度分析和优化结果分析等[2]。

目前,已经发展了多种灵敏度分析方法,按照所处理的学科数目不同,可将其分为单学科灵敏度分析与多学科灵敏度分析。前者仅在单一学科范围内研究设计变量或参数的变化对系统性能的影响程度,后者在整个系统范围内考虑学科交叉影响,对系统灵敏度进行分析,故又称为系统灵敏度分析(system sensitivity analysis,SSA)。系统灵敏度分析以单学科灵敏度分析为基础,因此本章将首先对常用的单学科灵敏度分析方法进行系统介绍,在此基础上进一步对系统灵敏度分析方法进行介绍;最后特别针对飞行器 UMDO 中存在的不确定性因素,对不确定性灵敏度分析方法进行介绍。

4.1 单学科灵敏度分析方法

单学科灵敏度分析只需考虑单一学科模型的输出性能指标相对于学科模型输入变量或模型参数的导数信息。目前,单学科灵敏度分析常用方法有以下几种:手工求导方法、符号微分方法、解析法、有限差分方法、复变量方法、自动微分方法、基于正交试验设计的方法等,下面分别进行介绍。

4.1.1 手工求导方法与符号微分方法

如果学科模型可以直接通过显式表达式进行表述,则可以通过手工方式精确求得函数关于各变量的解析偏导数,这种方法称为手工求导方法(manual differentiation method,MDM)。但是对于复杂函数,手工求导极易出错,由此基于计算机技术发展了符号微分方法(symbolic differentiation method,SDM),其求导过程由计算机自动执行。SDM 将函数表示成二叉树形式,通过对表达式树递归调用基本求导法则最终获得函数导数信息。目前,提供 SDM 功能的典型商用软件有 Maple、Mathematica、Matlab 等。但是在飞行器设计实际应用中,很多学科模型往往十分复杂,需要通过数值仿真等手段进行学科分析,无法通过显示表达式进行描述,因此上述方法的应用十分受限。

4.1.2 解析法

解析法(analytic method)对于灵敏度分析来说是最精确和最有效的方法,该方法可以解决模型为隐式表述时的灵敏度分析问题[3]。记学科模型的输出为 $f(\boldsymbol{x},\boldsymbol{w})$,其中 $\boldsymbol{w}$ 为 $\boldsymbol{x}$ 的函数,满足控制方程

$$\boldsymbol{R}(\boldsymbol{x},\boldsymbol{w}(\boldsymbol{x}))=0 \tag{4.1}$$

易知,对于 $\boldsymbol{x}$ 的某分量 x_i,有

$$\frac{\mathrm{d}f}{\mathrm{d}x_i}=\frac{\partial f}{\partial x_i}+\frac{\partial f}{\partial \boldsymbol{w}}\frac{\mathrm{d}\boldsymbol{w}}{\mathrm{d}x_i} \tag{4.2}$$

$$\frac{\partial \boldsymbol{R}}{\partial \boldsymbol{w}}\frac{\mathrm{d}\boldsymbol{w}}{\mathrm{d}x_i}=-\frac{\partial \boldsymbol{R}}{\partial x_i} \tag{4.3}$$

由于函数 f 和 $\boldsymbol{R}$ 为显式函数,故 $\frac{\partial f}{\partial x_i}$, $\frac{\partial f}{\partial \boldsymbol{w}}$, $\frac{\partial \boldsymbol{R}}{\partial \boldsymbol{w}}$, $\frac{\partial \boldsymbol{R}}{\partial \boldsymbol{x}}$ 可以通过 4.1.1 节中的方法求得,联立求解式(4.2)和式(4.3)便可求得 $\frac{\mathrm{d}f}{\mathrm{d}x_i}$。

上述求解方法也称为直接法。可以看出,当 $\boldsymbol{x}$ 的维数较高时,式(4.3)较难求

解。为解决该问题，发展了伴随矩阵法，该方法通过引入伴随矩阵降低灵敏度分析的计算复杂度。构造伴随矩阵 $\boldsymbol{V}$，使得

$$-\boldsymbol{V}^{\mathrm{T}}\frac{\partial \boldsymbol{R}}{\partial x_i}=\frac{\partial f}{\partial \boldsymbol{w}}\frac{\mathrm{d}\boldsymbol{w}}{\mathrm{d}x_i} \tag{4.4}$$

则有

$$\frac{\mathrm{d}f}{\mathrm{d}x_i}=\frac{\partial f}{\partial x_i}-\boldsymbol{V}^{\mathrm{T}}\frac{\partial \boldsymbol{R}}{\partial x_i} \tag{4.5}$$

$$\boldsymbol{V}^{\mathrm{T}}\frac{\partial \boldsymbol{R}}{\partial \boldsymbol{w}}=\frac{\partial f}{\partial \boldsymbol{w}} \tag{4.6}$$

至此，只需联立求解式(4.5)和式(4.6)便可求得$\frac{\mathrm{d}f}{\mathrm{d}x_i}$。式(4.6)中方程的维数与 $\boldsymbol{w}$ 的维数相同，在工程应用中通常远小于 $\boldsymbol{x}$ 的维数，因此与直接法相比，伴随矩阵法的计算效率较高。

4.1.3　有限差分方法

工程实际中很多学科模型无法对其解析偏导数进行精确求导。有限差分方法(finite differences method，FDM)是一种用于估算灵敏度的较常用的近似方法，该方法基于变量摄动的方式计算灵敏度信息，包括前向差分(forward difference)、后向差分(backward difference)和中心差分(central difference)三种。所有差分近似计算公式都可以通过截取在给定点展开的泰勒级数导出。不失一般性，此处假设设计变量为一维，该方法可以直接拓展应用于高维情况。对于学科模型输出 f，记有限差分步长为 h，则前向差分计算 f 在点 x 的一阶导数的近似公式为

$$f'=\frac{f(x+h)-f(x)}{h}+O(h)\approx\frac{f(x+h)-f(x)}{h} \tag{4.7}$$

后向差分计算一阶导数的近似公式为

$$f'=\frac{f(x)-f(x-h)}{h}+O(h)\approx\frac{f(x)-f(x-h)}{h} \tag{4.8}$$

中心差分计算一阶导数的近似公式为

$$f'=\frac{f(x+h)-f(x-h)}{2h}+O(h^2)\approx\frac{f(x+h)-f(x-h)}{2h} \tag{4.9}$$

其中，$O(h)$和 $O(h^2)$表示截断误差，易知中心差分方法精度更高。通过不同泰勒级数展开式的组合可以导出高阶导数的有限差分近似计算公式。有限差分方法简单易行，在工程优化实践中得到了广泛应用。但是该方法存在以下缺点：①效率低，对每一个待分析变量的扰动都要分别进行一次(前向或后向差分)或两次(中心差分)学科模型分析，这对于复杂的飞行器非线性学科分析问题将极端耗时；②精

度难以保证，为了使截断误差最小，要选择较小步长，但步长过小会引入舍入误差，导致所谓的“步长危机”。

当学科模型输出无法直接通过显示表达式表述时，也可以通过有限差分法来计算，一种方式是在每个设计点处求解控制方程(4.1)，并进一步计算得到模型输出值，通过上述有限差分方法求解灵敏度；另一种方式则是通过上述有限差分法计算式(4.2)和式(4.3)的偏导数$\frac{\partial f}{\partial x_i}$，$\frac{\partial f}{\partial \boldsymbol{w}}$，$\frac{\partial \boldsymbol{R}}{\partial \boldsymbol{w}}$，$\frac{\partial \boldsymbol{R}}{\partial \boldsymbol{x}}$，然后采用解析法计算灵敏度$\frac{\mathrm{d}f}{\mathrm{d}x_i}$。第二种方法也称为半解析法。

4.1.4　复变量方法

在很多领域，复变量可以简化许多系统问题的表述与求解，这一理论被 Squire 和 Trapp 挖掘出来用于求解复杂函数的导数，由此发展了复变量方法(complex variables method，CVM)[4]。

采用与 FDM 同样的思路，将所求学科模型输出 f 在点 x 进行泰勒展开，步长为纯虚数 $\mathrm{i}h$，即

$$f(x+\mathrm{i}h)=f(x)+\mathrm{i}h\frac{\mathrm{d}f}{\mathrm{d}x}-\frac{h^2}{2!}\frac{\mathrm{d}^2 f}{\mathrm{d}x^2}-\frac{\mathrm{i}h^3}{3!}\frac{\mathrm{d}^3 f}{\mathrm{d}x^3}+\frac{h^4}{4!}\frac{\mathrm{d}^4 f}{\mathrm{d}x^4}+\cdots \tag{4.10}$$

式(4.10)两边均为复数，根据复数实部和虚部分别相等的原则，有

$$\begin{aligned} \mathrm{Im}[f(x+\mathrm{i}h)]&=\mathrm{i}h\frac{\mathrm{d}f}{\mathrm{d}x}-\frac{\mathrm{i}h^3}{6}\frac{\mathrm{d}^3 f}{\mathrm{d}x^3}+\cdots \\ \mathrm{Re}[f(x+\mathrm{i}h)]&=f(x)-\frac{h^2}{2}\frac{\mathrm{d}^2 f}{\mathrm{d}x^2}+\frac{h^4}{24}\frac{\mathrm{d}^4 f}{\mathrm{d}x^4}+\cdots \end{aligned} \tag{4.11}$$

将上式舍去高阶项可得函数截断误差为 $O(h^2)$ 的一阶导数和截断误差为 $O(h^4)$ 的二阶导数计算公式：

$$\begin{aligned} \frac{\mathrm{d}f}{\mathrm{d}x}&=\frac{\mathrm{Im}[f(x+\mathrm{i}h)]}{h}+O(h^2) \\ \frac{\mathrm{d}^2 f}{\mathrm{d}x^2}&=\frac{2\{f(x)-\mathrm{Re}[f(x+\mathrm{i}h)]\}}{h^2}+O(h^4) \end{aligned} \tag{4.12}$$

可以看出，用 CVM 求函数的一阶偏导数时无需进行函数的相减操作，因而可避免舍入误差的产生，由此增加了步长 h 设置的灵活性。CVM 在现有的 FDM 代码基础上很容易实现，在计算机程序中可按如下三步进行：

(1) 将相应 double 类型的变量声明替换为 complex 类型的变量声明；

(2) 为复数变量定义所没有的关系运算符、函数和算术运算符；

(3) 取较小步长，计算一阶灵敏度导数值。

由于 CVM 的精度优势及其易实现性，目前在飞行器气动优化、飞行器气动/结构多学科优化的灵敏度分析、结构有限元分析、波的传播、电磁学和图像处理等方面具有较广泛的应用。

4.1.5　自动微分方法

自动微分方法(automatic differentiation method，ADM)通过计算机程序代码分析求解函数导数，故可称其为计算机程序法，其最突出的一个优点是无截断误差，具有机器在有效位数字上所能表示的最小精度。随着 1991 年 SIAM 关于自动微分算法的专题学术讨论会的召开，ADM 的研究与应用进入了飞速发展时期。众多研究小组开发了大量的自动微分工具，从而将自动微分技术应用于数值方法、灵敏度分析、设计优化以及数据相关等研究领域。在 MDO、并行计算、系统参数辨识、电子科学、化工生产、天气预报、海洋环流等实际工程中，该技术也得到了成功应用。

自动微分技术的基本思想是，在计算机程序运行过程中，无论函数 f 的计算有多复杂，都可分解为一系列的初等计算(如加、减、乘、除)和初等函数运算的有序复合。通过对这些初等函数迭代运用链式规则，计算机就可以应用 ADM 自动精确地得到函数的任意阶导数，而且能够达到所要求的精度。将学科分析模型编程为程序模块，ADM 对其进行求导的算法步骤如下：

(1) 将程序模块分解为一系列初等函数；

(2) 对初等函数求导；

(3) 累加(2)中所求的偏导数计算导数。

第(1)步可以有多种实现方法，目前主要有源代码转换(source code transformation)和操作符重载(operator overloading)两种方法。第(2)步中由于初等函数种类有限，因此相应的实现代码也相对固定。第(3)步的累加方法也有两种基本模式：前向模式(forward mode)和反向模式(reverse mode)，两种模式的区别在于怎样运用链式规则通过计算传递导数。下面以一简单函数为例对自动微分计算过程进行说明。独立输入变量为 x_1 和 x_2 的函数表示如下：

$$f(x_1, x_2) = \sin x_1 + \ln x_1 x_2 \tag{4.13}$$

定义由初等函数表示的中间变量 $t_i (i = 1, 2, \cdots, 6)$ 如下：

$$\begin{aligned} &t_1 = x_1, \quad && t_4 = t_1 t_2, \\ &t_2 = x_2, \quad && t_5 = \ln t_4, \\ &t_3 = \sin t_1, \quad && t_6 = t_3 + t_5 = f \end{aligned} \tag{4.14}$$

对各个中间变量求导得

$$\begin{aligned} &\nabla t_1=\nabla x_1, && \nabla t_4=\nabla t_1\times t_2+t_1\times\nabla t_2,\\ &\nabla t_2=\nabla x_2, && \nabla t_5=\nabla t_4/t_4,\\ &\nabla t_3=\cos(t_1)\times\nabla t_1, && \nabla t_6=\nabla t_3+\nabla t_5 \end{aligned} \tag{4.15}$$

由于

$$\nabla t_6=\nabla f(x_1,x_2)=f_{x1}(x_1,x_2)\nabla x+f_{x2}(x_1,x_2)\nabla y \tag{4.16}$$

将式(4.14)和式(4.15)代入上式可得

$$f_{x1}(x_1,x_2)=\frac{1}{t_1}+\cos t_1=\frac{1}{x_1}+\cos x_1,\quad f_{x2}(x_1,x_2)=\frac{1}{t_2}=\frac{1}{x_2} \tag{4.17}$$

以上过程为ADM的前向模式计算过程，此外还可以通过反向模式计算导数，具体方法参见文献[2]。ADM是计算机数值计算与分析领域内的一种崭新方法。对于任一光滑函数，无论是否能解析表达，ADM都能"自动"求出其任意阶导数，且计算精度仅受限于机器精度，没有截断误差。基于此优点，ADM已广泛地应用于数值方法、灵敏度分析、设计优化等领域。

4.1.6 基于正交试验设计的方法

邱清盈和冯培恩提出了基于二水平正交表的离散变量灵敏度分析法[5]，但是只能应用于两变量情况。颜力等在该方法的基础上，通过对正交试验数据的直观分析，提出了适用性更广的改进正交试验设计方法(modified orthogonal design method,MODM)[1]。下面对该方法进行详细介绍。

正交试验设计用正交表来安排和设计试验，具有齐整可比性和均匀分布性的特点。正交试验数据的直观分析也称为极差分析，就是通过计算各因子(即待分析的变量或因素)、水平(设计变量所处状态)对试验结果指标的影响大小，用直观的图形将其表示出来。通过极差大小确定影响程度，以判断各因素的主次关系。

定义直观分析中第i个因素的极差为

$$E_i=\max\,(k_{im})_{m=1}^{p}-\min\,(k_{im})_{m=1}^{p}=k_{i\max}-k_{i\min} \tag{4.18}$$

其中，p表示因素i有p个水平；k_{im}表示因素i取第m个水平时的试验值之和的平均值。极差E_i反映了第i个因素对试验指标的影响程度，亦可理解为试验指标对第i个因素的灵敏度。

设性能指标$y=f(\boldsymbol{x})$的输入变量为离散变量向量$\boldsymbol{x}$，根据离散变量的不同取值可得出各变量的对应极差，进而定义y相对于变量$x_i(i=1,\cdots,n)$的灵敏度为

$$S_i=\frac{E_i}{\max(x_{i1})-\min(x_{i2})} \tag{4.19}$$

式中，x_{i1}表示$k_{i\max}$所对应的x_i的取值；$\max(x_{i1})$表示如果有相同的$k_{i\max}$，则取对应较大的x_i值；x_{i2}表示$k_{i\min}$所对应的x_i的取值；$\min(x_{i2})$表示如果有相同的$k_{i\min}$，则

取对应较小的 x_i 值；$|S_i|$越大表示 x_i 对性能指标 y 的影响越大。

4.2 多学科灵敏度分析方法

多学科灵敏度分析是以单学科灵敏度分析为基础，同时还需考虑学科之间由于耦合关系导致各学科变量对系统性能的交叉传递影响。以图 2.3 所示三学科耦合系统为例，分析学科 1 输出性能 $\boldsymbol{Y}_1$ 对变量 $\boldsymbol{X}_1$ 的灵敏度，不仅需要考虑通过学科 1 模型 CA_1 直接表现出的 $\boldsymbol{X}_1$ 对 $\boldsymbol{Y}_1$ 的影响，还需考虑由于学科 1 和学科 2 与学科 3 耦合，导致 $\boldsymbol{X}_1$ 对 $\boldsymbol{Y}_1$ 的影响通过耦合变量 $\boldsymbol{Y}_{12}$ 和 $\boldsymbol{Y}_{13}$ 输入到学科 2 和学科 3，并通过学科 2 和学科 3 的输出 $\boldsymbol{Y}_{21}$ 和 $\boldsymbol{Y}_{31}$ 再次耦合输入学科 1 模型。此外，学科 2 和学科 3 的耦合也将传递 $\boldsymbol{X}_1$ 对 $\boldsymbol{Y}_1$ 的影响，使分析更加复杂。

为了解决耦合系统灵敏度分析问题，Sobieski 于 1988 年提出了全局灵敏度方程(global sensitivity equation，GSE)分析方法。GSE 是一组可联立求解的线性代数方程组，通过 GSE 可将子系统的灵敏度分析与整个系统的灵敏度分析联系起来，从而得到系统的灵敏度信息。下面仍以图 2.3 所示三学科耦合系统为例，推导其 GSE。

系统分析涉及的学科分析方程组如下：

$$\begin{cases}\boldsymbol{Y}_1=\mathrm{CA}_1(\boldsymbol{X}_{\mathrm{sys}},\boldsymbol{X}_1,\boldsymbol{Y}_2,\boldsymbol{Y}_3)\\ \boldsymbol{Y}_2=\mathrm{CA}_2(\boldsymbol{X}_{\mathrm{sys}},\boldsymbol{X}_2,\boldsymbol{Y}_1,\boldsymbol{Y}_3)\\ \boldsymbol{Y}_3=\mathrm{CA}_3(\boldsymbol{X}_{\mathrm{sys}},\boldsymbol{X}_3,\boldsymbol{Y}_1,\boldsymbol{Y}_2)\end{cases} \tag{4.20}$$

其中系统级设计变量 $\boldsymbol{X}_{\mathrm{sys}}$ 和学科级设计变量 $\boldsymbol{X}_i(1\leqslant i\leqslant 3)$ 共同构成设计变量向量 $\boldsymbol{X}$。值得注意的是，图 2.3 中学科 i 输入到学科 j 的耦合状态变量记为 $\boldsymbol{Y}_{ij}$，为学科 i 输出向量 $\boldsymbol{Y}_i$ 的子向量。但是为了便于推导 GSE 且不失一般性，本节直接将学科 i 输出向量 $\boldsymbol{Y}_i$ 作为该学科耦合输入其他学科的向量，在实际应用中只需将非耦合变量在向量中对应的元素设置为 0 即可。

运用微分求导链式规则，计算学科 1 输出向量 $\boldsymbol{Y}_1$ 关于 $\boldsymbol{X}$ 第 k 个变量的导数如下：

$$\begin{aligned}&\frac{\mathrm{d}\boldsymbol{Y}_1}{\mathrm{d}x_k}=\frac{\partial\boldsymbol{Y}_1}{\partial\boldsymbol{Y}_2}\frac{\mathrm{d}\boldsymbol{Y}_2}{\mathrm{d}x_k}+\frac{\partial\boldsymbol{Y}_1}{\partial\boldsymbol{Y}_3}\frac{\mathrm{d}\boldsymbol{Y}_3}{\mathrm{d}x_k}+\frac{\partial\boldsymbol{Y}_1}{\partial x_k}\\ &\Rightarrow\begin{bmatrix}\boldsymbol{I} & -\dfrac{\partial\boldsymbol{Y}_1}{\partial\boldsymbol{Y}_2} & -\dfrac{\partial\boldsymbol{Y}_1}{\partial\boldsymbol{Y}_3}\end{bmatrix}\begin{bmatrix}\dfrac{\mathrm{d}\boldsymbol{Y}_1}{\mathrm{d}x_k}\\ \dfrac{\mathrm{d}\boldsymbol{Y}_2}{\mathrm{d}x_k}\\ \dfrac{\mathrm{d}\boldsymbol{Y}_3}{\mathrm{d}x_k}\end{bmatrix}=\frac{\partial\boldsymbol{Y}_1}{\partial x_k}\end{aligned} \tag{4.21}$$

根据式(4.21)对其他两个学科作同样处理并合并为矩阵，就可以得到系统的 GSE：

$$\begin{bmatrix} \boldsymbol{I} & -\dfrac{\partial \boldsymbol{Y}_1}{\partial \boldsymbol{Y}_2} & -\dfrac{\partial \boldsymbol{Y}_1}{\partial \boldsymbol{Y}_3} \\ -\dfrac{\partial \boldsymbol{Y}_2}{\partial \boldsymbol{Y}_1} & \boldsymbol{I} & -\dfrac{\partial \boldsymbol{Y}_2}{\partial \boldsymbol{Y}_3} \\ -\dfrac{\partial \boldsymbol{Y}_3}{\partial \boldsymbol{Y}_1} & -\dfrac{\partial \boldsymbol{Y}_3}{\partial \boldsymbol{Y}_2} & \boldsymbol{I} \end{bmatrix} \begin{Bmatrix} \dfrac{\mathrm{d}\boldsymbol{Y}_1}{\mathrm{d}x_k} \\ \dfrac{\mathrm{d}\boldsymbol{Y}_2}{\mathrm{d}x_k} \\ \dfrac{\mathrm{d}\boldsymbol{Y}_3}{\mathrm{d}x_k} \end{Bmatrix} = \begin{Bmatrix} \dfrac{\partial \boldsymbol{Y}_1}{\partial x_k} \\ \dfrac{\partial \boldsymbol{Y}_2}{\partial x_k} \\ \dfrac{\partial \boldsymbol{Y}_3}{\partial x_k} \end{Bmatrix} \tag{4.22}$$

如式(4.22)所示，GSE 等号右边向量称为局部灵敏度导数(local sensitivity derivatives，LSD)，仅在学科范围内考虑各学科输出变量关于设计变量的偏导数信息。GSE 等号左边的系数矩阵称为全局灵敏度矩阵(global sensitivity matrix，GSM)，仅在学科范围内考虑各学科输出变量关于其他学科输出变量的偏导数信息，体现了学科之间的耦合关系。GSE 等号左边的向量称为系统灵敏度向量(system sensitivity vector，SSV)，考虑了学科耦合关系，是各学科输出变量关于设计变量的全导数信息。LSD 和 GSM 可以通过各学科的学科灵敏度分析直接计算获得，代入式(4.22)所示线性方程组求解即可得到系统灵敏度向量 SSV。

利用 GSE 来求解系统灵敏度的主要优点在于：系统级可以将各子系统作为“黑箱”看待，只需知道各黑箱的输入输出耦合关系即可，而各个“黑箱”内部可以应用其学科分析工具进行学科输出性能以及各项偏导数计算；而且 LSD 可以由各学科并行计算，由此大大缩短整体分析时间。但是，对于较大规模的系统，GSE 十分复杂，导致求解异常困难。

4.3 不确定性灵敏度分析方法

不确定性灵敏度分析可以用于确定各种不确定性因素对系统性能的影响程度，以此滤除对系统性能影响微弱的因素，有效降低 UMDO 的计算复杂度。本节对应用较为广泛的基于抽样的灵敏度分析方法进行介绍。

将系统输出响应 y 表示为不确定性因素 $\boldsymbol{x}=[x_1,x_2,\cdots,x_{N_X}]$ 的函数 $y(\boldsymbol{x})$。基于抽样的灵敏度分析方法首先通过试验设计抽样方法(如拉丁超立方抽样方法)在不确定性因素分布空间获取一系列样本，并在每个样本进行系统分析获取对应系统响应值，由此构成一组样本映射集 $T=\{(\boldsymbol{x}_i,y_i):y_i=y(\boldsymbol{x}_i)\}_{i=1}^{nS}$。基于该样本集，可以采用相关系数法、回归法以及方差分解法[6]对各个不确定性因素进行灵敏度分析，下面分别进行介绍。

1. 相关系数法

相关系数法直接对每个不确定性因素分量和系统输出变量之间的线性相关性进行计算，表示如下：

$$c(x_j, y) = \frac{\sum_{i=1}^{nS}(x_{ij} - \overline{x}_j)(y_i - \overline{y})}{\left[\sum_{i=1}^{nS}(x_{ij} - \overline{x}_j)^2\right]^{1/2}\left[\sum_{i=1}^{nS}(y_i - \overline{y})^2\right]^{1/2}} \tag{4.23}$$

式中，x_{ij} 表示第 i 个样本 $\boldsymbol{x}_i$ 中的第 j 个分量；$\overline{x}_j$ 为所有样本第 j 个分量的平均值；$\overline{y}$ 为所有样本点系统输出响应值均值，记为

$$\overline{x}_j = \frac{\sum_{i=1}^{nS} x_{ij}}{nS}, \quad \overline{y} = \frac{\sum_{i=1}^{nS} y_i}{nS} \tag{4.24}$$

相关系数 $c(x_j, y)$的取值在－1 与 1 之间。如果相关系数为 0，表示该不确定性因素 x_j 与输出变量之间没有线性相关性，但不排除二者之间具有非线性映射关系的可能性；当相关系数的绝对值为 1 时，表示二者之间存在完全线性关系。可以看出，该方法的最大局限之处在于它只能从线性相关的角度对不确定性因素和输出变量之间的灵敏度进行分析。

2. 回归法

最常用的回归法为线性回归法。假设不确定性因素 $\boldsymbol{x} = [x_1, x_2, \cdots, x_{N_X}]$各个分量互相独立，则 $y(\boldsymbol{x})$的线性回归模型可表述为

$$\hat{y} = b_0 + \sum_{j=1}^{N_X} b_j x_j \tag{4.25}$$

该模型中的系数可以通过最小二乘法进行确定，即最小化下式：

$$\sum_{i=1}^{nS}(y_i - \hat{y}_i)^2 = \sum_{i=1}^{nS}\left[y_i - \left(b_0 + \sum_{j=1}^{N_X} b_j x_{ij}\right)\right]^2 \tag{4.26}$$

式中，$\hat{y}_i$ 为线性回归模型在样本点$\boldsymbol{x}_i$ 的估计值。回归模型确定后，可以根据系数 $b_j(1 \leqslant j \leqslant N_X)$分析不确定性变量的灵敏度。由于各个变量的单位可能各不相同，因此往往需要首先对回归模型进行标准化处理，即

$$\frac{(\hat{y} - \overline{y})}{\hat{s}} = \sum_{j=1}^{nX} \frac{(b_j \hat{s}_j / \hat{s})(x_j - \overline{x}_j)}{\hat{s}_j} \tag{4.27}$$

其中

$$\hat{s}=\left[\frac{\sum_{i=1}^{nS}(y_i-\bar{y})^2}{nS-1}\right]^{1/2},\quad \hat{s}_j=\left[\frac{\sum_{i=1}^{nS}(x_{ij}-\bar{x}_j)^2}{nS-1}\right]^{1/2}$$

式中，$\bar{y}$ 和 $\bar{x}_j$ 定义如式(4.24)所示。系数 $b_j\hat{s}_j/\hat{s}$ 称为标准化回归系数(standardized regression coefficient，SRC)，可用于评价不确定性变量 x_j 对系统响应 y 的影响大小。该系数绝对值越大，表示影响越大。

3. *方差分解法*

方差分解法首先将系统响应输出 y 的不确定性分布方差展开成以下形式[6]：

$$V(y)=\sum_{j=1}^{N_X}V_j+\sum_{j=1}^{N_X}\sum_{k=j+1}^{N_X}V_{jk}+\cdots+V_{12\cdots N_X} \tag{4.28}$$

式中，V_j 表示不确定性因素 x_j 对 $V(y)$的影响；V_{jk} 表示 x_j 和 x_k 对 $V(y)$的交叉影响；以此类推，$V_{12\cdots N_X}$ 表示 $x_1,x_2,\cdots,x_{N_X}$ 对 $V(y)$的交叉影响。

灵敏度指标通过下面两式表示：

$$s_j=\frac{V_j}{V(y)} \tag{4.29}$$

$$s_{jT}=\frac{1}{V(y)}\left(V_j+\sum_{\substack{k=1\\k\neq j}}^{N_X}V_{jk}+\cdots+V_{12\cdots N_X}\right) \tag{4.30}$$

式中，s_j 表示 x_j 对系统响应输出方差 $V(y)$的贡献百分比；s_{jT} 表示 x_j 及其与其他各个分量的交叉项对 $V(y)$的贡献百分比。

上述两个灵敏度指标的计算需要进行多维积分，一般可以通过抽样方法进行估算，步骤如下。

步骤 1：在不确定性变量向量 $\boldsymbol{x}=[x_1,x_2,\cdots,x_{N_X}]$的分布空间中抽样获取一组样本点$\boldsymbol{x}_i=[x_{i1},x_{i2},\cdots,x_{i,N_X}]$，$i=1,2,\cdots,nS$。

步骤 2：估计 y 的均值和方差：

$$\hat{E}(y)=\frac{\sum_{i=1}^{nS}f(\boldsymbol{x}_i)}{nS} \tag{4.31}$$

$$\hat{V}(y)=\frac{\sum_{i=1}^{nS}[f(\boldsymbol{x}_i)-\hat{E}(y)]^2}{nS}=\frac{\sum_{i=1}^{nS}f^2(\boldsymbol{x}_i)}{nS}-\hat{E}^2(y) \tag{4.32}$$

步骤 3：对步骤 1 中各个不确定性分量的 nS 个样本取值进行重新随机组合，产生一组新的 nS 个样本，记为

$$\boldsymbol{r}_i=[r_{i1},r_{i2},\cdots,r_{i,N_X}],\quad i=1,2,\cdots,nS \tag{4.33}$$

步骤 4：针对每一个分量 x_j，对步骤 3 中产生的样本进行重新编号，重排后样本点记为$\boldsymbol{r}_{ij}$，使得其分量 x_j 的取值满足 $r_{ijj}=x_{ij}$，即

$$\boldsymbol{r}_{ij}=[r_{ij1},r_{ij2},\cdots,r_{ij,N_X}],\quad i=1,2,\cdots,nS \tag{4.34}$$

步骤 5：对每一个分量 x_j，通过下式估计 s_j：

$$s_j\approx\frac{\dfrac{1}{nS}\sum_{i=1}^{nS}f(\boldsymbol{x}_i)f(\boldsymbol{r}_{ij})-\hat{E}^2(y)}{\hat{V}(y)} \tag{4.35}$$

步骤 6：对每个分量 x_j，再产生一组新的样本

$$\boldsymbol{x}_{ij}=[x_{ij1},x_{ij2},\cdots,x_{ij,N_X}],\quad i=1,2,\cdots,nS \tag{4.36}$$

其中，x_{ijj} 通过随机抽样或试验设计生成，$x_{ijk}=x_{ik}$，$k\neq j$。

步骤 7：通过下式估计 s_{jT}：

$$s_{jT}\approx\frac{\sum_{i=1}^{nS}f(\boldsymbol{x}_i)[f(\boldsymbol{x}_i)-f(\boldsymbol{x}_{ij})]}{nS\hat{V}(y)} \tag{4.37}$$

由上述算法可以看出，如果需要对所有不确定性分量计算其对应 s_j 和 s_{jT}，分别需要 $2(nS)$和$(N_X+1)(nS)$次执行系统分析模型 f 计算样本点系统响应值。此外，为了保证对积分近似的精度，一般还需要设置较大的样本容量 nS。因此，虽然方差分解提供的灵敏度分析结果一般更为全面准确，但其计算成本太大，在使用该方法时需要折中考虑。

参考文献

[1] 颜力．飞行器多学科设计优化若干关键技术的研究与应用[D]．长沙：国防科学技术大学，2006.

[2] 王振国，陈小前，罗文彩，等．飞行器多学科设计优化理论与应用研究[M]．北京：国防工业出版社，2006.

[3] Keane A J, Nair P B. Computational Approaches for Aerospace Design: The Pursuit of Excellence[M]. Chichester: John Wiley and Sons, 2005.

[4] Squire W, Trapp G. Using complex variables to estimate derivatives of real functions[J]. SIAM Review, 1998, 1(1): 100—112.

[5] 邱清盈，冯培恩．基于正交试验的灵敏度分析法[J]．机械设计，1975，5：4—7.

[6] Helton J C, Johnson J D, Salaberry C J, et al. Survey of sampling-based methods for uncertainty and sensitivity analysis[J]. Reliability Engineering and System Safety, 2006, 91(10-11): 1175—1209.

第5章 近似方法

在不确定性分析和优化中，需要大量调用系统分析模型，若直接采用高精度模型进行分析将产生巨大计算成本。有效解决方法之一就是通过构造近似模型取代高精度模型，以此实现计算精度和计算成本的折中，从而提高求解效率。同时，对于多学科设计优化问题，为了实现学科解耦以支持学科自治和并行优化，构造耦合变量的近似模型是有效解决途径之一。因此，近似方法是解决UMDO计算复杂性和组织复杂性的一项重要关键技术。

近似概念主要包括模型近似和函数近似两个方面。模型近似主要从简化系统模型和缩小优化问题规模角度出发，通过减少设计变量和设计约束条件数目提高设计优化效率，常用的方法有设计变量链化及减缩基方法、约束函数缩并法、包络函数法等，具体算法参见文献[1]。函数近似主要指构造显式近似表达式来代替复杂系统分析模型参与分析与优化，以此降低设计优化问题复杂性。函数近似在UMDO中应用最为广泛，本章将对其进行重点介绍，下文中如无特殊说明，近似建模均指函数近似建模。

目前，近似建模主要有两种实现方法：①单步法(single-stage method)，通过进行一次试验设计和抽样，获取所需样本点并以此构造近似模型。该算法需要预先确定训练样本点数，如果数目太大，则需要巨大计算资源训练样本，太小则无法保证近似模型精度，目前还没有通用的方法用于解决如何合理确定训练样本点数的问题。②序贯法(sequential method)，首先通过试验设计获取一组数量较少的初始样本点集并构造近似模型，然后分析当前样本点集分布特征和近似模型特征，根据一定策略增加新的样本点并更新近似模型，重复前述序贯加点和更新模型步骤直至满足终止条件(如达到预定精度要求或者计算资源上限)。该方法可以在训练样本点数与近似模型精度之间进行合理权衡，并在有效的序贯加点策略条件下实现以较小代价构造满足精度要求的近似模型。单步法与序贯法共通的核心为：如何通过试验设计获取样本点，如何根据样本点构造近似模型，如何对近似模型精度进行评价，本章将在5.1～5.3节分别对其进行阐述，并在5.4节专门对序贯法的序贯加点和建模策略进行介绍。

5.1 试验设计方法

试验设计方法始于20世纪20年代，基于数理统计学理论研究如何合理有效获得数据信息。在近似建模过程中，通过试验设计可以在相同样本数量条件下更有效的获取精确模型信息，从而提高构造近似模型的精度和效率。下面首先对试验设计中的基本术语及符号进行说明。

(1) 设计变量(design variable，DV)：试验设计中可控制或改变的变量，也称为因素或因子。记 n 维设计变量向量为 $\boldsymbol{x}=[x_1,x_2\cdots,x_n]^{\mathrm{T}}$，$\boldsymbol{x}\in\mathbb{R}^n$。

(2) 设计空间(design space)：设计空间由所有设计变量上下限确定。记 n 维设计空间为 $[x_i^{\mathrm{low}},x_i^{\mathrm{up}}]^n$。

(3) 水平：设计变量所处的状态称为水平。

(4) 响应值(response)：随设计变量变化而变化的系统响应输出量，记为 $y=y(\boldsymbol{x})$。

目前，广泛研究和应用的试验设计方法包括：全因子设计(full factorial design)方法、部分因子设计(fractional factorial design)方法、中心组合设计(central composite design，CCD)方法、蒙特卡罗仿真方法、正交试验设计(orthogonal array sampling，OAS)方法、拉丁超立方设计(Latin hypercube design，LHD)方法等。下面分别进行简要介绍。

(1) 全因子设计方法。该方法对每一维设计变量 x_i 的所有 m_i 水平进行组合，形成 $k=\prod_{i=1}^{n}m_i$ 个试验方案。对于三维设计空间，全因子设计采样如图5.1(a)所示。该设计方法能够全面反映设计变量及其相互间的交互作用对响应值的影响。但是该方法随着设计变量个数和水平数增加将导致试验次数十分巨大，因此主要适合于设计变量个数和水平数较低的试验设计。

(2) 部分因子设计方法。由于全因子设计方法存在随设计变量和试验水平数增加而试验次数急剧增大的缺点，因此发展了部分因子设计方法。该方法通过忽略部分因子间的交互作用对响应值的影响，从而减少试验次数。

(3) 中心组合设计方法。该方法由2水平全因子设计、1个中心点以及沿每一维方向附加的2个试验点组成，对应试验次数为 2^n+2n+1。对于二维设计空间，中心组合设计方法采样如图5.1(b)所示。

(4) 蒙特卡罗法。该方法是指在设计空间随机选取试验点，如图5.1(c)所示。当试验点充分多时，该方法能够较为全面的获取精确模型的信息。但是由于取点的随机性，可能出现试验点集中于某一区域而其他区域没有试验点的情况。因此，为了提高取点的均匀性，出现了分层蒙特卡罗(stratified Monte Carlo

sampling)法。该方法首先将设计空间沿每一维设计变量方向划分为若干个等概率分布的子空间，然后在各个子空间内随机选取一个试验点，从而保证从各个等概率分布的子空间都能获取试验点，进而提高试验设计取点的均匀性。对于二维问题，该方法设计取点如图 5.1(d)所示。其中，沿 x_1 方向分为四个等概率分布子空间，沿 x_2 方向分为三个等概率分布子空间，共设计 12 个试验点。

(5) 正交试验设计法。该方法通过正交表安排试验。正交表具有均衡分散性的特点，能够实现各个因素各种水平的均衡搭配，适用于多因素、多水平的试验。3 维 2 水平 4 次正交试验设计如图 5.1(e)所示。

(6) 拉丁超立方设计法。该方法根据需要设计试验点数 k 的要求，将 n 维设计空间沿每一维设计变量方向平均划分为 k 个子空间，所有设计变量的 k 个子空间组合形成 k^n 个子空间。从 k^n 个子空间中随机选取 k 个子空间，在每个子空间中随机选取一个试验点，形成 k 个试验点。随机选取 k 个子空间的要求是，每一个设计变量的每一个子空间只出现一次，从而保证取点的均匀性。二维拉丁超立方设计如图 5.1(f)所示。

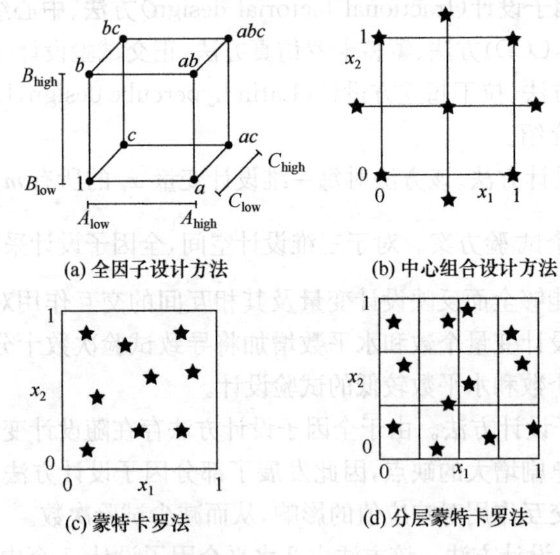

(a) 全因子设计方法　　(b) 中心组合设计方法

(c) 蒙特卡罗法　　(d) 分层蒙特卡罗法

(e) 正交试验设计方法　　(f) 拉丁超立方设计方法

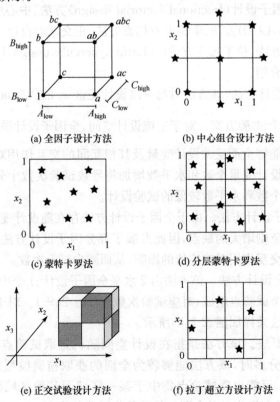

图 5.1　试验设计方法示意图

在上述方法中，全因子设计方法、部分因子设计方法、中心组合设计方法和蒙特卡罗法存在试验点数随设计变量数和设计变量水平数增大而急剧增加的缺点，对于试验成本高、模型分析计算量大的问题，适用性有限。正交试验设计方法和拉丁超立方设计方法能够以较小代价从设计空间获取散布性好、代表性强的设计点，因此能够更有效的获取精确模型信息。但正交试验设计方法需要以正交表为依据进行试验安排，试验点数由因素数和水平数确定，用户不能对试验点数进行自由确定，灵活性不强。因此，拉丁超立方设计方法具有更强的灵活性和更广泛的适用性。

对于拉丁超立方设计方法，由于选点的随机性，也有可能出现散布均匀性差的试验点设计组合，如图5.2(a)所示。为了得到均匀散布的拉丁超立方设计，出现了最优拉丁超立方设计方法，即通过优化准则（中心 L_2 偏差、极小极大距离、极大极小距离、总均方差、熵等）筛选拉丁超立方设计，得到满足准则的最优拉丁超立方设计，如图5.2(b)所示。

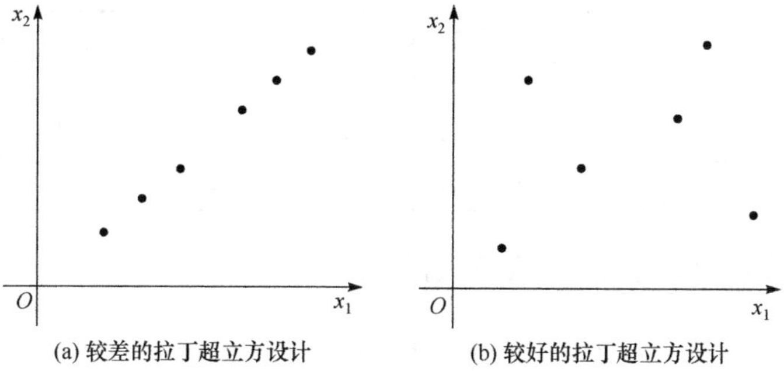

图5.2　拉丁超立方设计结果比较

5.2　近似模型与建模方法

按近似函数所能模拟的设计空间范围大小，建模方法可区分为局部近似方法、中范围近似方法和全局近似方法。局部近似是基于设计空间内某一设计点的函数值及梯度信息，在该设计点处进行级数展开，其近似函数只在该设计点的邻域内有效，因而又称为单点近似方法。中范围近似方法是应用多于一个点的数据来构造近似显式函数，因此也称为多点近似方法，其近似的有效空间介于局部近似和全局近似之间。全局近似方法是在整个设计空间内采样，然后构建近似模型，其近似有效范围是整个设计空间，能够给设计者提供整个设计空间的全景，且适合并行计算，因此在UMDO中应用最为广泛。本节重点对全局近似方法进行介绍，局部近似方法和中范围近似方法参见文献[1]。

5.2.1　多项式模型

多项式模型使用多项式展开对函数进行近似。数学上已经证明，任何函数都可以用多项式来完全表达。但是，多项式模型是多项式表达的一部分，一般带有截断误差。

记真实函数为 $y(\boldsymbol{x})$，自变量向量为 $\boldsymbol{x}=[x_1,x_2,\cdots,x_n]^{\mathrm{T}}$。对设计空间进行采样，获得 N_T 个训练样本点 $T=\{(\boldsymbol{x}_k,y_k):y_k=y(\boldsymbol{x}_k)\}_{k=1}^{N_T}$，样本点$\boldsymbol{x}_k$ 的第 i 分量记为 x_{k_i}。近似函数用 $\hat{y}(\boldsymbol{x})$表示，

$$\hat{y}(\boldsymbol{x})=\boldsymbol{F}^{\mathrm{T}}(\boldsymbol{x})\cdot\boldsymbol{\beta} \tag{5.1}$$

式中，$\boldsymbol{F}^{\mathrm{T}}(\boldsymbol{x})$为多项式回归基函数行向量；$\boldsymbol{\beta}$ 为对应的回归系数列向量。由于龙格现象的存在，基函数一般不超过三次，零阶、一阶、二阶模型如表 5.1 所示。

表 5.1　多项式回归函数模型

阶数	多项式函数行向量$\boldsymbol{F}^{\mathrm{T}}(\boldsymbol{x})$	$\boldsymbol{\beta}$分量个数
零阶	$[1]$	1
一阶	$[1,x_1,x_2,\cdots,x_n]$	$n+1$
二阶	$[1,x_1,x_2,\cdots,x_n,x_1^2,x_1x_2,\cdots,x_1x_n,x_2^2,x_2x_3,\cdots,x_2x_n,\cdots,x_n^2]$	$(n+1)(n+2)/2$

一般来说，$\boldsymbol{\beta}$ 可以通过最小化下式得到：

$$J(\boldsymbol{x})=\sum_{i=1}^{N_T}[\boldsymbol{F}^{\mathrm{T}}(\boldsymbol{x}_i)\cdot\boldsymbol{\beta}-y_i]^2 \tag{5.2}$$

记 $\boldsymbol{P}=[\boldsymbol{F}(\boldsymbol{x}_1),\boldsymbol{F}(\boldsymbol{x}_2),\cdots,\boldsymbol{F}(\boldsymbol{x}_{N_{\mathrm{T}}})]^{\mathrm{T}}$，可以得到使式(5.2)最小的 $\boldsymbol{\beta}$ 值满足下式：

$$\boldsymbol{P\beta}-\boldsymbol{Y}=0 \tag{5.3}$$

其中，$\boldsymbol{Y}=[y_1,y_2,\cdots,y_{N_{\mathrm{T}}}]^{\mathrm{T}}$，由此 $\boldsymbol{\beta}$ 可以表述为

$$\boldsymbol{\beta}=(\boldsymbol{P}^{\mathrm{T}}\boldsymbol{P})^{-1}\boldsymbol{P}^{\mathrm{T}}\boldsymbol{Y} \tag{5.4}$$

5.2.2　Kriging 模型

Kriging 模型是一种估计方差最小的无偏估计模型，其基本思想是将真实的未知函数表述为全局近似函数 $\hat{f}(\boldsymbol{x})$及其修正函数 $Z(\boldsymbol{x})$两部分：

$$\hat{y}(\boldsymbol{x})=\hat{f}(\boldsymbol{x})+Z(\boldsymbol{x}) \tag{5.5}$$

其中，$\hat{f}(\boldsymbol{x})$是关于自变量向量 $\boldsymbol{x}=[x_1,x_2,\cdots,x_n]^{\mathrm{T}}$ 的全局近似函数；$Z(\boldsymbol{x})$是对全局模拟的修正。全局近似 $\hat{f}(\boldsymbol{x})$可以采用回归模型，记为

$$\hat{f}(\boldsymbol{x})=\boldsymbol{F}^{\mathrm{T}}(\boldsymbol{x})\cdot\boldsymbol{\beta} \tag{5.6}$$

其中,$\boldsymbol{F}^{\mathrm{T}}(\boldsymbol{x})$为多项式回归函数行向量,常用的有零阶模型($\hat{f}(\boldsymbol{x})$为常数)、一阶多项式模型(线性模型)和二阶多项式模型;$\boldsymbol{\beta}$为对应的回归系数列向量,其零阶、一阶、二阶模型如表5.1所示。

$Z(\boldsymbol{x})$一般采用零均值随机函数,其协方差矩阵为如下形式:

$$\operatorname{cov}[Z(\boldsymbol{x}_i),Z(\boldsymbol{x}_j)]=\sigma^2\mathfrak{R}[R(\boldsymbol{x}_i,\boldsymbol{x}_j)],\quad i=1,\cdots,N_T;j=1,\cdots,N_T \tag{5.7}$$

式中,$\mathfrak{R}$是相关矩阵;R是可以选择的相关函数;N_T为样本点数目,训练样本点集为$T=\{(\boldsymbol{x}_k,y_k):y_k=y(\boldsymbol{x}_k)\}_{k=1}^{N_T}$;$\boldsymbol{x}_i$为第$i$个样本点向量。

相关矩阵$\mathfrak{R}$沿对角线对称。常用的相关函数有高斯型、EXP型、LIN型、Spherical型、Cubic型、Spline型等,其中高斯型应用最为广泛,其相关函数模型表述如下:

$$R(\boldsymbol{x}_i,\boldsymbol{x}_j)=\exp\left[-\sum_{k=1}^{n}\theta_k\left|x_{i\_k}-x_{j\_k}\right|^2\right] \tag{5.8}$$

式中,θ_k为未知相关参数。n个θ_k构成相关参数向量$\boldsymbol{\theta}$。

记$\boldsymbol{P}=[\boldsymbol{F}(\boldsymbol{x}_1),\boldsymbol{F}(\boldsymbol{x}_2),\cdots,\boldsymbol{F}(\boldsymbol{x}_{N_T})]^{\mathrm{T}}$,$\boldsymbol{Y}=[y_1,y_2,\cdots,y_{N_T}]^{\mathrm{T}}$,在未知点$\boldsymbol{x}$处真实函数响应值的估计值$\hat{y}(\boldsymbol{x})$通过下式给出:

$$\hat{y}(\boldsymbol{x})=\hat{f}(\boldsymbol{x})+\boldsymbol{r}^{\mathrm{T}}(\boldsymbol{x})\mathfrak{R}^{-1}(\boldsymbol{Y}-\boldsymbol{P}\cdot\boldsymbol{\beta}) \tag{5.9}$$

式中,$\boldsymbol{r}^{\mathrm{T}}(\boldsymbol{x})$是向量$\boldsymbol{x}$和样本点$\{\boldsymbol{x}_1,\cdots,\boldsymbol{x}_{N_T}\}$之间的相关向量,定义为

$$\boldsymbol{r}(\boldsymbol{x})=[R(\boldsymbol{x},\boldsymbol{x}_1),R(\boldsymbol{x},\boldsymbol{x}_2),\cdots,R(\boldsymbol{x},\boldsymbol{x}_{N_T})]^{\mathrm{T}} \tag{5.10}$$

$\boldsymbol{\beta}$可由广义最小二乘法估计如下:

$$\boldsymbol{\beta}=(\boldsymbol{P}^{\mathrm{T}}\mathfrak{R}^{-1}\boldsymbol{P})^{-1}\boldsymbol{P}^{\mathrm{T}}\mathfrak{R}^{-1}\boldsymbol{Y} \tag{5.11}$$

$Z(\boldsymbol{x})$的协方差矩阵式(5.7)中方差σ^2的估计值$\hat{\sigma}^2$由$\boldsymbol{\beta}$和$\boldsymbol{P}$给出

$$\hat{\sigma}^2=\frac{(\boldsymbol{Y}-\boldsymbol{P}\cdot\boldsymbol{\beta})^{\mathrm{T}}\mathfrak{R}^{-1}(\boldsymbol{Y}-\boldsymbol{P}\cdot\boldsymbol{\beta})}{N_T} \tag{5.12}$$

根据$\hat{\sigma}^2$可以估计Kriging模型在点$\boldsymbol{x}$处的预估标准差s:

$$s^2(\boldsymbol{x})=\hat{\sigma}^2\left[1-\boldsymbol{r}^{\mathrm{T}}\mathfrak{R}^{-1}\boldsymbol{r}+\frac{(1-\boldsymbol{r}^{\mathrm{T}}\mathfrak{R}^{-1}\boldsymbol{r})^2}{\boldsymbol{1}^{\mathrm{T}}\mathfrak{R}^{-1}\boldsymbol{1}}\right] \tag{5.13}$$

式中,$\boldsymbol{1}$为元素全为1的列向量。由上可知,$\hat{\sigma}^2$与$\mathfrak{R}$均是$\boldsymbol{\theta}$的函数,任意一个$\boldsymbol{\theta}$值都能生成一个插值模型,因此Kriging建模的关键就是确定$\boldsymbol{\theta}$。常用的方法为最大似然法,在$\theta_k>0$条件下求解下述无约束非线性优化问题确定参数取值:

$$\begin{cases}\text{find} & \boldsymbol{\theta}\\ \max & -\dfrac{1}{2}[N_T\ln\hat{\sigma}^2+\ln|\mathfrak{R}|]\end{cases} \tag{5.14}$$

Kriging模型是非常有效的全局近似方法,但是对于高维近似问题,如何高效求解优化问题(5.14)以确定近似模型参数依然存在较大困难。

5.2.3 支持向量机

支持向量机(support vector machine,SVM)由 Vapnik 等[2,3]根据统计学习理论中结构风险最小化原则提出。SVM 包括两类:用于分类问题的支持向量分类机(SVC)和用于回归问题的支持向量回归机(SVR)。下面对这两种方法分别进行简要介绍。

1. 线性支持向量机

SVC 是从线性可分情况下的最优分类面发展而来,其基本思想可用图 5.3 所示的二维情况进行说明。图 5.3(a)中,"○"和"●"分别表示两类数据样本,能够将这两类样本分开的分类线很多,如 H1～H3。为了从这些分类线中找出最优分类线,Vapnik 对两类数据样本作如下定义:

$$\begin{cases} y_k=1, & x_k \subset \text{第 I 类} \\ y_k=-1, & x_k \subset \text{第 II 类} \end{cases} \tag{5.15}$$

将分类线的方程定义为 $\boldsymbol{w}^{\mathrm{T}}\boldsymbol{x}+b=0$,并使得离分类线最近的样本满足 $y_k(\boldsymbol{w}^{\mathrm{T}}\boldsymbol{x}_k+b)=1$,其他样本满足 $y_k(\boldsymbol{w}^{\mathrm{T}}\boldsymbol{x}_k+b)>1$。如图 5.3(b)所示,图中两条虚线通过各类别中距离分类线最近的点,这两条虚线的方程分别为

$$\begin{cases} \boldsymbol{w}^{\mathrm{T}}\boldsymbol{x}_k+b=1, & \text{第 I 类} \\ \boldsymbol{w}^{\mathrm{T}}\boldsymbol{x}_k+b=-1, & \text{第 II 类} \end{cases} \tag{5.16}$$

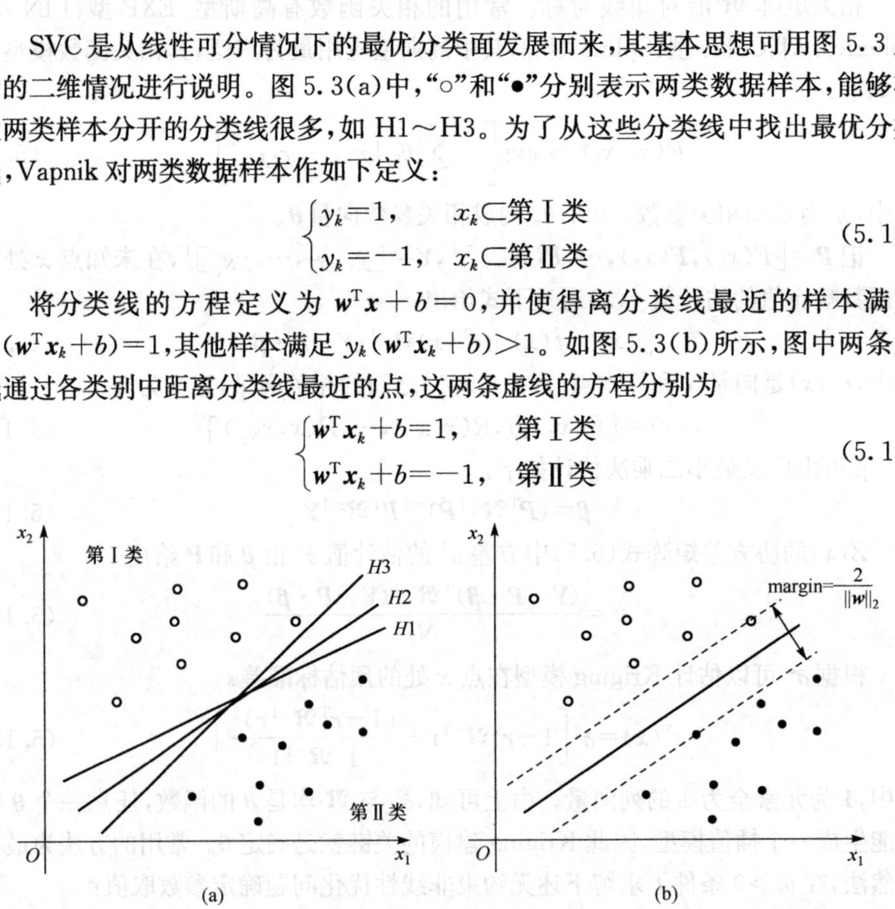

图 5.3 最优分类面示意图

图 5.3(b)中的实线是分类线,它距两条虚线的距离相等。两条虚线之间的距离叫做分类间隔(margin),离分类线最近的样本也称为支持向量。支持向量分类机中根据结构风险最小化原则,将分类间隔最大的分类线定义为最优分类线。易

知，分类间隔为 $2/\|\boldsymbol{w}\|_2$，则最优分类线问题可以表述为以下约束优化问题：

$$\begin{cases}\min\limits_{\boldsymbol{w},b} \quad J_p(\boldsymbol{w})=\dfrac{1}{2}\boldsymbol{w}^{\mathrm{T}}\boldsymbol{w} \\ \text{s. t.} \quad y_k(\boldsymbol{w}^{\mathrm{T}}\boldsymbol{x}_k+b)\geqslant 1,\ k=1,\cdots,N\end{cases} \tag{5.17}$$

其中，N 为样本点个数。针对高维问题，所求得的分类函数则为最优分类面。

当数据样本不满足线性可分性时，上述最优分类线不能将两类样本点完全分开，式(5.17)将不可行，因此引入松弛因子 $\xi_k\geqslant 0$ 并允许错分样本的存在，最优分类问题表述为如下形式：

$$\begin{cases}\min\limits_{\boldsymbol{w},b,\boldsymbol{\xi}} \quad J_p(\boldsymbol{w},\boldsymbol{\xi})=\dfrac{1}{2}\boldsymbol{w}^{\mathrm{T}}\boldsymbol{w}+C\sum\limits_{k=1}^{N}\xi_k \\ \text{s. t.} \quad y_k(\boldsymbol{w}^{\mathrm{T}}\boldsymbol{x}_k+b)+\xi_k\geqslant 1,\ k=1,\cdots,N \\ \qquad\quad \xi_k\geqslant 0,\ k=1,\cdots,N\end{cases} \tag{5.18}$$

其中，C 是大于零的常数，称为惩罚因子。假设上式的最优解为 $\{\bar{\boldsymbol{w}},\bar{b},\bar{\boldsymbol{\xi}}\}$，则最优分类面方程为 $\bar{\boldsymbol{w}}^{\mathrm{T}}\boldsymbol{x}+\bar{b}=0$，对于给定样本点 $\boldsymbol{x}$，只需根据 $\bar{\boldsymbol{w}}^{\mathrm{T}}\boldsymbol{x}+\bar{b}$ 的符号来判断该样本属于哪一类。

支持向量方法也可以应用到回归问题中。函数回归问题可以归结为在给定样本数据条件下寻找一个近似函数 $y=\tilde{f}(\boldsymbol{x})$来预测真实函数值。回归问题与分类问题的区别在于输出 y 的取值不同，分类问题中 y 取为±1，而在回归问题中 y 可以取为任意值。图 5.4 是一个二维示例，假如所有样本点能够被一个 ε 管道覆盖，那么当 ε 很小时，ε 管道的中心超平面(图 5.4 中的实线)是对目标函数的一个很好近似，而 SVR 的基本思想则是找寻这个 ε 管道超平面作为近似函数。

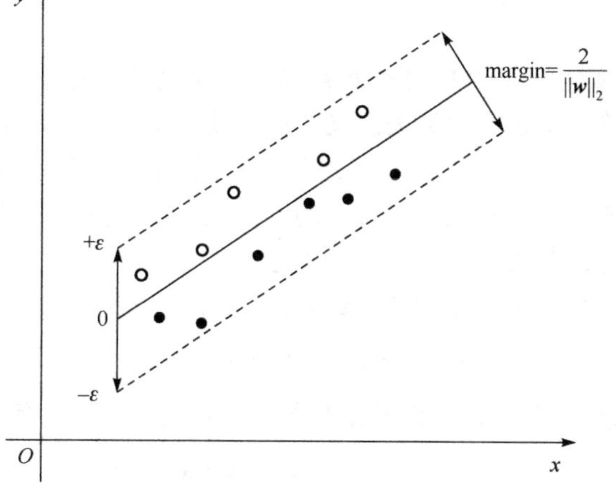

图 5.4 最优线性回归机

将管道超平面左边的样本点 y 值加 ε，右边的样本点 y 值减去 ε，构造如下样本集：

$$\{((\boldsymbol{x}_1^{\mathrm{T}}, y_1+\varepsilon);1),\cdots,((\boldsymbol{x}_{l_1}^{\mathrm{T}}, y_{l_1}+\varepsilon);1),((\boldsymbol{x}_{l_1+1}^{\mathrm{T}}, y_{l_1+1}-\varepsilon);-1),\cdots,$$
$$((\boldsymbol{x}_{l_1+l_2}^{\mathrm{T}}, y_{l_1+l_2}-\varepsilon);-1)\} \tag{5.19}$$

其中，l_1 和 l_2 是两类数据样本的数目。针对该样本集，可以采用 SVC 的方法求得最优分类面，依据式(5.18)可得该优化问题的表述如下：

$$\begin{cases} \min\limits_{\boldsymbol{w},b,\eta,\boldsymbol{\xi}} & J_p(\boldsymbol{w},\eta,\boldsymbol{\xi}) = \dfrac{1}{2}\boldsymbol{w}^{\mathrm{T}}\boldsymbol{w} + \dfrac{1}{2}\eta^2 + C\sum\limits_{k=1}^{l_1+l_2}\xi_k \\ \text{s. t.} & \boldsymbol{w}^{\mathrm{T}}\boldsymbol{x}_k + \eta(y_k+\varepsilon) + b \geqslant 1-\xi_k,\ k=1,\cdots,l_1 \\ & \boldsymbol{w}^{\mathrm{T}}\boldsymbol{x}_k + \eta(y_k-\varepsilon) + b \leqslant \xi_k - 1,\ k=l_1+1,\cdots,l_1+l_2 \\ & \xi_k \geqslant 0,\ k=1,\cdots,l_1+l_2 \end{cases} \tag{5.20}$$

其最优解记为 $\{\bar{\boldsymbol{w}},\bar{b},\bar{\eta},\bar{\boldsymbol{\xi}}\}$，可得最优分类面方程为 $\bar{\boldsymbol{w}}^{\mathrm{T}}\boldsymbol{x}+\bar{\eta}y+\bar{b}=0$，进而得到最优回归函数 $y=\tilde{\boldsymbol{w}}^{\mathrm{T}}\boldsymbol{x}+\tilde{b}$，其中 $\{\tilde{\boldsymbol{w}},\tilde{b}\}=\{-\bar{\boldsymbol{w}}/\eta,-\bar{b}/\eta\}$。可以证明，式(5.20)与下述优化问题等价[4]，$\{\tilde{\boldsymbol{w}},\tilde{b}\}$ 也是下述问题的解：

$$\begin{cases} \min\limits_{\boldsymbol{w},b} & J_p(\boldsymbol{w},\boldsymbol{\xi}) = \dfrac{1}{2}\boldsymbol{w}^{\mathrm{T}}\boldsymbol{w} + C\sum\limits_{k=1}^{N}\xi_k \\ \text{s. t.} & \left| y_k - (\boldsymbol{w}^{\mathrm{T}}\boldsymbol{x}_k + \bar{b}) \right| \leqslant \xi_k + \varepsilon,\ k=1,\cdots,N \\ & \xi_k \geqslant 0,\ k=1,\cdots,N \end{cases} \tag{5.21}$$

式(5.20)和式(5.21)中的 ε 为给定的近似精度，当样本点处的近似值与真实值的差距小于 ε 时，忽略在该点处的近似误差，即在目标函数中不出现该误差项。这种特性也称为 ε-不敏感损失。

2. 非线性支持向量机

许多实际问题中，所研究的分类问题都不是线性可分的，因此线性支持向量机的解通常因为经验风险过大而失去意义。在非线性支持向量机中，SVM 通过非线性函数 $\varphi(\boldsymbol{x})$ 将输入向量映射到一个高维特征空间，并在这个高维特征空间中构造最优分类面。将式(5.18)和式(5.21)中的 $\boldsymbol{x}_k$ 改为 $\varphi(\boldsymbol{x}_k)$ 便可以得到对应的非线性支持向量分类机与回归机的最优化问题表述。

非线性变换函数的内积称为核函数，定义如下：

$$K(\boldsymbol{x},\boldsymbol{x}')=\langle\varphi(\boldsymbol{x}),\varphi(\boldsymbol{x}')\rangle \tag{5.22}$$

常用的核函数有多项式函数、径向基函数等。以径向基函数为例，定义如下：

$$K(\boldsymbol{x},\boldsymbol{x}')=\exp\left(-\frac{\|\boldsymbol{x}-\boldsymbol{x}'\|^2}{2\sigma^2}\right) \tag{5.23}$$

式中，σ 为核参数。

5.2.4 径向基神经网络

人工神经网络具有强大的非线性处理、分布式信息存储、自组织自适应以及自主学习的能力，在模式识别、图像处理、控制、优化、金融预测和管理、通信以及数据挖掘等领域取得了广泛应用。本节着重围绕神经网络的函数逼近功能，对一类具有良好高维非线性近似能力的神经网络——插值径向基神经网络(radial basis function neural network，RBFNN)进行介绍。

传统 RBFNN 插值模型包含输入层、输出层和一个隐含层。对精确函数 $f(\boldsymbol{x}):\mathbb{R}^n\to\mathbb{R}$，根据 N_T 个训练样本点 $T=\{(\boldsymbol{c}_k,y_k):y_k=f(\boldsymbol{c}_k)\}_{k=1}^{N_T}$ 进行近似建模，则其 RBFNN 插值模型的输入层对应输入向量 $\boldsymbol{x}$，输出层对应近似模型输出 $\hat{f}(\boldsymbol{x})$，隐含层由 N_T 个相互独立的神经元构成，各个神经元的径向基函数中心点即对应各个样本点输入：

$$\phi_k(\boldsymbol{x},\boldsymbol{c}_k)=\exp\left(-\frac{\|\boldsymbol{x}-\boldsymbol{c}_k\|^2}{\sigma_k^2}\right),\quad 1\leqslant k\leqslant N_T \tag{5.24}$$

其中

$$\|\boldsymbol{x}-\boldsymbol{c}_k\|=\left[\sum_{i=1}^{n}(x_i-c_{k\_i})^2\right]^{\frac{1}{2}}$$

$\boldsymbol{x}\in\mathbb{R}^n$ 为未知输入向量，其第 i 分量记为 x_i；$\boldsymbol{c}_k\in\mathbb{R}^n$ 为第 k 个神经元的径向基函数中心点，对应第 k 个训练样本点输入；$\phi_k(\cdot)$为高斯函数，以 $\boldsymbol{x}$ 与$\boldsymbol{c}_k$ 之间的欧式距离 $l=\|\boldsymbol{x}-\boldsymbol{c}_k\|$ 为输入；σ_k 为 $\phi_k(\cdot)$的形状参数。常用径向基函数如表 5.2 所示[5,6]。本节以广泛采用的高斯函数为例对 RBFNN 建模进行介绍，所述方法亦可直接应用于其他基函数的 RBFNN 建模。

表 5.2 常用的基函数形式

基函数名称	基函数形式
线性函数	$\phi(l)=cl$
三次多项式函数	$\phi(l)=(l+c)^3$
薄板样条函数	$\phi(l)=l^2\lg(cl^2)$
高斯函数	$\phi(l)=\mathrm{e}^{-cl^2}$
Multiquadratic 函数	$\phi(l)=\sqrt{l^2+c^2}$

RBFNN 输出 $\hat{f}(\boldsymbol{x})$ 为隐含层神经元输出的线性和，即

$$\hat{f}(\boldsymbol{x})=\boldsymbol{r}^{\mathrm{T}}(\boldsymbol{x})\cdot\boldsymbol{w} \tag{5.25}$$

其中

$$\boldsymbol{r}(\boldsymbol{x})=[\phi_1(\boldsymbol{x},\boldsymbol{c}_1),\phi_2(\boldsymbol{x},\boldsymbol{c}_2),\cdots,\phi_{N_T}(\boldsymbol{x},\boldsymbol{c}_{N_T})]^{\mathrm{T}}$$

$$\boldsymbol{w}=[w_1,w_2\cdots,w_{N_T}]^{\mathrm{T}}$$

$\boldsymbol{w}$ 为连接隐含层神经元输出与神经网络输出层的权重向量。此处仅考虑输出层输出为一个标量，如果精确模型有多个输出且各分量相互独立，则可以直接应用上述近似模型对各个输出分量分别进行近似建模。

RBFNN 插值模型精确通过给定的 N_T 个训练样本点，则有

$$\hat{f}(\boldsymbol{c}_k)=f(\boldsymbol{c}_k),\quad 1\leqslant k\leqslant N_T \tag{5.26}$$

所有样本点的式(5.25)和式(5.26)的关系简写为矩阵形式如下：

$$\boldsymbol{\Phi}\boldsymbol{w}=\boldsymbol{F}_T=[f(\boldsymbol{c}_1),f(\boldsymbol{c}_2),\cdots,f(\boldsymbol{c}_{N_T})]^{\mathrm{T}} \tag{5.27}$$

式中

$$\boldsymbol{\Phi}=\begin{bmatrix}\phi_1(\boldsymbol{c}_1,\boldsymbol{c}_1) & \phi_2(\boldsymbol{c}_1,\boldsymbol{c}_2) & \cdots & \phi_{N_T}(\boldsymbol{c}_1,\boldsymbol{c}_{N_T})\\ \phi_1(\boldsymbol{c}_2,\boldsymbol{c}_1) & \phi_2(\boldsymbol{c}_2,\boldsymbol{c}_2) & \cdots & \phi_{N_T}(\boldsymbol{c}_2,\boldsymbol{c}_{N_T})\\ \vdots & \vdots & & \vdots\\ \phi_1(\boldsymbol{c}_{N_T},\boldsymbol{c}_1) & \phi_2(\boldsymbol{c}_{N_T},\boldsymbol{c}_2) & \cdots & \phi_{N_T}(\boldsymbol{c}_{N_T},\boldsymbol{c}_{N_T})\end{bmatrix}$$

对形状参数 σ_k 给出一组定值($1\leqslant k\leqslant N_T$)，则式(5.27)成为一个线性方程组。如果各个神经元的径向基函数中心点两两不同，则矩阵 $\boldsymbol{\Phi}$ 正定可逆，权重向量 $\boldsymbol{w}$ 可以直接通过求解式(5.27)进行计算。因此，RBFNN 插值模型可调参数仅包括形状参数 σ_k，近似模型参数优化问题实际为形状参数优化问题。

给定验证样本点集 $V=\{(\boldsymbol{x}_q,y_q):y_q=f(\boldsymbol{x}_q)\}_{q=1}^{N_V}$，广泛采用的 RBFNN 近似建模准则为最小化正则误差平方和，即

$$\mathrm{Obj}=(1-\lambda)\boldsymbol{e}^{\mathrm{T}}\boldsymbol{e}+\lambda\,\boldsymbol{w}^{\mathrm{T}}\boldsymbol{w} \tag{5.28}$$

其中，λ 为正则参数；$\boldsymbol{w}$ 为隐含层输出权重向量；$\boldsymbol{e}$ 为误差向量，定义如下：

$$\boldsymbol{e}=\boldsymbol{F}_V-\hat{\boldsymbol{F}}_V \tag{5.29}$$

式中

$$\boldsymbol{F}_V=[f(\boldsymbol{x}_1),f(\boldsymbol{x}_2),\cdots,f(\boldsymbol{x}_{N_V})]^{\mathrm{T}}$$

$$\hat{\boldsymbol{F}}_V=[\hat{f}(\boldsymbol{x}_1),\hat{f}(\boldsymbol{x}_2),\cdots,\hat{f}(\boldsymbol{x}_{N_V})]^{\mathrm{T}}$$

式(5.28)中第二项用于避免过近似(over-fitting)，通过调节参数 λ 可以提高模型光滑度和近似精度[7,8]。本节不对 λ 取值方法进行讨论，将其取为常数。

对于复杂系统近似建模问题，往往需要通过大量样本点进行训练以建立满足精度要求的近似模型。由于 RBFNN 插值模型神经元数量与训练样本点数量相

同，如果把每个神经元径向基函数的形状参数作为独立变量进行优化，则优化变量数目将与训练样本点数相同，导致优化复杂度迅速提高甚至难以承受。为了简化优化复杂度，常用方法为减少优化变量个数，例如：使所有形状参数取值相同，则原优化问题变为单变量优化问题。但是，单个形状参数优化无法满足精度需求，特别是当训练样本点分布不均匀或者精确模型高度非线性时[9]。考虑到相邻样本点一般具有相似的空间分布特性和精确函数响应值的非线性分布特性，很多文献提出将样本点分簇，使各簇样本点具有相同形状参数并作为独立变量进行优化，则原优化问题优化变量数目降低为簇数，以此实现近似精度和建模效率的折中。因此，本节也采用分簇设置形状参数的方法。

将训练样本点集划分为非重叠的 N_S 簇，每个簇记为

$$\mathrm{TS}_i=\{\boldsymbol{c}_q\},\quad T=\{\mathrm{TS}_i\},\quad i=1,2,\cdots,N_S,\ q\in\boldsymbol{I}_{\mathrm{TS}_i} \tag{5.30}$$

其中，$\boldsymbol{I}_{\mathrm{TS}_i}$ 为簇 TS_i 中样本点的编号集，包括 N_{TS_i} 个元素。$I^j_{\mathrm{TS}_i}$ 为$\boldsymbol{I}_{\mathrm{TS}_i}$ 的第 j 个元素，表示 TS_i 中第 j 个样本点在原训练样本点集中的编号。例如：如果 $\mathrm{TS}_i=\{\boldsymbol{c}_1,\boldsymbol{c}_5,\boldsymbol{c}_7\}$，则 $\boldsymbol{I}_{\mathrm{TS}_i}=\{1,5,7\}$，且 $I^2_{\mathrm{TS}_i}=5$。所有簇的编号集构成一个分簇方案 $\boldsymbol{I}_{\mathrm{TS}}=\{\boldsymbol{I}_{\mathrm{TS}_i}\}_{i=1}^{N_S}$。分簇准则为：使所有样本点与其所在簇中心点的距离之和最小，通过 k-means 方法实现[10]。各簇中心点的各维坐标为该簇内所有样本点该维坐标的平均值。

对于分簇方案 $\boldsymbol{I}_{\mathrm{TS}}=\{\boldsymbol{I}_{\mathrm{TS}_i}\}_{i=1}^{N_S}$，同簇内样本点的形状参数相同，记为 σ_{Si}，则

$$\forall k\in\boldsymbol{I}_{\mathrm{TS}_i},\quad \sigma_k=\sigma_{Si},\quad i=1,2,\cdots,N_S \tag{5.31}$$

因此，形状参数优化问题只包括 N_S 个独立优化变量，记为 $\boldsymbol{\sigma}_S=\{\sigma_{Si}\}_{i=1}^{N_S}$，极大简化了优化复杂度。给定训练样本集 T、验证样本集 V 以及分簇方案 $\boldsymbol{I}_{\mathrm{TS}}$，RBFNN 插值模型参数优化问题表述为

$$\begin{cases}\text{find} & \boldsymbol{\sigma}_S=[\sigma_{S1},\sigma_{S2},\cdots,\sigma_{SN_S}]\\ \min & \mathrm{Obj}=(1-\lambda)\,\boldsymbol{e}^{\mathrm{T}}\boldsymbol{e}+\lambda\,\boldsymbol{w}^{\mathrm{T}}\boldsymbol{w}\\ \text{s. t.} & \boldsymbol{\sigma}_S\in\Omega_S,\quad \boldsymbol{\sigma}=[\sigma_1,\sigma_2,\cdots,\sigma_{N_T}]\\ & \forall k\in\boldsymbol{I}_{\mathrm{TS}_i},\quad \sigma_k=\sigma_{Si},\quad i=1,2,\cdots,N_S\\ & \boldsymbol{\Phi}(\boldsymbol{\sigma})\boldsymbol{w}=\boldsymbol{F}_T,\quad \boldsymbol{e}=\boldsymbol{F}_V-\hat{\boldsymbol{F}}_V(\boldsymbol{\sigma},\boldsymbol{w})\end{cases} \tag{5.32}$$

其中，Ω_S 为$\boldsymbol{\sigma}_S$ 的定义域。对于高斯函数来说，目标函数 Obj 为优化变量$\boldsymbol{\sigma}_S$ 的偶函数，因此只需考虑$\boldsymbol{\sigma}_S$ 的非负区域。$\boldsymbol{\sigma}_S$ 取值上限的设置原则为避免矩阵 $\boldsymbol{\Phi}$ 出现严重病态，以此保证通过式(5.27)求取权重系数的稳定性。

在优化搜索过程中，需要根据每个搜索点给定的形状参数值建立 RBFNN 插值模型，由此计算目标函数值。因此，求解式(5.32)所述优化问题的计算复杂度主要源于在每个搜索点求解式(5.27)构建 RBFNN 模型，特别当矩阵 $\boldsymbol{\Phi}$ 维数较高时

更为明显。对于 N_S 个优化变量和 N_T 个训练样本点，求解式(5.32)的计算复杂度可估算为[11]

$$C=O(N_T^3)\times O(g(N_S)) \tag{5.33}$$

其中，$O(N_T^3)$ 为求解式(5.27)进行矩阵运算的近似计算量；$O(g(N_S))$ 为求解式(5.32)获得最优点的优化迭代次数，主要由优化器的选择和优化问题的具体特点，如优化变量数目以及优化目标是否为凸函数等因素决定。一般来说，对于相同优化求解器，目标函数计算次数 $g(\cdot)$ 随着优化变量数目的增大而迅速增大。由式(5.33)可以看出，N_T 和 N_S 的降低可以大大降低计算成本。但是为了满足近似精度要求，N_T 和 N_S 不能过度降低。对于给定 N_T 和 N_S 条件下，为了解决计算复杂度问题，姚雯等提出基于并行子空间优化的 RBFNN 形状参数优化(concurrent subspace width optimization，CSWO)方法[12]，将式(5.32)大型优化问题分解为若干个独立子问题进行并行优化，每个子问题具有较少优化变量和较小规模矩阵操作，以此降低单个优化问题复杂度。与之对应，将传统直接应用优化器对式(5.32)进行求解，在一个优化问题中对所有形状参数变量进行优化的方法称为基于系统优化的形状参数优化(system width optimization，SWO)方法，以此与上述分子空间进行优化的 CSWO 方法进行区别。下面对 CSWO 方法进行简要介绍。

1. 分解策略

假设将原优化问题分解为 N_S 个子空间优化问题。训练样本也划分为非重叠的 N_S 簇，分簇方案如式(5.30)所示。对于簇 TS_i 中的点 $\boldsymbol{c}_j$，RBFNN 插值模型在该点的响应输出包括两部分：一部分是以簇 TS_i 中样本点为基函数中心的神经元的输出加权和，另一部分是以簇 TS_i 以外样本点为基函数中心的神经元的输出加权和，即

$$\hat{f}(\boldsymbol{c}_j)=f(\boldsymbol{c}_j)=\sum_{k\in \boldsymbol{I}_{\mathrm{TS}_i}} w_k\phi(\boldsymbol{c}_j,\boldsymbol{c}_k)+\sum_{k\notin \boldsymbol{I}_{\mathrm{TS}_i}} w_k\phi(\boldsymbol{c}_j,\boldsymbol{c}_k) \tag{5.34}$$

该式右侧第一项可以作为簇 TS_i 中所有样本点对 $\boldsymbol{c}_j$ 响应输出的影响，第二项为簇 TS_i 以外所有样本点对 $\boldsymbol{c}_j$ 响应输出的影响。对于 TS_i 中所有样本点，式(5.34)可以表述为如下矩阵形式：

$$\boldsymbol{\Phi}_{\mathrm{TS}_i}\boldsymbol{w}_{\mathrm{TS}_i}+\boldsymbol{\Phi}_{\overline{\mathrm{TS}}_i}\boldsymbol{w}_{\overline{\mathrm{TS}}_i}=\boldsymbol{F}_{\mathrm{TS}_i} \tag{5.35}$$

式中

$$\boldsymbol{\Phi}_{\mathrm{TS}_i}=(\phi_{jk})_{N_{\mathrm{TS}i}\times N_{\mathrm{TS}i}},\quad j,k=1,2,\cdots,N_{\mathrm{TS}i}$$

$$\phi_{jk}=\phi(\boldsymbol{c}_{I^j_{\mathrm{TS}_i}},\boldsymbol{c}_{I^k_{\mathrm{TS}_i}})=\exp(-\|\boldsymbol{c}_{I^j_{\mathrm{TS}_i}}-\boldsymbol{c}_{I^k_{\mathrm{TS}_i}}\|^2/\sigma^2_{Si})$$

$$\boldsymbol{\Phi}_{\overline{\mathrm{TS}}_i}=[\boldsymbol{\Phi}_{\overline{\mathrm{TS}}_{i1}},\boldsymbol{\Phi}_{\overline{\mathrm{TS}}_{i2}}\cdots,\boldsymbol{\Phi}_{\overline{\mathrm{TS}}_{i(i-1)}},\boldsymbol{\Phi}_{\overline{\mathrm{TS}}_{i(i+1)}},\cdots,\boldsymbol{\Phi}_{\overline{\mathrm{TS}}_{iN_S}}]_{N_{\mathrm{TS}i}\times(N_T-N_{\mathrm{TS}i})}$$

$$\boldsymbol{\Phi}_{\overline{\mathrm{TS}}_{ij}}=(\phi_{kl})_{N_{\mathrm{TS}i}\times N_{\mathrm{TS}j}},\quad k=1,2,\cdots,N_{\mathrm{TS}i},l=1,\cdots,N_{\mathrm{TS}j}$$

$$\phi_{kl}=\phi(\boldsymbol{c}_{I^k_{\mathrm{TS}_i}},\boldsymbol{c}_{I^l_{\mathrm{TS}_j}})=\exp(-\|\boldsymbol{c}_{I^k_{\mathrm{TS}_i}}-\boldsymbol{c}_{I^l_{\mathrm{TS}_j}}\|^2/\sigma^2_{Sj})$$

$$\boldsymbol{w}_{\mathrm{TS}_i}=[w_{I^1_{\mathrm{TS}_i}},w_{I^2_{\mathrm{TS}_i}},\cdots,w_{I^{N_{\mathrm{TS}i}}_{\mathrm{TS}_i}}]^{\mathrm{T}}$$

$$\boldsymbol{w}_{\overline{\mathrm{TS}}_i}=([\boldsymbol{w}^{\mathrm{T}}_{\mathrm{TS}_1},\boldsymbol{w}^{\mathrm{T}}_{\mathrm{TS}_2},\cdots,\boldsymbol{w}^{\mathrm{T}}_{\mathrm{TS}_{(i-1)}},\boldsymbol{w}^{\mathrm{T}}_{\mathrm{TS}_{(i+1)}},\cdots,\boldsymbol{w}^{\mathrm{T}}_{\mathrm{TS}_{N_S}}]_{1\times(N_T-N_{\mathrm{TS}i})})^{\mathrm{T}}$$

$$\boldsymbol{w}_{\mathrm{TS}_j}=[w_{I^1_{\mathrm{TS}_j}},w_{I^2_{\mathrm{TS}_j}},\cdots,w_{I^{N_{\mathrm{TS}j}}_{\mathrm{TS}_j}}]^{\mathrm{T}},\quad j=1,\cdots,N_S,j\neq i$$

$$\boldsymbol{F}_{\mathrm{TS}_i}=[f(\boldsymbol{c}_{I^1_{\mathrm{TS}_i}}),f(\boldsymbol{c}_{I^2_{\mathrm{TS}_i}}),\cdots,f(\boldsymbol{c}_{I^{N_{\mathrm{TS}i}}_{\mathrm{TS}_i}})]^{\mathrm{T}}$$

验证样本点集也分为非重叠的 N_S 簇,记为

$$\mathrm{VS}_i=\{\boldsymbol{x}_q\},\quad V=\{\mathrm{VS}_i\},\quad i=1,2,\cdots,N_S,\ q\in\boldsymbol{I}_{\mathrm{VS}_i}\tag{5.36}$$

对于簇 VS_i 中的验证点$\boldsymbol{x}_q$,RBFNN 插值模型在该点的响应输出也包括两部分:一部分是以簇 TS_i 中样本点为基函数中心的神经元的输出加权和;另一部分是以簇 TS_i 以外样本点为基函数中心的神经元的输出加权和,即

$$\hat{f}(\boldsymbol{x}_q)=\sum_{k\in\boldsymbol{I}_{\mathrm{TS}_i}}w_k\phi(\boldsymbol{x}_q,\boldsymbol{c}_k)+\sum_{k\notin\boldsymbol{I}_{\mathrm{TS}_i}}w_k\phi(\boldsymbol{x}_q,\boldsymbol{c}_k)\tag{5.37}$$

对于 VS_i 中所有验证点,式(5.37)表述为矩阵形式如下:

$$\boldsymbol{\Phi}_{\mathrm{VS}_i}\boldsymbol{w}_{\mathrm{TS}_i}+\boldsymbol{\Phi}_{\overline{\mathrm{VS}}_i}\boldsymbol{w}_{\overline{\mathrm{TS}}_i}=\hat{\boldsymbol{F}}_{\mathrm{VS}_i}=\boldsymbol{F}_{\mathrm{VS}_i}-\boldsymbol{e}_{\mathrm{VS}_i}\tag{5.38}$$

式中

$$\boldsymbol{\Phi}_{\mathrm{VS}_i}=(\phi_{jk})_{N_{\mathrm{VS}i}\times N_{\mathrm{TS}i}},\quad j=1,2,\cdots,N_{\mathrm{VS}i},\ k=1,2\cdots,N_{\mathrm{TS}i}$$

$$\phi_{jk}=\phi(\boldsymbol{x}_{I^j_{\mathrm{VS}_i}},\boldsymbol{c}_{I^k_{\mathrm{TS}_i}})=\exp(-\|\boldsymbol{x}_{I^j_{\mathrm{VS}_i}}-\boldsymbol{c}_{I^k_{\mathrm{TS}_i}}\|^2/\sigma^2_{Si})$$

$$\boldsymbol{\Phi}_{\overline{\mathrm{VS}}_i}=[\boldsymbol{\Phi}_{\overline{\mathrm{VS}}_{i1}},\boldsymbol{\Phi}_{\overline{\mathrm{VS}}_{i2}},\cdots,\boldsymbol{\Phi}_{\overline{\mathrm{VS}}_{i(i-1)}},\boldsymbol{\Phi}_{\overline{\mathrm{VS}}_{i(i+1)}},\cdots,\boldsymbol{\Phi}_{\overline{\mathrm{VS}}_{iN_S}}]_{N_{\mathrm{VS}i}\times(N_T-N_{\mathrm{TS}i})}$$

$$\boldsymbol{\Phi}_{\mathrm{VS}ij}=(\phi_{kl})_{N_{\mathrm{VS}i}\times N_{\mathrm{TS}j}},\ k=1,2,\cdots,N_{\mathrm{VS}i},\ l=1,\cdots,N_{\mathrm{TS}j}$$

$$\phi_{kl}=\phi(\boldsymbol{x}_{I^k_{\mathrm{VS}_i}},\boldsymbol{c}_{I^l_{\mathrm{TS}_j}})=\exp(-\|\boldsymbol{x}_{I^k_{\mathrm{VS}_i}}-\boldsymbol{c}_{I^l_{\mathrm{TS}_j}}\|^2/\sigma_{Sj}{}^2)$$

$$\boldsymbol{e}_{\mathrm{VS}_i}=\boldsymbol{F}_{\mathrm{VS}_i}-\hat{\boldsymbol{F}}_{\mathrm{VS}_i}$$

$$\hat{\boldsymbol{F}}_{\mathrm{VS}_i}=[\hat{f}(\boldsymbol{x}_{I^1_{\mathrm{VS}_i}}),\hat{f}(\boldsymbol{x}_{I^2_{\mathrm{VS}_i}}),\cdots,\hat{f}(\boldsymbol{x}_{I^{N_{\mathrm{VS}i}}_{\mathrm{VS}_i}})]^{\mathrm{T}}$$

$$\boldsymbol{F}_{\mathrm{VS}_i}=[f(\boldsymbol{x}_{I^1_{\mathrm{VS}_i}}),f(\boldsymbol{x}_{I^2_{\mathrm{VS}_i}}),\cdots,f(\boldsymbol{x}_{I^{N_{\mathrm{VS}i}}_{\mathrm{VS}_i}})]^{\mathrm{T}}$$

给定$\boldsymbol{\Phi}_{\overline{\mathrm{TS}}_i}$、$\boldsymbol{\Phi}_{\overline{\mathrm{VS}}_i}$、$\boldsymbol{w}_{\overline{\mathrm{TS}}_i}$、$\mathrm{TS}_i$ 和 VS_i,第 i 个子空间的局部 RBFNN 形状参数优化问题 SSOi 可表述为

$$
\begin{cases}
\text{find} & \sigma_{Si} \\
\min & \text{Obj}_{S_i}(\sigma_{Si}) = (1-\lambda)\, \boldsymbol{e}_{\text{VS}_i}^{\text{T}} \boldsymbol{e}_{\text{VS}_i} + \lambda\, \boldsymbol{w}_{\text{TS}_i}^{\text{T}} \boldsymbol{w}_{\text{TS}_i} \\
\text{s. t.} & \sigma_{Si} \in \Omega_{Si} \\
 & \boldsymbol{\Phi}_{\text{TS}_i}(\sigma_{Si})\, \boldsymbol{w}_{\text{TS}_i} = \boldsymbol{F}_{\text{TS}_i\_S_i} \\
 & \boldsymbol{e}_{\text{VS}_i} = \boldsymbol{F}_{\text{VS}_i\_S_i} - \hat{\boldsymbol{F}}_{\text{VS}_i\_S_i}(\sigma_{Si}, \boldsymbol{w}_{\text{TS}_i}) \\
 & \boldsymbol{F}_{\text{TS}_i\_S_i} = \boldsymbol{F}_{\text{TS}_i} - \boldsymbol{\Phi}_{\overline{\text{TS}}_i}\, \boldsymbol{w}_{\overline{\text{TS}}_i} \\
 & \boldsymbol{F}_{\text{VS}_i\_S_i} = \boldsymbol{F}_{\text{VS}_i} - \boldsymbol{\Phi}_{\overline{\text{VS}}_i}\, \boldsymbol{w}_{\overline{\text{TS}}_i} \\
 & \hat{\boldsymbol{F}}_{\text{VS}_i\_S_i} = \boldsymbol{\Phi}_{\text{VS}_i}\, \boldsymbol{w}_{\text{TS}_i} = \left[\hat{f}_{S_i}(\boldsymbol{x}_{I_{\text{VS}_i}^1}), \hat{f}_{S_i}(\boldsymbol{x}_{I_{\text{VS}_i}^2}), \cdots, \hat{f}_{S_i}(\boldsymbol{x}_{I_{\text{VS}_i}^{N_{\text{VS}i}}})\right]^{\text{T}} \\
 & \hat{f}_{S_i}(\boldsymbol{x}) = \sum_{k=1}^{N_{\text{TS}i}} w_{I_{\text{TS}_i}^k} \exp\left(-\left\| \boldsymbol{x} - \boldsymbol{c}_{I_{\text{TS}_i}^k} \right\|^2 / \sigma_{Si}{}^2\right)
\end{cases}
\tag{5.39}
$$

优化问题(5.39)实际与原优化问题(5.32)具有相同的优化问题形式，只是将常数$\boldsymbol{F}_{\text{TS}_i_S_i}$和$\boldsymbol{F}_{\text{VS}_i_S_i}$分别作为样本点和验证点的精确模型响应输出。因此，SSOi可以作为独立的 RBFNN 形状参数优化和近似建模问题，根据优化所得形状参数σ_{Si}和权重向量$\boldsymbol{w}_{\text{TS}_i}$建立局部近似模型$\hat{f}_{S_i}(\boldsymbol{x})$。

在优化问题 SSOi 中，训练样本和验证样本点数分别由原优化问题的 N_T 和 N_V 降低为 $N_{\text{TS}i}$ 和 $N_{\text{VS}i}$，由此大大简化了矩阵操作的复杂程度。同时，SSOi 为单变量优化问题，从而能够进一步提高优化效率。

2. 协调策略

为了求解 SSOi，需要首先获得来自其他子空间优化问题的信息，亦即协调参数，包括$\boldsymbol{\Phi}_{\overline{\text{TS}}_i}$、$\boldsymbol{\Phi}_{\overline{\text{VS}}_i}$和$\boldsymbol{w}_{\overline{\text{TS}}_i}$，从而进一步计算$\boldsymbol{F}_{\text{TS}_i_S_i}$和$\boldsymbol{F}_{\text{VS}_i_S_i}$。协调参数的计算通过系统协调过程(coordination procedure，CP)实现。假设最初给定一组形状参数设置$\boldsymbol{\sigma}_S^{(0)} = \{\sigma_{Si}^{(0)}\}_{i=1}^{N_S}$，则权重向量$\boldsymbol{w}^{(0)}$可通过求解式(5.27)获得。然后根据$\boldsymbol{\sigma}_S^{(0)}$和$\boldsymbol{w}^{(0)}$，以及训练样本和验证样本分簇方案$\boldsymbol{I}_{\text{TS}}$和$\boldsymbol{I}_{\text{VS}}$，由式(5.35)和式(5.38)计算 SSO$i$ 所需协调参数$\boldsymbol{\Phi}_{\overline{\text{TS}}_i}^{(0)}$、$\boldsymbol{\Phi}_{\overline{\text{VS}}_i}^{(0)}$和$\boldsymbol{w}_{\overline{\text{TS}}_i}^{(0)}$。获得协调参数取值后，SSO$i$ 对子空间优化变量σ_{Si}进行优化。所有子空间并行优化结果构成一组新的形状参数，记为$\boldsymbol{\sigma}_S^{(1)} = \{\sigma_{Si}^{(1)}\}_{i=1}^{N_S}$，并将其上传给系统级。系统级重新根据式(5.27)计算$\boldsymbol{\sigma}_S^{(1)}$对应的权重向量$\boldsymbol{w}^{(1)}$，以此为基础重新计算各个子空间的协调参数$\boldsymbol{\Phi}_{\overline{\text{TS}}_i}^{(1)}$、$\boldsymbol{\Phi}_{\overline{\text{VS}}_i}^{(1)}$和$\boldsymbol{w}_{\overline{\text{TS}}_i}^{(1)}$，并下传至各个子空间重新进行子空间优化。前述系统协调和并行子空间优化反复循环迭代，直至收敛。

3. CSWO 算法

基于前述分解和协调策略，CSWO 算法可以总结为以下 6 个步骤，其流程图如图 5.5 所示。

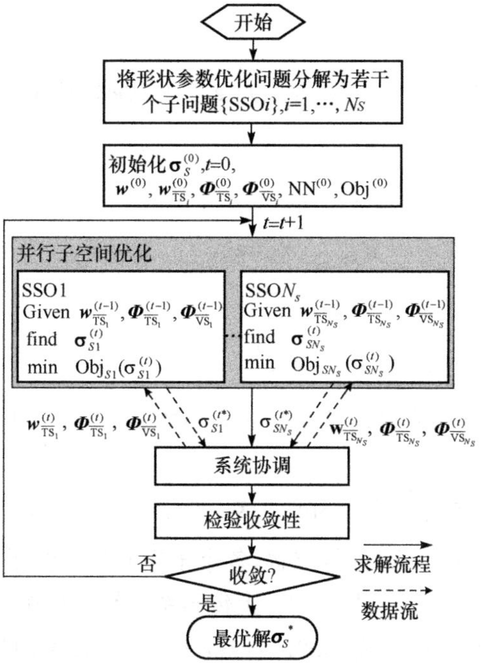

图 5.5　CSWO 算法流程图

步骤 0:初始化训练样本点集 $T=\{(\boldsymbol{c}_k, y_k)\}_{k=1}^{N_T}$ 和验证样本点集 $V=\{(\boldsymbol{x}_q, y_q)\}_{q=1}^{N_V}$。样本点集可以通过试验设计方法进行构造,以此全面获取精确模型在其定义域内的分布信息[13]。

步骤 1:子空间分解。将形状参数优化问题分解为 N_S 个子空间优化问题,记第 i 个子空间优化问题为 SSOi,记训练样本点集和验证样本点集分解方案分别为 $\boldsymbol{I}_{\mathrm{TS}}=\{\boldsymbol{I}_{\mathrm{TS}_i}\}_{i=1}^{N_S}$ 和 $\boldsymbol{I}_{\mathrm{VS}}=\{\boldsymbol{I}_{\mathrm{VS}_i}\}_{i=1}^{N_S}$。$N_S$ 取值主要根据近似精度要求和实际计算资源进行确定。理论上,N_S 越大,RBFNN 建模自由度越大,相应近似精度也越高。但是,子空间数量太多会给子空间之间的协调带来困难,由此导致收敛困难并增大计算量。因此,N_S 的选择还需根据具体情况进行确定。

步骤 2:初始化形状参数和协调参数。给定一组形状参数 $\boldsymbol{\sigma}_S^{(0)}=\{\sigma_{Si}^{(0)}\}_{i=1}^{N_S}$,通过式(5.27)求解 $\boldsymbol{w}^{(0)}$。基于 $\boldsymbol{\sigma}_S^{(0)}$ 和 $\boldsymbol{w}^{(0)}$ 建立 RBFNN 模型 NN$^{(0)}$,并根据式(5.28)计算原优化问题的优化目标值 Obj$^{(0)}$。根据 $\boldsymbol{\sigma}_S^{(0)}$、$\boldsymbol{w}^{(0)}$、$\boldsymbol{I}_{\mathrm{TS}}$ 和 $\boldsymbol{I}_{\mathrm{VS}}$ 计算协调参数 $\boldsymbol{\Phi}_{\mathrm{TS}_i}^{(0)}$,$\boldsymbol{\Phi}_{\mathrm{VS}_i}^{(0)}$ 和 $\boldsymbol{w}_{\mathrm{TS}_i}^{(0)}$ $(i=1,\cdots,N_S)$,并将其分别下传至相应子空间优化问题 SSOi。记循环次数 $t=0$。

步骤 3:并行子空间优化。更新循环次数为 $t=t+1$。子空间优化问题 SSOi 在第 t 个循环表述如下:

$$\begin{cases}\text{find} & \sigma_{Si}^{(t)} \\ \min & \text{Obj}_{Si}(\sigma_{Si}^{(t)}) = (1-\lambda)(\boldsymbol{e}_{\text{VS}_i}^{(t)})^{\text{T}}\boldsymbol{e}_{\text{VS}_i}^{(t)} + \lambda(\boldsymbol{w}_{\text{TS}_i}^{(t)})^{\text{T}}\boldsymbol{w}_{\text{TS}_i}^{(t)} \\ \text{s.t.} & \sigma_{Si}^{(t)} \in \Omega_{Si} \\ & \boldsymbol{\Phi}_{\text{TS}_i}(\sigma_{Si}^{(t)})\boldsymbol{w}_{\text{TS}_i}^{(t)} = \boldsymbol{F}_{\text{TS}_i\_S_i}^{(t-1)} \\ & \boldsymbol{e}_{\text{VS}_i}^{(t)} = \boldsymbol{F}_{\text{VS}_i\_S_i}^{(t-1)} - \hat{\boldsymbol{F}}_{\text{VS}_i\_S_i}^{(t)}(\sigma_{Si}^{(t)},\boldsymbol{w}_{\text{TS}_i}^{(t)}) \\ & \boldsymbol{F}_{\text{TS}_i\_S_i}^{(t-1)} = \boldsymbol{F}_{\text{TS}_i} - \boldsymbol{\Phi}_{\overline{\text{TS}}_i}^{(t-1)}\boldsymbol{w}_{\overline{\text{TS}}_i}^{(t-1)} \\ & \boldsymbol{F}_{\text{VS}_i\_S_i}^{(t-1)} = \boldsymbol{F}_{\text{VS}_i} - \boldsymbol{\Phi}_{\overline{\text{VS}}_i}^{(t-1)}\boldsymbol{w}_{\overline{\text{TS}}_i}^{(t-1)} \\ & \hat{\boldsymbol{F}}_{\text{VS}_i\_S_i}^{(t)} = [\hat{f}_{S_i}^{(t)}(\boldsymbol{x}_{I_{\text{VS}_i}^1}),\hat{f}_{S_i}^{(t)}(\boldsymbol{x}_{I_{\text{VS}_i}^2}),\cdots,\hat{f}_{S_i}^{(t)}(\boldsymbol{x}_{I_{\text{VS}_i}^{N_{\text{VS}i}}})]^{\text{T}} \\ & \hat{f}_{S_i}^{(t)}(\boldsymbol{x}) = \sum_{k=1}^{N_{\text{TS}i}} w_{I_{\text{TS}_i}^k}^{(t)}\exp(-\|\boldsymbol{x}-\boldsymbol{c}_{I_{\text{TS}_i}^k}\|^2/(\sigma_{Si}^{(t)})^2)\end{cases} \tag{5.40}$$

所有 SSOi($i=1,\cdots,N_S$)并行求解,各个子空间优化结果为 $\sigma_{Si}^{(t*)}$,共同构成一组形状参数优化方案 $\boldsymbol{\sigma}_S^{(t*)}=\{\sigma_{Si}^{(t*)}\}_{i=1}^{N_S}$,上传至系统级进行协调。

步骤 4:系统协调。根据式(5.27)计算 $\boldsymbol{\sigma}_S^{(t^*)}$ 对应权重向量 $\boldsymbol{w}^{(t)}$,由此更新协调参数 $\boldsymbol{\Phi}_{\overline{\text{TS}}_i}^{(t)}$、$\boldsymbol{\Phi}_{\overline{\text{VS}}_i}^{(t)}$ 和 $\boldsymbol{w}_{\overline{\text{TS}}_i}^{(t)}$($i=1,\cdots,N_S$)。

步骤 5:判断收敛。根据 $\boldsymbol{\sigma}_S^{(t^*)}$ 和 $\boldsymbol{w}^{(t)}$ 建立 RBFNN 插值模型 $\text{NN}^{(t)}$。计算优化目标值 $\text{Obj}^{(t)}$,若 $|\text{Obj}^{(t)}-\text{Obj}^{(t-1)}|/\text{Obj}^{(t-1)}\leqslant\varepsilon$,阈值 ε 为预定非负常量,则收敛条件满足,循环迭代结束。如果收敛,$\boldsymbol{\sigma}_S^{(t*)}$ 为最终收敛的最优解,记为 $\boldsymbol{\sigma}_S^*$,$\text{NN}^{(t)}$ 为最优 RBFNN 模型,记为 NN^*。否则,回到步骤 3。

假设 N_C 个循环迭代后 CSWO 算法收敛获得最优解。此处一个循环表示从子空间优化到系统协调的整个过程,则 CSWO 算法的计算复杂度可估算为

$$C_{\text{CSWO}}=N_C\cdot\max(O(N_{\text{TS}1}^3),\cdots,O(N_{\text{TS}N_S}^3))\cdot O(g(1)) \tag{5.41}$$

由于 $\max(O(N_{\text{TS}i}^3))$ 比 $O(N_T^3)$ 小,且在相同优化求解器条件下 $O(g(1))$ 比 $O(g(N_S))$ 小,因此只要 N_C 的值不超过 $O(N_T^3)$ 与 $\max(O(N_{\text{TS}i}^3))$ 的比值乘以 $O(g(N_S))$ 与 $O(g(1))$ 的比值,则 C_{CSWO} 比式(5.33)估算的(传统 SWO 方法)计算复杂度低。

CSWO 与 SWO 局部最优解的等价性证明参见文献[12]。

5.3 近似模型的评价

5.3.1 误差分析方法

基于样本点构造近似模型的过程中,需要判断近似精度是否满足要求,如果满

足,则可以替代高精度模型参与分析计算;否则需要更多样本信息调整近似模型参数或更换近似方法。误差分析方法是评价近似模型精度的一个重要方法。常用的误差指标有如下几种。

最大绝对值误差(maximal error,ME)定义为

$$ME=\max\{|f_i-\hat{f}_i|\},\quad i=1,\cdots,N_V \tag{5.42}$$

式中,f_i 为第 i 个样本点的精确模型响应值;$\hat{f}_i$ 为该样本点的近似模型估计值;N_V 为用于验证模型精度的样本点的数目。

平方和误差(the sum of the square error,SSE)定义为

$$SSE=\sum_{i=1}^{N_V}(f_i-\hat{f}_i)^2 \tag{5.43}$$

均方根误差(the root mean square errors,RMSE)定义为

$$RMSE=\sqrt{\frac{SSE}{N_V}}=\sqrt{\frac{\sum_{i=1}^{N_V}(f_i-\hat{f}_i)^2}{N_V}} \tag{5.44}$$

平均绝对值误差(the mean absolute error,MAE)定义为

$$MAE=\frac{\left(\sum_{i=1}^{N_V}|f_i-\hat{f}|\right)}{N_V} \tag{5.45}$$

平均相对误差(the mean relative error,MRE)定义为

$$MRE=\frac{1}{N_V}\sum_{i=1}^{N_V}\left|\frac{f_i-\hat{f}}{f_i}\right| \tag{5.46}$$

总偏差平方和(SSY)定义为

$$SSY=\sum_{i=1}^{N_V}(f_i-\overline{f})^2=\sum_{i=1}^{N_V}f_i^2-\frac{1}{N_V}\left(\sum_{i=1}^{N_V}\hat{f}_i\right)^2 \tag{5.47}$$

式中,$\overline{f}$ 为所有样本点近似均值,$\overline{f}=\frac{1}{N_V}\left(\sum_{i=1}^{N_V}\hat{f}_i\right)$。

回归平方和(SSR)定义为

$$SSR=\sum_{i=1}^{N_V}(\hat{f}_i-\overline{f})^2 \tag{5.48}$$

复相关系数(R square ,R^2)定义为

$$R^2=1-\frac{SSE}{SSY}=\frac{SSR}{SSY}=1-\frac{\sum_{i=1}^{N_V}(f_i-\hat{f}_i)^2}{\sum_{i=1}^{N_V}(f_i-\overline{f})^2} \tag{5.49}$$

上述误差指标中,R^2 称为复相关系数,其值位于 0 和 1 之间,越接近于 1,表明近似精度越好;其他误差指标均为正数,其值越小表明近似精度越高。

5.3.2 近似能力评价方法

近似能力指基于已有训练样本点构造的近似模型对未知点的预测能力。对于拟合近似方法,如多项式响应面,可以直接采用 5.3.1 节中的各种误差评价方法进行评价。但是对于插值近似方法,如 Kriging、插值径向基神经网络等,近似模型精确通过所有训练样本点,则均方根误差、平均相对误差等都为 0,而误差复相关系数 R^2 都为 1,无法基于已有样本点采用 5.3.1 节所述误差评价方法进行评价。一种常用的方法就是增加采样点方法,即增加用于验证近似精度的单独样本点,然后基于验证样本点应用前述误差评价方法进行误差分析。该方法简单有效,但是如果高精度分析模型复杂耗时,则增加验证样本点无疑将导致计算成本剧增。另一种方法是交叉验证方法(cross validation),其将已有训练样本随机分成 q 个集合,依次将其中一个集合取出作为验证样本点,用剩余样本作为训练样本构造近似模型,并用验证样本集合对该近似模型精度进行评估。经过 q 次循环后可以得到一组预测点$(\hat{f}_1,\hat{f}_2,\cdots,\hat{f}_n)$,将其与训练样本点$(f_1,f_2,\cdots,f_n)$进行比较,即可采用前述误差分析方法进行精度分析。交叉验证方法能够较好地描述近似模型的泛化能力,且不需要增加额外的验证样本点,但是该方法需要多次循环构造近似模型,由此将会增加构造近似模型的计算代价,特别是对于计算复杂度较大或近似建模中涉及参数优化的近似方法,如 Kriging、RBFNN 等方法,是非常不利的。此外,在 UMDO 中,近似模型的一项重要应用就是取代高精度模型进行多学科设计优化,因此不仅是近似模型的泛化能力,近似模型与精确模型的梯度吻合度也十分重要,这对于高度非线性的多峰优化问题尤为明显。因此,为了仅利用训练样本信息,通过增强梯度吻合提高近似精度,姚雯提出了一种基于局部线性插值的近似评价方法,即对于精确模型定义域中的任意点,通过对该点周围的训练样本点进行线性插值,以此近似该点所在局部小范围的精确模型梯度分布趋势[14]。如果该线性插值模型与近似模型 $\hat{f}(\boldsymbol{x})$在该点的响应值差异不大,则 $\hat{f}(\boldsymbol{x})$在该区域的分布与该线性模型吻合,精度高。下面对该方法进行简要介绍。

对于 $f(\boldsymbol{x}):\mathbb{R}^n\rightarrow\mathbb{R}$ 函数近似问题,n 维输入需要 $n+1$ 个样本点构造线性插值模型。对于点 $\boldsymbol{x}$,记其邻近 $n+1$ 个训练样本点为 $T_{\mathrm{LI}}^{(\boldsymbol{x})}=\{(\boldsymbol{c}_{\mathrm{LI}\_i}^{(\boldsymbol{x})},y_{\mathrm{LI}\_i}^{(\boldsymbol{x})}),1\leqslant i\leqslant n+1\}$。该点集为训练样本点集的子集。此处上标$(\boldsymbol{x})$表示该点集 T_{LI} 是与点 $\boldsymbol{x}$ 对应的,不同 $\boldsymbol{x}$ 有不同的邻近样本点集。为了表述方便,将该上标省略。基于样本点集 T_{LI}可以构造线性插值模型如下:

$$\boldsymbol{A}_{\mathrm{LI}}\cdot\boldsymbol{B}_{\mathrm{LI}}=\boldsymbol{Y}_{\mathrm{LI}} \tag{5.50}$$

式中

$$\boldsymbol{Y}_{\mathrm{LI}}=[y_{\mathrm{LI\_1}},y_{\mathrm{LI\_2}},\cdots,y_{\mathrm{LI\_}n+1}]^{\mathrm{T}}$$

$$\boldsymbol{B}_{\mathrm{LI}}=[b_0,b_1,\cdots,b_n]^{\mathrm{T}}$$

$\boldsymbol{B}_{\mathrm{LI}}$为回归系数向量；$\boldsymbol{A}_{\mathrm{LI}}$为回归矩阵，定义如下：

$$\boldsymbol{A}_{\mathrm{LI}}=\begin{bmatrix}1 & (\boldsymbol{c}_{\mathrm{LI\_1}})^{\mathrm{T}}\\ 1 & (\boldsymbol{c}_{\mathrm{LI\_2}})^{\mathrm{T}}\\ \vdots & \vdots\\ 1 & (\boldsymbol{c}_{\mathrm{LI\_}n+1})^{\mathrm{T}}\end{bmatrix}=\begin{bmatrix}1 & c_{\mathrm{LI\_1}}^{1} & \cdots & c_{\mathrm{LI\_1}}^{n}\\ 1 & c_{\mathrm{LI\_2}}^{1} & \cdots & c_{\mathrm{LI\_2}}^{n}\\ \vdots & \vdots & & \vdots\\ 1 & c_{\mathrm{LI\_}n+1}^{1} & \cdots & c_{\mathrm{LI\_}n+1}^{n}\end{bmatrix} \tag{5.51}$$

由于$\boldsymbol{A}_{\mathrm{LI}}$为方阵，系数向量$\boldsymbol{B}_{\mathrm{LI}}$可以直接通过$\boldsymbol{A}_{\mathrm{LI}}$的逆矩阵或者其他矩阵操作（如LU分解或者Cholesky分解）进行计算。获得$\boldsymbol{B}_{\mathrm{LI}}$后，该线性插值模型在点$\boldsymbol{x}$的响应值为

$$\hat{f}_{\mathrm{LI}}(\boldsymbol{x})=[1,\boldsymbol{x}^{\mathrm{T}}]\cdot\boldsymbol{B}_{\mathrm{LI}} \tag{5.52}$$

由此可以计算近似模型$\hat{f}(\boldsymbol{x})$与局部区域线性插值模型$\hat{f}_{\mathrm{LI}}(\boldsymbol{x})$在点$\boldsymbol{x}$的响应值差异，亦即$\hat{f}(\boldsymbol{x})$偏离局部区域线性插值模型误差（divergence from local linear interpolation，DLI）如下：

$$d(\boldsymbol{x})=|\hat{f}_{\mathrm{LI}}(\boldsymbol{x})-\hat{f}(\boldsymbol{x})| \tag{5.53}$$

该差异越小，说明近似模型与局部线性插值模型在该点的吻合度越高。

针对如何仅通过已有训练样本点对插值近似模型进行评价的问题，朱雄峰提出了能量函数概念，利用模型的一阶和二阶导数信息，定量描述近似模型的振荡特性，以此对其推广能力进行评价[15]。首先，定义一维能量函数（one-dimensional energy function）为插值代理模型函数曲线f贯穿所有样本点所产生的弯曲势能$v_\xi(f)$，根据物理变形和能量公式推导出

$$v_\xi=\int_0^x\frac{f''^2}{(1+f'^2)^{\frac{5}{2}}}\mathrm{d}x \tag{5.54}$$

显然能量函数大的插值方法，其函数形式振荡更剧烈，因此其推广能力更差。对于高维问题，高维能量函数（high-dimensional energy function）定义为插值近似模型的曲率平方对高维曲面的积分：

$$v_\xi=\int_0^\sigma\left(\frac{1}{\rho}\right)^2\mathrm{d}\sigma=\int_\sigma\left[\frac{\sum\limits_{n\in N}f''_{nn}+\sum\limits_{n,m\in N,n\neq m}2f''_{nm}}{(1+\sum\limits_{n\in N}f'^2_n)^{\frac{3}{2}}}\right]^2\mathrm{d}\sigma \tag{5.55}$$

式中，σ为高维曲面；n为各维变量符号；N为维数。以二维情况为例表示为

$$
\begin{aligned}
v_{\xi} &= \iint_{s}\left[\frac{f''_{xx}+f''_{yy}+2f''_{xy}}{(1+f'^{2}_{x}+f'^{2}_{y})^{\frac{3}{2}}}\right]^{2}(1+f'^{2}_{x}+f'^{2}_{y})^{\frac{1}{2}}\,\mathrm{d}x\mathrm{d}y \\
&= \iint_{s}\frac{(f''_{xx}+f''_{yy}+2f''_{xy})^{2}}{(1+f'^{2}_{x}+f'^{2}_{y})^{\frac{5}{2}}}\mathrm{d}x\mathrm{d}y
\end{aligned}
\tag{5.56}
$$

5.4　序贯近似建模

序贯近似建模基本流程如图 5.6 所示，其基本思想是通过循序渐进地增加训练样本点并更新近似模型直至满足精度要求，从而合理确定训练样本点的数量，减小调用高精度分析模型构造训练样本点集的计算成本。序贯建模的关键在于序贯加点策略，即如何根据已有样本点信息和已构造的近似模型信息，对定义域进行进一步采样，从而有效补充信息并提高近似模型精度[16,17]。

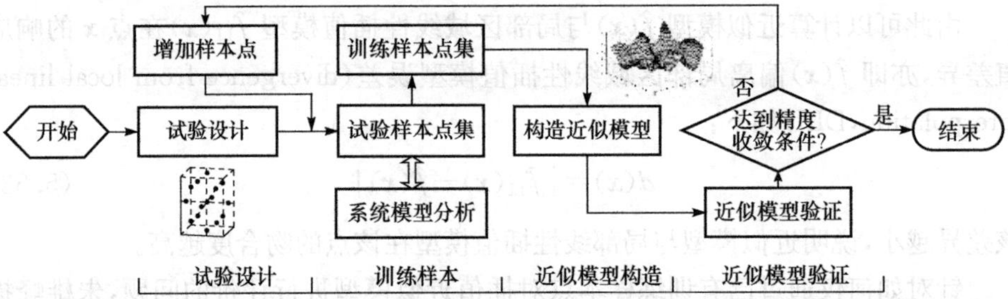

图 5.6　序贯近似建模流程图

根据提高近似模型精度的需求不同，序贯加点策略也相应不同。如果要求提高近似模型的全局近似精度，则需要对当前近似模型精度较低区域进行重点抽样，以此提高整体近似精度，5.4.1 节将对该问题进行讨论。如果近似模型用于取代精确模型作为优化目标函数进行优化，则只需提高近似模型在其全局最优点附近区域的局部近似精度，因此需要对近似模型潜在最优区域进行重点抽样，5.4.2 节将对该问题进行研究。在不确定分析中经常需要对隐式函数进行近似，如 $f(\boldsymbol{x})=0$，对该类问题的序贯建模方法将在 5.4.3 节进行专门介绍。

5.4.1　面向全局近似的序贯建模

1. 极大预估误差准则

在 Kriging 函数的近似建模方法和基于高斯随机过程的贝叶斯建模方法中，近似模型能够给出该模型的预估误差平方的期望值[18,19]。以 Kriging 函数为例，其预估误差平方的期望值定义为均方预估误差(mean square predicted error, MSPE),表达式如下:

$$\hat{\Phi}(x)=E\{[\hat{y}(x)-y(x)]^2\} \tag{5.57}$$

根据式(5.57)可以获取 Kriging 近似模型在设计空间任意点 $\boldsymbol{x}$ 处对预估精度期望的估计。均方预估误差虽然不是实际的预估误差,但能够一定程度上反映近似模型预估精度的大小分布趋势。因此,根据该式可以大致掌握 Kriging 函数近似模型在整个设计空间的预估精度分布趋势,以此作为下一次循环构造近似模型的先验知识,通过将具有最大估计误差的点加入样本点集,可以增加近似模型在该点附近区域的信息,以此重构模型,从而有效提高近似模型在该区域的估计精度。文献[18]中将该序贯抽样准则定义为极大估计误差准则。

2. 极大熵准则

香农最早提出用熵的概念描述信息量。Currin 等将熵引入基于计算机仿真的试验设计,用于度量一次试验设计获取的信息。借鉴基于高斯随机过程的贝叶斯建模方法,假设基于计算机仿真的系统分析输出为平稳随机过程,则一次试验设计获取的信息量最大,相当于该次试验设计样本点集 P_D 的先验协方差矩阵行列式最大[18,19],即

$$\max \quad \det[\mathrm{cov}(P_D,P_D)] \tag{5.58}$$

$$\mathrm{cov}(P_D,P_D)=\sigma^2\mathfrak{R}[R(\boldsymbol{x}_i,\boldsymbol{x}_j)], \quad \boldsymbol{x}_i,\boldsymbol{x}_j\in P_D \tag{5.59}$$

式中,σ^2 为样本点的先验方差;$\mathfrak{R}$ 为相关矩阵;R 为可以选择的先验协方差函数。

假设样本点间的先验协方差函数为高斯函数,则

$$R(\boldsymbol{x}_i,\boldsymbol{x}_j)=\exp\left[-\sum_{k=1}^{n}\theta_k\ |x_i^k-x_j^k|^2\right] \tag{5.60}$$

式中,n 为样本点向量的维数;θ_k 为未知相关参数。n 个 θ_k 构成相关参数矢量 $\boldsymbol{\theta}$。$\boldsymbol{\theta}$ 可由最大似然估计法计算得到,通过优化下式得出:

$$\max \quad -\frac{1}{2}[N\ln(\hat{\sigma}^2)+\ln|\mathfrak{R}|] \tag{5.61}$$

其中,$\hat{\sigma}$ 是 σ 的估计值,$\hat{\sigma}$ 与 $\mathfrak{R}$ 均为 $\boldsymbol{\theta}$ 的函数,N 为样本点个数。

对于已有样本点集 $P_N=\{\boldsymbol{x}_1,\boldsymbol{x}_2,\cdots,\boldsymbol{x}_N\}$,选择增加一个样本点 $\boldsymbol{x}_{N+1}$ 使其获得的信息最大,即熵最大,可通过优化下式得到:

$$\max \quad \det[\mathrm{cov}(P_{N+1},P_{N+1})] \tag{5.62}$$

$$\mathrm{cov}(P_{N+1},P_{N+1})=\sigma^2\begin{bmatrix}\mathrm{cov}(P_N,P_N) & \boldsymbol{r}(\boldsymbol{x}_{N+1})\\ \boldsymbol{r}(\boldsymbol{x}_{N+1})^{\mathrm{T}} & 1\end{bmatrix} \tag{5.63}$$

$$\boldsymbol{r}(\boldsymbol{x})=[R(\boldsymbol{x},\boldsymbol{x}_1),\cdots,R(\boldsymbol{x},\boldsymbol{x}_N)]^{\mathrm{T}} \tag{5.64}$$

熵准则更倾向于在抽样点较少(距离已有样本点较远)的空间获取样本点,从而能够全面获取全空间信息,提高近似模型的全局近似精度。

3. 极大梯度准则

很多复杂系统模型在设计空间的分布是不均匀的,一些区域比较平坦,而另一些区域则非线性程度非常高。平坦区域所需样本点很少即可达到近似建模精度要求,而高度非线性区域则相对需要更多的样本点获取该区域信息才能提高近似精度。基于这种考虑,姚雯提出了基于梯度信息的序贯抽样准则——极大梯度准则[20]。在序贯建模过程中,将前一次模型的最大梯度点作为样本点加入当前模型的构造中,用此提高模型在高度非线性区域的近似精度。

4. 部分交叉验证误差估计准则

交叉验证是指对于样本点集 $T=\{(\boldsymbol{x}_k,y_k):y_k=f(\boldsymbol{x}_k)\}_{k=1}^{N_T}$,去掉其中一个样本点 $\boldsymbol{x}_i$($1\leqslant i\leqslant N_T$),用剩余样本点构成的集合 $T_{-i}=\{\boldsymbol{x}_1,\boldsymbol{x}_2,\boldsymbol{x}_{i-1},\boldsymbol{x}_{i+1},\cdots,\boldsymbol{x}_{N_T}\}$ 建立近似模型 $\hat{f}_{-i}(\boldsymbol{x})$,用此模型估计样本点 $\boldsymbol{x}_i$ 的值,并计算该点的交叉验证误差 e_{-i}。

$$e_{-i}=|f(\boldsymbol{x}_i)-\hat{f}_{-i}(\boldsymbol{x}_i)|,\quad i\in[1,N_T] \tag{5.65}$$

该交叉验证误差能够在一定程度上体现近似模型在各个样本点附近的可信度和规则程度(交叉验证误差越大,可信度越低,不规则的概率越大)。以所有样本点的交叉验证误差为基础,可以构造全局空间估计误差的近似函数,根据该函数可以对全局空间的近似预估误差分布进行估计。将最大的误差估计点作为新点加入训练样本集,即可增加对不可信区域或不规则区域的抽样数量,提高在该区域的近似精度。该方法不需要额外的验证点即可获取近似模型的预估精度,改变传统近似建模中需要验证点才能对近似模型精度进行评估的局限性,由此省去获取验证点所需的计算量,从而大大降低近似建模的计算复杂度。Li 等提出的基于交叉验证误差估计的最大累积误差准则即采用该思想[21],构造全空间误差估计近似模型如下:

$$e(\boldsymbol{x})=\sum_{i=1}^{N_T}e_{-i}\cdot\mathrm{DOI}(\boldsymbol{x},\boldsymbol{x}_i) \tag{5.66}$$

其中,$\mathrm{DOI}(\boldsymbol{x},\boldsymbol{x}_i)$ 表示样本点 $\boldsymbol{x}_i$ 对点 $\boldsymbol{x}$ 的影响度(degree of influence),即两点间的相关性。目前,有很多相关函数可用于描述设计空间两点间的相关性,此处选取高斯函数描述如下:

$$\mathrm{DOI}(\boldsymbol{x},\boldsymbol{x}_i)=\exp(-\alpha\|\boldsymbol{x}_i-\boldsymbol{x}\|^2) \tag{5.67}$$

式中,$\|\boldsymbol{x}_i-\boldsymbol{x}\|$ 表示两点间的欧氏距离;α 为正的常系数,表征两点间的相关性随距离变化的趋势。α 越大,相关性随距离增大而降低越快,如图 5.7 所示。

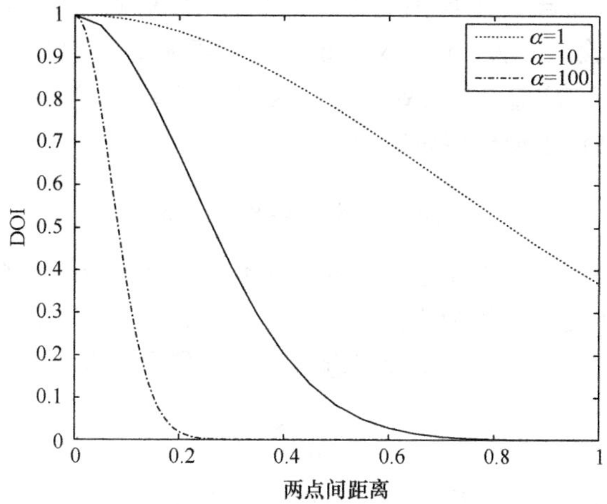

图 5.7 两点间相关性随两点距离的变化曲线

当 DOI($\boldsymbol{x}$,$\boldsymbol{x}_i$)小于一定值 β(如 10^{-5})后，样本点$\boldsymbol{x}_i$ 对点 $\boldsymbol{x}$ 的影响十分微弱，趋于零。为了保证设计空间所有点的估计误差都大于零，必须对 α 进行特殊选择，步骤如下：

(1) 根据设计空间和最大样本点数，估计样本点间的平均距离 d_0。

(2) 设该距离的两点间相关性为域值 β，则

$$\alpha=-\frac{\ln\beta}{d_0^2} \tag{5.68}$$

通过优化式(5.67)即可获得全空间的最大误差估计点。为了避免优化点在样本点周围聚集，还需设置优化约束条件，使优化点与样本点的距离不小于 d_c。由此，确定最大交叉验证误差点转化为如下优化问题：

$$\begin{cases}\max & \displaystyle\sum_{i=1}^{N_T} e_{-i}\cdot \mathrm{DOI}(\boldsymbol{x},\boldsymbol{x}_i)\\ \text{s. t.} & \|\boldsymbol{x}-\boldsymbol{x}_i\|>d_c,\ i\in[1,N_T]\end{cases} \tag{5.69}$$

随着样本点的增加，如果对每一个点都进行交叉验证，需要花费大量的计算时间，大大降低效率。因此，从提高交叉验证效率的角度出发，姚雯提出部分交叉验证的思想[22]，即通过只对部分关键样本点进行交叉验证，以此估计全局近似误差。由式(5.67)可知，交叉验证误差越大的样本点对全空间误差估计的贡献越大，近似模型在这些点附近区域的可信度越低，越需要补充样本点获取信息，因此这些点是交叉验证误差估计的关键点。而对于交叉验证误差很小的样本点，对全空间的误差估计贡献很小，可忽略不计，因此可以在式(5.67)中略去由这些样本点引起的误

差估计项。只对前述样本点集中的关键点进行交叉验证,由此确定全空间误差估计,即为部分交叉验证方法。记交叉验证关键点集为 P_{cross},则

$$P_{\mathrm{cross}}=\{\boldsymbol{x}_1,\boldsymbol{x}_2,\cdots,\boldsymbol{x}_m\}\subseteq T,\quad 1\leqslant m\leqslant N_T \tag{5.70}$$

全空间误差估计近似模型表述为

$$e(\boldsymbol{x})=\sum_{i=1}^{m}e_{-i}\cdot\mathrm{DOI}(\boldsymbol{x},\boldsymbol{x}_i),\quad \boldsymbol{x}_i\in P_{\mathrm{cross}} \tag{5.71}$$

交叉验证关键点可直接通过比较各个样本点的交叉验证误差进行确定。设当前参与交叉验证的关键点集为 $P_{\mathrm{cross}}=\{\boldsymbol{x}_1,\boldsymbol{x}_2,\cdots,\boldsymbol{x}_m\}$,$1\leqslant m\leqslant N_T$,点集中每个样本点$\boldsymbol{x}_i$ 的交叉验证误差为 e_{-i},则交叉验证关键点集中所有点的平均误差为

$$e_{\mathrm{m}}=\frac{1}{m}\sum_{i=1}^{m}e_{-i} \tag{5.72}$$

计算各交叉验证关键点误差与平均误差的比值

$$k_i=\frac{e_{-i}}{e_{\mathrm{m}}} \tag{5.73}$$

如果 k_i 小于预定值 k_c(如 10%),则该样本点$\boldsymbol{x}_i$ 可视为对全局误差估计影响微弱的点,将其从交叉验证关键点集中滤除。由此确定下一个循环建模过程中需要进行交叉验证的关键点。

当进入下一个循环模型更新后,近似模型相对前一个循环建立的近似模型有一些调整,部分区域可能会有很大变化。变化微小的区域说明模型在这些区域的近似可信度较高,而变化大的区域则近似模型可信度较低。因此还需要对这些大变化区域进行考察,将该区域及其附近的样本点加入交叉验证关键点集。

设第 j 次循环构造的近似模型为 $\hat{f}_j$,第 $j+1$ 次循环构造的近似模型为 $\hat{f}_{j+1}$,则可计算当前循环构造的近似模型相对前次循环近似模型的变化为

$$\Delta\hat{f}_{j+1}(\boldsymbol{x})=\left|\hat{f}_{j+1}(\boldsymbol{x})-\hat{f}_j(\boldsymbol{x})\right| \tag{5.74}$$

通过优化式(5.74)可获取最大变化点$\boldsymbol{x}_{\Delta\max}$。从样本点集中选择距离$\boldsymbol{x}_{\Delta\max}$最近的样本点$\boldsymbol{x}_{\Delta\max\text{-sample}}$,如果该点不属于交叉验证关键点集 P_{cross},则将其加入 P_{cross}。

在每次循环进行交叉验证误差估计时,采用上述两步确定的交叉验证关键点集进行部分交叉验证即可。

综上,部分交叉验证误差估计准则具体实现步骤如下:

(1) 若为第 1 次循环,所有样本点均为交叉验证点,进行交叉验证和全空间误差估计。若为第 j 次循环,则对比该次循环建立的模型与第 $j-1$ 次循环建立的近似模型,选出距离模型变化最大点最近的样本点,将其加入由第 $j-1$ 次循环确定的交叉验证关键点集,再由该点集进行部分交叉验证和全空间误差估计。

(2) 获取最大交叉验证误差点,将其加入样本点集。

(3) 对交叉验证关键点集中的各点交叉验证误差进行比较，选出误差大的点作为关键点构成下次循环的交叉验证关键点集。

(4) 进入下次循环，更新模型，转入第(1)步。

5. 极大序贯建模累积变化准则

序贯建模累积变化用于记录全空间各点(除样本点外)在序贯建模过程中随着模型的不断更新而累积发生的变化。记点 $\boldsymbol{x}$ 在第 j 次循环建模的累积变化为 $\Delta_{aj}(\boldsymbol{x})$，则

$$\Delta_{aj}(\boldsymbol{x}) = \left| \sum_{k=2}^{j} (\hat{f}_k(\boldsymbol{x}) - \hat{f}_{k-1}(\boldsymbol{x})) \right| = | \Delta_{a(j-1)}(\boldsymbol{x}) + \hat{f}_j(\boldsymbol{x}) - \hat{f}_{j-1}(\boldsymbol{x}) | \tag{5.75}$$

累积变化越大的区域，模型在该区域的可信度越低，或该区域的规则程度越低。因此提出了在每次循环中将极大序贯建模累积变化点补充入样本点集，以此提高该区域的近似精度。同时，为了避免由于循环历史中某一次循环建模引起某一区域较大变化而使该区域在以后循环过程中始终有较大累积变化，而实际上该区域的近似精度已经较高，则还需要综合考虑当前循环模型更新引起的相对于前次循环建模的变化。因此对累积变化进行调整，在其基础上加入近似模型当前变化信息，记为修正累积变化 $\Delta'_{aj}(\boldsymbol{x})$，则

$$\Delta'_{aj}(\boldsymbol{x}) = \gamma\Delta_{aj}(\boldsymbol{x}) + (1-\gamma)\Delta\hat{f}_j(\boldsymbol{x}) \tag{5.76}$$

式中，γ 为权重系数，用于调整累积变化和当前变化在综合值中占的比例，可根据具体的建模任务和用户偏好进行设置。通过优化式(5.76)，同时设置约束条件使优化点与已有样本点距离不小于预定值 d_{ac}，即可获取极大序贯建模修正累积变化点(简称极大累积变化点)。将其加入样本点集更新模型，即可有针对性地提高模型在不规则区域或可信度低区域的近似精度。

6. 混合序贯抽样准则

混合序贯抽样通过综合使用多种抽样准则，充分结合各个准则的优势，提高全面获取高精度模型信息的抽样效率和能力，同时增强序贯抽样准则的应用广泛性和通用性。考虑到部分交叉验证误差估计准则和极大序贯建模累积变化准则都是针对近似模型精度可信度低的区域进行抽样，但是前者只需要根据样本点集信息即可完成新增样本点的获取，而后者需要额外的验证点才能进行低精度区域的确定和样本点的选择，且验证点数量直接决定所选新增点的合理性，由此给验证点集的确定和构造增加了难度和计算复杂度。极大熵准则是在已有样本点的基础上，

在抽样点较少(距离已有样本点较远)的空间获取样本点,与近似模型自身的精度无关,主要用于提高所获取信息在整个空间分布的全面性。因此基于以上分析,姚雯对上述三个准则在每次循环中使用的优先次序进行了排序,确定混合序贯抽样准则的流程如下[23],流程如图 5.8 所示。

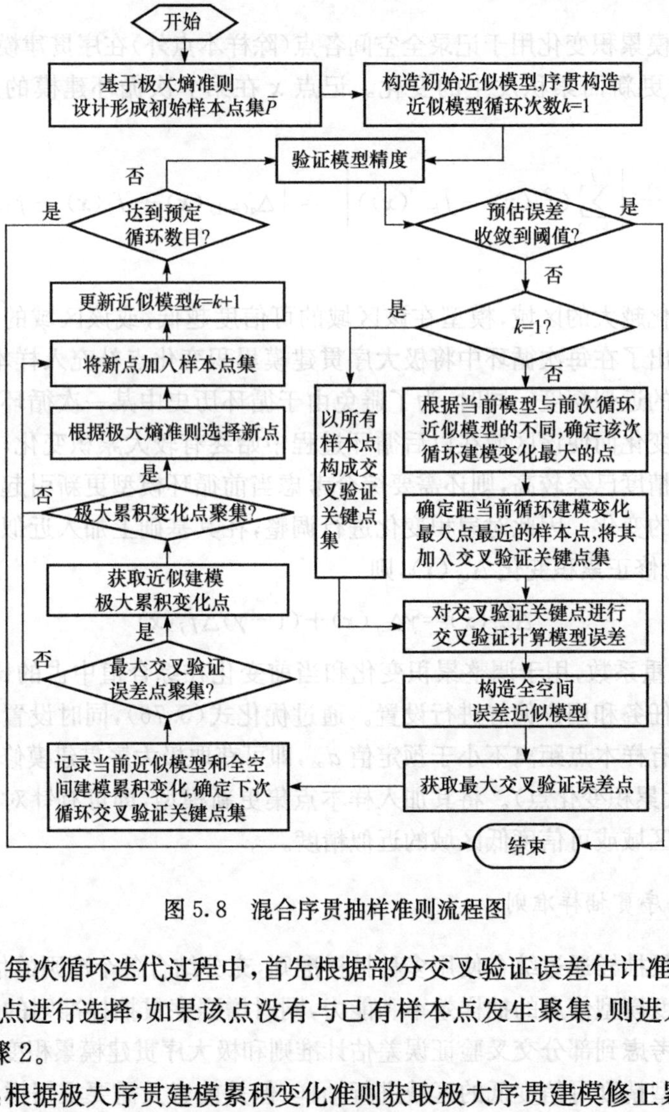

图 5.8　混合序贯抽样准则流程图

步骤 1:每次循环迭代过程中,首先根据部分交叉验证误差估计准则对最大交叉验证误差点进行选择,如果该点没有与已有样本点发生聚集,则进入步骤 4;否则,进入步骤 2。

步骤 2:根据极大序贯建模累积变化准则获取极大序贯建模修正累积变化点,如果该点没有与已有样本点发生聚集,则进入步骤 4;否则,进入步骤 3。

步骤 3:根据极大熵准则获取熵最大的新点,进入步骤 4。

步骤 4:将新点加入样本点集,更新近似模型。

5.4.2 面向全局优化的序贯建模

如果近似模型用于取代精确模型作为优化目标函数进行优化，则提高近似模型在其全局最优点附近区域的局部近似精度十分重要，因此需要对近似模型潜在最优区域进行重点抽样。不失一般性，本节假设优化目标为目标函数最小化。但是，在不知道精确模型实际分布的条件下，根据有限个样本点构造的近似模型的最优区域可能与真实全局最优区域存在较大差异，如图 5.9 所示。如果仅对近似模型的最优区域进行序贯抽样，则极有可能只在局部最优点附近不断提高近似精度，而不能捕获精确模型的真实全局最优区域。因此，在面向全局优化的序贯建模中，加点策略既需要有针对性地对近似模型较优区域进行加点，同时需要增强捕获精确模型真实全局最优区域的能力。

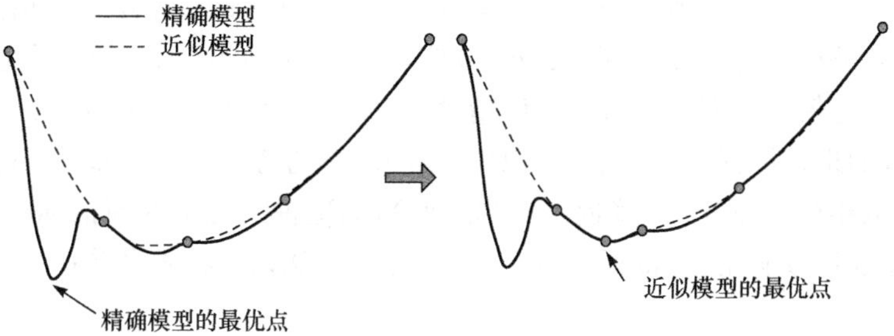

图 5.9 近似模型最优区域与精确模型最优区域可能出现较大差异示意图[24]

面向全局优化的序贯建模加点策略主要有三类：直接搜索法、间接探索法以及直接与间接混合法[16,25]。直接搜索法直接在定义域内搜索当前近似模型的最优点，认为该最优点即反映了精确模型最优点的分布区域，将其加入样本点集以提高近似模型在该区域的精度。该方法存在的问题是易于陷入局部最优，特别是当基于初始样本点构造的近似模型仅能捕获到局部最优区域的情况下，该方法只能始终在局部最优附近不断加密样本，而难以跳出该“陷阱”对其他区域进行搜索，如图 5.9 所示。间接探索法主要对当前样本点分布数量较少或近似模型精度较低区域进行搜索，然后根据一定准则进行加点，以此提高近似模型的全局近似精度，从而提高捕获真实全局最优区域的几率。该方法通过全面提高近似模型在整个定义域的近似精度来捕获真实的全局最优点，存在收敛过程长和效率低的问题。直接与间接混合法是将上述两种方法结合起来，平衡考虑直接搜寻潜在最优区域和提高近似模型全局近似精度的要求。一方面，通过提高全局近似精度，可以避免陷入局部最优的陷阱；另一方面，通过有针对性地提高近似模型潜在最优区域的近似精度，可以避免耗费大量计算成本盲目提高全局近似水平。鉴于直接与间接混合法的上述优势，目前该方法得到了广泛研究，应用较多的加点策略包括：最小统计下界法、最大改进目标期望值法以及最大改进目标概率法等[24]，下面分别进行介绍。

1. 最小统计下界法

对于 Kriging 模型，由于模型推导基于概率统计方法，可以直接给出近似模型的预估标准差 s，因此 Cox 和 John 提出以近似模型的统计下界(statistical lower bound) $\hat{f}(\boldsymbol{x})-\kappa s(\boldsymbol{x})$ 替代原优化目标进行优化，将该统计下界的最小值对应的点加入训练样本点集，以此在捕获潜在最优区域的同时能够综合考虑模型的精度特征[26]。系数 κ 可以控制直接和间接加点法的混合程度。当 $\kappa=0$ 时，相当于直接搜索近似模型最小值，由此化简为直接搜索法；当 $\kappa\rightarrow\infty$ 时，近似模型响应值对优化目标的影响可忽略不计，则相当于以搜索误差最大区域为目标，由此化简为间接探索法。由于难以预先确定 κ 的合适取值，可以通过尝试多个不同 κ 值进行优化并确定相应潜在最优区域，最后从中选取应该序贯加点的区域。值得注意的是，预估标准差 s 也仅仅是对 Kriging 估计精度的一种估计，可能与实际情况有较大出入。例如，如果训练样本点无法体现真实模型的震荡特性，基于训练样本点构造的近似模型也相应十分光滑(接近二次响应面)，则这种情况下的预估标准差 s 将非常小，不能反映实际误差特征。因此在使用该方法时，需对此类特殊情况进行考虑。

对于 RBFNN 等插值模型，无法基于概率方法推导出其预估标准差模型，姚雯提出对最小统计下界法进行扩展，将基于其他误差分析方法(如交叉验证)建立的误差估计模型取代最小统计下界中的预估标准差模型 s，并将由此计算所得值称为近似模型下界(surrogate lower bound，SLB)[27]。

2. 最大改进目标概率法

该方法的主要思想是基于近似模型及其误差模型，寻找使目标函数响应值小于某预定值 T 的概率最大的点，将此点加入训练样本更新近似模型。假设真实模型在点 $\boldsymbol{x}$ 处的响应值 $f(\boldsymbol{x})$ 是一个随机数，期望值为近似模型响应值 $\hat{f}(\boldsymbol{x})$，标准差为近似模型预估标准差 $s(\boldsymbol{x})$。记当前近似模型的最小响应值为 $\hat{f}_{\min}$，一般设置 $T<\hat{f}_{\min}$。假设随机变量 $f(\boldsymbol{x})$ 服从正态分布，则随机变量 $f(\boldsymbol{x})<\hat{f}_{\min}$ 的概率为

$$P_{\mathrm{Imp}}=\Phi\left(\frac{T-\hat{f}(\boldsymbol{x})}{s(\boldsymbol{x})}\right) \tag{5.77}$$

随着在当前最优点附近增加的样本点越来越多，该区域的预估标准差 $s(\boldsymbol{x})$ 也越来越小，且由于 $T-\hat{f}(\boldsymbol{x})<0$，因此在当前最优点附近增加的样本点的概率也越来越小，转而会到 $s(\boldsymbol{x})$ 较大的区域进行加点。该方法对预定值 T 十分敏感，如果

T 太小，则会在当前最优点附近局部区域过于密集加点，直至该区域预估误差非常小，然后再转换到其他区域；相反，如果 T 太大，则会过于在全区域范围广泛加点，缺乏有针对性的局部加点和局部精度提高，收敛效率低。解决该问题的有效方法是在每个循环加点中尝试多种不同的 T 值，由此对应多个 T 值在全局和局部加入多个样本点，以此提高收敛效率。

3. 最大改进目标期望值法

最大改进目标期望值法(expected improvement function，EIF)的主要思想是预估如果加入一个样本点并更新近似模型后近似模型最小响应值的预期降低量，选取使预期降低量最大的点加入训练样本点集。该方法的提出主要针对 Kriging 插值模型，假设真实模型在点 $\boldsymbol{x}$ 处的响应值 $f(\boldsymbol{x})$ 是一个随机数，期望值和标准差对应 Kriging 模型的预估值 $\hat{f}(\boldsymbol{x})$ 和预估标准差 $s(\boldsymbol{x})$。记当前近似模型的最小响应值为 $\hat{f}_{\min}$，则在点 $\boldsymbol{x}$ 处的目标响应值降低量 $I(\boldsymbol{x})$ 定义为

$$I(\boldsymbol{x})=\max(\hat{f}_{\min}-f(\boldsymbol{x}),0) \tag{5.78}$$

其中，$f(\boldsymbol{x})$ 的概率密度函数为

$$\frac{1}{\sqrt{2\pi}s(\boldsymbol{x})}\exp\left\{-\frac{[f(\boldsymbol{x})-\hat{f}(\boldsymbol{x})]^2}{2s^2(\boldsymbol{x})}\right\} \tag{5.79}$$

则点 $\boldsymbol{x}$ 处的目标响应值降低 I 的期望值为

$$\begin{aligned}\mathrm{EIF} &= E[I(\boldsymbol{x})]=E[\max(\hat{f}_{\min}-f(\boldsymbol{x}),0)]\\ &=\int_{-\infty}^{\hat{f}_{\min}}[\hat{f}_{\min}-f(\boldsymbol{x})]\frac{1}{\sqrt{2\pi}s(\boldsymbol{x})}\exp\left\{-\frac{[f(\boldsymbol{x})-\hat{f}(\boldsymbol{x})]^2}{2s^2(\boldsymbol{x})}\right\}\mathrm{d}f(\boldsymbol{x})\\ &=[\hat{f}_{\min}-\hat{f}(\boldsymbol{x})]\Phi\left(\frac{\hat{f}_{\min}-\hat{f}(\boldsymbol{x})}{s(\boldsymbol{x})}\right)+s(\boldsymbol{x})\phi\left(\frac{\hat{f}_{\min}-\hat{f}(\boldsymbol{x})}{s(\boldsymbol{x})}\right)\end{aligned} \tag{5.80}$$

式中，$\Phi(\cdot)$ 和 $\phi(\cdot)$ 分别为标准正态分布的累积概率分布函数和概率密度函数。与最大改进目标概率法相比，该方法的优点在于无需提前确定 I 值，但是该方法易于在当前最优点附近聚集加点，直至局部预估误差很低后才会向全局其他区域加点，由此当基于初始样本点构造的近似模型具有较强“欺骗性”时，容易提前收敛于局部最优。

5.4.3 面向隐式函数近似的序贯建模

在不确定性分析与优化问题中，通常需要对隐式函数进行近似。例如，2.1.1 节中提到的基于可靠性的设计优化，可靠性约束表述为如下形式：

$$\Pr\{g(\boldsymbol{X})\geqslant c\}\geqslant R \tag{5.81}$$

在基于可靠性的设计优化中需要大量计算 $\Pr\{g(\boldsymbol{X})\geqslant c\}$ 的值以判断其是否满

足约束条件。计算 $\Pr\{g(\boldsymbol{X})\geqslant c\}$的过程称为可靠性分析。当 $g(\boldsymbol{X})$的计算复杂度较高时，直接采用高精度模型进行计算将产生巨大计算成本，因此在工程实际中往往采用近似模型替代高精度模型。然而，概率值 $\Pr\{g(\boldsymbol{X})\geqslant c\}$的近似精度并不仅仅取决于显式函数 $g(\boldsymbol{X})$的近似效果，而且取决于描述极限状态的隐式函数 $g(\boldsymbol{X})=c$的近似效果。隐式函数的近似可以借鉴显示函数近似的方法，但又有所不同。鉴于隐式函数的特殊性，本节主要对隐式函数近似的序贯建模方法进行介绍。不失一般性，本节将隐式函数定义为 $f(\boldsymbol{x})=0$。

1. 直接法

由于隐式函数近似需要提高 $f(\boldsymbol{x})=0$ 的近似精度，因此需要对近似模型上满足 $f(\boldsymbol{x})=0$ 的潜在区域进行重点抽样。直接法[28,29]通过求解下述优化问题来获得新的样本点：

$$\begin{cases}\text{find} & \boldsymbol{x}\\ \min & |f(\boldsymbol{x})|^{2\upsilon+1}\end{cases} \tag{5.82}$$

其中，$\upsilon\in\mathbb{N}$。

2. 最小统计值法

最小统计值法[30]是基于最小统计下界法演变而来的。在基于全局优化的近似建模中，将最小统计下界 $\hat{f}(\boldsymbol{x})-\kappa s(\boldsymbol{x})$作为优化目标进行优化，而在隐式函数近似中，则希望 $\hat{f}(\boldsymbol{x})$接近于 0，因此将系数 κ 定义为使得统计上界或下界等于 0 的值，即

$$\begin{cases}\hat{f}(\boldsymbol{x})-\kappa s(\boldsymbol{x})=0, & \hat{f}(\boldsymbol{x})\geqslant 0\\ \hat{f}(\boldsymbol{x})+\kappa s(\boldsymbol{x})=0, & \hat{f}(\boldsymbol{x})<0\end{cases} \Rightarrow \kappa=\frac{|\hat{f}(\boldsymbol{x})|}{s(\boldsymbol{x})} \tag{5.83}$$

将系数 κ 的值作为选择最优样本点的指标，可以看出，$|\hat{f}(\boldsymbol{x})|$表征了样本点距 $\hat{f}(\boldsymbol{x})=0$ 的距离远近，$s(\boldsymbol{x})$表征了 $\hat{f}(\boldsymbol{x})$的估值方差，κ 是两者的综合指标。κ 越小，则 $\hat{f}(\boldsymbol{x})$越接近 0，在序贯建模过程中不断添加 κ 值最小的点至训练样本集中直到收敛。

3. 最大可行性函数期望值法

最大可行性函数期望值[31](expected feasibility function，EFF)方法是基于最大改进目标期望值法演变而来。在对隐式函数的近似中，近似目标不再是希望最优点附近的近似精度越高越好，而是希望 $f(\boldsymbol{x})=0$ 的近似精度越高越好，因此选取最可能满足 $f(\boldsymbol{x})=0$ 的点加入到训练样本点集。与公式(5.80)类似，给定某阈

值 ε,则在点 $\boldsymbol{x}$ 处的阈值的降低量 $F(\boldsymbol{x})$ 定义为

$$F(\boldsymbol{x})=\max(\varepsilon-|f(\boldsymbol{x})|,0) \tag{5.84}$$

则点 $\boldsymbol{x}$ 处的阈值降低量 $F(\boldsymbol{x})$ 的期望值为

$$\begin{aligned}\mathrm{EFF}&=E[F(\boldsymbol{x})]=E[\max(\varepsilon-|f(\boldsymbol{x})|,0)]\\&=\hat{f}(\boldsymbol{x})[2\Phi(t_1)-\Phi(t_2)-\Phi(t_3)]\\&\quad-s(\boldsymbol{x})[2\phi(t_1)-\phi(t_2)-\phi(t_3)]+\varepsilon[\Phi(t_3)-\Phi(t_2)]\end{aligned} \tag{5.85}$$

其中

$$t_1=-\frac{\hat{f}(\boldsymbol{x})}{s(\boldsymbol{x})},\quad t_2=-\frac{\varepsilon+\hat{f}(\boldsymbol{x})}{s(\boldsymbol{x})},\quad t_3=\frac{\varepsilon-\hat{f}(\boldsymbol{x})}{s(\boldsymbol{x})}$$

阈值 ε 通常取为与 $s(\boldsymbol{x})$ 成正比的值。由于样本点越靠近 $f(\boldsymbol{x})=0$ 或者估值方差越大,最大可行性函数期望值越大,因此在序贯建模过程中不断添加最大可行性函数期望值最大的点至训练样本集中,直到收敛。

参考文献

[1] 王振国,陈小前,罗文彩,等. 飞行器多学科设计优化理论与应用研究[M]. 北京:国防工业出版社,2006.

[2] Vapnik V N. The Nature of Statistical Learning Theory[M]. New York:Springer-Verlag,1995.

[3] Cortes C,Vapnik V N. Support vector network[J]. Machine Learning,1995,20(3):273—297.

[4] 邓乃杨,田英杰. 数据挖掘中的新方法:支持向量机[M]. 北京:科学出版社,2004.

[5] Powell J D. Radial basis function approximations to polynomials[C]//Numerical Analysis. New York:Longman Publishing Group White Plains,1987.

[6] Bromhead D S,Lowe D. Multivariable functional interpolation and adaptive networks[J]. Complex System,1988,2(3):321—355.

[7] Chen S,Chng E S,Alkadhimi K. Regularized orthogonal least squares algorithm for constructing radial basis function networks[J]. International Journal of Control, 1996, 64(5): 829—837.

[8] Orr M. Optimising the widths of radial basis functions[C]//The 5th Brazilian Symposium on Neural Networks,Brazil,1998.

[9] Yao W,Chen X,van Tooren M,et al. Euclidean distance and second derivative based widths optimization of radial basis function neural networks[C]//The 2010 International Joint Conference on Neural Networks,Barcelona,2010.

[10] Seber G A F. Multivariate Observations[M]. Hoboken:John Wiley & Sons,1984.

[11] Drozdek A. Data Structures and Algorithms in C++[M]. 2nd ed. Pacific Grove:Brooks/Cole,2004.

[12] Yao W,Chen X,Zhao Y,et al. Concurrent subspace width optimization method for RBF neural network modeling[J]. IEEE Transactions on Neural Networks and Learning Sys-

tems,2012,23(2):247—259.

[13] Giunta A A,Wojtkiewicz Jr S F,Eldred M S. Overview of Modern Design of Experiments Methods for Computational Simulations[C]//The 41st Aerospace Sciences Meeting and Exhibit,Reno,2003.

[14] Yao W,Chen X,Huang Y,et al. A surrogate-based optimization method with RBF neural network enhanced by linear interpolation and hybrid infill strategy[J]. Optimization Methods and Software,2013,DOI:10.1080/10556788.2013.777722.

[15] 朱雄峰．飞行器 MDO 代理模型理论与应用研究[D]. 长沙:国防科学技术大学,2010.

[16] Jin R,Chen W,Sudjianto A. On sequential sampling for global metamodeling in engineering design [C]//ASME 2002 Design Engineering Technical Conferences and Computer and Information in Engineering Conference,Montreal,2002.

[17] Yao W,Chen X. A sequential radial basis function neural network modeling method based on partial cross validation error estimation[C]//The 5th International Conference on Natural Computation,Tianjing,2009.

[18] Sacks J,Welch W J,Mitchell T J,et al. Design and analysis of computer experiments[J]. Statistical Science,1989,4(4):409—423.

[19] 江振宇,张为华,张磊．虚拟试验设计中的序贯极大熵方法研究[J]. 系统仿真学报．2007,19(17):3876—3973.

[20] Yao W,Chen X,Luo W. A gradient-based sequential radial basis function neural network modeling method[J]. Neural Computing and Applications,2009,18(5):477—484.

[21] Li G,Azarm S. Maximum accumulative error sampling strategy for approximation of deterministic engineering simulations[C]//The 11th AIAA/ISSMO Multidisciplinary Analysis and Optimization Conference,Portsmouth,2006.

[22] 姚雯,陈小前,罗文彩,等．基于部分交叉验证的多准则序贯近似建模方法[J]. 系统工程与电子技术,2010,32(7):1462—1467.

[23] 姚雯．不确定性 MDO 理论及其在卫星总体设计中的应用研究[D]. 长沙:国防科学技术大学,2007.

[24] Jones D R. A taxonomy of global optimization methods based on response surfaces [J]. Journal of Global Optimization,2001,21:345—383.

[25] Forrester A I J,Keane A J. Recent advances in surrogate-based optimization[J]. Progress in Aerospace Sciences,2009,45(1-3):50—79.

[26] Cox D D,John S. SDO:A Statistical Method for Global Optimization[M]//Alexandrov N,Hussaini M Y. Multidisciplinary Design Optimization:State of the Art. Philadelphia:SIAM,1997:315—329.

[27] 姚雯．飞行器总体不确定性多学科设计优化研究[D]. 长沙:国防科学技术大学,2011.

[28] Basudhar A,Missoum S. Adaptive explicit decision functions for probabilistic design and optimization using support vector machines[J]. Computers and Structures,2008,86(19-20):

1904—1917.

[29] Hurtado J E, Alvarez D A. An optimization method for learning statistical classifiers in structural reliability[J]. Probabilistic Engineering Mechanics,2010,25(1):26—34.

[30] Echard B,Gayton N,Lemaire M. AK-MCS:An active learning reliability method combining kriging and monte carlo simulation[J]. Structural Safety,2011,33(2):145—154.

[31] Bichon B J,Eldred M S,Swiler L P,et al. Efficient global reliability analysis for nonlinear implicit performance functions[J]. AIAA Journal,2008,46(10):2459—2468.

第6章　不确定性分析方法

不确定性分析主要研究如何根据系统输入、外部环境以及系统本身的不确定性传递影响对系统输出的不确定性进行量化，如图 6.1 所示。实际应用情况不同，不确定性分析的目的也不一样。在稳健优化设计中，不确定分析的主要任务是估算系统输出性能不确定性分布的低阶矩信息；而在可靠性设计中，不确定性分析要解决的主要问题是估算系统满足约束条件的可靠度，有些情况下还需要获得系统性能完整的不确定性分布函数。由于不确定性包括随机不确定性和认知不确定性，因此不确定性分析方法也相应分为随机不确定性分析方法和非概率不确定性分析方法两大类。本章首先对单独随机不确定性条件下的不确定性传递影响分析方法进行介绍，并特别针对可靠性设计优化问题中的可靠度计算要求，对可靠性分析方法进行重点介绍；其次，对认知不确定性条件下的非概率不确定性分析方法进行讨论；然后，对随机与认知不确定性混合条件下的不确定性分析方法进行阐述；最后，特别针对多学科耦合复杂系统的不确定性分析问题，介绍两种基于分解协调的多学科不确定性分析方法。

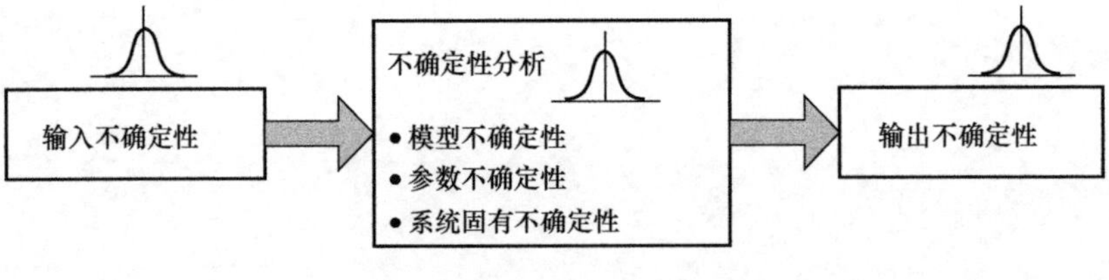

图 6.1　不确定性分析示意图

6.1　随机不确定性传递方法

将系统模型定义为 $y=f(\boldsymbol{x})$，其中 $\boldsymbol{x}$ 为随机不确定性向量，y 为系统响应。假设定义域 Ω 上向量 $\boldsymbol{x}$ 的联合概率分布函数为 $p(\boldsymbol{x})$，那么对于 y 的任意函数 $\phi(y)$，其期望值可以通过下式得到：

$$I = E(\phi(y)) = \int_{\Omega} \phi(f(\boldsymbol{x}))p(\boldsymbol{x})\mathrm{d}\boldsymbol{x} \tag{6.1}$$

当 $\phi(y)=y^k$ 时，I 为 y 的 k 阶矩；当 $\phi(y)=y$ 时，I 为 y 的期望；如果 $y\leqslant y_0$ 时

$\phi(y)=1$，而 $y>y_0$ 时 $\phi(y)=0$，则 I 是 y 的概率分布 y_0 分位点对应的分位数。在实际工程问题中，系统模型往往非常复杂，很难给出 $f(\boldsymbol{x})$ 的显式表达，且积分域 Ω 也很难显式描述，因此式(6.1)往往不能通过直接积分求得。由此发展了一系列近似计算该积分的数值方法，如拉普拉斯法、面积和容积法等[1]，但是上述方法很难适用于高维积分以及 $f(\boldsymbol{x})$ 无法显示表示、仿真计算异常复杂的情况，因此进一步发展了其他适用性更广的近似方法，如蒙特卡罗法、泰勒展开法和随机展开法，本节对其分别进行详细介绍。

6.1.1　蒙特卡罗法

蒙特卡罗仿真(monte carlo simulation，MCS)方法，简称为蒙特卡罗法，也称为抽样法。该方法在不确定性变量取值空间进行抽样，并计算各个样本点对应的系统响应值，然后基于样本信息分析系统响应的概率分布特征以及其他统计量。当样本点足够多时，该方法可以精确地获取系统响应的均值、方差、分布函数和密度函数等，因此该方法也常用于验证其他不确定性分析方法的精确性。蒙特卡罗法的主要步骤如下：

步骤 1：根据不确定性变量的概率分布随机生成 n_S 个样本点 $\{\boldsymbol{x}_i\}_{1\leqslant i\leqslant n_S}$，可以采用随机采样、拉丁超立方采样等试验设计方法生成样本点，采样方法参见第 5 章。

步骤 2：计算每个样本点处的系统输出响应值，得到 $\{y_i\}_{1\leqslant i\leqslant n_S}$。

步骤 3：近似计算式(6.1)中的积分值：

$$I\approx\tilde{\phi}=\frac{1}{n_S}\sum_{i=1}^{n_S}\phi(y_i) \tag{6.2}$$

$\phi(y)$ 的方差估计如下：

$$\tilde{\sigma}_\phi^2\approx\frac{1}{n_S-1}\sum_{i=1}^{n_S}\left[\phi(y_i)-\tilde{\phi}\right]^2 \tag{6.3}$$

式(6.2)的估计误差为

$$\mathrm{err}=\frac{\tilde{\sigma}_\phi}{\sqrt{n_S}} \tag{6.4}$$

由上可见，抽样数目足够大才能保证估算的准确性。但是，如果系统分析模型复杂耗时(如大型结构有限元分析)，则大量抽样将导致蒙特卡罗法的计算量难以承受。为了在保证计算精度的前提下通过减少蒙特卡罗法所需样本数目降低计算复杂度，发展了重要性抽样(important sampling)方法，通过在重要区域采样提高采样效率。假设采用 $h(\boldsymbol{x})$ 作为重要性抽样的概率密度函数，式(6.1)改写为

$$I=E(\phi(y))=\int_{\Omega}\phi(f(\boldsymbol{x}))\frac{p(\boldsymbol{x})}{h(\boldsymbol{x})}h(\boldsymbol{x})\mathrm{d}\boldsymbol{x} \tag{6.5}$$

根据 $h(\boldsymbol{x})$生成 n_S 个样本点并分别计算各样本点的系统响应值，得到数据对 $\{\boldsymbol{x}_{\mathrm{IS}\_i},y_{\mathrm{IS}\_i}\}_{1\leqslant i\leqslant n_S}$，则式(6.5)可以近似为

$$I\approx\widetilde{\phi}_{\mathrm{IS}}=\frac{1}{n_S}\sum_{i=1}^{n_S}\phi(y_{\mathrm{IS}\_i})\frac{p(\boldsymbol{x}_{\mathrm{IS}\_i})}{h(\boldsymbol{x}_{\mathrm{IS}\_i})} \tag{6.6}$$

$\phi(y)$的方差及估计误差为

$$\begin{cases}\widetilde{\sigma}_{\phi\mathrm{IS}}^2\approx\dfrac{1}{n_S-1}\displaystyle\sum_{i=1}^{n_S}\left[\phi(y_{\mathrm{IS}\_i})\dfrac{p(\boldsymbol{x}_{\mathrm{IS}\_i})}{h(\boldsymbol{x}_{\mathrm{IS}\_i})}-\widetilde{\phi}_{\mathrm{IS}}\right]^2\\ \mathrm{err}_{\mathrm{IS}}=\dfrac{\widetilde{\sigma}_{\phi\mathrm{IS}}}{\sqrt{n_S}}\end{cases} \tag{6.7}$$

由式(6.7)可以看出，当选取合适的 $h(\boldsymbol{x})$时，可以有效降低估计误差值 $\mathrm{err}_{\mathrm{IS}}$，且理论上可以降低为 0。文献[2]和[3]对 $h(\boldsymbol{x})$的选取方法进行了详细讨论，本节不再赘述。由于蒙特卡罗法具有易实现性，已经被广泛用于实际工程问题。

6.1.2　泰勒展开法

泰勒展开法可以用于分析系统响应值在随机不确定性传递影响下的低阶矩信息。分析系统模型 $y=f(\boldsymbol{x})$在点$\boldsymbol{x}_0$ 处的响应值分布矩信息，首先将其在点$\boldsymbol{x}_0$ 进行一阶泰勒展开，即

$$y(\boldsymbol{x})\approx f(\boldsymbol{x}_0)+\sum_{i=1}^{n_X}\frac{\partial f(\boldsymbol{x}_0)}{\partial x_i}(x_i-x_{i0}) \tag{6.8}$$

其中，n_X 为系统不确定性变量向量维数；x_i 和 x_{i0}分别为 $\boldsymbol{x}$ 和$\boldsymbol{x}_0$ 的第 i 个分量。系统输出 $y=f(\boldsymbol{x})$在点$\boldsymbol{x}_0$ 处的均值 μ_y 和标准差σ_y 近似计算公式为

$$\begin{cases}\mu_y=E(y)\approx f(\boldsymbol{x}_0)+\displaystyle\sum_{i=1}^{n_X}\frac{\partial f(\boldsymbol{x}_0)}{\partial x_i}E(x_i-x_{i0})\\ \sigma_y=\sqrt{\displaystyle\sum_{i=1}^{n_X}\left(\frac{\partial f(\boldsymbol{x}_0)}{\partial x_i}\right)^2\sigma_{x_i}^2+2\sum_{i=1}^{n_X}\sum_{j=i+1}^{n_X}\frac{\partial f(\boldsymbol{x}_0)}{\partial x_i}\frac{\partial f(\boldsymbol{x}_0)}{\partial x_j}\mathrm{cov}(x_i,x_j)}\end{cases} \tag{6.9}$$

式中，$\mathrm{cov}(x_i,x_j)$为不确定性变量 x_i 和 x_j 之间的相关系数。如果输入变量不相关，忽略二阶信息，则系统输出均值和标准差的近似计算公式为

$$\mu_y=f(\boldsymbol{x}_0);\quad \sigma_y=\sqrt{\sum_{i=1}^{n_X}\left(\frac{\partial f(\boldsymbol{x}_0)}{\partial x_i}\right)^2\sigma_{x_i}^2} \tag{6.10}$$

该分析方法直观简单，便于计算与应用，但是也存在一定的局限性：要求不确定性变量的方差或变化区间不能太大，系统模型的非线性程度不能太高，否则计算

精度会受到极大影响。虽然存在上述不足，但综合考虑计算复杂性和求解精确性，该方法仍不失为一个可行有效的近似分析方法，在不确定性分析中得到了大量应用。

6.1.3　随机展开法

随机展开(stochastic expansion)方法源于随机过程，它将系统的响应近似成一系列随机变量的展开形式，从而对响应的概率特征进行分析。随机展开法具有较好的收敛特性，因此广泛用于工程不确定性分析中。随机展开法分为侵入式和非侵入式两种形式：侵入式将系统模型中的不确定性变量进行随机展开，并将其代入系统分析模型中；非侵入式将系统模型作为黑箱处理，直接对系统的输出进行随机展开，建立系统输出对不确定性的显式表达式。例如，对于不确定性条件下的工程结构分析问题，侵入式通常将刚度矩阵进行随机展开，进而对位移、模态等系统响应的不确定性进行分析，该方法需要对有限元代码进行更改。非侵入式将有限元分析作为黑箱处理，直接将位移、模态等响应进行随机展开，无需对有限元代码进行更改。由于非侵入式无需对系统模型本身进行修改，避免了方法研究与实际对象的耦合关联，与侵入式方式相比应用范围更广。非侵入式的随机展开法通常也称为随机响应面方法(stochastic response surface method)，其中应用较广的为多项式混沌展开(polynomial chaos expansion，PCE)方法，本节主要对该方法的非侵入式形式进行介绍。

PCE 法起源于 Wiener 和 Ito 对于无序运动的数学描述，其后 Wiener[4] 将其引入不确定性分析中。对于随机变量 y，PCE 法将其近似展开成如下级数形式：

$$
\begin{aligned}
y = a_0\Gamma_0 &+ \sum_{i_1=1}^{\infty} a_{i_1}\Gamma_1(\xi_{i_1}) + \sum_{i_1=1}^{\infty}\sum_{i_2=1}^{i_1} a_{i_1 i_2}\Gamma_2(\xi_{i_1},\xi_{i_2}) \\
&+ \sum_{i_1=1}^{\infty}\sum_{i_2=1}^{i_1}\sum_{i_3=1}^{i_2} a_{i_1 i_2 i_3}\Gamma_3(\xi_{i_1},\xi_{i_2},\xi_{i_3}) + \cdots
\end{aligned}
\tag{6.11}
$$

式中，ξ 是标准正态随机变量；a 为确定性系数，也是 PCE 中需要求解的量；$\Gamma_p(\xi_{i_1},\cdots,\xi_{i_p})$是多元 p 阶 Hermite 多项式，定义如下：

$$
\Gamma_p(\xi_{i_1},\cdots,\xi_{i_p}) = (-1)^p \frac{\partial^p\left(\exp\left(-\frac{1}{2}\boldsymbol{\xi}^{\mathrm{T}}\boldsymbol{\xi}\right)\right)}{\partial\xi_{i_1}\cdots\partial\xi_{i_p}} \exp\left(\frac{1}{2}\boldsymbol{\xi}^{\mathrm{T}}\boldsymbol{\xi}\right)
\tag{6.12}
$$

其中，$\boldsymbol{\xi}^{\mathrm{T}} = [\xi_1,\cdots,\xi_n]$，为$\{\xi_{i_1},\cdots,\xi_{i_p}\}$中互不相同的变量。在实际应用中，通常采用式(6.11)的截断形式，即 ξ 和 Γ 的个数都是有限的。将 ξ 的个数定义为 PCE 的维数，Γ 的个数定义为 PCE 的阶数，则 d 维 p 阶 PCE 模型涉及的系数个数 N 为

$$
N = 1 + \sum_{s=1}^{p} \frac{1}{s!}\prod_{r=0}^{s-1}(d+r) = \frac{(d+p)!}{d!\,p!}
\tag{6.13}
$$

式(6.11)可简写为

$$y=\sum_{i=0}^{\infty}b_i\Psi_i(\xi) \tag{6.14}$$

其中,b_i 和 $\Psi_i(\xi)$分别对应于式(6.11)中的确定性系数和 Hermite 多项式。例如,$d=2,p=2$ 的 PCE 模型可以表示为

$$\begin{aligned}y=&a_0\Gamma_0+a_1\Gamma_1(\xi_1)+a_2\Gamma_1(\xi_2)\\&+a_{11}\Gamma_2(\xi_1,\xi_1)+a_{12}\Gamma_2(\xi_2,\xi_1)+a_{22}\Gamma_2(\xi_2,\xi_2)\end{aligned} \tag{6.15}$$

也可简写为

$$y=b_0\Psi_0+b_1\Psi_1+b_2\Psi_2+b_3\Psi_3+b_4\Psi_4+b_5\Psi_5+\cdots \tag{6.16}$$

$\{\Psi_i\}$通过式(6.12)得到

$$\{\Psi_i\}=\{1,\xi_1,\xi_2,\xi_1^2-1,\xi_1\xi_2,\xi_2^2-1\} \tag{6.17}$$

若给定一组样本及其对应系统输出响应值,则有多种求解 PCE 中待定系数的方法,其中 Galerkin 投影法和回归法是两种主要求解方法。Galerkin 投影法通过利用多项式的正交性,进行内积操作将函数分别投影到每个基函数项 Ψ_i 上,得到相应系数。根据 Ψ 的定义可知:

$$\begin{aligned}&\Psi_0=1,\ E[\Psi_i]=0,\ E[\Psi_i\Psi_j]=E[\Psi_i^2]\delta_{ij},\quad \forall i,j\\&E[\xi^0]=1,\quad E[\xi^k]=0,\quad \forall k\text{ 为奇数}\end{aligned} \tag{6.18}$$

其中

$$\begin{cases}\delta_{ij}=1, & i=j\\ \delta_{ij}=0, & i\neq j\end{cases}$$

$E[\Psi_i^2(\boldsymbol{\xi})]$可以解析得到;$E[y\Psi_i(\boldsymbol{\xi})]$可以通过抽样和数值积分方法得到;PCE 系数可以通过下式求得

$$b_i=\frac{E[y\Psi_i(\boldsymbol{\xi})]}{E[\Psi_i^2(\boldsymbol{\xi})]} \tag{6.19}$$

回归法是通过最小化某些样本点上 PCE 预测响应值和真实响应值间的误差平方和来求解 PCE 中的待定系数。对于 d 维 p 阶 PCE 模型,若已知 n 个样本点$\{\boldsymbol{\xi}_1,\boldsymbol{\xi}_2,\cdots,\boldsymbol{\xi}_n\}$及其响应值$\{y_1,y_2\cdots,y_n\}$,代入 PCE 中得到

$$\begin{bmatrix}\Psi_0(\boldsymbol{\xi}_0) & \Psi_1(\boldsymbol{\xi}_0) & \cdots & \Psi_N(\boldsymbol{\xi}_0)\\ \Psi_0(\boldsymbol{\xi}_1) & \Psi_1(\boldsymbol{\xi}_1) & \cdots & \Psi_N(\boldsymbol{\xi}_1)\\ \vdots & \vdots & & \vdots\\ \Psi_0(\boldsymbol{\xi}_n) & \Psi_1(\boldsymbol{\xi}_n) & \cdots & \Psi_N(\boldsymbol{\xi}_n)\end{bmatrix}\begin{bmatrix}b_0\\ b_1\\ \vdots\\ b_N\end{bmatrix}=\begin{bmatrix}y_0\\ y_1\\ \vdots\\ y_N\end{bmatrix} \tag{6.20}$$

通过最小二乘法可以得到 PCE 的系数:

$$\boldsymbol{b}=(\boldsymbol{A}^{\mathrm{T}}\boldsymbol{A})^{-1}\boldsymbol{A}^{\mathrm{T}}\boldsymbol{Y} \tag{6.21}$$

其中

$$\boldsymbol{b}=\begin{bmatrix} b_0 \\ b_1 \\ \vdots \\ b_N \end{bmatrix},\quad \boldsymbol{A}=\begin{bmatrix} \Psi_0(\xi_0) & \Psi_1(\xi_0) & \cdots & \Psi_N(\xi_0) \\ \Psi_0(\xi_1) & \Psi_1(\xi_1) & \cdots & \Psi_N(\xi_1) \\ \vdots & \vdots & & \vdots \\ \Psi_0(\xi_n) & \Psi_1(\xi_n) & \cdots & \Psi_N(\xi_n) \end{bmatrix},\quad \boldsymbol{Y}=\begin{bmatrix} y_0 \\ y_1 \\ \vdots \\ y_N \end{bmatrix} \tag{6.22}$$

当 PCE 模型中的系数确定后,系统输出响应可以表述成一系列标准正态分布随机变量的函数,从而可以方便快速地得到系统响应的概率分布以及均值、方差等特征信息。

上述 PCE 方法中,PCE 正交多项式为 Hermite 多项式,主要适用于系统响应输出为高斯随机过程的情况。Xiu 和 Karniadakis 对 Hermite 正交多项式展开方法进行扩展,提出根据系统随机变量的概率分布类型不同,从 Askey 系列正交多项式中选取相应多项式作为基函数构造 PCE 模型,以改进 PCE 方法的收敛性。PCE 模型的正交多项式基函数如表 6.1 所示。

表 6.1　PCE 模型的正交多项式基函数

类　型	概率分布	正交多项式	支持区间
连续型	高斯分布	Hermite	$(-\infty,+\infty)$
	γ 分布	Laguerre	$[0,+\infty)$
	β 分布	Jacobi	$[a,b]$
	均匀分布	Lagendre	$[a,b]$
非连续型	泊松分布	Charlier	$\{0,1,2,\cdots\}$
	二项分布	Krawtchouk	$\{0,1,2,\cdots,N\}$
	负二项分布	Meixner	$\{0,1,2,\cdots\}$
	超几何分布	Meixner	$\{0,1,2,\cdots,N\}$

除了采用 Askey 多项式,还可以通过变换将输入随机变量变换成标准正态随机变量,进而采用 PCE。Devroye 和 Isukapalli 等提出了有效的转换方法,处理不同类型概率分布的转换方法如表 6.2 所示。

表 6.2　PCE 模型非标准正态输入变量转换方法

概率分布	变换
均匀分布(a,b)	$a+(b-a)\left[\frac{1}{2}+\frac{1}{2}\mathrm{erf}\left(\frac{\xi}{\sqrt{2}}\right)\right]$
正态分布(μ,σ)	$\mu+\sigma\xi$

续表

概率分布	变换
对数分布(μ,σ)	$\exp(\mu+\sigma\xi)$
γ分布(a,b)	$ab\left(\xi\sqrt{\frac{1}{9a}}+1-\frac{1}{9a}\right)^3$
指数分布(λ)	$-\frac{1}{\lambda}\lg\left[\frac{1}{2}+\frac{1}{2}\mathrm{erf}\left(\frac{\xi}{\sqrt{2}}\right)\right]$

6.2　可靠性分析方法

可靠性分析方法[5]是不确定性分析中的一类特殊方法，特指用于计算系统响应值在不确定性影响下满足约束条件的可靠度或失效概率。图6.2对具有两个随机输入变量的线性约束函数可靠性分析进行了示意性说明。

不失一般性，记约束条件为$g(\boldsymbol{x})\geqslant 0$，其中$g(\boldsymbol{x})=0$定义为极限状态函数，则系统的失效概率可以通过下式求得：

$$P_{\mathrm{f}}=\int_D p(\boldsymbol{x})\mathrm{d}\boldsymbol{x} \tag{6.23}$$

其中，D为失效域$g(\boldsymbol{x})\leqslant 0$，$p(\boldsymbol{x})$为不确定性变量$\boldsymbol{x}$的联合概率密度函数，系统的可靠度为$R=1-P_{\mathrm{f}}$。与式(6.1)类似，由于失效域$D$与联合概率密度函数$p(\boldsymbol{x})$通常不能显示表达，故直接对上式进行积分求解难度较大。上节介绍的不确定性传播方法中，蒙特卡罗方法和随机展开法可以获得系统输出的分布函数，可以直接根据概率分布函数计算系统失效概率。本节重点介绍直接用于可靠度计算的方法，包括期望一次二阶矩方法、一次可靠度方法和二次可靠度方法。

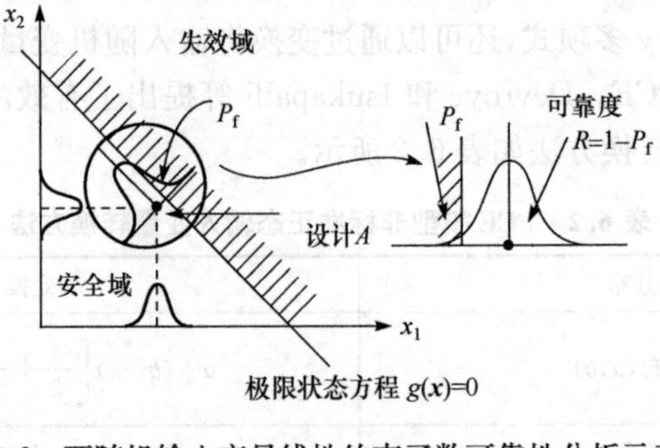

图6.2　两随机输入变量线性约束函数可靠性分析示意图

6.2.1 期望一阶二次矩法

期望一阶二次矩法(mean value first-order second moment method, MVFOSM)首先采用泰勒展开法计算约束函数在设计点的均值 μ_g 和方差 σ_g,并假设约束函数响应值服从正态分布,约束失效概率通过下式计算得到:

$$\begin{aligned} P_{\mathrm{f}} &= \int_{-\infty}^{0} \frac{1}{\sigma_g \sqrt{2\pi}} \exp\left[-\frac{1}{2}\left(\frac{g-\mu_g}{\sigma_g}\right)^2\right] \mathrm{d}g \\ &= \int_{-\infty}^{-\frac{\mu_g}{\sigma_g}} \frac{1}{\sqrt{2\pi}} \exp\left(-\frac{1}{2}t^2\right) \mathrm{d}t = \Phi(-\beta) \end{aligned} \tag{6.24}$$

其中,β 为可靠度指标,$\beta=\mu_g/\sigma_g$。从计算可靠度所需的系统分析次数角度来看,MVFOSM在所有可靠性分析方法中效率最高。但是,该方法只在约束函数响应值服从正态分布的情况下才能保证计算精度,因此在应用时需要对计算效率和计算精度进行综合考虑。

6.2.2 一次可靠度法

采用一次可靠度法(first order reliability analysis method, FORM)计算可靠度包括以下三个主要步骤。

第一步,将原$\mathbb{X}$空间中的随机向量 $\boldsymbol{x}$ 转换为标准正态$\mathbb{U}$空间中的标准正态独立分布随机向量 $\boldsymbol{u}$,该向量每个元素的均值为 0,标准差为 1,各个随机变量相互独立。如果 $\boldsymbol{x}$ 各个随机变量独立,从 $\boldsymbol{x}$ 到 $\boldsymbol{u}$ 的转换可以通过 Rosenblatt 转换实现[6]:

$$u_i=\Phi^{-1}(\mathrm{CDF}_{xi}(x_i)) \tag{6.25}$$

式中,$\mathrm{CDF}_{xi}(x_i)$为不确定性分量 x_i 的概率分布函数;$\Phi(\cdot)$为标准正态分布函数。记 $\boldsymbol{u}=T(\boldsymbol{x})$,则积分式(6.23)转换为

$$P_{\mathrm{f}} = \int_{D_u} \phi(\boldsymbol{u}) \mathrm{d}\boldsymbol{u} \tag{6.26}$$

其中,$\phi(\boldsymbol{u})$为标准正态联合概率密度函数;D_u 为原失效域 D 转换到$\mathbb{U}$空间后的失效域,由极限状态函数 $g(T^{-1}(\boldsymbol{u}))=G(\boldsymbol{u})=0$ 定义。

第二步,在极限状态函数上搜索最大可能点。最大可能点为极限状态函数上具有最大概率密度的点。最大可能点的搜索可转换为如下优化问题:

$$\begin{cases} \min\limits_{\boldsymbol{u}} & \|\boldsymbol{u}\| \\ \text{s.t.} & G(\boldsymbol{u})=0 \end{cases} \tag{6.27}$$

记式(6.27)的最优点为$\boldsymbol{u}^*$。该优化问题可以通过(Hasofer, Lind, Rackwitz and Fiessler, HL-RF)迭代方法求解[7,8]，迭代格式如下：

$$\boldsymbol{u}^{(k+1)}=(\boldsymbol{u}^{(k)}\cdot\boldsymbol{n}^{(k)})\boldsymbol{n}^{(k)}+\frac{G(\boldsymbol{u}^{(k)})}{\|\nabla G(\boldsymbol{u}^{(k)})\|}\boldsymbol{n}^{(k)} \tag{6.28}$$

其中，$\boldsymbol{n}^{(k)}$表示函数$G(\cdot)$在点$\boldsymbol{u}^{(k)}$处的最速下降方向向量，

$$\boldsymbol{n}^{(k)}=-\frac{\nabla G(\boldsymbol{u}^{(k)})}{\|\nabla G(\boldsymbol{u}^{(k)})\|}$$

式(6.27)优化问题也可以直接通过等式约束优化方法求解。

第三步，通过极限状态函数位于最大可能点的切平面对原极限状态超曲面进行近似，则基于该近似的极限状态超平面可对失效率估计如下：

$$\begin{cases}若 P_f\leqslant 0.5, & P_f\approx\Phi(-\beta)\\ 若 P_f>0.5, & P_f\approx\Phi(\beta)\end{cases} \tag{6.29}$$

其中，$\beta=\|\boldsymbol{u}^*\|$为可靠度指标(reliability index)。如果最大可能点位于原点，即$\beta=0$，则$P_f=0.5$。一般情况下失效率均远小于0.5，即U空间的原点位于可行域内。

综上，基于一次可靠度的可靠性分析方法如图6.3所示。

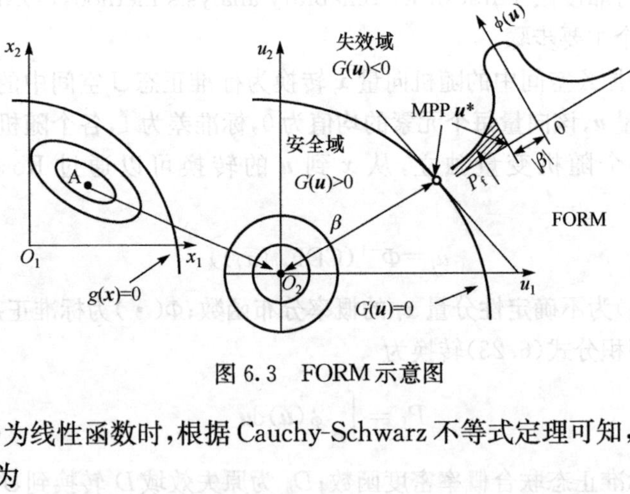

图6.3 FORM示意图

当$G(\boldsymbol{u})$为线性函数时，根据Cauchy-Schwarz不等式定理可知，$G(\boldsymbol{u})$距离原点的最短距离为

$$\beta=\frac{G(\boldsymbol{u}_{\text{MPP}})-\nabla^{\text{T}}G(\boldsymbol{u}_{\text{MPP}})\boldsymbol{u}_{\text{MPP}}}{\|\nabla G(\boldsymbol{u}_{\text{MPP}})\|}=-\frac{\nabla^{\text{T}}G(\boldsymbol{u}_{\text{MPP}})\boldsymbol{u}_{\text{MPP}}}{\|\nabla G(\boldsymbol{u}_{\text{MPP}})\|} \tag{6.30}$$

其中，$\boldsymbol{u}_{\text{MPP}}$平行于$\nabla G(\boldsymbol{u}_{\text{MPP}})$。由于$\boldsymbol{u}$服从标准正态分布，$G(\boldsymbol{u})$也为正态分布，其均值和方差可以由下式求得：

$$\begin{cases}\mu_G=-\nabla^{\text{T}}G(\boldsymbol{u}_{\text{MPP}})\boldsymbol{u}_{\text{MPP}}\\ \sigma_G=\|\nabla G(\boldsymbol{u}_{\text{MPP}})\|\end{cases} \tag{6.31}$$

易知 $\beta=\frac{\mu_G}{\sigma_G}$，且当失效概率小于 0.5 时，$P_f=\Phi(-\beta)$；失效概率大于 0.5 时，$P_f=\Phi(\beta)$。

由上述分析可知，当 $G(\boldsymbol{u})$ 为线性函数时，由 FORM 计算得到的失效概率即真实的失效概率。当 $G(\boldsymbol{u})$ 为非线性函数时，使用 FORM 计算将会产生一定的误差。虽然 FORM 中 β 的定义与期望一阶二次矩法中定义的可靠度指标类似，且两者均通过一阶泰勒展开进行近似估算，但是 FORM 在极限状态函数上具有最大概率密度的最大可能点进行展开，比期望一阶二次矩法直接在期望值处展开的估算精度更高。

6.2.3　二次可靠度法

由于 FORM 将极限状态函数在最大可能点处进行一阶泰勒展开，因此当极限状态函数非线性程度较强时，FORM 的计算结果误差较大。为改进 FORM 的计算精度，发展了二次可靠度法(second order reliability analysis method，SORM)。采用 SORM 计算可靠度主要分为以下几个步骤。

第一步，将极限状态函数在最大可能点处进行二阶泰勒展开，

$$\begin{aligned}\widetilde{G}(\boldsymbol{u})=&G(\boldsymbol{u}_{\mathrm{MPP}})+\nabla^{\mathrm{T}}G(\boldsymbol{u}_{\mathrm{MPP}})(\boldsymbol{u}-\boldsymbol{u}_{\mathrm{MPP}})\\&+\frac{1}{2}(\boldsymbol{u}-\boldsymbol{u}_{\mathrm{MPP}})^{\mathrm{T}}\nabla^2G(\boldsymbol{u}_{\mathrm{MPP}})(\boldsymbol{u}-\boldsymbol{u}_{\mathrm{MPP}})\end{aligned}\tag{6.32}$$

两边同时除以 $\|\nabla G(\boldsymbol{u}_{\mathrm{MPP}})\|$，根据式(6.30)得

$$\widetilde{G}(\boldsymbol{u})=\beta+\boldsymbol{A}^{\mathrm{T}}\boldsymbol{u}+\frac{1}{2}(\boldsymbol{u}-\boldsymbol{u}_{\mathrm{MPP}})^{\mathrm{T}}\boldsymbol{B}(\boldsymbol{u}-\boldsymbol{u}_{\mathrm{MPP}})\tag{6.33}$$

其中，β 通过 FORM 计算得到，且

$$\boldsymbol{A}=\frac{\nabla G(\boldsymbol{u}_{\mathrm{MPP}})}{\|\nabla G(\boldsymbol{u}_{\mathrm{MPP}})\|},\quad \boldsymbol{B}=\frac{\nabla^2 G(\boldsymbol{u}_{\mathrm{MPP}})}{\|\nabla G(\boldsymbol{u}_{\mathrm{MPP}})\|}\tag{6.34}$$

第二步，设向量 $\boldsymbol{u}$ 为 n 维，通过坐标变换使得第 n 个坐标方向与 $\boldsymbol{u}_{\mathrm{MPP}}$ 方向平行。构造如下 n 个向量：

$$\begin{aligned}&\boldsymbol{\gamma}_1=-\frac{\nabla^{\mathrm{T}}G(\boldsymbol{u}_{\mathrm{MPP}})}{\|\nabla G(\boldsymbol{u}_{\mathrm{MPP}})\|},\quad \boldsymbol{\gamma}_2=[0,1,0,\cdots,0],\\&\boldsymbol{\gamma}_3=[0,0,1,\cdots,0],\quad \cdots,\quad \boldsymbol{\gamma}_n=[0,0,0,\cdots,1]\end{aligned}\tag{6.35}$$

通过 Gram-Schmidt 正交化方法将上述向量正交化，可以得到一组正交向量 $\{\bar{\boldsymbol{\gamma}}_1,\cdots,\bar{\boldsymbol{\gamma}}_n\}$，其中 $\bar{\boldsymbol{\gamma}}_1=\boldsymbol{\gamma}_1$。构造矩阵 $\boldsymbol{H}$：

$$\boldsymbol{H}=\begin{bmatrix}\bar{\boldsymbol{\gamma}}_2\\ \bar{\boldsymbol{\gamma}}_3\\ \vdots\\ \bar{\boldsymbol{\gamma}}_n\\ \bar{\boldsymbol{\gamma}}_1\end{bmatrix} \tag{6.36}$$

由于正交阵 $\boldsymbol{H}$ 满足 $\boldsymbol{H}^{\mathrm{T}}=\boldsymbol{H}^{-1}$，通过变换 $\boldsymbol{z}=\boldsymbol{H}\boldsymbol{u}$ 将随机向量从$\mathbb{U}$空间转换到$\mathbb{Z}$空间，代入式(6.33)可得

$$\bar{G}(\boldsymbol{z})=\beta+\boldsymbol{A}^{\mathrm{T}}\boldsymbol{H}^{\mathrm{T}}\boldsymbol{z}+\frac{1}{2}(\boldsymbol{z}-\boldsymbol{z}_{\mathrm{MPP}})^{\mathrm{T}}\boldsymbol{HBH}^{\mathrm{T}}(\boldsymbol{z}-\boldsymbol{z}_{\mathrm{MPP}}) \tag{6.37}$$

由于$\boldsymbol{u}_{\mathrm{MPP}}$平行于$\nabla G(\boldsymbol{u}_{\mathrm{MPP}})$，根据正交矩阵的性质及式(6.30)可知：

$$\begin{cases}\bar{\boldsymbol{\gamma}}_i\,\boldsymbol{u}_{\mathrm{MPP}}=0, & i\neq 1\\ \bar{\boldsymbol{\gamma}}_1\,\boldsymbol{u}_{\mathrm{MPP}}=\beta\end{cases}\Rightarrow \boldsymbol{z}_{\mathrm{MPP}}=\boldsymbol{H}\boldsymbol{u}_{\mathrm{MPP}}=[0,0,0,\cdots,\beta]^{\mathrm{T}} \tag{6.38}$$

另外，$\boldsymbol{A}=\dfrac{\nabla G(\boldsymbol{u}_{\mathrm{MPP}})}{\|\nabla G(\boldsymbol{u}_{\mathrm{MPP}})\|}=\bar{\boldsymbol{\gamma}}_1^{\mathrm{T}}$，故 $\boldsymbol{A}^{\mathrm{T}}\boldsymbol{H}^{\mathrm{T}}=[0,0,\cdots,0,1]$，式(6.37)化为如下形式：

$$\bar{G}(\boldsymbol{z})=\beta-z_n+\frac{1}{2}(\boldsymbol{z}-\boldsymbol{z}_{\mathrm{MPP}})^{\mathrm{T}}\boldsymbol{HBH}^{\mathrm{T}}(\boldsymbol{z}-\boldsymbol{z}_{\mathrm{MPP}}) \tag{6.39}$$

在$\mathbb{Z}$空间极限状态方程为 $\bar{G}(\boldsymbol{z})=0$，因此极限状态方程可以写成：

$$z_n=\beta+\frac{1}{2}(\boldsymbol{z}-\boldsymbol{z}_{\mathrm{MPP}})^{\mathrm{T}}\boldsymbol{HBH}^{\mathrm{T}}(\boldsymbol{z}-\boldsymbol{z}_{\mathrm{MPP}}) \tag{6.40}$$

经过推导，上式可写成如下形式[9,10]：

$$z_n=\beta+\frac{1}{2}\sum_{j=1}^{n-1}k_j\tilde{z}_j^2 \tag{6.41}$$

其中，$k_j\,(j=1,\cdots,n)$为矩阵 $\boldsymbol{HBH}^{\mathrm{T}}$ 的前 $n-1$ 行与前 $n-1$ 列构成的矩阵的特征值，也是极限状态方程在 $\boldsymbol{z}_{\mathrm{MPP}}$处的前 $n-1$ 阶主曲率。若将 $G(\boldsymbol{u})$在最大可能点处进行一阶泰勒展开，则 $\bar{G}(\boldsymbol{z})=\beta-z_n$，经过正交变换至$\mathbb{Z}$空间后的极限状态方程即为 $z_n=\beta$。图 6.4 给出了$\mathbb{Z}$空间上极限状态函数一阶及二阶近似的示意图。

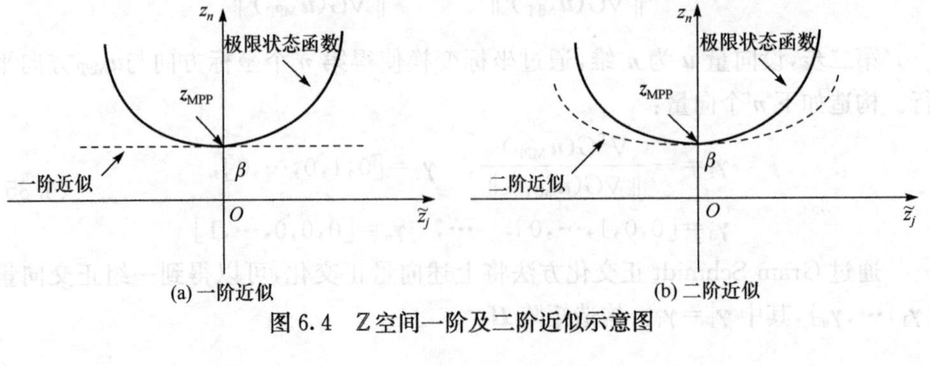

图 6.4　$\mathbb{Z}$空间一阶及二阶近似示意图

至此，有很多种近似方法可以用于求解失效概率，较常用的有 Breitungs 方法和 Tvedt 方法。

(1) Breitungs 方法[9]：

$$P_f \approx \Phi(-\beta)\prod_{j=1}^{n-1}(1+k_j\beta)^{-1/2} \tag{6.42}$$

(2) Tvedt 方法[11,12]：

$$\begin{cases} C_1 = \Phi(-\beta)\prod_{j=1}^{n-1}(1+k_j\beta)^{-1/2} \\ C_2 = [\beta\Phi(-\beta)-\phi(\beta)]\left\{\prod_{j=1}^{n-1}(1+k_j\beta)^{-1/2}-\prod_{j=1}^{n-1}[1+k_j(\beta+1)]^{-1/2}\right\} \\ C_3 = (\beta+1)[\beta\Phi(-\beta)-\phi(\beta)]\left[\prod_{j=1}^{n-1}(1+k_j\beta)^{-1/2}\right] \\ \qquad -\mathrm{Re}\left\{\prod_{j=1}^{n-1}[1+k_j(\beta+1)]^{-1/2}\right\} \\ P_f = C_1+C_2+C_3 \end{cases} \tag{6.43}$$

SORM 比 FORM 求解精度更高，但是当不确定性变量较多时计算二次导数以及主曲率半径的计算量较大。在实际应用过程中，要根据问题的复杂度选择相应方法进行计算。

6.3　非概率不确定性分析方法

6.3.1　区间分析

如果系统中存在认知不确定性，记为 $\boldsymbol{z}$（与随机不确定性 $\boldsymbol{x}$ 进行区别），若采用区间对其不确定性进行描述，则系统响应 $y=f(\boldsymbol{z})$ 的不确定性也通过区间进行描述。假设 $\boldsymbol{z}\in[\boldsymbol{z}^-,\boldsymbol{z}^+]$，其中 $\boldsymbol{z}^-$ 和 $\boldsymbol{z}^+$ 分别为 $\boldsymbol{z}$ 的下界和上界，则

$$y\in[f^-(\boldsymbol{z}),f^+(\boldsymbol{z})] \tag{6.44}$$

其中

$$f^-(\boldsymbol{z})=\min_{\boldsymbol{z}\in[\boldsymbol{z}^-,\boldsymbol{z}^+]}f(\boldsymbol{z}),\quad f^+(\boldsymbol{z})=\max_{\boldsymbol{z}\in[\boldsymbol{z}^-,\boldsymbol{z}^+]}f(\boldsymbol{z}) \tag{6.45}$$

通过求解上式中的两个优化问题可以得到系统响应的不确定性分布上、下界。

6.3.2　可能性理论

可能性理论中采用隶属度函数对不确定性变量进行描述。对于系统响应

$y=f(\boldsymbol{z})$，其中输入向量 $\boldsymbol{z}=\{z_1,\cdots,z_N\}$ 为模糊向量，$\boldsymbol{z}$ 中各分量 z_i 的隶属度函数为 μ_{z_i}，且各变量互不相关，则响应 y 的隶属度函数为[13]

$$\mu_y(y=y_0)=\sup_{f(\boldsymbol{z})=y_0}\left\{\min_{j=1,\cdots,N}\left[\mu_{z_j}(z_j)\right]\right\} \tag{6.46}$$

其中，“sup”表示上界。该式表示计算 y 在给定值 y_0 处的隶属度，首先需要找到所有满足 $f(\boldsymbol{z})=y_0$ 的不确定性变量取值点集，其次对该点集中每个点计算 $\min\limits_{j=1,\cdots,N}\left[\mu_{z_j}(z_j)\right]$，即每个点的各不确定性分量对应隶属度的最小值，最后比较这些值的大小得到其上界，该值即为 y_0 处的隶属度。可以看出，直接对该式求解非常困难，工程中通常采用 α-截集的方法进行求解，下面对该方法进行介绍。

考虑输入模糊向量 $\boldsymbol{z}$ 的 α-截集如下：

$$Z_\alpha(\alpha)=\{Z_\alpha^1(\alpha),\cdots,Z_\alpha^N(\alpha)\} \tag{6.47}$$

式中

$$Z_\alpha^j(\alpha)=\{z_j\in\Omega_j\,|\,\mu_{z_j}\geqslant\alpha\}=[z_j^{\mathrm{L}},z_j^{\mathrm{U}}],\quad j=1,\cdots,N$$

其中，Ω_j 为 z_j 的全集。在 $Z_\alpha(\alpha)$ 上计算 $y=f(\boldsymbol{z})$ 的最大值和最小值，得到 $[y_{\min},y_{\max}]$，那么 y 的 α-截集 $Y_\alpha(\alpha)=[y_{\min},y_{\max}]$。给定一系列 α 的值，便可以计算出 $\mu_y(y)$。

为了确定 $y_{\min}$ 和 $y_{\max}$，常用方法包括采样法、角点法和优化法。采样法将每个 α-截集 $Z_\alpha^j(\alpha)$ 离散化，得到 M_i 个点，计算 N 维空间上 $\prod\limits_{i=1}^{N}M_i$ 个点对应的响应值并进行比较，从而求得 $y_{\min}$ 和 $y_{\max}$。该方法易于实现，但是由于需要大量调用系统分析模型对样本点响应值进行计算，难以适用于计算成本高昂的复杂系统分析模型，如有限元分析(finite element analysis，FEA)和计算流体力学(computational fluid dynamics，CFD)分析等。角点法假设函数响应值的极值出现在 $Z_\alpha(\alpha)$ 的角点处，因此只需比较各个角点处的系统响应值即可确定 $y_{\min}$ 和 $y_{\max}$。该方法虽然简单，但是要求函数在 $Z_\alpha(\alpha)$ 内的分布具有单调性，否则难以保证函数极值一定出现在角点处。优化法直接通过执行两个全局优化以获取函数响应值的极大值和极小值，理论上能够准确获得函数极值。但是，由于全局优化效果与具体的优化问题及采用的优化器有关，寻优过程中也可能出现收敛困难等问题，因此在保证优化结果的准确性和优化效率方面也存在较大困难。尽管如此，优化法比采样法更可取，因为基于优化算法搜寻极值比仅通过随机采样搜寻极值效率更高。

6.3.3 证据理论

采用证据理论处理认知不确定性 $\boldsymbol{z}$，其有限个可能取值全集记为 Ω，幂集为 2^Ω，BPA 函数记为 $m:2^\Omega\rightarrow[0,1]$。系统响应 $f(\boldsymbol{z})$ 的不确定性分布用累积可信性分

布函数(CBF)和累积似然性分布函数(CPF)进行描述,定义分别如下[14,15]:

$$\mathrm{CBF}(a)=\mathrm{Bel}\{f<a\},\quad \mathrm{CPF}(a)=\mathrm{Pl}\{f<a\} \tag{6.48}$$

给定极限状态值 a,记失效域为 $D=\{\boldsymbol{z}\mid f(\boldsymbol{z})<a\}$,则通过可靠性分析可以计算失效可信性 $\mathrm{Bel}\{f<a\}$和失效似然性 $\mathrm{Pl}\{f<a\}$。通过变换 a 值并计算对应的失效可信性和似然性,即可构造 CBF 和 CPF。

由第 3 章 3.3.3 节基于证据理论的不确定性建模可知,Bel(D)是幂集 2^{Ω} 中所有完全位于 D 内的焦元的 BPA 之和,Pl(D)是所有与 D 交集非空的焦元的 BPA 之和,即

$$\mathrm{Bel}(D)=\sum_{A\in 2^{\Omega},A\subseteq D} m(A),\quad \mathrm{Pl}(D)=\sum_{A\in 2^{\Omega},A\cap D\neq\varnothing} m(A) \tag{6.49}$$

以两认知不确定性变量 $\boldsymbol{z}=[z_1,z_2]$为输入的约束函数 $f(\boldsymbol{z})$为例,$\boldsymbol{z}$ 的联合分布与约束失效域定义如图 6.5 所示。

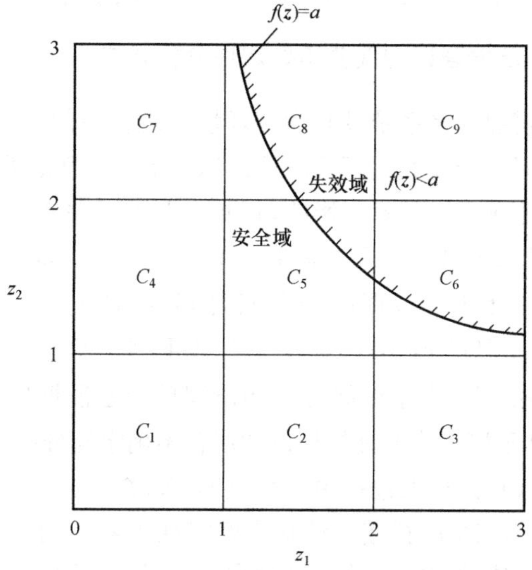

图 6.5　两认知不确定性变量约束函数失效可信性和似然性示意图

由图 6.5 可以看出,完全包含于失效域 D 内的焦元只有 C_9,而与 D 交集非空的焦元包括 C_5、C_6、C_8 和 C_9,因此 Bel(D)和 Pl(D)可分别计算如下:

$$\begin{cases}\mathrm{Bel}(D)=m(C_9)\\ \mathrm{Pl}(D)=m(C_9)+m(C_5)+m(C_6)+m(C_8)\end{cases} \tag{6.50}$$

在计算 Bel(D)和 Pl(D)过程中,需要确定函数 $f(\boldsymbol{z})$在各个焦元的响应值分布范围,并将其与极限状态值 a 进行比较。如果最大响应值小于 a,则整个焦元包含于失效域内,Bel(D)和 Pl(D)的计算都需要将该焦元计入在内。如果 a 值位于最

大和最小响应值之间，则该焦元部分位于 D 内，仅 $\mathrm{Pl}(D)$ 的计算需将其计入在内。完成一次 $\mathrm{Bel}(D)$ 和 $\mathrm{Pl}(D)$ 的计算，需要对各个焦元分别执行一次函数响应极小值和极大值计算，当认知不确定性联合分布焦元数目较大时，将导致计算成本的剧增。为了降低计算成本，一种有效的方法为采用近似模型替代精确模型进行不确定性分析，近似模型既可以是精确模型的全局近似模型[16]，也可以是失效域的局部近似模型[17,18]。关于近似模型的介绍参见第 5 章，亦可参考文献[19]～[21]。计算成本也可以通过一定的焦元分组计算极值的策略进行降低，例如，首先将所有焦元分为两组，对各组的函数响应极值进行判断，如果最大响应值小于极限状态值，则该组内所有焦元完全失效；如果最小响应值大于极限状态值，则该组内所有焦元完全可行，该组内焦元无需进一步分别进行极值计算[22]。

6.4 混合不确定性分析方法

6.4.1 基于概率和证据理论的混合不确定性分析方法

工程设计中既需要考虑系统及其运行环境客观存在的随机不确定性，也需要考虑由于设计人员对系统及其运行环境的认识不足和信息缺乏导致的认知不确定性。综合考虑两种不确定性因素的影响，近年来开展了关于混合不确定性分析方法的研究，主要包括基于概率论和模糊集合的可靠度上下限分析方法[23～25]、基于 FORM 进行概率分析和基于证据理论进行区间分析的混合不确定性分析(unified uncertainty analysis，UUA)方法[15]以及基于 PCE 进行概率分析和基于优化进行区间分析的混合方法[26]。由于区间分析和模糊理论是证据理论在一定条件下的简化，本节重点对基于概率论与证据理论的混合不确定性分析方法进行介绍。

对于函数 $f(\boldsymbol{x},\boldsymbol{z})$，其输入包括由概率空间 $\langle X,\Upsilon,\mathrm{Pr}\rangle$ 描述的随机不确定性向量 $\boldsymbol{x}$ 和由证据空间 $\langle C,\Psi,m\rangle$ 描述的认知不确定性 $\boldsymbol{z}$，在混合不确定性的综合影响下，由于 $f(\boldsymbol{x},\boldsymbol{z})$ 响应值的实际精确概率分布无法计算，因此也采用概率下限可信性测度和概率上限似然性测度进行表述。为了构造式(6.48)所示函数响应值 f 的可信性和似然性分布函数，可以采用第 6 章 6.3.3 节所述思想，通过对一系列极限状态值 a 计算对应函数响应值失效可信性 $\mathrm{Bel}\{f<a\}$ 和似然性 $\mathrm{Pl}\{f<a\}$，即可近似构造 CBF 和 CPF。下面对混合不确定性条件下函数响应值发生在失效域 $D=\{f(\boldsymbol{x},\boldsymbol{z})<a\}$ 的可信性和似然性估算方法进行介绍。

设认知不确定性向量 $\boldsymbol{z}$ 的联合分布包括 N_C 个焦元，记为 $c_k(1\leqslant k\leqslant N_C)$。首先固定随机不确定性变量取值为 $\boldsymbol{x}=\bar{\boldsymbol{x}}$，则在该随机变量固定取值条件下的条件失效可信性为

$$\mathrm{Bel}(D \mid \boldsymbol{x}=\bar{\boldsymbol{x}})=\sum_{k=1}^{N_C} m(c_k)\cdot\delta_{\mathrm{Bel}}(c_k,\bar{\boldsymbol{x}})$$
$$\delta_{\mathrm{Bel}}(c_k,\bar{\boldsymbol{x}})=\begin{cases}1, & \forall \boldsymbol{z}\in c_k, f(\bar{\boldsymbol{x}},\boldsymbol{z})<a \\ 0, & \text{其他}\end{cases} \tag{6.51}$$

通过对上述条件失效可信性与 $\bar{\boldsymbol{x}}$ 处概率密度的乘积在随机变量全空间 X 内积分,可得失效可信性如下:

$$\begin{aligned}\mathrm{Bel}(D)&=\int_X p(\bar{\boldsymbol{x}})\cdot \mathrm{Bel}(D\mid \boldsymbol{x}=\bar{\boldsymbol{x}})\mathrm{d}\bar{\boldsymbol{x}}\\&=\int_X p(\bar{\boldsymbol{x}})\cdot\left[\sum_{k=1}^{N_C} m(c_k)\cdot\delta_{\mathrm{Bel}}(c_k,\bar{\boldsymbol{x}})\right]\mathrm{d}\bar{\boldsymbol{x}}\\&=\sum_{k=1}^{N_C}\left[m(c_k)\cdot\left(\int_X p(\bar{\boldsymbol{x}})\cdot\delta_{\mathrm{Bel}}(c_k,\bar{\boldsymbol{x}})\mathrm{d}\bar{\boldsymbol{x}}\right)\right]\end{aligned} \tag{6.52}$$

记 $\mathrm{Bel}_k(D)=\int_X p(\bar{\boldsymbol{x}})\cdot\delta_{\mathrm{Bel}}(c_k,\bar{\boldsymbol{x}})\mathrm{d}\bar{\boldsymbol{x}}$ 为焦元 c_k 对应的失效子可信性,表示对随机变量概率密度在空间 X 内的某些区域进行积分,对于该区域内的点 $\boldsymbol{x}$,认知不确定性变量 $\boldsymbol{z}$ 在焦元 c_k 中取任意值都有 $f(\boldsymbol{x},\boldsymbol{z})<a$,则 $\mathrm{Bel}_k(D)$ 可以重新表述如下:

$$\mathrm{Bel}_k(D)=\Pr\{\boldsymbol{x}\mid \forall \boldsymbol{z}\in c_k, f(\boldsymbol{x},\boldsymbol{z})<a\}=\Pr\{f_{\max}(\boldsymbol{x},\boldsymbol{z})<a\mid \boldsymbol{z}\in c_k\} \tag{6.53}$$

式(6.52)可以重新表述为

$$\mathrm{Bel}(D)=\sum_{k=1}^{N_C} m(c_k)\,\mathrm{Bel}_k(D) \tag{6.54}$$

同理,失效似然性计算公式可推导如下:

$$\mathrm{Pl}(D)=\sum_{k=1}^{N_C}\left(m(c_k)\cdot \mathrm{Pl}_k(D)\right) \tag{6.55}$$

式中

$$\mathrm{Pl}_k(D)=\Pr\{\boldsymbol{x}\mid \exists \boldsymbol{z}\in c_k, f(\boldsymbol{x},\boldsymbol{z})<a\}=\Pr\{f_{\min}(\boldsymbol{x},\boldsymbol{z})<a\mid \boldsymbol{z}\in c_k\}$$

$\mathrm{Pl}_k(D)$ 为焦元 c_k 对应的失效子似然性,表示对随机变量概率密度在空间 X 内的某些区域进行积分,对于该区域内的点 $\boldsymbol{x}$,认知不确定性变量 $\boldsymbol{z}$ 在焦元 c_k 中存在取值使得 $f(\boldsymbol{x},\boldsymbol{z})<a$。上述混合不确定性条件下失效可信性和似然性计算公式与文献[27]中的推导结果相同。

可以看出,计算失效可信性和似然性,关键在于计算各个焦元的失效子可信性和子似然性。Du 等提出采用 FORM 求解 $\mathrm{Bel}_k(D)$ 和 $\mathrm{Pl}_k(D)$ 中的概率积分问题,形成了基于 FORM 的统一不确定性分析方法(FORM-UUA)[27],在此对该方法做简要介绍。FORM-UUA 中假设 $f(\boldsymbol{x},\boldsymbol{z})$ 为连续函数,则基于 FORM 的式(6.53)和式(6.55)可以改写成如下形式：

$$\mathrm{Bel}_k(D)=\Pr\{\boldsymbol{x}\mid f_{\max}(\boldsymbol{x},\boldsymbol{z})<a,\boldsymbol{z}\in c_k\}$$
$$\approx\begin{cases}\Phi(-\beta_{k\_\mathrm{Bel}})=\Phi(-\|\boldsymbol{u}_{k\_\mathrm{Bel}}^*\|), & \mathrm{Bel}_k(D)\leqslant 0.5\\ 1-\mathrm{Pl}_k(\overline{D}), & \text{其他}\end{cases}\tag{6.56}$$

$$\mathrm{Pl}_k(D)=\Pr\{\boldsymbol{x}\mid f_{\min}(\boldsymbol{x},\boldsymbol{z})<a,\boldsymbol{z}\in c_k\}$$
$$\approx\begin{cases}\Phi(-\beta_{k\_\mathrm{Pl}})=\Phi(-\|\boldsymbol{u}_{k\_\mathrm{Pl}}^*\|), & \mathrm{Pl}_k(D)\leqslant 0.5\\ 1-\mathrm{Bel}_k(\overline{D}), & \text{其他}\end{cases}\tag{6.57}$$

其中，最大可能点$\boldsymbol{u}_{k_\mathrm{Bel}}^*$为以下优化问题的最优解：

$$\begin{cases}\text{find} & \boldsymbol{u}\\ \min & \|\boldsymbol{u}\|\\ \text{s. t.} & G(\boldsymbol{u},\boldsymbol{z})=a,\quad \boldsymbol{z}=\arg\max\limits_{\boldsymbol{z}\in c_k}G(\boldsymbol{u},\boldsymbol{z})\end{cases}\tag{6.58}$$

$\boldsymbol{u}_{k_\mathrm{Pl}}^*$为以下优化问题的最优解：

$$\begin{cases}\text{find} & \boldsymbol{u}\\ \min & \|\boldsymbol{u}\|\\ \text{s. t.} & G(\boldsymbol{u},\boldsymbol{z})=a,\quad \boldsymbol{z}=\arg\min\limits_{\boldsymbol{z}\in c_k}G(\boldsymbol{u},\boldsymbol{z})\end{cases}\tag{6.59}$$

其中$\boldsymbol{u}=[u_1,u_2,\cdots,u_{N_x}]$是原$\mathbb{X}$空间中的随机变量向量$\boldsymbol{x}$转换为标准正态$\mathbb{U}$空间中的独立标准正态随机变量向量，转换关系记为$T:\mathbb{X}\to\mathbb{U}$。$\boldsymbol{x}$转换到$\mathbb{U}$空间后，极限状态函数转换为$f(T^{-1}(\boldsymbol{u}),\boldsymbol{z})=G(\boldsymbol{u},\boldsymbol{z})=a$。式(6.56)和式(6.57)中$\mathrm{Bel}_k(D)$或$\mathrm{Pl}_k(D)$值是否小于0.5通过检测$\mathbb{U}$空间原点处是否属于$D$来判断，若原点属于$D$，则$\mathrm{Pl}_k(D)$或$\mathrm{Bel}_k(D)$大于0.5；否则，小于0.5。

上述FORM-UUA需要求解式(6.58)和式(6.59)两个双层嵌套问题，包括外层搜索最大可能点和内层计算使极限状态函数响应值最大(或最小)的认知不确定性变量值。FORM-UUA采用下述方法进行求解[15]：首先，在第$k+1$次循环，根据前一循环的$\boldsymbol{u}_k$和$\boldsymbol{z}_k$值，基于最大可能点迭代搜索方法iHRLF计算新的最大可能点$\boldsymbol{u}_{k+1}$；然后，在该点判断$\boldsymbol{z}_k$是否满足内层优化问题的最优KKT条件，如果满足，则记$\boldsymbol{z}_{k+1}=\boldsymbol{z}_k$，否则通过优化器SQP求解内层优化问题获取$\boldsymbol{z}_{k+1}$；重复上述步骤直至收敛。该方法存在的问题是，采用iHRLF迭代搜索最大可能点可能出现不收敛或者收敛到局部最优最大可能点，导致较大误差。研究表明[28]，基于优化(如SQP)搜索最大可能点的方法更加稳健有效，但是如果采用该方法求解外层最大可能点搜索问题，将使式(6.58)和式(6.59)变成双层嵌套优化问题，求解难度大。进一步考虑到混合不确定性分析中，需要在各个焦元分别求解上述两个双层嵌套优化问题，由此带来极大的计算复杂度。为了解决该难题，姚雯提出了基于FORM单层优化

(single-level optimization，SLO)的改进混合不确定性分析方法(SLO-FORM-UUA)。

对于优化问题(6.59)，通过理论分析发现，当$\mathrm{Pl}_k(D)\leqslant 0.5$时，该双层优化问题可等价为如下单层优化问题：

$$\begin{cases}\text{find} & \boldsymbol{u},\boldsymbol{z}\\ & \min\|\boldsymbol{u}\|\\ \text{s.t.} & G(\boldsymbol{u},\boldsymbol{z})=a,\quad \boldsymbol{z}\in c_k\end{cases}\tag{6.60}$$

该表述形式通过对变量$\boldsymbol{u}$和$\boldsymbol{z}$同时进行优化，从而将式(6.59)中表示内层优化的约束条件$\boldsymbol{z}=\arg\min\limits_{z\in c_k}G(\boldsymbol{u},\boldsymbol{z})$去掉，由此大大简化了优化问题。等价性证明如下。

证明：

比较式(6.60)与式(6.59)可以发现，式(6.60)实际为式(6.59)放松了约束条件$\boldsymbol{z}=\arg\min\limits_{z\in c_k}G(\boldsymbol{u},\boldsymbol{z})$后的优化问题。因此，欲证明式(6.60)与式(6.59)等价，只需证明式(6.60)的最优点$[\boldsymbol{u}^*,\boldsymbol{z}^*]$满足式(6.59)中的约束条件即可，即只需证明

$$\boldsymbol{z}^*=\arg\min_{z\in c_k}G(\boldsymbol{u}^*,\boldsymbol{z})\tag{6.61}$$

假设最优点$[\boldsymbol{u}^*,\boldsymbol{z}^*]$不满足约束式(6.61)，则存在点$\boldsymbol{z}^{**}$使得$G(\boldsymbol{u}^*,\boldsymbol{z}^{**})<G(\boldsymbol{u}^*,\boldsymbol{z}^*)$。由式(6.60)可知，$G(\boldsymbol{u}^*,\boldsymbol{z}^*)=a$，则$G(\boldsymbol{u}^*,\boldsymbol{z}^{**})<a$。

若$\mathrm{Pl}_k(D)\leqslant 0.5$，则$\mathrm{Bel}_k(\overline{D})\geqslant 0.5$，因此$\mathbb{U}$空间的原点满足

$$\forall\, \boldsymbol{z}\in c_k,\quad G_{\min}(\boldsymbol{0},\boldsymbol{z})\geqslant a\tag{6.62}$$

则$G(\boldsymbol{0},\boldsymbol{z}^{**})\geqslant a$。给定固定值$\boldsymbol{z}^{**}$，则约束函数$G(\boldsymbol{u},\boldsymbol{z}^{**})$在原点和$\boldsymbol{u}^*$之间连线上沿着单位方向$\boldsymbol{u}^*/\|\boldsymbol{u}^*\|$的响应值分布可表述为单变量函数如下：

$$G(t\boldsymbol{u}^*/\|\boldsymbol{u}^*\|,\boldsymbol{z}^{**})=G_t(t),\quad 0\leqslant t\leqslant\|\boldsymbol{u}^*\|\tag{6.63}$$

其中，t为标量。由于约束函数连续，因此

$$G_t(0)\geqslant a,\quad G_t(\|\boldsymbol{u}^*\|)<a\Rightarrow\exists\, t^*\in[0,\|\boldsymbol{u}^*\|),\quad G_t(t^*)=a\tag{6.64}$$

记$\boldsymbol{u}^{**}=t^*\boldsymbol{u}^*/\|\boldsymbol{u}^*\|$，则$\|\boldsymbol{u}^{**}\|<\|\boldsymbol{u}^*\|$，且满足$G(\boldsymbol{u}^{**},\boldsymbol{z}^{**})=a$。因此$[\boldsymbol{u}^{**},\boldsymbol{z}^{**}]$应为优化问题式(6.60)中更优于$[\boldsymbol{u}^*,\boldsymbol{z}^*]$的点，与$[\boldsymbol{u}^*,\boldsymbol{z}^*]$为最优点的条件矛盾。因此，式(6.60)的最优点$[\boldsymbol{u}^*,\boldsymbol{z}^*]$同时满足优化问题式(6.59)的所有约束条件，由此证明当$\mathrm{Pl}_k(D)\leqslant 0.5$时两个优化问题等价。

证毕。

对于$\mathrm{Pl}_k(D)>0.5$的情况，则可根据式(6.57)通过$\mathrm{Bel}_k(\overline{D})$计算$\mathrm{Pl}_k(D)$。由于优化问题(6.60)为单层等式约束优化问题，能够直接基于现有成熟的约束优化算法进行求解，如梯度算法、拉格朗日法、序列二次规划 SQP、惩罚函数法等[28]。式(6.60)与单独随机变量条件下 FORM 中的最大可能点搜索问题式(6.27)相比，区别仅在于优化变量中增加了认知不确定性变量$\boldsymbol{z}$。因此，专门用于最大可

能点搜索的方法,如 HLRF 法及其派生方法等[7,8],均可以稍加扩展即可应用于求解式(6.60)。

对于优化问题(6.58),通过将内层优化最优解的一阶 KKT 必要条件作为约束作用于外层优化,以此保证外层优化中搜索的 $\boldsymbol{u}$ 和 z 始终满足内层优化最优解的必要条件,从而将原双层优化问题等价转换为单层优化问题。实际上该思想在基于可靠性的设计优化中也得到了应用,为了将优化-可靠性分析双层嵌套循环问题转化为单层优化问题,Agarwal[29]等提出将内层最大可能点优化求解问题的最优解一阶 KKT 必要条件作为外层优化约束条件,以此保证外层优化所得最大可能点与内层优化所得最大可能点等价,第 7 章将对其进行介绍。式(6.58)内层优化的一阶 KKT 必要条件为:对于 $1\leqslant i\leqslant N_z$,有

$$\begin{cases}\dfrac{\partial G}{\partial z_i}=0, \quad \dfrac{\partial^2 G}{\partial z_i^2}<0, \; z_{i\_k}^{\mathrm{l}}<z_i<z_{i\_k}^{\mathrm{u}} \\ \operatorname{sgn}\left(\dfrac{\partial G}{\partial z_i}\right)=1, \; z_i=z_{i\_k}^{\mathrm{u}} \\ \operatorname{sgn}\left(\dfrac{\partial G}{\partial z_i}\right)=-1, \; z_i=z_{i\_k}^{\mathrm{l}}\end{cases} \tag{6.65}$$

式中,sgn(·)为符号函数。将式(6.65)作为约束条件替换式(6.58)的内层循环,则式(6.58)描述的优化问题重新表述为

$$\begin{cases}\text{find} \quad \boldsymbol{u},\boldsymbol{z} \\ \min \quad \|\boldsymbol{u}\| \\ \text{s.t.} \quad G(\boldsymbol{u},\boldsymbol{z})=a, \quad \boldsymbol{z}\in c_k \\ \qquad\quad \text{for } 1\leqslant i\leqslant N_z, \; \begin{cases}\dfrac{\partial G}{\partial z_i}=0, \quad \dfrac{\partial^2 G}{\partial z_i^2}<0, \; z_{i\_k}^{\mathrm{l}}<z_i<z_{i\_k}^{\mathrm{u}} \\ \operatorname{sgn}\left(\dfrac{\partial G}{\partial z_i}\right)=1, \; z_i=z_{i\_k}^{\mathrm{u}} \\ \operatorname{sgn}\left(\dfrac{\partial G}{\partial z_i}\right)=-1, \; z_i=z_{i\_k}^{\mathrm{l}}\end{cases}\end{cases} \tag{6.66}$$

其中,$z_{i\_k}^{\mathrm{l}}$ 和 $z_{i\_k}^{\mathrm{u}}$ 为认知不确定性变量 z_i 在焦元 c_k 对应的下限和上限取值。至此,可以利用现有成熟的约束优化算法求解式(6.66)。此外,还可以通过检验焦元 c_k 的各个角点是否满足 KKT 条件来进一步提高计算效率,如果各个角点不满足 KKT 条件,再对其内点进行优化搜索。

综上,SLO-FORM-UUA 方法的流程图如图 6.6 所示。

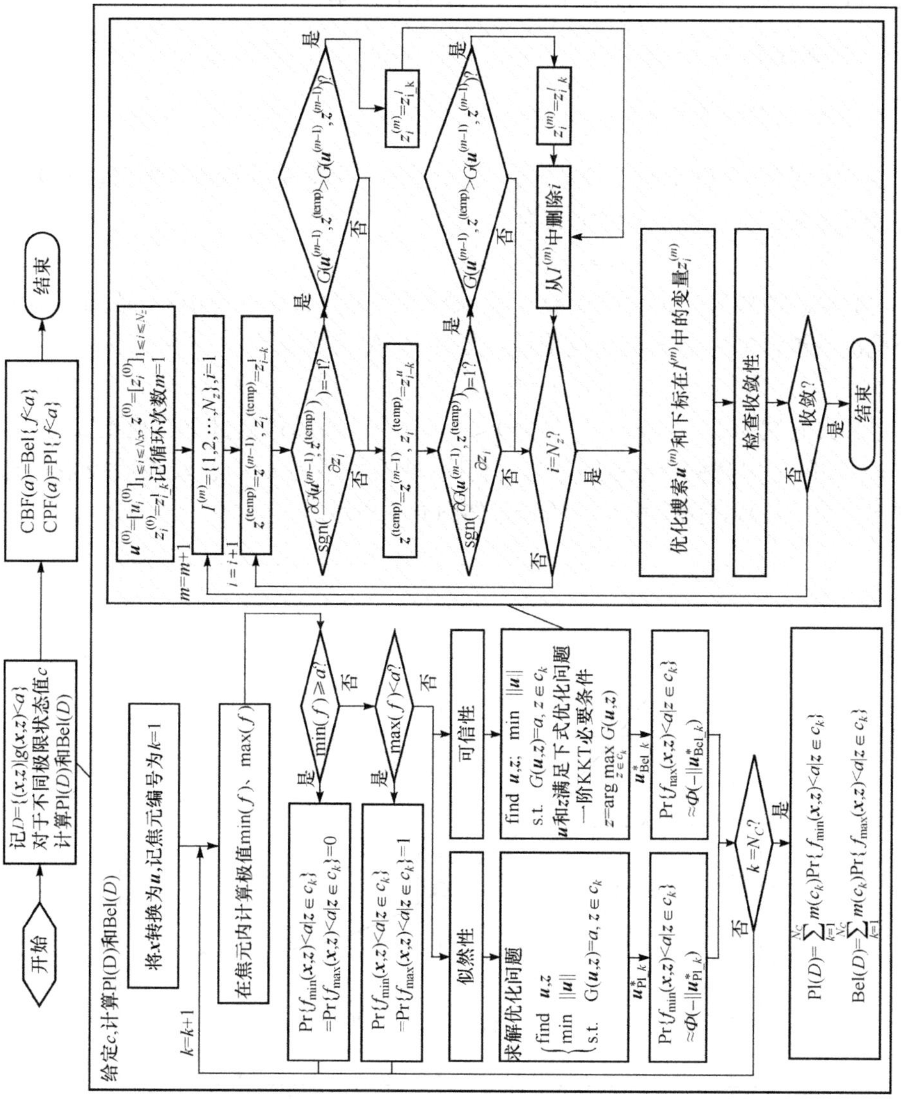

图 6.6　SLO-FORM-UUA 方法的流程图

SLO-FORM-UUA 方法具有以下优点：①混合不确定性分析只涉及单层优化问题，可以直接采用已有优化算法进行求解；②与双层嵌套优化相比，单层优化能够大大提高优化效率；③单层优化比双层优化更易于组织和编程实现。下面通过算例分析说明该方法的应用并验证其计算精度和效率。

6.4.2 算例分析

1. 算例 1：数值算例

为了说明 SLO-FORM-UUA 方法，首先采用一个简单的数值算例对该方法的应用进行详细说明。约束条件定义为

$$g(x,z)=(z-0.7)^2-x+2 \tag{6.67}$$

函数输入的随机变量为单变量 x，服从标准正态分布 $x\sim N(0,1)$，认知不确定性变量也只包含单变量 z，其可能取值全集和 BPA 函数如下：

$$C_1=[-1,0),\quad m(C_1)=0.5;\quad C_2=[0,1],\quad m(C_2)=0.5 \tag{6.68}$$

定义失效域为 $D=\{(x,z)\mid g(x,z)<a,a=0\}$。将随机变量 x 转换到 $\mathbb{U}$ 空间，记为 u。实际上本算例中原空间 $\mathbb{X}$ 与 $\mathbb{U}$ 相同，转换关系为 $u=x$。转换后极限状态函数记为 $G(u,z)$，在两个焦元中的分布如图 6.7 所示。

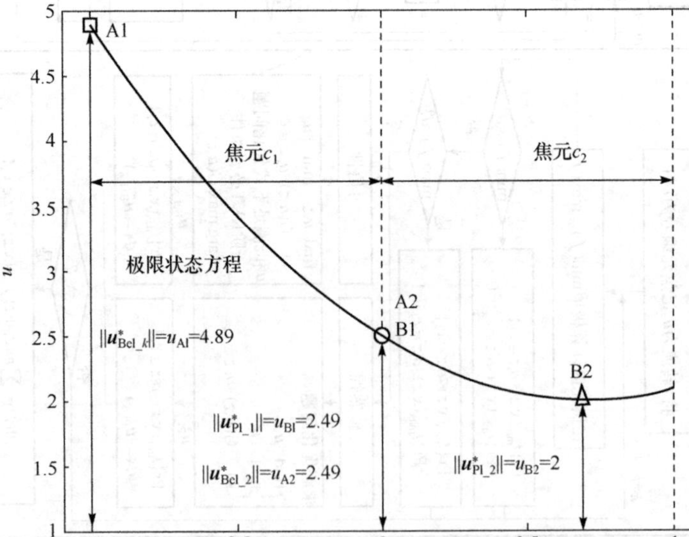

图 6.7　算例 1 极限状态函数分布

由图 6.7 可知，两个焦元中的式(6.60)最优解分别为 $\|\boldsymbol{u}^*_{Pl\_1}\|=2.49$ 和

$\| \boldsymbol{u}^*_{\mathrm{Pl\_2}} \| = 2$，式(6.66)最优解分别为 $\| \boldsymbol{u}^*_{\mathrm{Bel\_1}} \| = 4.89$ 和 $\| \boldsymbol{u}^*_{\mathrm{Bel\_2}} \| = 2.49$。失效似然性和失效可信性可分别计算如下：

$$\begin{cases} \mathrm{Pl}(D) \approx m(C_1) \times \Phi(-\| \boldsymbol{u}^*_{\mathrm{Pl\_1}} \|) + m(C_2) \times \Phi(-\| \boldsymbol{u}^*_{\mathrm{Pl\_2}} \|) = 0.01457 \\ \mathrm{Bel}(D) \approx m(C_1) \times \Phi(-\| \boldsymbol{u}^*_{\mathrm{Bel\_1}} \|) + m(C_2) \times \Phi(-\| \boldsymbol{u}^*_{\mathrm{Bel\_2}} \|) = 0.00319 \end{cases} \tag{6.69}$$

通过改变 a 值并计算对应 $\mathrm{Pl}\{g<a\}$ 和 $\mathrm{Bel}\{g<a\}$，可以构造函数 $g(x,z)$ 响应值的不确定性分布函数 CPF 和 CBF。为了进一步说明不同精细度的认知不确定性变量分布描述对函数响应值不确定性分布的影响，本算例采用两组认知不确定性变量设置进行比较。设置 1 如式(6.68)所示，设置 2 如下：

$$\begin{aligned} &C_1 = [-1, -0.5), \quad m(C_1) = 0.25; \quad C_2 = [-0.5, 0), \quad m(C_2) = 0.25; \\ &C_3 = [0, 0.5), \quad m(C_3) = 0.25; \quad C_4 = [0.5, 1], \quad m(C_4) = 0.25 \end{aligned} \tag{6.70}$$

两种不同设置下计算所得的函数响应值 CPF 和 CBF 分布曲线如图 6.8 所示。

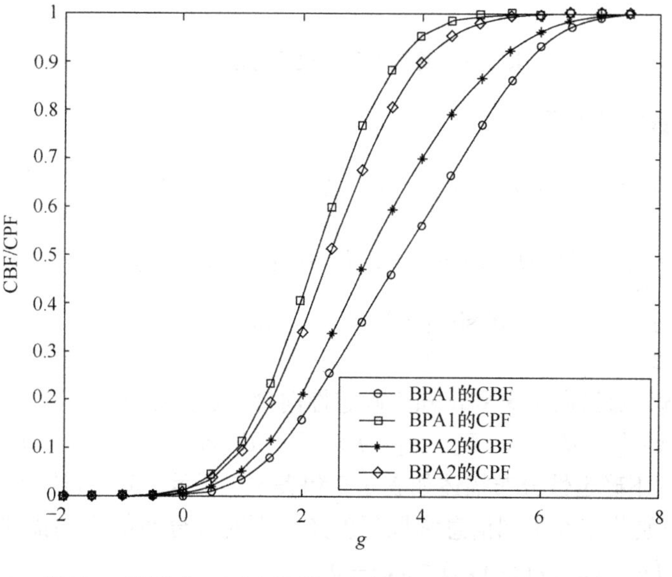

图 6.8　算例 1 不同认知不确定性设置条件下函数响应值 CPF 和 CBF 曲线

CPF 和 CBF 确定了函数响应值真实累积概率分布可能取值范围的上下界，二者之间距离越大，越难以确定真实的概率分布；CPF 和 CBF 之间的距离越小，对输出响应值不确定性分布的描述准确度越高。由图 6.8 可以看出，设置 2 条件下的 CPF 和 CBF 间隔小于设置 1 条件下二者之间的间隔，这是因为设置 2 中认知不确定性变量 z 的描述与设置 1 相比更为详细，因此相应函数响应值的分布描述也较设置1条件下更为准确。随着关于 z 分布的信息不断丰富并逐步接近准确的概率描述,CPF和CBF间隔将不断减小并趋于0,直至二者收敛到真实的概率分布曲线。

2. 算例2:悬臂梁算例

本节采用文献[15]中的悬臂梁算例对SLO-FORM-UUA进行测试验证。悬臂梁结构和受力如图6.9所示。

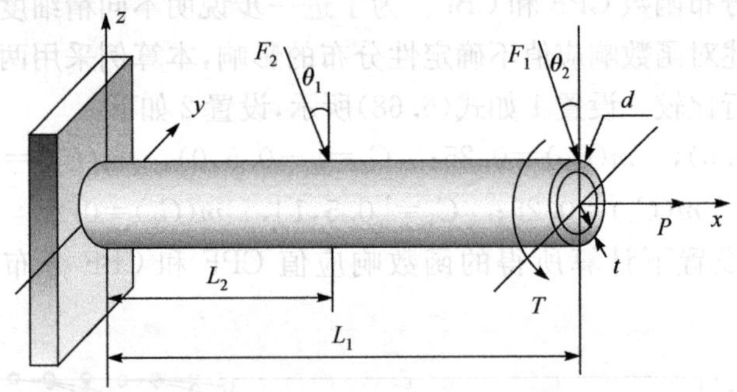

图6.9 算例2悬臂梁受力示意图[15]

约束函数定义如下:

$$g(\boldsymbol{x},\boldsymbol{z})=S_y-\sqrt{\sigma_x^2+3\tau_{zx}^2},\quad I=\frac{\pi}{64}[d^4-(d-2t)^4],\quad J=2I,$$

$$\tau_{zx}=\frac{Td}{2J},\quad M=F_1L_1\cos\theta_1+F_2L_2\cos\theta_2,\quad A=\frac{\pi}{4}[d^2-(d-2t)^2],\tag{6.71}$$

$$h=\frac{d}{2},\quad \sigma_x=\frac{P+F_1\sin\theta_1+F_2\sin\theta_2}{A}+\frac{Mh}{I},$$

其中,函数输入随机向量 $\boldsymbol{x}$ 和认知不确定性向量 $\boldsymbol{z}$ 定义如下:

$$\boldsymbol{x}=[t\quad d\quad L_1\quad L_2\quad F_1\quad F_2\quad P\quad T\quad S_y],\quad \boldsymbol{z}=[\theta_1\quad \theta_2]\tag{6.72}$$

$\boldsymbol{x}$ 与 $\boldsymbol{z}$ 的不确定性分布描述如表6.3和表6.4所示。其中,认知不确定性 $\boldsymbol{z}$ 有两组设置,分别代表在不同信息掌握程度条件下对 $\boldsymbol{z}$ 分布的不同描述精细度。失效域定义为 $D=\{(\boldsymbol{x},\boldsymbol{z})\mid g(\boldsymbol{x},\boldsymbol{z})<a,a=0\}$。

表6.3 算例2随机变量的不确定性分布

变量符号	分布类型	分布参数
t	正态	平均值5mm,标准差0.1mm
d	正态	平均值42mm,标准差0.5mm
L_1	均匀	下界119.75mm,上界120.25mm

续表

变量符号	分布类型	分布参数
L_2	均匀	下界 59.75mm，上界 60.25mm
F_1	正态	平均值 3.0kN，标准差 0.3kN
F_2	正态	平均值 3.0kN，标准差 0.3kN
P	正态	平均值 12.0kN，标准差 1.2kN
T	正态	平均值 90.0N·m，标准差 9.0N·m
S_y	正态	平均值 220MPa，标准差 22.0MPa

表 6.4　算例 2 认知不确定性变量的不确定性分布

设置	变量符号	区间	BPA
设置 1	θ_1	[0°,10°]	1.0
	θ_2	[5°,15°]	1.0
设置 2	θ_1	[0°,3°)	0.3
		[3°,6°)	0.3
		[6°,10°]	0.4
	θ_2	[5°,8°)	0.3
		[8°,11°)	0.3
		[11°,15°]	0.4

在两组 $\boldsymbol{z}$ 设置条件下分别采用 SLO-FORM-UUA 方法对失效可信性和失效似然性进行分析，并将其与采用 iHRLF 搜索最大可能点的标准 FORM-UUA 方法(记为 FORM-UUA-iHRLF)、采用 SQP 搜索最大可能点的 FORM-UUA 方法(记为 FORM-UUA-SQP)以及蒙特卡罗仿真(MCS)方法分析结果进行比较。对于 MCS 方法，抽样方法为：在随机变量空间抽样10^6 个样本点，对应每个随机变量样本点进一步分别在每个焦元空间 c_k 抽样 2000 个认知不确定性变量样本，以此获取考虑 $\boldsymbol{z}$ 在每个焦元定义区间 c_k 内变化的影响下函数 $g(\boldsymbol{x},\boldsymbol{z})$ 在每个随机变量样本点 $\boldsymbol{x}$ 处的响应值变化范围。因此，总抽样数目为$10^6\times2000\times N_C$，其中 N_C 为 $\boldsymbol{z}$ 联合分布的焦元总数。分析结果如表 6.5 所示。结果表明，四种方法的分析结果十分接近，差异不超过 2%，且 SLO-FORM-UUA 方法所需调用系统分析次数最少，由此验证了 SLO-FORM-UUA 方法的有效性和计算效率。同时可以注意到，设置 2 条件下所得的失效可信性和似然性差距小于设置 1 条件下的差距，说明认知不确定性描述的精细化能够提高系统性能不确定性描述的准确性。

表 6.5 算例 2 混合不确定性条件下失效可信性和似然性分析结果

算法	BPA 设置 1			BPA 设置 2		
	可信性	似然性	系统分析次数	可信性	似然性	系统分析次数
SLO-FORM-UUA	0.000153	0.000173	191	0.000161	0.000172	2032
FORM-UUA-SQP	0.000153	0.000173	298	0.000162	0.000172	2721
FORM-UUA-iHRLF	0.000153	0.000173	202	0.000161	0.000172	2171
MCS	0.000156	0.000171	2×10^9	0.000163	0.000170	18×10^9

通过改变极限状态 a 值，并计算相应失效似然性和可信性，可以近似构造函数 $g(\boldsymbol{x},\boldsymbol{z})$ 响应值的不确定性分布曲线。在认知不确定性变量设置 1 条件下，函数响应值的 CPF 和 CBF 如图 6.10 所示。CPF 和 CBF 曲线十分接近，说明认知不确定性 $\boldsymbol{z}$ 对函数响应值的影响不大。

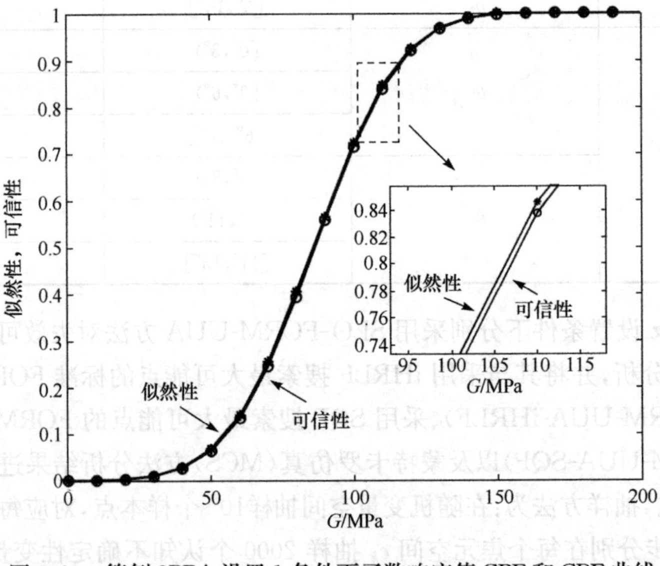

图 6.10 算例 2BPA 设置 1 条件下函数响应值 CPF 和 CBF 曲线

3. 算例 3：小卫星概念设计算例

本节将 SLO-FORM-UUA 方法应用于一个工程实际卫星概念设计的不确定性分析问题。研究对象为虚拟对地观测小卫星，根据输入设计变量轨道高度 h（太阳同步圆轨道）、CCD 相机焦距 f_c、星体宽度 b（垂直飞行方向星体截面为正方形）、星体高度 l 和星体侧壁厚度 t，可以对小卫星质量进行估算，具体参见第 11 章。上述 5 个设计变量设置为随机变量，记为 $\boldsymbol{x}=[h,f_c,b,l,t]$，不确定性描述如

表 6.6 所示。表中对 $\boldsymbol{x}$ 有两种不同设置,以代表两组不同设计方案。

表 6.6　算例 3 随机变量的不确定性分布

变量	描述	分布类型	分布参数	
			设置 1	设置 2
b	星体宽度/mm	正态	平均值 800,标准差 10	平均值 800,标准差 10
l	星体高度/mm	正态	平均值 800,标准差 10	平均值 700,标准差 10
t	星体侧壁厚度/mm	正态	平均值 5,标准差 0.1	平均值 5,标准差 0.1
h	轨道高度/km	正态	平均值 650,标准差 6.5	平均值 600,标准差 6
f_c	相机焦距/mm	正态	平均值 300,标准差 1.0	平均值 280,标准差 1.0

由于概念设计阶段卫星质量估算主要基于经验公式,各个分系统的质量估算系数取值基于以往经验,因此估算模型中存在很多由于对当前研究对象信息缺乏导致的认知不确定性。由文献[30]中的灵敏度分析可知,数管分系统(data handling,DH)和遥测跟踪与遥控(telemetry,tracking and command,TTC)分系统质量估算系数 c_{dh_m} 和 c_{ttc_m} 对卫星质量估算有较大影响,本节将其处理为认知不确定性,记为 $\boldsymbol{z}=[c_{\mathrm{dh}\_m},c_{\mathrm{ttc}\_m}]$,不确定性分布如表 6.7 所示。表中有两组不同设置,以代表在设计人员掌握不同信息量条件下对认知不确定性变量分布的不同精细度描述。

表 6.7　算例 3 认知不确定性变量的不确定性分布

设置	变量符号	描述	区间	BPA
设置 1	c_{dh_m}	数管分系统质量估算系数	[0.04,0.06]	1
	c_{ttc_m}	TTC 分系统质量估算系数	[0.04,0.06]	1
设置 2	c_{dh_m}	数管分系统质量估算系数	[0.04,0.05)	0.5
			[0.05,0.06]	0.5
	c_{ttc_m}	TTC 分系统质量估算系数	[0.04,0.05)	0.5
			[0.05,0.06]	0.5

以上述随机和认知不确定性变量为输入对卫星质量进行估计,模型表述为

$$M=f(h,f_c,b,l,t,c_{\mathrm{dh}\_m},c_{\mathrm{ttc}\_m}) \tag{6.73}$$

由于卫星质量估算涉及多个学科耦合的系统分析,故可将其作为黑箱处理。记失效域为 $D=\{(\boldsymbol{x},\boldsymbol{z})\mid M(\boldsymbol{x},\boldsymbol{z})<a\}$。在随机不确定性变量设置 1 条件下,取 $a=196$,分别采用 SLO-FORM-UUA、FORM-UUA-iHRLF、FORM-UUA-SQP 和 MCS 四种方法对失效似然性 Pl(D)和失效可信性 Bel(D)进行分析,结果如表 6.8 所示。MCS 抽样方法与算例 2 相同。结果显示,除 FORM-UUA-iHRLF 方法无法收敛外,其他三种方法分析结果差异不超过 1%,且 SLO-FORM-UUA 的系统

分析次数远小于其他方法，再次验证了 SLO-FORM-UUA 方法在分析精度和计算效率方面的优势。

表 6.8 算例 3 混合不确定性条件下失效可信性和似然性分析结果

算法	BPA 设置 1			BPA 设置 2		
	可信性	似然性	系统分析次数	可信性	似然性	系统分析次数
SLO-FORM-UUA	0.9789	1.0000	320	0.9935	1.0000	1330
FORM-UUA-SQP	0.9789	1.0000	480	0.9935	1.0000	2026
FORM-UUA-iHRLF	不收敛			不收敛		
MCS	0.95436	0.9993	2×10^9	0.9926	0.9987	8×10^9

通过改变极限状态 a 值，并计算相应失效似然性和可信性，可以近似构造卫星质量 M 的不确定性分布曲线。针对两组不同随机变量设置，分别在两组不同认知不确定性变量设置条件下进行不确定性分析，CPF 和 CBF 曲线如图 6.11(a)和(b)所示。通过比较图 6.11(a)和(b)中的两组 CPF 和 CBF 曲线可以看出，在认知不确定性变量 $\boldsymbol{z}$ 设置 2 条件下，卫星质量不确定性分布的 CPF 和 CBF 曲线间距比设置 1 条件下的曲线间距大大降低，由此说明输入认知不确定性描述的信息增加对提高输出不确定性描述的准确度有很大影响。同时，通过比较图 6.11(a)和(b)可以看出，在不同的随机变量 $\boldsymbol{x}$ 期望值条件下，卫星质量不确定性分布相差很大。在不确定变量 $\boldsymbol{z}$ 设置 1 条件下，随机变量设置 1 对应可信度 0.1 的卫星质量约为 187kg，而随机变量设置 2 对应可信度 0.1 的卫星质量约为 176kg。由此说明，通过改变随机变量的期望值，可以改变卫星质量的分布特征，这正是不确定性条件下进行设计优化的基本思想，第 7 章将对此进行深入讨论。

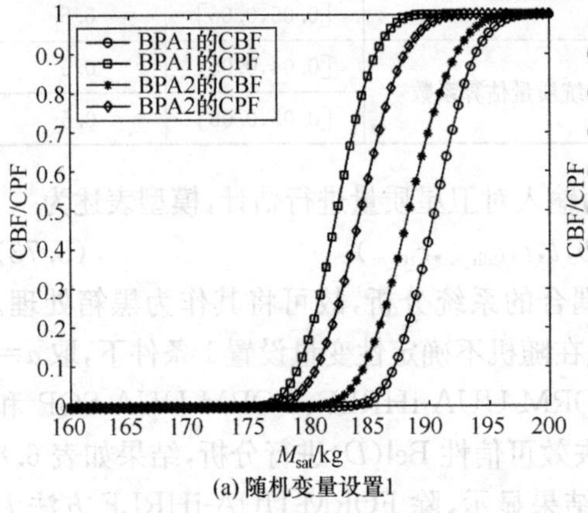

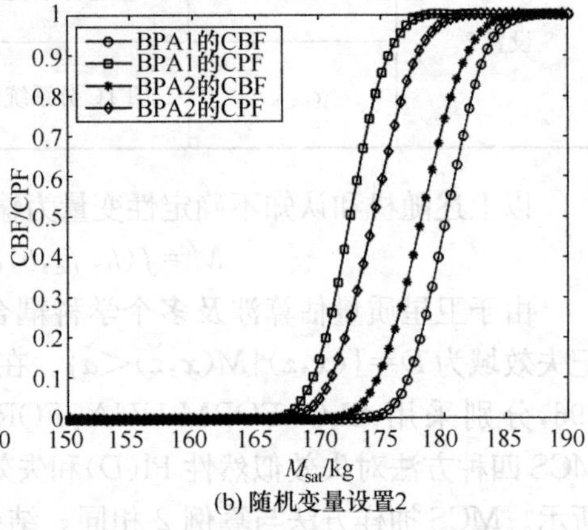

图 6.11 算例 3 小卫星质量 CPF 和 CBF 曲线

6.5　基于分解协调的多学科不确定性分析

对于多个学科耦合的复杂系统，往往需要通过迭代求解学科分析模型来获取系统多学科相容解。如果将多学科系统分析直接嵌套于前述不确定性分析算法中，则会导致巨大的计算量。针对该问题，Du 等提出采用分解协调的方法对多学科系统响应的不确定性进行分析。本节主要对并行子空间不确定性分析(concurrent subspace uncertainty analysis，CSSUA)方法和联合可靠性分析方法进行介绍。

6.5.1　并行子空间不确定性分析方法

Du 和 Chen[31]构建了多学科不确定性分析模型，并提出了系统不确定性分析(system uncertainty analysis，SUA)方法用于计算复杂系统响应的均值和方差。在 SUA 方法基础上进行改进，采用分解协调的策略组织求解系统响应的均值和方差，提出 CSSUA 方法。下面对 SUA 法和 CSSUA 方法进行介绍。

以三学科耦合系统为例，不确定性传播关系如图 6.12 所示。其中设计变量 $\boldsymbol{X}_{\text{sys}}, \boldsymbol{X}_1, \boldsymbol{X}_2, \boldsymbol{X}_3$ 具有不确定性，各个学科的分析模型具有模型不确定性 $\boldsymbol{\varepsilon}_{Y_1}, \boldsymbol{\varepsilon}_{Y_2}, \boldsymbol{\varepsilon}_{Y_3}$，耦合变量的不确定性在各学科之间相互作用。

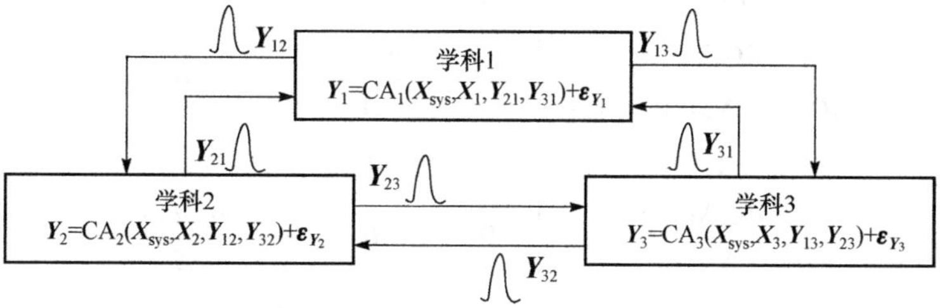

图 6.12　耦合系统不确定性传播

不失一般性，假设系统的响应值为 z_1，为学科 1 的输出状态变量。给定设计变量及模型误差的均值和方差 $\boldsymbol{\mu}_{\boldsymbol{X}_{\text{sys}}}, \boldsymbol{\mu}_{\boldsymbol{X}_i}, \boldsymbol{\sigma}_{\boldsymbol{X}_{\text{sys}}}, \boldsymbol{\sigma}_{\boldsymbol{X}_i}$ 及 $\boldsymbol{\mu}_{\boldsymbol{\varepsilon}_{Y_i}}, \mu_{\varepsilon_{z_1}}, \sigma_{\boldsymbol{\varepsilon}_{Y_i}}, \sigma_{\varepsilon_{z_1}}$，则耦合变量和系统响应的均值可以通过设计变量均值处的函数响应值进行估算：

$$\boldsymbol{\mu}_{Y_i} = \text{CA}_i(\boldsymbol{\mu}_{\boldsymbol{X}_{\text{sys}}}, \boldsymbol{\mu}_{\boldsymbol{X}_i}, \boldsymbol{\mu}_{Y_{ji}}) + \boldsymbol{\mu}_{\boldsymbol{\varepsilon}_{Y_i}}, \quad j=1,\cdots,N, j\neq i \tag{6.74}$$

$$\mu_{z_1} = z_1(\boldsymbol{\mu}_{\boldsymbol{X}_{\text{sys}}}, \boldsymbol{\mu}_{\boldsymbol{X}_i}, \boldsymbol{\mu}_{Y_{j1}}) + \mu_{\varepsilon_{z_1}}, \quad j=1,\cdots,N, j\neq i \tag{6.75}$$

其中，N 为学科数目。为了计算耦合变量和系统响应的方差，首先将耦合变量和系统响应泰勒展开成如下形式：

$$\Delta \boldsymbol{Y}_i = \sum_{j=1,j\neq i}^{N} \frac{\partial \mathrm{CA}_i}{\partial \boldsymbol{Y}_{ji}} \Delta \boldsymbol{Y}_{ji} + \frac{\partial \mathrm{CA}_i}{\partial \boldsymbol{X}_{\mathrm{sys}}} \Delta \boldsymbol{X}_{\mathrm{sys}} + \frac{\partial \mathrm{CA}_i}{\partial \boldsymbol{X}_i} \Delta \boldsymbol{X}_i + \Delta \boldsymbol{\varepsilon}_{\boldsymbol{Y}_i} \tag{6.76}$$

$$\Delta z_1 = \sum_{j=1,j\neq i}^{N} \frac{\partial z_1}{\partial \boldsymbol{Y}_{j1}} \Delta \boldsymbol{Y}_{j1} + \frac{\partial z_1}{\partial \boldsymbol{X}_{\mathrm{sys}}} \Delta \boldsymbol{X}_{\mathrm{sys}} + \frac{\partial z_1}{\partial \boldsymbol{X}_1} \Delta \boldsymbol{X}_1 + \Delta \varepsilon_{z_1} \tag{6.77}$$

其中

$$\Delta \boldsymbol{X}_{\mathrm{sys}} = \boldsymbol{X}_{\mathrm{sys}} - \boldsymbol{\mu}_{\boldsymbol{X}_{\mathrm{sys}}},\quad \Delta \boldsymbol{X}_i = \boldsymbol{X}_i - \boldsymbol{\mu}_{\boldsymbol{X}_i},\quad \Delta \boldsymbol{Y}_i = \boldsymbol{Y}_i - \boldsymbol{\mu}_{\boldsymbol{Y}_i} \tag{6.78}$$

联立式(6.76)和式(6.77)可得

$$\begin{aligned} \Delta z_1 &= \boldsymbol{E}\Delta \boldsymbol{Y} + \boldsymbol{F}\Delta \boldsymbol{X}_{\mathrm{sys}} + \boldsymbol{G}\Delta \boldsymbol{X}_1 + \boldsymbol{H} \\ &= [\boldsymbol{E}(\boldsymbol{A}^{-1}\boldsymbol{B}) + \boldsymbol{F}]\Delta \boldsymbol{X}_{\mathrm{sys}} + [\boldsymbol{E}(\boldsymbol{A}^{-1}\boldsymbol{C}) + \boldsymbol{G}]\Delta \boldsymbol{X} + \boldsymbol{E}\boldsymbol{A}^{-1}\boldsymbol{D} + \boldsymbol{H} \end{aligned} \tag{6.79}$$

其中

$$\boldsymbol{A} = \begin{bmatrix} \boldsymbol{I}_1 & -\dfrac{\partial \mathrm{CA}_1}{\partial \boldsymbol{Y}_2} & \cdots & -\dfrac{\partial \mathrm{CA}_1}{\partial \boldsymbol{Y}_N} \\ -\dfrac{\partial \mathrm{CA}_2}{\partial \boldsymbol{Y}_1} & \boldsymbol{I}_2 & \cdots & -\dfrac{\partial \mathrm{CA}_2}{\partial \boldsymbol{Y}_N} \\ \vdots & \vdots & & \vdots \\ -\dfrac{\partial \mathrm{CA}_N}{\partial \boldsymbol{Y}_1} & -\dfrac{\partial \mathrm{CA}_N}{\partial \boldsymbol{Y}_2} & \cdots & \boldsymbol{I}_N \end{bmatrix},$$

$$\boldsymbol{B} = \begin{bmatrix} \dfrac{\partial \mathrm{CA}_1}{\partial \boldsymbol{X}_{\mathrm{sys}}} \\ \dfrac{\partial \mathrm{CA}_2}{\partial \boldsymbol{X}_{\mathrm{sys}}} \\ \vdots \\ \dfrac{\partial \mathrm{CA}_N}{\partial \boldsymbol{X}_{\mathrm{sys}}} \end{bmatrix},\quad \boldsymbol{C} = \begin{bmatrix} \dfrac{\partial \mathrm{CA}_1}{\partial \boldsymbol{X}_1} & \boldsymbol{0} & \cdots & \boldsymbol{0} \\ \boldsymbol{0} & \dfrac{\partial \mathrm{CA}_2}{\partial \boldsymbol{X}_2} & \cdots & \boldsymbol{0} \\ \vdots & \vdots & & \vdots \\ \boldsymbol{0} & \boldsymbol{0} & \cdots & \dfrac{\partial \mathrm{CA}_N}{\partial \boldsymbol{X}_N} \end{bmatrix},$$

$$\boldsymbol{D} = \boldsymbol{\varepsilon}_{\boldsymbol{Y}_i} - \boldsymbol{\mu}_{\boldsymbol{\varepsilon}_{\boldsymbol{Y}_i}},\quad \boldsymbol{H} = \varepsilon_{z_1} - \mu_{\varepsilon_{z_1}},\quad \boldsymbol{E} = \begin{bmatrix} \boldsymbol{0} & \dfrac{\partial z_1}{\partial \boldsymbol{Y}_2} & \cdots & \dfrac{\partial z_1}{\partial \boldsymbol{Y}_N} \end{bmatrix},$$

$$\boldsymbol{F} = \frac{\partial z_1}{\partial \boldsymbol{X}_{\mathrm{sys}}},\quad \boldsymbol{G} = \begin{bmatrix} \dfrac{\partial z_1}{\partial \boldsymbol{X}_1} & \boldsymbol{0} & \cdots & \boldsymbol{0} \end{bmatrix},$$

$$\Delta \boldsymbol{X} = \begin{bmatrix} \Delta \boldsymbol{X}_1 \\ \Delta \boldsymbol{X}_2 \\ \vdots \\ \Delta \boldsymbol{X}_N \end{bmatrix},\quad \Delta \boldsymbol{Y} = \begin{bmatrix} \Delta \boldsymbol{Y}_1 \\ \Delta \boldsymbol{Y}_2 \\ \vdots \\ \Delta \boldsymbol{Y}_N \end{bmatrix} \tag{6.80}$$

至此，得到了形如式(6.8)的泰勒展开式，其中 $\Delta \boldsymbol{X}_{\mathrm{sys}}$，$\Delta \boldsymbol{X}_i$，$\boldsymbol{D}$ 和 $\boldsymbol{H}$ 已知且相互独立，z_1 的方差则可以将相对应参数代入式(6.10)得到，在此不再赘述。可以看

出，求解系统响应的均值和方差需要联立求解学科分析模型，即进行系统分析，因此上述方法称为系统不确定性分析方法。该方法需要进行迭代计算，因此效率较低。为解决此问题，Du 进一步提出了并行子空间不确定性分析(CSSUA)方法。

CSSUA 方法的基本思想是将复杂系统分解成若干个子系统，在各个子系统并行进行不确定性分析，然后通过系统层对其分析结果进行协调，如图 6.13 所示。但是该方法中只对系统响应及耦合变量的均值采用分解协调方法进行计算，方差的计算依旧采用 SUA 中的方法。

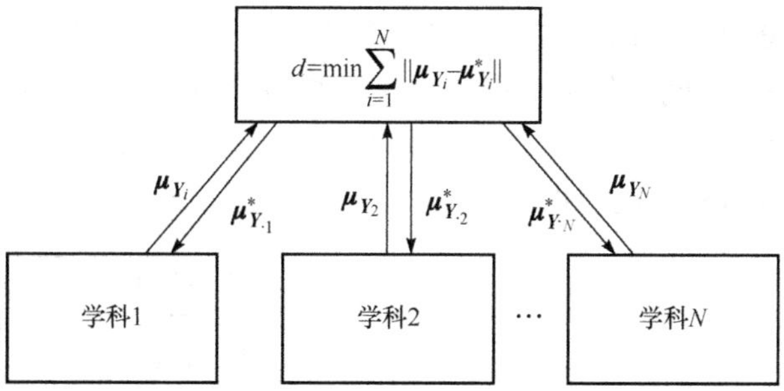

图 6.13　并行子空间不确定性分析

CSSUA 法的步骤如下。

步骤 1：系统层给定所有状态变量的均值$\boldsymbol{\mu}_{Y_i}^*$，将其下传给各个子系统，下传给子系统 1 的变量为耦合输入状态变量 $\boldsymbol{\mu}_{Y\cdot 1}^*$，$\boldsymbol{\mu}_{Y\cdot 1}^* \subset \bigcup_{i=1}^{N} \boldsymbol{\mu}_{Y_i}^*$。

步骤 2：各子系统通过式(6.74)分别计算该子系统的输出状态向量的均值，并将其返回给系统层。子系统 i 的输出为$\boldsymbol{\mu}_{Y_i}$。

步骤 3：系统层通过求解下面的无约束优化模型更新$\boldsymbol{\mu}_{Y_i}^*$：

$$\begin{cases} \text{find} \quad \boldsymbol{\mu}_{Y_i}^* \\ \min \quad d = \sum_{i=1}^{N} \| \boldsymbol{\mu}_{Y_i} - \boldsymbol{\mu}_{Y_i}^* \| \end{cases} \tag{6.81}$$

步骤 4：判断是否收敛，可以选取 $\sum_{i=1}^{N} \| \boldsymbol{\mu}_{Y_i} - \boldsymbol{\mu}_{Y_i}^* \| \leqslant C_0$ 为收敛条件，其中 C_0 为给定值。若收敛，结束计算；否则，返回步骤 2。

6.5.2　联合可靠性分析方法

联合可靠性分析方法[32]针对多学科复杂系统可靠性分析问题提出，仅考虑参数不确定性，不考虑分析模型的不确定性。不失一般性，假设系统的响应值为 z_1，为学科 1 的输出状态变量，考虑 $z_1<0$ 的失效概率 $P_{\mathrm{f}}=\Pr\{z_1=z_1(\boldsymbol{X}_{\mathrm{sys}},\boldsymbol{X}_1,$

$\boldsymbol{Y}_{\cdot 1})<0\}$。在给定设计变量的条件下，所有状态变量可以通过联立求解学科分析模型获得，因此 $\boldsymbol{Y}_{\cdot 1}$ 可以表示为($\boldsymbol{X}_{sys}, \boldsymbol{X}_1, \cdots, \boldsymbol{X}_N$)的函数，即

$$P_f = \Pr\{z_1 = F_1(\boldsymbol{X}_{sys}, \boldsymbol{X}_1, \cdots, \boldsymbol{X}_N) < 0\} \tag{6.82}$$

该式可以通过 FORM 进行求解，即求解如下优化问题

$$\begin{cases} \min \quad \beta = \|\boldsymbol{U}\| \\ \quad\quad\ \mathrm{DV} = \boldsymbol{U} = (\boldsymbol{U}_{sys}, \boldsymbol{U}_1, \cdots, \boldsymbol{U}_N) \\ \mathrm{s.t.} \quad z_1 = F_1(\boldsymbol{U}_{sys}, \boldsymbol{U}_1, \cdots, \boldsymbol{U}_N) = 0 \end{cases} \tag{6.83}$$

式中，DV 表示设计变量；$\boldsymbol{U}_{sys}, \boldsymbol{U}_1, \cdots, \boldsymbol{U}_N$ 是 $\mathbb{X}$ 空间中的随机向量 $\boldsymbol{X}_{sys}, \boldsymbol{X}_1, \cdots, \boldsymbol{X}_N$ 转换到标准正态 $\mathbb{U}$ 空间中的标准正态独立分布随机向量。上述优化问题中，由于 z_1 需要通过迭代求解学科分析模型才能获得，以三学科系统为例，如图 6.14 所示。如果将其直接嵌套在式(6.83)中进行求解，将导致巨大的计算量。

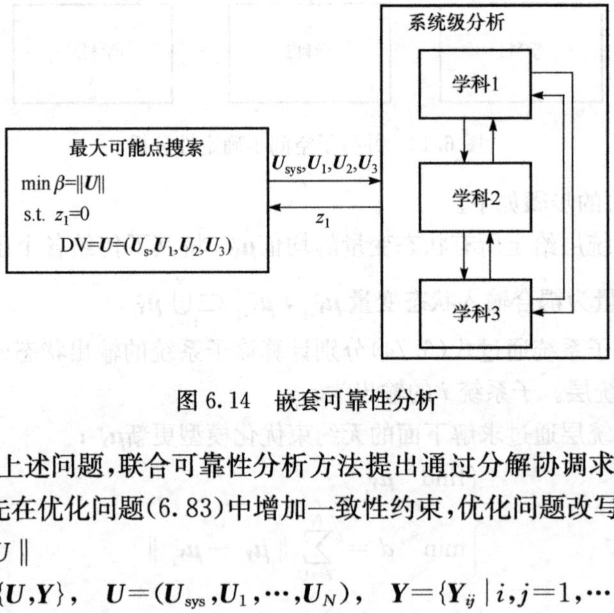

图 6.14 嵌套可靠性分析

为了解决上述问题，联合可靠性分析方法提出通过分解协调求解上述优化问题，该方法首先在优化问题(6.83)中增加一致性约束，优化问题改写成如下形式：

$$\begin{cases} \min \quad \beta = \|\boldsymbol{U}\| \\ \quad\quad\ \mathrm{DV} = \{\boldsymbol{U}, \boldsymbol{Y}\}, \quad \boldsymbol{U} = (\boldsymbol{U}_{sys}, \boldsymbol{U}_1, \cdots, \boldsymbol{U}_N), \quad \boldsymbol{Y} = \{\boldsymbol{Y}_{ij} \mid i, j = 1, \cdots, N, i \neq j\} \\ \mathrm{s.t.} \quad z_1 = \mathrm{CA}_1(\boldsymbol{U}_{sys}, \boldsymbol{U}_1, \boldsymbol{Y}_{\cdot 1}) = 0 \\ \quad\quad\ \boldsymbol{Y}_{ij} - \boldsymbol{F}_{ij}(\boldsymbol{U}_{sys}, \boldsymbol{U}_i, \boldsymbol{Y}_{\cdot i}) = 0 \end{cases} \tag{6.84}$$

式中，DV 表示设计变量；$\boldsymbol{F}_{ij}(\boldsymbol{U}_{sys}, \boldsymbol{U}_i, \boldsymbol{Y}_{\cdot i})$ 为由学科分析计算得到的耦合变量 $\boldsymbol{Y}_{ij}$ 的值。然后，执行以下步骤。

步骤 1：系统层给定所有耦合变量值 $\boldsymbol{Y}_{ij}$，优化求解式(6.84)，得到最大可能点 $\boldsymbol{U}^* = (\boldsymbol{U}_{sys}^*, \boldsymbol{U}_1^*, \cdots, \boldsymbol{U}_N^*)$。将耦合变量值及最大可能点下传给各个子系统。

步骤 2：子系统分析计算 $\boldsymbol{F}_{ij}$ 的值，并返回给系统层。

步骤 3：系统层更新 $\boldsymbol{Y}_{ij}$ 的值，并重新搜索更新最大可能点。

步骤 4：判断是否收敛，若收敛，输出 $\boldsymbol{U}^*=(\boldsymbol{U}_{\text{sys}}^*,\boldsymbol{U}_1^*,\cdots,\boldsymbol{U}_N^*)$；否则，返回步骤 2。

以三学科系统为例，联合可靠性分析方法如图 6.15 所示。该方法将嵌套的系统分析分解为独立的学科分析，不仅降低了计算量，也使得各学科能够并行计算，更贴合工程实际。

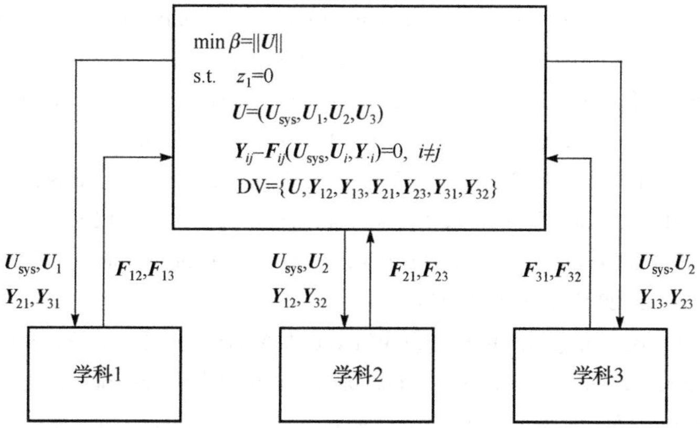

图 6.15　联合可靠性分析

参 考 文 献

[1] Monahan J F. Numerical Methods of Statistics[M]. Cambridge:Cambridge University Press, 2001.

[2] George L A, Alfredo H S A, Wilson H T. Optimal importance-sampling density estimator [J]. Journal of Engineering Mechanics, 1992, 118(6):1146—1163.

[3] Au S K, Beck J L. Important sampling in high dimensions[J]. Structural Safety, 2003, 25(2): 139—163.

[4] Wiener N. The Homogeneous chaos[J]. American Journal of Mathematics, 1938, 60(4): 897—936.

[5] Seung-Kyum C, Gramdhi R V, Canfield R A. Reliability Based Structural Design[M]. London:Springer, 2007.

[6] Rosenblatt M. Remarks on a multivariate transformation[J]. The Annals of Mathematical Statistics, 1952, 23(3):470—472.

[7] Hasofer A M, Lind N C. Exact and invariant second-moment code format[J]. Journal of Engineering Mechanics, 1974, 100(1):111—121.

[8] Rackwitz R, Fiessler B. Structural reliability under combined random load sequences [J]. Computers and Structures, 1978, 9(5): 489—494.

[9] Breitung K. Asymptotic approximations for multinormal integrals[J]. Journal of the Engineering Mechanics Division, 1984, 110(3): 357—366.

[10] Cai G Q, Elishakoff I. Refined second-order reliability analysis[J]. Structural Safety, 1994, 14: 267—276.

[11] Tvedt L. Two second-order approximations to the failure probability[C]//A/S Vertas Research, Hovik, Norway, 1984.

[12] Tvedt L. Distribution of quadratic forms in normal space applications to structural reliability [J]. Journal of the Engineering Mechanics Division, 1990, 116: 1183—1197.

[13] Mourelatos Z P, Zhou J. Reliability estimation and design with insufficient data based on possibility theory [J]. AIAA Journal, 2005, 43(8): 1696—1705.

[14] Helton J C, Johnson J D, Oberkampf W L, et al. Representation of Analysis Results Involving Aleatory and Epistemic Uncertainty[R]. Albuquerque: Sandia National Laboratories, 2008.

[15] Du X. Unified uncertainty analysis by the first order reliability method[J]. Journal of Mechanical Design, 2008, 130(9): 91401.

[16] Heltona J C, Johnson J D, Oberkampf W L, et al. A sampling-based computational strategy for the representation of epistemic uncertainty in model predictions with evidence theory [J]. Computer Methods in Applied Mechanics and Engineering, 2007, 196 (37-40): 3980—3998.

[17] Bae H, Grandhi R V, Canfield R A. An approximation approach for uncertainty quantification using evidence theory [J]. Reliability Engineering and System Safety, 2004, 86: 215—225.

[18] Bae H, Grandhi R V, Canfield R A. Epistemic uncertainty quantification techniques including evidence theory for large-scale structures [J]. Computers and Structures, 2004, 82: 1101—1112.

[19] Forrester A I J, Keane A J. Recent advances in surrogate-based optimization [J]. Progress in Aerospace Sciences, 2009, 45(1-3): 50—79.

[20] Jones D R. A taxonomy of global optimization methods based on response surfaces [J]. Journal of Global Optimization, 2001, 21: 345—383.

[21] Jin R, Chen W, Simpson T W. Comparative studies of metamodeling techniques under multiple modeling criteria[J]. Journal of Structural Optimization, 2001, 23(1): 1—13.

[22] Mourelatos Z, Zhou J. A design optimization method using evidence theory[J]. Journal of Mechanical Design, 2006, 128(4): 901—908.

[23] Du L, Choi K K. An inverse analysis method for design optimization with both statistical and fuzzy uncertainties [J]. Structural and Multidisciplinary Optimization, 2008, 37 (2): 107—119.

[24] Adduri P R, Penmetsa R C. System reliability analysis for mixed uncertain variables [J]. Structural Safety, 2009, 31(5): 375—382.

[25] Zhang X, Huang H, Xu H. Multidisciplinary design optimization with discrete and continuous variables of various uncertainties[J]. Structural and Multidisciplinary Optimization, 2010, 42: 605—618.

[26] Eldred M S, Swiler L P, Tang G. Mixed aleatory-epistemic uncertainty quantification with collocation-based stochastic expansions and optimization-based interval estimation [J]. Reliability Engineering and System Safety, 2011, 96(9): 1092—1113.

[27] Du X. Uncertainty analysis with probability and evidence theories[C]//The ASME International Design Engineering Technical Conferences & Computers and Information Engineering Conference, Philadelphia PA, 2006.

[28] Peiling L, Der K A. Optimization algorithms for structural reliability[J]. Structural Safety, 1991, 9(3): 161—177.

[29] Agarwal H, Renaud J, Lee J, et al. A unilevel method for reliability based design optimization[C]//Proceedings of the 45th AIAA/ASME/ASCE/AHS Structures, Structural Dynamics, and Materials Conference, Palm Springs, 2004.

[30] 姚雯. 不确定性 MDO 理论及其在卫星总体设计中的应用研究[D]. 长沙:国防科学技术大学,2009.

[31] Du X, Chen W. Efficient uncertainty analysis methods for multidisciplinary robust design [J]. AIAA Journal, 2002, 40(3): 545—552.

[32] Du X, Chen W. Collaborative reliability analysis under the framework of multidisciplinary systems design[J]. Optimization and Engineering, 2005, 6: 63—84.

第 7 章　不确定性优化方法

不确定性优化方法是在不确定性影响下根据稳健性和可靠性设计要求对设计空间进行寻优的方法。与确定性优化方法相比，不确定性优化方法更加复杂。确定性优化方法在各个搜索点只需要计算对应优化目标值和约束函数响应值，而不确定性优化方法需要对每个优化搜索点进行不确定性分析，以此获取该方案的优化目标和约束函数响应值的不确定性分布特征，进而对该方案的稳健性和可靠性进行分析。传统的不确定性优化方法采用双层循环算法，直接将不确定性分析嵌套于优化中，如图 7.1 所示。而不确定性分析本身十分复杂，特别是随机/认知混合不确定性分析的难度和计算复杂度更大，因此外层寻优和内层不确定性分析嵌套的传统不确定性优化方法计算成本高，难以推广应用。针对传统方法的不足，近年来发展了多种基于近似转换、双层融合等策略的优化算法，以提高不确定性优化效率。本章首先在简单的单独随机不确定性情况下，对解决基于可靠性的优化和稳健设计优化两类问题的常用方法进行介绍，然后对混合不确定性条件下的优化算法进行深入讨论。

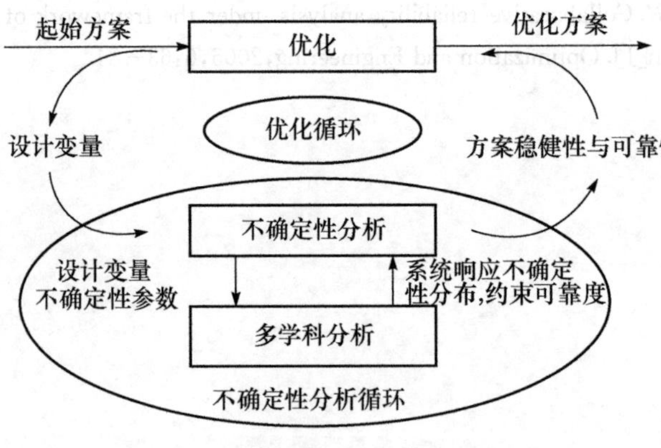

图 7.1　传统双层嵌套不确定性优化方法

7.1　基于可靠性的优化

考虑优化变量 $\boldsymbol{X}$ 和系统模型参数 $\boldsymbol{P}$ 具有随机不确定性，模型结构不确定性与

实际学科有关，本章不对其进行研究，下文出现的模型不确定性均特指模型参数不确定性，则基于可靠性的优化问题一般表述为

$$\begin{cases} \text{find} & \boldsymbol{\mu_X} \\ \min & \mu_f(\boldsymbol{X},\boldsymbol{P}) \\ \text{s.t.} & \Pr\{g_i(\boldsymbol{X},\boldsymbol{P})\geqslant c_i\}\geqslant R_{Ti},\ i=1,2,\cdots,n_g \\ & \boldsymbol{X}^{\mathrm{L}}\leqslant\boldsymbol{\mu_X}\leqslant\boldsymbol{X}^{\mathrm{U}} \end{cases} \tag{7.1}$$

优化变量为 $\boldsymbol{X}$ 的期望值 $\boldsymbol{\mu_X}$，在不确定性影响下，目标函数输出为随机分布，一般取目标函数输出期望值作为目标进行优化。假设有 n_g 个约束条件，每个约束函数 $g_i(i=1,2,\cdots,n_g)$ 的响应值为随机分布，要求满足约束 $g_i\geqslant c_i$ 的概率达到预定可靠度要求 R_{Ti}，亦即约束失效 $g_i<c_i$ 的概率小于预定值 $p_{fTi}=1-R_{Ti}$。由于各个约束条件处理方法相同，为了表述方便，本节以其中一个约束为例进行讨论，从而略去下标 i。

7.1.1　传统双层嵌套方法

求解式(7.1)所示优化问题最直接的方法就是在各个搜索点对不确定性约束条件进行可靠性分析，计算其满足约束的可靠度（或者约束失效概率），并将其与目标值进行比较，判断是否满足可靠性要求。由于可靠性分析广泛采用 FORM 和 SORM，通过计算可靠度指标 β 对可靠度进行估算，并将 β 与预定可靠度要求 R 对应的可靠度指标 $\beta_T=-\Phi^{-1}(p_{fT})(p_{fT}<0.5)$进行比较以判断是否满足可靠性约束条件，因此该方法也称为可靠度指标方法(reliability index approach，RIA)。

但是，如果在各个搜索点都对不确定性约束条件进行分析，将可靠性分析嵌套于优化搜索中，则计算量十分巨大。由第 6 章可知，如果可靠性分析采用蒙特卡罗方法，一般需要采样大量样本点进行仿真才能得到满足精度要求的结果；而即使对于 FORM 和 SORM 等近似可靠性分析方法，也需要优化循环求解最大可能点进行计算，由此优化-可靠性分析双层嵌套的优化算法将复杂耗时，难以应用。此外，考虑到在优化搜索过程中，实际上只需判断每个搜索点是否满足可靠性约束要求即可，并不需要准确计算出搜索点处的具体可靠度值，由此发展了性能测度方法(performance measure approach，PMA)。该方法的中心思想是对于每个约束函数 g，计算其随机分布的响应值的 p_{fT}分位点 $g^{p_{fT}}$，记为

$$\Pr\{g\leqslant g^{p_{fT}}\}=p_{fT} \tag{7.2}$$

显而易见，如果 $g^{p_{fT}}\geqslant c$，则有 $\Pr\{g\leqslant c\}\leqslant p_{fT}$。因此，在求解式(7.1)优化问题中，只需在各个搜索点判断是否满足 $g^{p_{fT}}\geqslant c$ 即可。分位点 $g^{p_{fT}}$ 可以通过求解下述优化问题进行计算：

$$\begin{cases}\min\limits_{u} & G(\boldsymbol{u}) \\ \text{s. t.} & \|\boldsymbol{u}\|=\beta_T\end{cases} \tag{7.3}$$

该优化问题实际为 FORM 中求解最大可能点的优化问题的逆问题，其最优解称为逆最大可能点（$\boldsymbol{u}^*_{\beta=\beta_T}$），由此可以估算分位点值为 $g^{p_{IT}}=G(\boldsymbol{u}^*_{\beta=\beta_T})$。求解式(7.3)只需在约束 $\|\boldsymbol{u}\|=\beta_T$ 确定的超球面上搜索使 $G(\boldsymbol{u})$ 最小的单位向量方向，比搜索最大可能点更加简单。目前比较广泛采用的方法有适用于凸约束函数的改进均值(advanced mean value, AMV)方法、适用于非凸约束函数的共轭均值(conjugate mean value, CMV)方法以及适用于凸和非凸约束函数的混合均值(hybrid mean value, HMV)方法，亦可直接采用等式约束优化器对式(7.3)进行求解[1]。

AMV 方法迭代求解逆最大可能点，迭代格式为

$$\begin{aligned}&\boldsymbol{u}^{(1)}_{\mathrm{AMV}}=\beta_T\left(-\frac{\nabla G(0)}{\|\nabla G(0)\|}\right)\\&\text{for } k\geqslant 1,\quad \boldsymbol{u}^{(k+1)}_{\mathrm{AMV}}=\beta_T\boldsymbol{n}\left(\boldsymbol{u}^{(k)}_{\mathrm{AMV}}\right),\quad \boldsymbol{n}\left(\boldsymbol{u}^{(k)}_{\mathrm{AMV}}\right)=-\frac{\nabla G\left(\boldsymbol{u}^{(k)}_{\mathrm{AMV}}\right)}{\left\|\nabla G\left(\boldsymbol{u}^{(k)}_{\mathrm{AMV}}\right)\right\|}\end{aligned} \tag{7.4}$$

CMV 方法迭代求解逆最大可能点的迭代格式为

$$\begin{aligned}&\boldsymbol{u}^{(0)}_{\mathrm{CMV}}=0,\quad \boldsymbol{u}^{(1)}_{\mathrm{CMV}}=\boldsymbol{u}^{(1)}_{\mathrm{AMV}},\quad \boldsymbol{u}^{(2)}_{\mathrm{CMV}}=\boldsymbol{u}^{(2)}_{\mathrm{AMV}}\\&\text{for } k\geqslant 2,\quad \boldsymbol{u}^{(k+1)}_{\mathrm{CMV}}=\beta_T\frac{\boldsymbol{n}\left(\boldsymbol{u}^{(k)}_{\mathrm{CMV}}\right)+\boldsymbol{n}\left(\boldsymbol{u}^{(k-1)}_{\mathrm{CMV}}\right)+\boldsymbol{n}\left(\boldsymbol{u}^{(k-2)}_{\mathrm{CMV}}\right)}{\left\|\boldsymbol{n}\left(\boldsymbol{u}^{(k)}_{\mathrm{CMV}}\right)+\boldsymbol{n}\left(\boldsymbol{u}^{(k-1)}_{\mathrm{CMV}}\right)+\boldsymbol{n}\left(\boldsymbol{u}^{(k-2)}_{\mathrm{CMV}}\right)\right\|}\\&\boldsymbol{n}\left(\boldsymbol{u}^{(k)}_{\mathrm{CMV}}\right)=-\frac{\nabla G\left(\boldsymbol{u}^{(k)}_{\mathrm{CMV}}\right)}{\left\|\nabla G\left(\boldsymbol{u}^{(k)}_{\mathrm{CMV}}\right)\right\|}\end{aligned} \tag{7.5}$$

HMV 方法在每一次迭代中首先根据连续三次迭代获取的约束函数最速下降方向判断约束函数的凸或非凸特征：

$$\zeta^{(k+1)}=(\boldsymbol{n}^{(k+1)}-\boldsymbol{n}^{(k)})\cdot(\boldsymbol{n}^{(k)}-\boldsymbol{n}^{(k-1)}) \tag{7.6}$$

如果 $\zeta^{(k+1)}$ 为正，则约束函数在当前迭代点 $\boldsymbol{u}^{(k+1)}_{\mathrm{HMV}}$ 处为凸函数，采用 AMV 方法在本次迭代中求解逆最大可能点；反之，$\zeta^{(k+1)}$ 为负，则采用 CMV 方法。

无论是 RIA 方法还是 PMA 方法，都需要在优化中的每一个搜索点进行最大可能点或者逆最大可能点计算，实质上均为双层迭代的优化算法，当应用于学科分析复杂的大系统设计优化时，计算量将异常巨大无法承受。针对该问题，近年来发展了一系列单层方法(single level approach, SLA)，将嵌套的双层循环解耦为两个独立子问题序贯执行(单层序贯优化法)，或者将二者融合为一个单层优化问题(单层融合优化法)。下面两个小节分别对其进行介绍。

7.1.2　单层序贯优化法

单层序贯优化法的主要思想是：将不确定性分析从外层优化搜索中解耦出来，将优化搜索和不确定性分析序贯执行，由此构成一个单层循环。在每次单层循环中，首先根据前一次循环中不确定性分析获得的信息将可靠性约束条件转化为等价的确定性约束条件，以此将不确定性优化问题转化为确定性优化问题；在完成确定性优化以后，对优化方案进行可靠性分析，分析结果用于指导下一次确定性优化。对于确定性优化问题，可以直接采用目前已有的优化器进行求解。

在单层序贯优化过程中，如何将可靠性约束条件转化为等价的确定性约束条件是该方法的关键，目前已经有很多文献专门对此展开讨论，应用比较广泛的有：Du 等提出的序贯优化与可靠性分析（sequential optimization and reliability assessment，SORA）方法[2]，Zou 等提出的将约束条件可靠度指标和失效概率在最大可能点用泰勒一阶近似进行确定性转换的方法[3]。

1. SORA 方法

SORA 方法将基于可靠性的优化问题分解为确定性优化和可靠性分析两个子问题序贯求解直至收敛，其流程如图 7.2 所示。

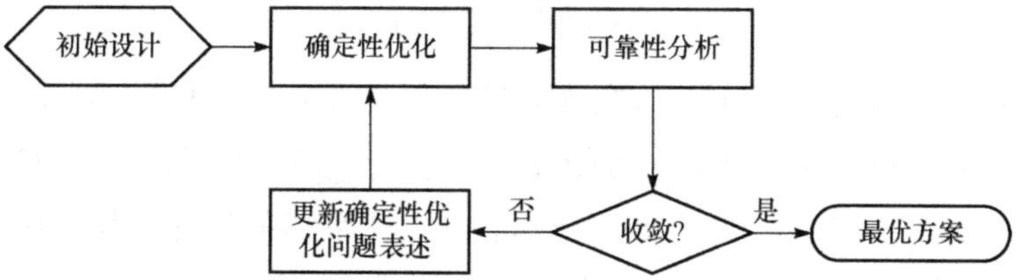

图 7.2　SORA 方法流程示意图

SORA 方法将可靠性优化问题转换为确定性优化问题的思路是：通过平移约束函数，使得平移后对于约束函数确定的极限状态边界上任意点，其对应预定可靠度要求的逆最大可能点位于原约束函数定义的可行域内或极限状态边界上，然后以此平移后约束函数作为确定性约束条件作用于下一次确定性优化中，如图 7.3 所示。

记第 $k-1$ 次循环中确定性优化问题的最优解为 $\boldsymbol{\mu}_{\boldsymbol{X}}^{(k-1)*}$，其对应约束函数可靠度要求 R_T 的逆最大可能点为（$\boldsymbol{x}_{\mathrm{iMPP}}^{(k-1)}$，$\boldsymbol{p}_{\mathrm{iMPP}}^{(k-1)}$），则第 k 次循环的确定性优化问题表述为

$$\begin{cases} \text{find} & \boldsymbol{\mu}_X^{(k)} \\ \min & f \\ \text{s.t.} & g((\boldsymbol{\mu}_X^{(k)} - \boldsymbol{s}^{(k)}), \boldsymbol{p}_{\text{iMPP}}^{(k-1)}) \geqslant c \\ & \boldsymbol{s}^{(k)} = \boldsymbol{\mu}_X^{(k-1)*} - \boldsymbol{x}_{\text{iMPP}}^{(k-1)} \\ & \boldsymbol{X}^{\text{L}} \leqslant \boldsymbol{\mu}_X^{(k)} \leqslant \boldsymbol{X}^{\text{U}} \end{cases} \tag{7.7}$$

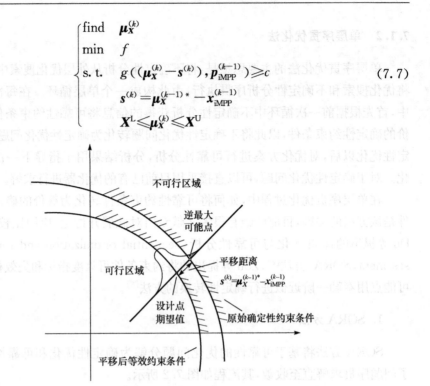

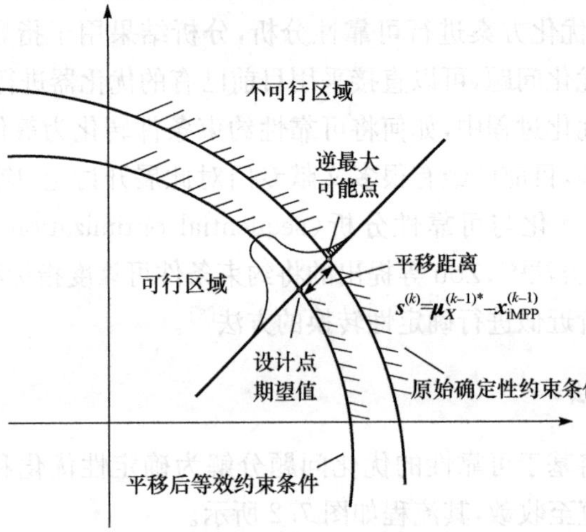

图 7.3　SORA 极限状态方程平移示意图

记式(7.7)的最优点为$\boldsymbol{\mu}_X^{(k)*}$，在该点进行可靠性分析，通过求解式(7.3)获取其对应预定可靠度要求的逆最大可能点为$(\boldsymbol{x}_{\text{iMPP}}^{(k)}, \boldsymbol{p}_{\text{iMPP}}^{(k)})$，由此计算下一循环各个约束条件对应的平移矢量$\boldsymbol{s}^{(k+1)} = \boldsymbol{\mu}_X^{(k)*} - \boldsymbol{x}_{\text{iMPP}}^{(k)}$。上述平移矢量的计算实质上基于如下假设：对于设计变量 $\boldsymbol{X}$，当前最优点$\boldsymbol{\mu}_X^{(k)*}$与其逆最大可能点$\boldsymbol{x}_{\text{iMPP}}^{(k)}$之间的相对距离矢量和下一次循环中其他搜索点与其对应逆最大可能点的相对距离矢量相同，而对于不可控的参数 $\boldsymbol{p}$，当前最优点$\boldsymbol{\mu}_X^{(k)*}$对应的逆最大可能点$\boldsymbol{p}_{\text{iMPP}}^{(k)}$和下一次循环中其他搜索点对应的逆最大可能点$\boldsymbol{p}_{\text{iMPP}}^{(k+1)}$相同。实际上对于不同设计点，其与对应逆最大可能点之间的相对距离矢量是不同的，但是当优化搜索到较小区域、相邻两次循环的搜索点变化不大时，上述近似不会导致较大误差，从而能够保证算法的收敛性。

在 SORA 算法的基础上进一步改进和衍生出了很多算法，特别是与多种 MDO 过程结合，发展了一系列随机以及混合条件下的 UMDO 过程，第 9 章将对其进行详细介绍。

2. 可靠度指标近似方法

该方法在第 k 次循环中获取的确定性最优点$\boldsymbol{\mu}_X^{(k)*}$进行可靠性分析，计算其对应的可靠度指标 $\beta_f^{(k)}$ 以及约束失效概率 $p_f^{(k)}$，然后将 $\beta_f^{(k)}$ 和 $p_f^{(k)}$ 在$\boldsymbol{\mu}_X^{(k)*}$进行一阶泰勒展开构造局部近似模型，用于在下一循环的确定性优化中，通过确定性显示函数估计可靠度指标和约束失效概率，由此将可靠性约束条件转换为确定性约束条件，表述如下：

$$\begin{cases} p_f^k + \sum\limits_{i=1}^{N_X} \dfrac{\partial p_f}{\partial \mu_{Xi}^{(k)*}} (\mu_{Xi}^{(k+1)} - \mu_{Xi}^{(k)*}) \leqslant p_{fT} \\ \beta_f^k + \sum\limits_{i=1}^{N_X} \dfrac{\partial \beta_f}{\partial \mu_{Xi}^{(k)*}} (\mu_{Xi}^{(k+1)} - \mu_{Xi}^{(k)*}) \geqslant \beta_{fT} \end{cases} \tag{7.8}$$

7.1.3　单层融合优化法

单层融合优化法主要针对采用基于最大可能点的不确定性分析方法嵌套于优化搜索中的不确定性优化问题，通过将优化搜索最大可能点的下层优化问题转化为确定性公式估算最大可能点，或者将搜索最大可能点的优化问题最优条件作为约束作用于上层优化，以此将下层优化融入上层优化中，典型代表有 Chen 等提出的单层单向量(single loop single vector，SLSV)方法[4]和 Agarwal 等提出的单层双向量(single level double vector，SLDV)方法[5]。

1. SLSV 方法

SLSV 方法根据前一个循环逆最大可能点的极限状态函数方向余弦和预设安全因子，对当前循环约束条件的逆最大可能点进行近似计算，以此取代通过不确定性分析获取逆最大可能点的下层循环。融合后优化问题表述为

$$\begin{cases} \text{find} \quad \boldsymbol{\mu}_X^{(k)} \\ \min \quad f \\ \text{s.t.} \quad G(\boldsymbol{u}^{(k)}) \geqslant c \\ \qquad \boldsymbol{u}^{(k)} = \boldsymbol{\mu}^{(k)} / \boldsymbol{\sigma} + \beta \boldsymbol{\alpha}^{(k-1)*} \\ \qquad \boldsymbol{\alpha}^{(k-1)*} = \nabla_{\boldsymbol{u}} G(\boldsymbol{u}^{(k-1)}) / \| \nabla_{\boldsymbol{u}} G(\boldsymbol{u}^{(k-1)}) \| \\ \qquad \boldsymbol{X}^{\mathrm{L}} \leqslant \boldsymbol{\mu}_X^{(k)} \leqslant \boldsymbol{X}^{\mathrm{U}}, \quad \boldsymbol{u}^{(k)} = [\boldsymbol{u}_X^{(k)}, \boldsymbol{u}_P] \\ \qquad \boldsymbol{\mu}^{(k)} = [\boldsymbol{\mu}_X^{(k)}, \boldsymbol{\mu}_P], \quad \boldsymbol{\sigma} = [\boldsymbol{\sigma}_X, \boldsymbol{\sigma}_P] \end{cases} \tag{7.9}$$

式中，$\boldsymbol{u}^{(k)}$为随机优化变量和随机系统变量对应第 k 次循环中约束条件的逆最大可能点；β 为可靠度指标；$\boldsymbol{\alpha}^{(k-1)*}$ 为约束条件在第 $k-1$ 次循环中的逆最大可能点方

向余弦；G 为硬约束条件 g 在随机变量转换到独立标准正态空间中的对应函数。在实际应用中，对于多约束情况，一般首先判断约束条件为硬约束（违反或处于临界值的约束条件）或软约束（没有违反的约束条件），然后只需对硬约束条件进行上述转换以提高其可靠度，而对于安全的软约束条件则无需考虑其可靠性问题，以此降低计算量。该方法的逆最大可能点计算简便，通过多次迭代能够逐步收敛到满足可靠度要求的最优点，大大提高优化效率。

2. SLDV 方法

为了提高融合后单层优化中逆最大可能点的估算精度，SLDV 方法将逆最大可能点也作为优化变量，与上层优化循环中的其他变量一起优化；同时将下层搜索逆最大可能点的优化问题的 KKT 最优必要条件作为约束条件作用于上层优化，保证上层优化所得逆最大可能点与通过下层优化所得逆最大可能点等价，由此将上层优化和下层不确定性分析获取逆最大可能点结合在单层优化中。融合后的优化问题表述为

$$\begin{cases} \text{find} & \boldsymbol{\mu}_X^{(k)}, \boldsymbol{u} \\ \min & f \\ \text{s. t.} & G(\boldsymbol{u}) \geqslant c \\ & h1 \equiv \|\boldsymbol{u}\| \, \|\nabla_u G(\boldsymbol{u})\| + \boldsymbol{u}^{\mathrm{T}} \nabla_u G(\boldsymbol{u}) \\ & h2 \equiv \|\boldsymbol{u}\| - \beta \\ & h1 = 0 \\ & h2 = 0 \\ & \boldsymbol{X}^{\mathrm{L}} \leqslant \boldsymbol{\mu}_X^{(k)} \leqslant \boldsymbol{X}^{\mathrm{U}} \end{cases} \tag{7.10}$$

式中，$\boldsymbol{u}$ 表示随机优化变量和随机系统变量对应约束条件的逆最大可能点；$h1$ 对应求解逆最大可能点的优化问题的 KKT 条件；$h2$ 对应求解逆最大可能点的优化问题中的等式约束条件。通过 $h1$ 和 $h2$ 约束保证上层优化所得逆最大可能点与通过不确定性分析直接进行下层优化搜索所得逆最大可能点相同。该算法随着优化的不断迭代，最终能够收敛到真正的逆最大可能点和最优点。但是，该算法存在的问题是：上层循环优化变量数量大大增加，既包括原有优化变量，又包括逆最大可能点向量，对于复杂优化问题会使优化效率受到很大影响。

7.2 稳健设计优化

稳健设计优化是追求系统性能稳定性、降低系统性能对不确定性影响的敏感度的优化方法[6~9]，最早由日本学者 Taguchi 提出，通过降低误差因素对产品性能

的影响，从而达到提高产品质量、保持性能稳定、降低制造成本的目的[6,10]。稳健设计优化的核心在于追求优化目标（系统性能）的稳健性（objective robustness），旨在降低目标函数响应值对不确定性影响的敏感度。在随机不确定性影响下，典型的度量指标为目标函数响应值的标准差。由于优化中既需要对目标性能进行优化，同时需要降低其对不确定性影响的敏感度，因此为典型的多目标优化问题，经常采用的优化方法有：将目标函数期望值与标准差的加权和作为新的目标函数[11,12]、基于偏好的物理规划方法[13,14]、折中规划方法[15,16]以及其他适用于多目标优化的求解器，如多目标遗传算法等[17,18]。随着该领域研究的不断深入，稳健设计优化中考虑的系统稳健性的内涵及其度量指标也不断丰富，不仅要求代表系统性能的优化目标稳健，还提出了满足约束条件（方案可行）的稳健性（feasibility robustness），亦即要求在不确定性因素变化容差范围内优化方案均满足约束条件，或者满足约束的可靠度达到预定指标（同可靠性约束）。为了实现满足约束的稳健性，发展了概率分布矩配比法、最坏可能分析法、角空间分析法、方差模型分析法等。当稳健设计优化中的约束条件表述为概率约束条件时，其表述与基于可靠性的优化相同，可以直接采用 7.1 节介绍的基于可靠性的优化方法进行求解。当同时考虑目标和约束稳健性时，此类问题称为基于可靠性的稳健设计优化问题（reliability-based robust design optimization），在工程中广泛采用 6-Sigma 方法对其进行表述和求解。本节对概率分布矩配比法、最坏可能分析法、角空间分析法、方差模型分析法以及 6-Sigma 方法进行简要介绍。

7.2.1　概率分布矩配比法

Parkinson 等[19]提出的概率分布矩配比法（moment matching formulation）假设约束函数 g 响应值为正态分布，记均值为 μ_g，标准差为 σ_g，则可靠度约束条件近似等效表述为下式：

$$\mu_g - k\sigma_g \geqslant c \tag{7.11}$$

式中，$k=\Phi^{-1}(R_T)$，R_T 为预定可靠度要求。

7.2.2　最坏可能分析法

最坏可能分析（worst case analysis）方法假设所有不确定性设计变量和系统参数的不确定性扰动最坏情况可能同时发生，并假设当所有变量和参数为扰动最坏组合情况下系统违反约束的可能性最大。约束的最大扰动范围可通过泰勒展开近似法进行计算。

对于已知分布特性的变量，可由第 6 章所述一阶泰勒展开方法进行计算。如果已知条件只给出不确定性变量的变化区间，则可通过下式进行估算：

$$\Delta g(\boldsymbol{\mu_X},\boldsymbol{\mu_P})=\sum_{i=1}^{N_X}\left|\frac{\partial g}{\partial x_i}\Delta x_i\right|+\sum_{i=1}^{N_P}\left|\frac{\partial g}{\partial p_i}\Delta p_i\right| \tag{7.12}$$

其中，Δx_i 和 Δp_i 分别为优化变量和系统参数不确定性的变化区间。可靠性约束条件近似等效为下式：

$$g(\boldsymbol{\mu_X},\boldsymbol{\mu_P})-\Delta g(\boldsymbol{\mu_X},\boldsymbol{\mu_P})\geqslant c \tag{7.13}$$

由于该方法假设所有不确定性设计变量和参数的扰动最坏情况可能同时发生，而实际情况未必如此，因此在此条件下对约束处理过于保守。同时，由于泰勒展开的精度限制，也可能造成对约束可靠性产生错误判断。但是由于该方法计算简便，在不确定性设计优化中仍被大量采用。

7.2.3 角空间分析法

角空间分析（the corner space evaluation）方法与最坏可能分析法的思想相似[20]，首先定义设计点 $\boldsymbol{X}$ 的容差空间（tolerance space）如下：

$$T(\boldsymbol{X}_t,\boldsymbol{P}_t)=\{\boldsymbol{X}_t:|\boldsymbol{X}_t-\boldsymbol{X}|\leqslant\Delta\boldsymbol{X},\boldsymbol{P}_t:|\boldsymbol{P}_t-\boldsymbol{P}|\leqslant\Delta\boldsymbol{P}\} \tag{7.14}$$

式中，$\Delta\boldsymbol{X}$ 为设计变量 $\boldsymbol{X}$ 的变化区间；$\Delta\boldsymbol{P}$ 为不确定性参数 $\boldsymbol{P}$ 的变化区间。

定义角空间（corner space）W 由容差空间的所有角点构成，表示如下：

$$W(\boldsymbol{X}_t,\boldsymbol{P}_t)=\{\boldsymbol{X}_t:|\boldsymbol{X}_t-\boldsymbol{X}|=\Delta\boldsymbol{X},\boldsymbol{P}_t:|\boldsymbol{P}_t-\boldsymbol{P}|=\Delta\boldsymbol{P}\} \tag{7.15}$$

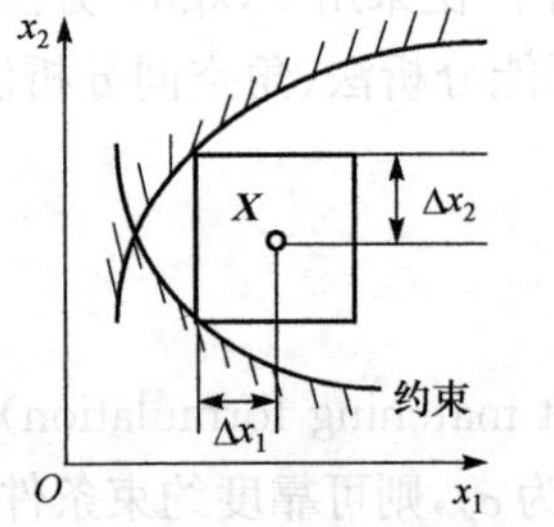

图 7.4 角空间分析法示意图

为了保持满足约束的稳健性，可以通过保持角空间始终在约束范围内来实现，如图 7.4 所示。由此可靠度约束条件可以近似等效为下式：

$$\min\{g(\boldsymbol{X},\boldsymbol{P}),\forall\boldsymbol{X},\boldsymbol{P}\in W(\boldsymbol{X},\boldsymbol{P})\}\geqslant c \tag{7.16}$$

对于正态分布随机变量，随机变量容差区间可设置为 3σ，以此获得满足约束可靠度达到 99.73%。

7.2.4 方差模型分析法

在角空间分析法基础上，方差模型分析（variation patterns formulation）方法进一步考虑随机变量之间的相关性，对变量的可能组合及其对约束的影响进行分析[21]。定义随机变量置信度 $(1-\alpha)$ 下的方差模型（variation patter，VP）空间为 VP $(1-\alpha)$，则模型的形状由变量分布形式决定，模型大小由置信度决定。例如，对于两变量相关标准正态分布情况，其模型形状为椭圆形，如图 7.5 所

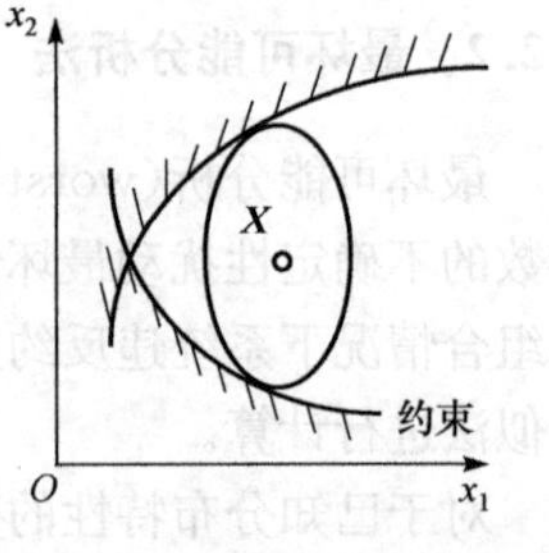

图 7.5 方差模型分析法示意图

示。根据方差模型空间 VP(1－α)的分布，可靠性约束条件可以近似等效为下式：

$$g(\boldsymbol{X},\boldsymbol{P})\geqslant c,\quad \forall \boldsymbol{X}\in \mathrm{VP}(1-\alpha) \tag{7.17}$$

该方法比角空间法更能准确描述不确定性变量的变化范围，但是如果模型形状不规则，则会使优化搜索难度加大。

7.2.5　6-Sigma 方法

6-Sigma 方法将基于可靠性的稳健设计优化问题表述为

$$\begin{cases}\text{find} & \boldsymbol{\mu}_{\boldsymbol{X}} \\ \min & \mu_f+6\sigma_f \\ \text{s. t.} & \mu_g-6\sigma_g\geqslant c \\ & \boldsymbol{X}^{\mathrm{L}}\leqslant\boldsymbol{\mu}_{\boldsymbol{X}}\leqslant\boldsymbol{X}^{\mathrm{U}}\end{cases} \tag{7.18}$$

式中，μ_f、μ_g、σ_f 和 σ_g 分别为目标函数和约束函数响应值对应的期望值和标准差。该优化问题表示在随机不确定性为正态分布条件下，要求优化方案的约束函数响应值在 $6\sigma_g$ 的偏差下仍然满足约束条件，同时使优化目标函数响应值与 $6\sigma_f$ 之和最小，以此提高优化目标性能稳健性。

7.3　混合不确定性条件下的优化算法

7.3.1　混合不确定性优化问题

考虑如下不确定性优化问题：首先，设计变量 $\boldsymbol{X}$ 具有随机不确定性，如由于加工误差导致飞行器实际尺寸为正态分布；其次，系统模型具有不确定性，包括模型结构不确定性和模型参数不确定性。模型结构不确定性是由于知识缺乏或人为简化导致数学模型与实际真实物理模型之间的差异，这与实际学科有关，因此本节不对其进行研究。下文出现的模型不确定性均特指模型参数不确定性，包括随机不确定性 $\boldsymbol{P}$ 和认知不确定性 $\boldsymbol{Z}$。由此，该混合不确定性优化问题表述为

$$\begin{cases}\text{find} & \boldsymbol{\mu}_{\boldsymbol{X}} \\ \min & F \\ \text{s. t.} & \mathrm{Bel}\{f(\boldsymbol{X},\boldsymbol{P},\boldsymbol{Z})\leqslant F\}\geqslant R_{\mathrm{obj}} \\ & \mathrm{Bel}\{g(\boldsymbol{X},\boldsymbol{P},\boldsymbol{Z})\geqslant c\}\geqslant R_{\mathrm{con}} \\ & \boldsymbol{X}^{\mathrm{L}}\leqslant\boldsymbol{\mu}_{\boldsymbol{X}}\leqslant\boldsymbol{X}^{\mathrm{U}}\end{cases} \tag{7.19}$$

其中，$\boldsymbol{X}$ 的期望值 $\boldsymbol{\mu}_{\boldsymbol{X}}$ 为优化变量，$\boldsymbol{X}$ 的其他不确定性分布特征(如标准差)以及 $\boldsymbol{P}$ 和 $\boldsymbol{Z}$ 的不确定性分布特征已知，优化目标为最小化 F，且要求原优化目标函数 $f(\boldsymbol{X},\boldsymbol{P},\boldsymbol{Z})$ 实际响应值小于等于 F 的可信性不小于 R_{obj}，同时要求满足约束条件 $g(\boldsymbol{X},\boldsymbol{P},\boldsymbol{Z})\geqslant c$ 的可信性不小于 R_{con}。为了便于讨论，本节只对单约束问题进行讨

论，对于多约束问题，可以直接将该方法分别应用于各个约束即可。由于可信性测度为实际概率值的下界，如果可信性测度不低于预定要求，则实际概率分布一定不低于预定要求。由于一般可信性指标均较大，如工程实际中满足约束的可靠度要求通常会设置高于99%，则可信性指标的计算成本远远大于其命题补集似然性指标的计算成本。因此，为了提高求解效率，优化问题(7.19)等价转换为

$$\begin{cases}\text{find} & \boldsymbol{\mu}_{\boldsymbol{X}} \\ \min & F \\ \text{s. t.} & \text{Pl}\{f(\boldsymbol{X},\boldsymbol{P},\boldsymbol{Z})>F\}\leqslant P_{\text{f\_obj}}=1-R_{\text{obj}} \\ & \text{Pl}\{g(\boldsymbol{X},\boldsymbol{P},\boldsymbol{Z})<c\}\leqslant P_{\text{f\_con}}=1-R_{\text{con}} \\ & \boldsymbol{X}^{\text{L}}\leqslant\boldsymbol{\mu}_{\boldsymbol{X}}\leqslant\boldsymbol{X}^{\text{U}}\end{cases} \tag{7.20}$$

式中，$P_{\text{f_obj}}$和$P_{\text{f_con}}$分别为目标失效和约束失效的似然性。

如果直接采用传统的优化-不确定性分析双层嵌套方法对式(7.20)进行求解，则存在以下困难：首先，内层混合不确定性分析非常复杂(参见6.4.1节)，由此导致极大计算成本；其次，式(7.20)中的优化目标不是显示表达为优化变量和不确定性变量的函数，而是将满足原目标函数响应值累积似然性分布要求的变量作为优化目标，从而进一步增加了计算负担。

为了解决上述两个困难，姚雯提出将传统的优化-不确定性分析双层嵌套方法转换为确定性优化与混合不确定性分析两个子问题序贯执行的单层方法[22]，在7.3.2节对该方法进行详细讨论。

7.3.2 基于序贯优化和混合不确定性分析的混合不确定性优化方法

参考单独随机不确定性条件下基于序贯优化与可靠性分析的不确定性优化方法(SORA法)(参见7.1.2节)[2]，姚雯提出了基于序贯优化和混合不确定性分析的混合不确定性优化(sequential optimization and mixed uncertainty analysis, SOMUA)方法。该方法将传统求解式(7.20)的优化-混合不确定性分析双层嵌套问题分解为确定性优化和混合不确定性分析两个子问题。首先，根据不确定性优化要求和以往优化方案的不确定性分布特点，将不确定性优化问题转化为与之近似等价的确定性优化问题。通过求解该确定性优化问题，可以获取与原不确定性优化问题的真实最优解接近的一个优化解。然后，对确定性优化方案进行不确定性分析，并根据分析结果对下一次确定性优化问题的表述进行更新，使其更加精确接近原不确定性优化问题，从而使得通过确定性优化获得的最优解与原不确定性优化的真实最优解更加接近。上述确定性优化和不确定分析两个步骤交替执行，直至收敛。上述两个步骤中，混合不确定性分析可以直接采用6.4节介绍的SLO-FORM-UUA方法。在此基础上，SOMUA方法的核心关键就在于如何根据

不确定性分析结果，将原混合不确定性优化问题转化为与之近似等价的确定性优化问题，具体包括将不确定性目标和约束转换为与其等价的确定性目标和约束。由于式(7.20)中的优化目标转换实际为目标失效的似然性约束条件转换问题，与约束条件转换相似，因此首先对不确定性约束条件转换方法进行研究，接着以此为基础进一步对不确定性优化目标转换进行讨论。

1. 不确定性约束条件转换方法

首先，对 SOMUA 方法中涉及的两个重要概念进行说明。循环(cycle)是指 SOMUA 中完成一次确定性优化和不确定性分析的完整过程。迭代(iteration)是指确定性优化的寻优过程中的一次优化搜索。

记当前循环次数为 i，当前循环确定性优化的最优点为$\boldsymbol{\mu}_{\boldsymbol{X}}^{(i)*}$，其约束失效域为 $D_{\text{con}}=\{g(\boldsymbol{X},\boldsymbol{P},\boldsymbol{Z})<c\}$，通过不确定性分析获取其约束失效似然性为$\text{Pl}^{(i)}(D_{\text{con}})$，各个焦元的失效子似然性为$\text{Pl}_k^{(i)}(D_{\text{con}})$。$\text{Pl}^{(i)}(D_{\text{con}})$和预定要求 $P_{\text{f_con}}$的差异为

$$\Delta\text{Pl}_{\text{con}}^{(i)}=\text{Pl}^{(i)}(D_{\text{con}})-P_{\text{f\_con}} \tag{7.21}$$

如果 $\Delta\text{Pl}_{\text{con}}^{(i)}>0$，则没有达到预定要求，下一循环中最优点需要由极限状态边界向可行域移动以提高满足约束的可靠度。如果 $\Delta\text{Pl}_{\text{con}}^{(i)}<0$，则达到预定失效要求且具有一定余量，下一循环中最优点可以向极限状态边界方向移动，以在满足预定失效要求的前提下通过略微降低可靠度提高优化目标性能。如果 $\Delta\text{Pl}_{\text{con}}^{(i)}=0$，则刚好达到预定失效要求，下一循环中最优点与极限状态边界的相对位置可以保持不变。由上分析可知，根据 $\Delta\text{Pl}_{\text{con}}^{(i)}$可以对约束失效条件进行转换，用于指导下一次优化循环。由 6.4.1 节可知：

$$\text{Pl}^{(i)}(D_{\text{con}})=\sum_{k=1}^{N_C}m(c_k)\,\text{Pl}_k^{(i)}(D_{\text{con}}),\quad \sum_{k=1}^{N_C}m(c_k)=1 \tag{7.22}$$

记$\text{Pl}_{k_T}^{(i+1)}(D_{\text{con}})=\text{Pl}_k^{(i)}(D_{\text{con}})-\Delta\text{Pl}_{\text{con}}^{(i)}$，则

$$P_{\text{f\_con}}=\sum_{k=1}^{N_C}m(c_k)\,\text{Pl}_{k\_T}^{(i+1)}(D_{\text{con}}) \tag{7.23}$$

可以看出，如果下一个循环中各个焦元的约束失效子似然性满足

$$\text{Pl}_k^{(i+1)}(D_{\text{con}})\leqslant\text{Pl}_{k\_T}^{(i+1)}(D_{\text{con}}) \tag{7.24}$$

则下一个循环中的约束失效似然性$\text{Pl}^{(i+1)}(D_{\text{con}})$能达到预定目标，即

$$\text{Pl}^{(i+1)}(D_{\text{con}})=\sum_{k=1}^{N_C}m(c_k)\,\text{Pl}_k^{(i+1)}(D_{\text{con}})\leqslant\sum_{k=1}^{N_C}m(c_k)\,\text{Pl}_{k\_T}^{(i+1)}(D_{\text{con}})=P_{\text{f\_con}} \tag{7.25}$$

因此，$\text{Pl}_{k_T}^{(i+1)}(D_{\text{con}})$可以作为下一次循环中第 k 个焦元的约束失效子似然性目标值，将约束可靠性要求分解到各个焦元中，通过在下一个循环中使各个焦元的约

束失效子似然性降低(或提高)$\Delta \mathrm{Pl}_{\mathrm{con}}^{(i)}$,以此使整体约束失效似然性降低(或提高)$\Delta \mathrm{Pl}_{\mathrm{con}}^{(i)}$。记下一个循环中第 k 个焦元的约束失效子似然性降低或提高值为$\Delta \mathrm{Pl}_{k_\mathrm{con}}^{(i)}$,实际上无需要求每个焦元均$\Delta \mathrm{Pl}_{k_\mathrm{con}}^{(i)}=\Delta \mathrm{Pl}_{\mathrm{con}}^{(i)}$,而只需 $\sum_{k=1}^{N_C} \Delta \mathrm{Pl}_{k\_\mathrm{con}}^{(i)}=\Delta \mathrm{Pl}_{\mathrm{con}}^{(i)}$ 即可。但是,$\Delta \mathrm{Pl}_{k\_\mathrm{con}}^{(i)}$ 的参数设置直接影响其下一循环的确定性优化结果,并由此对后续循环及各个循环中的参数设置产生连锁效应,难以对其影响进行量化并由此对参数设置进行优化。因此本章采用了前述折中策略,即设置所有 $\Delta \mathrm{Pl}_{k\_\mathrm{con}}^{(i)}$ 取值均为$\Delta \mathrm{Pl}_{\mathrm{con}}^{(i)}$,以此兼顾算法的易实现性。

由 6.4.1 节可知,第 k 个焦元的约束失效子似然性为

$$\begin{aligned}\mathrm{Pl}_k^{(i+1)}(D_{\mathrm{con}}) &= \Pr\{(\boldsymbol{X},\boldsymbol{P})\,|\,g_{\min}(\boldsymbol{X},\boldsymbol{P},\boldsymbol{Z})<c,\boldsymbol{Z}\in c_k\}\\ &= \Pr\{g(\boldsymbol{X},\boldsymbol{P},\bar{\boldsymbol{z}})<c,\bar{\boldsymbol{z}}=\arg\min_{\boldsymbol{Z}\in c_k} g(\boldsymbol{X},\boldsymbol{P},\boldsymbol{Z})\}\end{aligned} \tag{7.26}$$

可以看出,$\bar{\boldsymbol{z}}$ 不是独立变量,而是根据$(\boldsymbol{X},\boldsymbol{P})$取值,在焦元 c_k 内搜索 $\bar{\boldsymbol{z}}$ 使 $g(\cdot)$达到最小化,由此可以将 $\bar{\boldsymbol{z}}$ 表述为 $\boldsymbol{X}$ 和 $\boldsymbol{P}$ 的函数$\bar{\boldsymbol{z}}=J(\boldsymbol{X},\boldsymbol{P})=\arg\min_{\boldsymbol{Z}\in c_k} g(\boldsymbol{X},\boldsymbol{P},\boldsymbol{Z})$。将$J(\boldsymbol{X},\boldsymbol{P})$带入 $g(\cdot)$可得

$$g(\boldsymbol{X},\boldsymbol{P},\bar{\boldsymbol{z}})=g(\boldsymbol{X},\boldsymbol{P},J(\boldsymbol{X},\boldsymbol{P}))=g_J(\boldsymbol{X},\boldsymbol{P}) \tag{7.27}$$

由于函数 $g(\cdot)$和函数 $J(\cdot)$均为连续函数,则由测度论可知函数 $g_J(\cdot)$为连续函数且可测,因此在随机输入变量影响下,函数输出 $\xi=g_J(\boldsymbol{X},\boldsymbol{P})$亦为随机变量。将式(7.26)和式(7.27)代入式(7.24)可得

$$\Pr\{g_J(\boldsymbol{X},\boldsymbol{P})<c\}\leqslant \mathrm{Pl}_{k\_T}^{(i+1)}(D_{\mathrm{con}}) \tag{7.28}$$

记 $B_{k\_\mathrm{con}}^{(i+1)}=\mathrm{Pl}_{k\_T}^{(i+1)}(D_{\mathrm{con}})$,则分位点 $g_J^{B_{k_\mathrm{con}}^{(i+1)}}(\boldsymbol{X},\boldsymbol{P})$表述为

$$\Pr\{g_J(\boldsymbol{X},\boldsymbol{P})<g_J^{B_{k\_\mathrm{con}}^{(i+1)}}(\boldsymbol{X},\boldsymbol{P})\}=B_{k\_\mathrm{con}}^{(i+1)}=\mathrm{Pl}_{k\_T}^{(i+1)}(D_{\mathrm{con}}) \tag{7.29}$$

对比式(7.28)和式(7.29)可以看出,式(7.24)等价于

$$g_J^{B_{k\_\mathrm{con}}^{(i+1)}}(\boldsymbol{X},\boldsymbol{P})\geqslant c \tag{7.30}$$

分位点 $g_J^{B_{k_\mathrm{con}}^{(i+1)}}(\boldsymbol{X},\boldsymbol{P})$的值可以直接基于概率方法获取,本章采用性能测度法(performance measure approach,PMA)[23,24],在一阶近似条件下通过求解以下优化问题得到:

$$\begin{cases}\text{find} & \boldsymbol{u}=[\boldsymbol{u}_X,\boldsymbol{u}_P]\\ \min & G_J(\boldsymbol{u})=G(\boldsymbol{u},\bar{\boldsymbol{z}}),\quad \bar{\boldsymbol{z}}=\arg\min_{\boldsymbol{Z}\in c_k} G(\boldsymbol{u},\boldsymbol{Z})\\ \text{s. t.} & \|\boldsymbol{u}\|=-\Phi^{-1}(B_{k\_\mathrm{con}}^{(i+1)})\end{cases} \tag{7.31}$$

该优化问题等价为

$$\begin{cases}\text{find} & \boldsymbol{u},\boldsymbol{Z}\\ \min & G(\boldsymbol{u},\boldsymbol{Z})\\ \text{s. t.} & \|\boldsymbol{u}\|=-\Phi^{-1}(B_{k\_\mathrm{con}}^{(i+1)}),\quad \boldsymbol{Z}\in c_k\end{cases} \tag{7.32}$$

其中，$\boldsymbol{u}=[\boldsymbol{u}_{\boldsymbol{X}},\boldsymbol{u}_{\boldsymbol{P}}]$为随机设计变量和随机系统参数$[\boldsymbol{X},\boldsymbol{P}]$转换到$\mathbb{U}$空间后的向量；$G(\boldsymbol{u},\boldsymbol{Z})$为极限状态函数$g(\boldsymbol{X},\boldsymbol{P},\boldsymbol{Z})$在$\mathbb{U}$空间的对应表述。可以看出，式(7.32)中优化问题实际为FORM搜索最大可能点优化问题的逆问题，因此式(7.32)的最优点称为逆最大可能点，将其转化到原概率空间，记为$[\boldsymbol{x}_{k_\mathrm{iMPP_con}}^{(i+1)},\boldsymbol{p}_{k_\mathrm{iMPP_con}}^{(i+1)},\boldsymbol{z}_{k_\mathrm{iMPP_con}}^{(i+1)}]$，则分位点$g_J^{B_{k_\mathrm{con}}^{(i+1)}}(\boldsymbol{X},\boldsymbol{P})$可通过$g_J^{B_{k_\mathrm{con}}^{(i+1)}}(\boldsymbol{X},\boldsymbol{P})=g(\boldsymbol{x}_{k_\mathrm{iMPP_con}}^{(i+1)},\boldsymbol{p}_{k_\mathrm{iMPP_con}}^{(i+1)},\boldsymbol{z}_{k_\mathrm{iMPP_con}}^{(i+1)})$进行估算。由式(7.30)可知，下一个循环中，只需保证优化点对应的逆最大可能点在可行域内，即可满足约束可靠性要求。上述在混合不确定性条件下将不确定性约束条件转换为式(7.30)并且基于PMA方法估算分位点的方法，称为基于概率和证据理论的性能测度法(PMA with probability and evidence theory，PMA-PE)。但是，在下一个循环的确定性优化中，不能通过在每一个搜索点$\boldsymbol{\mu}_{\boldsymbol{X}}^{(i+1)}$求解式(7.32)获取其逆最大可能点，否则会导致巨大的计算成本，因此提出以下方法进行估算：首先，获取当前第i次循环最优点$\boldsymbol{\mu}_{\boldsymbol{X}}^{(i)*}$对应的逆最大可能点$[\boldsymbol{x}_{k_\mathrm{iMPP_con}}^{(i)*},\boldsymbol{p}_{k_\mathrm{iMPP_con}}^{(i)*},\boldsymbol{z}_{k_\mathrm{iMPP_con}}^{(i)*}]$；然后，假设第$i+1$次循环的确定性优化中，优化变量的期望值$\boldsymbol{\mu}_{\boldsymbol{X}}^{(i+1)}$与其对应逆最大可能点$\boldsymbol{x}_{k_\mathrm{iMPP_con}}^{(i+1)}$的相对距离和$\boldsymbol{\mu}_{\boldsymbol{X}}^{(i)*}$与其对应逆最大可能点$\boldsymbol{x}_{k_\mathrm{iMPP_con}}^{(i)*}$的相对距离相同，记为$\boldsymbol{s}_{k_\mathrm{con}}^{(i+1)}=\boldsymbol{\mu}_{\boldsymbol{X}}^{(i)*}-\boldsymbol{x}_{k_\mathrm{iMPP_con}}^{(i)*}$，且不可控的系统不确定性变量对应的逆最大可能点与最优点$\boldsymbol{\mu}_{\boldsymbol{X}}^{(i)*}$对应的逆最大可能点值相同，则第$i+1$次循环的确定性优化中搜索点$\boldsymbol{\mu}_{\boldsymbol{X}}^{(i+1)}$的逆最大可能点可由下式进行估计：

$$[\boldsymbol{x}_{k\_\mathrm{iMPP\_con}}^{(i+1)},\boldsymbol{p}_{k\_\mathrm{iMPP\_con}}^{(i+1)},\boldsymbol{z}_{k\_\mathrm{iMPP\_con}}^{(i+1)}]=[\boldsymbol{\mu}_{\boldsymbol{X}}^{(i+1)}-\boldsymbol{s}_{k\_\mathrm{con}}^{(i+1)},\boldsymbol{p}_{k\_\mathrm{iMPP\_con}}^{(i)*},\boldsymbol{z}_{k\_\mathrm{iMPP\_con}}^{(i)*}] \tag{7.33}$$

其中

$$\boldsymbol{s}_{k\_\mathrm{con}}^{(i+1)}=\boldsymbol{\mu}_{\boldsymbol{x}}^{(i)*}-\boldsymbol{x}_{k\_\mathrm{iMPP\_con}}^{(i)*}$$

上述估算的合理性在于：随着循环迭代收敛到较小区域，相邻两次循环的最优点差距越来越小，基于前一次循环最优点的逆最大可能点信息估算下一循环搜索点的逆最大可能点也将相应越来越精确。将式(7.33)代入式(7.30)，可得第$i+1$次循环的确定性优化中，第k个焦元的约束失效子似然性要求等价于如下确定性约束条件：

$$g(\boldsymbol{\mu}_{\boldsymbol{X}}^{(i+1)}-\boldsymbol{s}_{k\_\mathrm{con}}^{(i+1)},\boldsymbol{p}_{k\_\mathrm{iMPP\_con}}^{(i)*},\boldsymbol{z}_{k\_\mathrm{iMPP\_con}}^{(i)*})\geqslant c \tag{7.34}$$

式(7.34)可以理解为原约束函数在设计空间平移了向量$\boldsymbol{s}_{k_\mathrm{con}}^{(i+1)}$，以此使得平移后约束函数确定的极限状态边界上的任意点对应的逆最大可能点均位于原约束函数定义的可行域内或极限状态边界上，如图7.6所示。

上述推导过程是对于$\mathrm{Pl}_{k_T}^{(i+1)}(D_{\mathrm{con}})$为正值的情况。如果$\mathrm{Pl}_{k_T}^{(i+1)}(D_{\mathrm{con}})\leqslant 0$，则说明第$k$个焦元的约束失效子似然性$\mathrm{Pl}_k^{(i)}(D_{\mathrm{con}})$小于下一循环待降低的值$\Delta\mathrm{Pl}_{\mathrm{con}}^{(i)}$，因此与其他急需降低失效子似然性的焦元相比，该焦元的失效子似然性水平较低，下一循环中可以暂时保持当前水平，可以直接将当前循环最优点在该焦元对应的最大可能点设置为其对应失效子似然性要求为$\mathrm{Pl}_k^{(i)}(D_{\mathrm{con}})$的逆最大可能点，即

$[\boldsymbol{x}_{k\_\text{iMPP\_con}}^{(i)^*},\boldsymbol{p}_{k\_\text{iMPP\_con}}^{(i)^*},\boldsymbol{z}_{k\_\text{iMPP\_con}}^{(i)^*}]=[\boldsymbol{x}_{k\_\text{MPP\_con}}^{(i)^*},\boldsymbol{p}_{k\_\text{MPP\_con}}^{(i)^*},\boldsymbol{z}_{k\_\text{MPP\_con}}^{(i)^*}]$，代入式(7.34)即可表述该焦元在下一循环对应的确定性约束条件。

综上，通过将原不确定性约束条件转换为 N_C 个分别施加于各个焦元的确定性约束条件(7.34)，以此满足原约束可靠性要求。

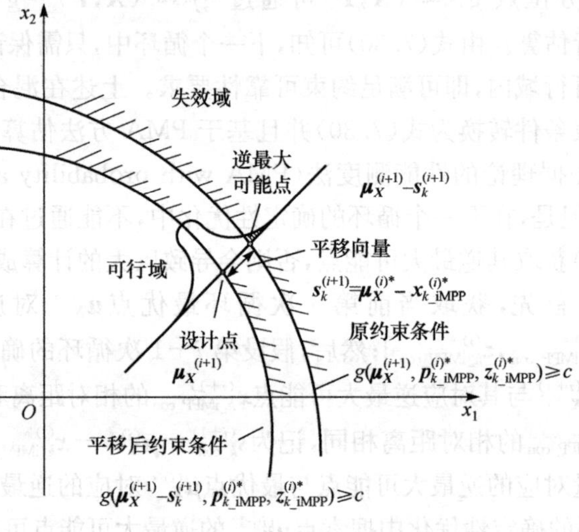

图 7.6　SOMUA 算法约束条件平移示意图

2. 不确定性优化目标转换方法

以上面所述不确定性约束条件转换方法为基础，下面对不确定性目标转换方法进行讨论。记当前循环次数为 i，当前循环确定性优化的最优点为$\boldsymbol{\mu}_X^{(i)^*}$，优化目标值为 $F^{(i)^*}$，目标失效域为 $D_{\text{obj}}=\{f(\boldsymbol{X},\boldsymbol{P},\boldsymbol{Z})>F^{(i)^*}\}$，目标失效似然性为 $\text{Pl}^{(i)}(D_{\text{obj}})$，各个焦元的失效子似然性为$\text{Pl}_k^{(i)}(D_{\text{obj}})$。记$\text{Pl}^{(i)}(D_{\text{obj}})$和预定失效要求 $P_{\text{f\_obj}}$ 的差异为 $\Delta\text{Pl}_{\text{obj}}^{(i)}=\text{Pl}^{(i)}(D_{\text{obj}})-P_{\text{f\_obj}}$，并记$\text{Pl}_{k_T}^{(i+1)}(D_{\text{obj}})=\text{Pl}_k^{(i)}(D_{\text{obj}})-\Delta\,\text{Pl}_{\text{obj}}^{(i)}$，则与上述推导过程相似，目标失效似然性约束在下一循环中可以转换为 N_C 个目标失效子似然性约束条件作用于各个焦元。如果下一循环中各个焦元的目标失效子似然性满足

$$\text{Pl}_k^{(i+1)}(D_{\text{obj}})\leqslant\text{Pl}_{k\_T}^{(i+1)}(D_{\text{obj}})\tag{7.35}$$

则目标失效似然性在下一个循环中能够得到满足。

对于每个焦元 $c_k(1\leqslant k\leqslant N_C)$，如果$\text{Pl}_{k_T}^{(i+1)}(D_{\text{obj}})>0$，记 $B_{k\_\text{obj}}^{(i+1)}=\text{Pl}_{k\_T}^{(i+1)}(D_{\text{obj}})$，则通过求解下式获取$\boldsymbol{\mu}_X^{(i)*}$ 对应失效子似然性目标值 $B_{k\_\text{obj}}^{(i+1)}$ 的逆最大可能点 $[\boldsymbol{x}_{k\_\text{iMPP\_obj}}^{(i)^*},\boldsymbol{p}_{k\_\text{iMPP\_obj}}^{(i)^*},\boldsymbol{z}_{k\_\text{iMPP\_obj}}^{(i)^*}]$：

$$\begin{cases}\text{find} & \boldsymbol{u},\boldsymbol{Z}\\ \max & H(\boldsymbol{u},\boldsymbol{Z})\\ \text{s.t.} & \|\boldsymbol{u}\|=-\Phi^{-1}(B_{k\_\text{obj}}^{(i+1)}),\quad \boldsymbol{Z}\in c_k\end{cases}\tag{7.36}$$

式中,$H(\boldsymbol{u},\boldsymbol{Z})$为优化目标函数 $f(\boldsymbol{X},\boldsymbol{P},\boldsymbol{Z})$在$\mathbb{U}$空间的表述。

如果$\text{Pl}_{k_T}^{(i+1)}(D_{\text{obj}})\leqslant 0$,则直接将当前循环最优点 $\boldsymbol{\mu}_{\boldsymbol{X}}^{(i)*}$ 在该焦元对应的最大可能点设置为其对应失效子似然性要求为$\text{Pl}_k^{(i)}(D_{\text{obj}})$的逆最大可能点,亦即$[\boldsymbol{x}_{k_\text{iMPP_obj}}^{(i)*},\boldsymbol{p}_{k_\text{iMPP_obj}}^{(i)*},\boldsymbol{z}_{k_\text{iMPP_obj}}^{(i)*}]=[\boldsymbol{x}_{k_\text{MPP_obj}}^{(i)*},\boldsymbol{p}_{k_\text{MPP_obj}}^{(i)*},\boldsymbol{z}_{k_\text{MPP_obj}}^{(i)*}]$。

约束条件(7.35)可等价转换为

$$f(\boldsymbol{\mu}_{\boldsymbol{X}}^{(i+1)}-\boldsymbol{s}_{k\_\text{obj}}^{(i+1)},\boldsymbol{p}_{k\_\text{iMPP\_obj}}^{(i)*},\boldsymbol{z}_{k\_\text{iMPP\_obj}}^{(i)*})\leqslant F\tag{7.37}$$

其中,$\boldsymbol{s}_{k\_\text{obj}}^{(i+1)}=\boldsymbol{\mu}_{\boldsymbol{X}}^{(i)*}-\boldsymbol{x}_{k\_\text{iMPP\_obj}}^{(i)*}$。由此原不确定性优化目标转换为

$$\begin{cases}\min & F\\ \text{s.t.} & f(\boldsymbol{\mu}_{\boldsymbol{X}}^{(i+1)}-\boldsymbol{s}_{k\_\text{obj}}^{(i+1)},\boldsymbol{p}_{k\_\text{iMPP\_obj}}^{(i)*},\boldsymbol{z}_{k\_\text{iMPP\_obj}}^{(i)*})\leqslant F,\ 1\leqslant k\leqslant N_C\end{cases}\tag{7.38}$$

等价为

$$\min\quad F=\max_{1\leqslant k\leqslant N_C} f(\boldsymbol{\mu}_{\boldsymbol{X}}^{(i+1)}-\boldsymbol{s}_{k\_\text{obj}}^{(i+1)},\boldsymbol{p}_{k\_\text{iMPP\_obj}}^{(i)*},\boldsymbol{z}_{k\_\text{iMPP\_obj}}^{(i)*})\tag{7.39}$$

因此,不确定性优化目标转换为:使目标函数在各个焦元对应失效子似然性目标值分位数的最大值最小化。基于该显示表达式,目标值可以方便的进行计算。

3. SOMUA 算法

基于前述不确定性约束条件和不确定性目标转换方法,下面对混合不确定性条件下的 SOMUA 算法进行具体介绍。

步骤 1:初始化。记优化循环次数 $i=1$。第 1 次循环直接忽略所有不确定性因素影响,将不确定性优化问题简化为确定性优化问题表述如下:

$$\begin{cases}\text{find} & \boldsymbol{\mu}_{\boldsymbol{X}}^{(1)}\\ \min & F^{(1)}=f(\boldsymbol{\mu}_{\boldsymbol{X}}^{(1)},\boldsymbol{\mu}_{\boldsymbol{P}},\boldsymbol{z}^{(1)})\\ \text{s.t.} & g(\boldsymbol{\mu}_{\boldsymbol{X}}^{(1)},\boldsymbol{\mu}_{\boldsymbol{P}},\boldsymbol{z}^{(1)})\geqslant c\\ & \boldsymbol{X}^{\text{L}}\leqslant\boldsymbol{\mu}_{\boldsymbol{X}}^{(1)}\leqslant\boldsymbol{X}^{\text{U}}\end{cases}\tag{7.40}$$

其中,认知不确定性变量取为固定常数$\boldsymbol{z}^{(1)}$,如可能取值全集的中间值。随机不确定性变量 $\boldsymbol{P}$ 取值为其期望值$\boldsymbol{\mu}_{\boldsymbol{P}}$。

步骤 2:确定性优化。对于第 i 个循环的确定性优化问题,可以直接采用现有确定性优化器进行求解,如二次序列规划(SQP)、遗传算法(GA)等。记最优点为$\boldsymbol{\mu}_{\boldsymbol{X}}^{(i)*}$,其对应优化目标值为 $F^{(i)*}$。

步骤 3:不确定性分析。在最优点$\boldsymbol{\mu}_{\boldsymbol{X}}^{(i)*}$采用第 6 章介绍的混合不确定性分析

方法对目标失效似然性$\mathrm{Pl}^{(i)}(D_{\mathrm{obj}})$和约束失效似然性$\mathrm{Pl}^{(i)}(D_{\mathrm{con}})$进行分析。对于焦元$c_k(1\leqslant k\leqslant N_C)$，计算其目标失效子似然性$\mathrm{Pl}_k^{(i)}(D_{\mathrm{obj}})$和约束失效子似然性$\mathrm{Pl}_k^{(i)}(D_{\mathrm{con}})$及其对应的最大可能点$[\boldsymbol{x}_{k_\mathrm{MPP_obj}}^{(i)*},\boldsymbol{p}_{k_\mathrm{MPP_obj}}^{(i)*},\boldsymbol{z}_{k_\mathrm{MPP_obj}}^{(i)*}]$和$[\boldsymbol{x}_{k_\mathrm{MPP_con}}^{(i)*},\boldsymbol{p}_{k_\mathrm{MPP_con}}^{(i)*},\boldsymbol{z}_{k_\mathrm{MPP_con}}^{(i)*}]$。如果目标和约束失效似然性满足要求，则转至步骤5；否则，进入步骤4。

步骤4：对第$i+1$次循环中的确定性优化问题进行表述。计算各个焦元的目标失效子似然性目标值$\mathrm{Pl}_{k_T}^{(i+1)}(D_{\mathrm{obj}})$和约束失效子似然性目标值$\mathrm{Pl}_{k_T}^{(i+1)}(D_{\mathrm{con}})$，获取当前最优点$\boldsymbol{\mu}_{\boldsymbol{X}}^{(i)*}$对应上述各个目标值的逆最大可能点$[\boldsymbol{x}_{k_\mathrm{iMPP_obj}}^{(i)*},\boldsymbol{p}_{k_\mathrm{iMPP_obj}}^{(i)*},\boldsymbol{z}_{k_\mathrm{iMPP_obj}}^{(i)*}]$和$[\boldsymbol{x}_{k_\mathrm{iMPP_con}}^{(i)*},\boldsymbol{p}_{k_\mathrm{iMPP_con}}^{(i)*},\boldsymbol{z}_{k_\mathrm{iMPP_con}}^{(i)*}]$，伪码如下：

记$\Delta\mathrm{Pl}_{\mathrm{obj}}^{(i)}=\mathrm{Pl}^{(i)}(D_{\mathrm{obj}})-P_{\mathrm{f_obj}}$和$\Delta\mathrm{Pl}_{\mathrm{con}}^{(i)}=\mathrm{Pl}^{(i)}(D_{\mathrm{con}})-P_{\mathrm{f_con}}$。

对$k=1$到N_C进行循环：

$\mathrm{Pl}_{k\_T}^{(i+1)}(D_{\mathrm{obj}})=\mathrm{Pl}_k^{(i)}(D_{\mathrm{obj}})-\Delta\mathrm{Pl}_{\mathrm{obj}}^{(i)}$。如果$\mathrm{Pl}_{k_T}^{(i+1)}(D_{\mathrm{obj}})>0$，在最优点$\boldsymbol{\mu}_{\boldsymbol{X}}^{(i)*}$处求解优化问题(7.36)，并确定逆最大可能点$[\boldsymbol{x}_{k_\mathrm{iMPP_obj}}^{(i)*},\boldsymbol{p}_{k_\mathrm{iMPP_obj}}^{(i)*},\boldsymbol{z}_{k_\mathrm{iMPP_obj}}^{(i)*}]$。若$\mathrm{Pl}_{k_T}^{(i+1)}(D_{\mathrm{obj}})\leqslant 0$，则$[\boldsymbol{x}_{k_\mathrm{iMPP_obj}}^{(i)*},\boldsymbol{p}_{k_\mathrm{iMPP_obj}}^{(i)*},\boldsymbol{z}_{k_\mathrm{iMPP_obj}}^{(i)*}]=[\boldsymbol{x}_{k_\mathrm{MPP_obj}}^{(i)*},\boldsymbol{p}_{k_\mathrm{MPP_obj}}^{(i)*},\boldsymbol{z}_{k_\mathrm{MPP_obj}}^{(i)*}]$。

$\mathrm{Pl}_{k\_T}^{(i+1)}(D_{\mathrm{con}})=\mathrm{Pl}_k^{(i)}(D_{\mathrm{con}})-\Delta\mathrm{Pl}_{\mathrm{con}}^{(i)}$。如果$\mathrm{Pl}_{k_T}^{(i+1)}(D_{\mathrm{con}})>0$，在最优点$\boldsymbol{\mu}_{\boldsymbol{X}}^{(i)*}$处求解优化问题(7.32)，并确定逆最大可能点$[\boldsymbol{x}_{k_\mathrm{iMPP_con}}^{(i)*},\boldsymbol{p}_{k_\mathrm{iMPP_con}}^{(i)*},\boldsymbol{z}_{k_\mathrm{iMPP_con}}^{(i)*}]$。若$\mathrm{Pl}_{k_T}^{(i+1)}(D_{\mathrm{con}})\leqslant 0$，则$[\boldsymbol{x}_{k_\mathrm{iMPP_con}}^{(i)*},\boldsymbol{p}_{k_\mathrm{iMPP_con}}^{(i)*},\boldsymbol{z}_{k_\mathrm{iMPP_con}}^{(i)*}]=[\boldsymbol{x}_{k_\mathrm{MPP_con}}^{(i)*},\boldsymbol{p}_{k_\mathrm{MPP_con}}^{(i)*},\boldsymbol{z}_{k_\mathrm{MPP_con}}^{(i)*}]$。

结束循环。

表述第$i+1$次循环的确定性优化问题如下：

$$
\begin{cases}
\text{find} & \boldsymbol{\mu}_{\boldsymbol{X}}^{(i+1)} \\
\min & F^{(i+1)}=\max\limits_{1\leqslant k\leqslant N_C} f_k^{(i+1)}(\boldsymbol{\mu}_{\boldsymbol{X}}^{(i+1)}) \\
 & f_k^{(i+1)}(\boldsymbol{\mu}_{\boldsymbol{X}}^{(i+1)})=f(\boldsymbol{\mu}_{\boldsymbol{X}}^{(i+1)}-\boldsymbol{s}_{k\_\mathrm{obj}}^{(i+1)},\boldsymbol{p}_{k\_\mathrm{iMPP\_obj}}^{(i)*},\boldsymbol{z}_{k\_\mathrm{iMPP\_obj}}^{(i)*}) \\
\text{s.t.} & g_k^{(i+1)}(\boldsymbol{\mu}_{\boldsymbol{X}}^{(i+1)})\geqslant c,\quad 1\leqslant k\leqslant N_C \\
 & g_k^{(i+1)}(\boldsymbol{\mu}_{\boldsymbol{X}}^{(i+1)})=g(\boldsymbol{\mu}_{\boldsymbol{X}}^{(i+1)}-\boldsymbol{s}_{k\_\mathrm{con}}^{(i+1)},\boldsymbol{p}_{k\_\mathrm{iMPP\_con}}^{(i)*},\boldsymbol{z}_{k\_\mathrm{iMPP\_con}}^{(i)*}) \\
 & \boldsymbol{s}_{k\_\mathrm{obj}}^{(i+1)}=\boldsymbol{\mu}_{\boldsymbol{X}}^{(i)*}-\boldsymbol{x}_{k\_\mathrm{iMPP\_obj}}^{(i)*} \\
 & \boldsymbol{s}_{k\_\mathrm{con}}^{(i+1)}=\boldsymbol{\mu}_{\boldsymbol{X}}^{(i)*}-\boldsymbol{x}_{k\_\mathrm{iMPP\_con}}^{(i)*} \\
 & \boldsymbol{X}^{\mathrm{L}}\leqslant\boldsymbol{\mu}_{\boldsymbol{X}}^{(i+1)}\leqslant\boldsymbol{X}^{\mathrm{U}}
\end{cases}
\tag{7.41}
$$

其中，下标k表示焦元编号。增加循环次数$i=i+1$，转至步骤2。

步骤5：判断终止条件。如果满足目标和约束失效要求，且优化结果的相对变化量$(\|\boldsymbol{\mu}_{\boldsymbol{X}}^{(i)*}\|-\|\boldsymbol{\mu}_{\boldsymbol{X}}^{(i-1)*}\|)/\|\boldsymbol{\mu}_{\boldsymbol{X}}^{(i-1)*}\|$小于阈值$\varepsilon$，则优化循环结束；否则，转至步骤4。

SOMUA 算法流程如图 7.7 所示。

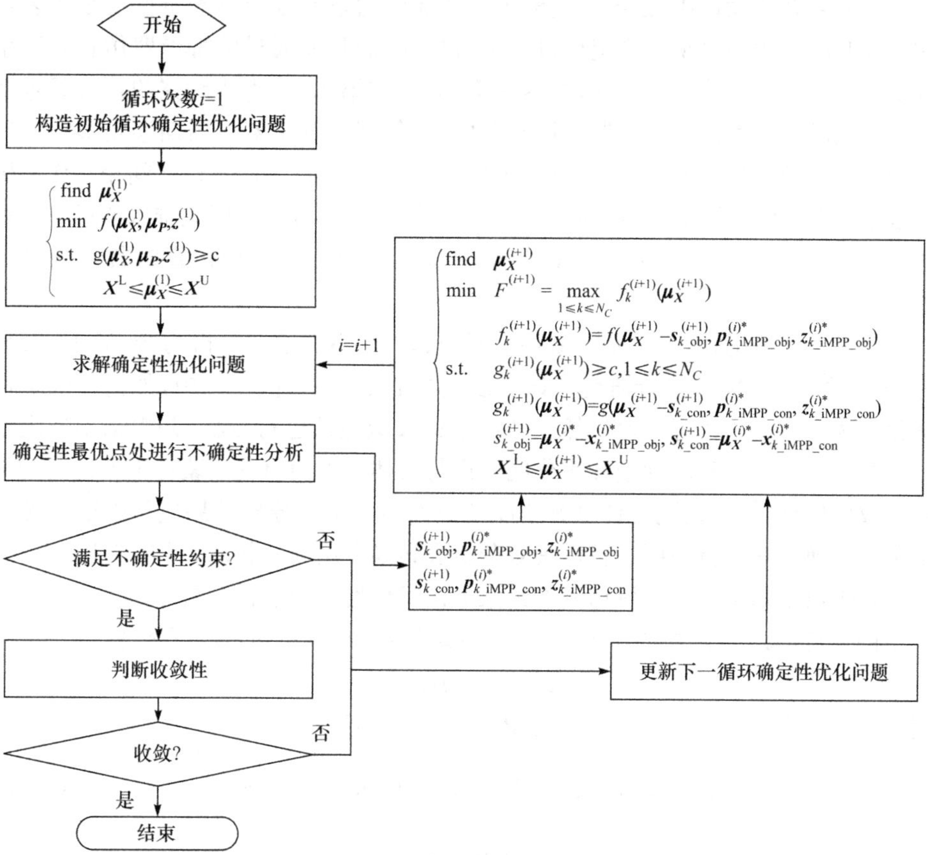

图 7.7　SOMUA 算法流程图

SOMUA 方法具有以下优势：①与双层嵌套优化方法相比，该单层序贯优化方法能够大大提高优化效率，降低计算复杂度。②原混合不确定性优化问题中的隐式优化目标在确定性优化中转换为显示表达式进行计算，不确定性约束条件也转换为确定性约束条件，因此对于该确定性优化问题，可以直接采用现有优化算法进行求解。这对于复杂飞行器系统的优化问题尤为重要，因为在独立确定性优化中，飞行器多学科设计优化问题可以直接基于已有确定性 MDO 算法以及相关软件进行求解，这在第 9 章将进行深入讨论。③由于分解为独立的确定性优化和不确定性分析问题，两者的求解算法和相关程序可以单独研究和开发，亦可直接对已有方法和程序进行继承应用，故大大增加了算法研究与开发的灵活性。

7.3.3 基于蒙特卡罗仿真的SOMUA实现方法

在复杂系统设计中，系统响应输出可能无法通过有限个不确定性变量的表达式对随时间变化的复杂不确定性过程进行描述，而只能通过蒙特卡罗仿真获取系统状态的不确定性分布。例如，在本书第12章和第13章将要研究的在轨服务系统设计问题和分离模块航天器设计问题中，飞行器系统全寿命周期涉及多种不确定性，一方面随时间变化而进行不确定性演进，另一方面不确定性之间相互作用机理复杂，甚至还牵涉到运营商应对不确定性的主观决策过程，因此难以通过显示表达式对不确定性传递影响进行表述，而只能通过全寿命周期仿真对其影响进行模拟。

针对上述情况，本节对基于蒙特卡罗仿真进行不确定性分析的SOMUA实现方法(SOMUA-MCS)进行研究。该方法的核心是：在每次循环中，如何对确定性优化最优点对应的目标失效似然性和约束失效似然性进行分析，并根据不确定性分析结果对下一循环的确定性优化问题进行表述。下面对基于蒙特卡罗仿真的约束失效可信性、似然性测度计算方法以及根据不确定性分析结果进行的确定性约束条件转换方法进行说明。目标失效分析和转换方法与此相同，不再赘述。

首先讨论基于蒙特卡罗仿真的约束失效可信性和似然性分析方法。对于焦元c_k中的任意值$\boldsymbol{z}_l$，记随机向量$\boldsymbol{q}=[\boldsymbol{X},\boldsymbol{P}]$的取值集合$v(\boldsymbol{z}_l)$满足以下条件：

$$\boldsymbol{q}\in v(\boldsymbol{z}_l),\quad g(\boldsymbol{q},\boldsymbol{z}_l)<c \tag{7.42}$$

则式(6.53)中集合$\{\boldsymbol{q}\mid\forall\boldsymbol{Z}\in c_k,g(\boldsymbol{q},\boldsymbol{Z})<c\}$可表述为

$$\{\boldsymbol{q}\mid\forall\boldsymbol{Z}\in c_k,g(\boldsymbol{q},\boldsymbol{Z})<c\}=\left\{\bigcap_{l=1}^{\infty}v(\boldsymbol{z}_l),\quad \boldsymbol{z}_l\in c_k\right\} \tag{7.43}$$

其中，$\bigcap_{l=1}^{\infty}v(\boldsymbol{z}_l)$为焦元$c_k$中所有$\boldsymbol{z}_l$值对应的集合$v(\boldsymbol{z}_l)$的交集。易知

$$\bigcap_{l=1}^{\infty}v(\boldsymbol{z}_l)\leqslant\min_{\boldsymbol{Z}\in c_k}v(\boldsymbol{Z}) \tag{7.44}$$

则

$$\begin{aligned}\mathrm{Bel}_k(D)&=\Pr\{\boldsymbol{q}\mid\forall\boldsymbol{Z}\in c_k,g(\boldsymbol{q},\boldsymbol{Z})<c\}=\Pr\left\{\bigcap_{l=1}^{\infty}v(\boldsymbol{z}_l),\quad \boldsymbol{z}_l\in c_k\right\}\\&\leqslant\Pr\{\min_{\boldsymbol{Z}\in c_k}v(\boldsymbol{Z})\}=\min_{\boldsymbol{Z}\in c_k}\Pr\{v(\boldsymbol{Z})\}=\min_{\boldsymbol{Z}\in c_k}\Pr\{\boldsymbol{q}\mid g(\boldsymbol{q},\boldsymbol{Z})<c\}\end{aligned} \tag{7.45}$$

假设完全已知认知不确定性变量$\boldsymbol{Z}$的概率分布函数$p_{\boldsymbol{Z}}$，且$p_{\boldsymbol{Z}}$在各个焦元中的积分等于该焦元对应的BPA值，即$m(c_k)=\int_{c_k}p_{\boldsymbol{Z}}\mathrm{d}\boldsymbol{Z}$。在给定一组认知不确定性变量取值条件下，设随机不确定性向量的条件概率分布函数为$p_{\boldsymbol{q}|\boldsymbol{Z}}$，则约束失效概

率可计算如下：

$$\begin{aligned}\Pr(D) &= \sum_{k=1}^{N_C}\int_{c_k} p_{\boldsymbol{Z}}\cdot\left(\int_{v(\boldsymbol{Z})} p_{\boldsymbol{q}|\boldsymbol{Z}}\mathrm{d}\boldsymbol{q}\right)\mathrm{d}\boldsymbol{Z} \\ &= \sum_{k=1}^{N_C}\int_{c_k} p_{\boldsymbol{Z}}\cdot\Pr\{v(\boldsymbol{Z})\}\mathrm{d}\boldsymbol{Z} \geqslant \sum_{k=1}^{N_C}\int_{c_k} p_{\boldsymbol{Z}}\cdot\min_{\boldsymbol{Z}\in c_k}\Pr\{v(\boldsymbol{Z})\}\mathrm{d}\boldsymbol{Z} \\ &= \sum_{k=1}^{N_C}\min_{\boldsymbol{Z}\in c_k}\Pr\{v(\boldsymbol{Z})\}\int_{c_k} p_{\boldsymbol{Z}}\mathrm{d}\boldsymbol{Z} = \sum_{k=1}^{N_C}\left(m(c_k)\cdot\min_{\boldsymbol{Z}\in c_k}\Pr\{v(\boldsymbol{Z})\}\right)\end{aligned} \tag{7.46}$$

由 6.4.1 节可知：

$$\mathrm{Bel}(D) = \sum_{k=1}^{N_C} m(c_k)\,\mathrm{Bel}_k(D) \tag{7.47}$$

将式(7.45)和式(7.46)代入式(7.47)有

$$\mathrm{Bel}(D) = \sum_{k=1}^{N_C}(m(c_k)\cdot\mathrm{Bel}_k(D)) \leqslant \sum_{k=1}^{N_C}\left(m(c_k)\cdot\min_{\boldsymbol{Z}\in c_k}\Pr\{v(\boldsymbol{Z})\}\right) \leqslant \Pr(D) \tag{7.48}$$

因此，各个焦元的失效子可信性可以通过$\min\limits_{\boldsymbol{Z}\in c_k}\Pr\{v(\boldsymbol{Z})\}$进行计算，以此获取失效概率 Pr(D)的下界。

同理，可以推导以下结论：各个焦元的失效子似然性可以通过$\max\limits_{\boldsymbol{Z}\in c_k}\Pr\{v(\boldsymbol{Z})\}$进行计算，以此获取失效概率 Pr(D)的上界。因此，基于蒙特卡罗仿真方法，各个焦元的失效子可信性和子似然性估算如下：

$$\begin{cases}\mathrm{Bel}_k(D) \approx \min\limits_{\boldsymbol{Z}\in c_k}\Pr\{\boldsymbol{q}\,|\,g(\boldsymbol{q},\boldsymbol{Z})<c\} = \inf\{\Pr\{g(\boldsymbol{q},\boldsymbol{z}_i)<c\},1\leqslant i\leqslant N_{SZ\_k}\} \\ \mathrm{Pl}_k(D) \approx \max\limits_{\boldsymbol{Z}\in c_k}\Pr\{\boldsymbol{q}\,|\,g(\boldsymbol{q},\boldsymbol{Z})<c\} = \sup\{\Pr\{g(\boldsymbol{q},\boldsymbol{z}_i)<c\},1\leqslant i\leqslant N_{SZ\_k}\}\end{cases} \tag{7.49}$$

其中，N_{SZ_k}为焦元c_k中的认知不确定性变量采样数量；$\Pr\{g(\boldsymbol{q},\boldsymbol{z}_i)<c\}$为在认知不确定性变量采样点$\boldsymbol{z}_i$处的约束失效概率，计算如下：

$$\Pr\{g(\boldsymbol{q},\boldsymbol{z}_i)<c\} = \frac{\sum\limits_{j=1}^{N_{SQ\_k}}\delta(g(\boldsymbol{q}_j,\boldsymbol{z}_i))}{N_{SQ\_k}} \tag{7.50}$$

式中

$$\delta(g(\boldsymbol{q},\boldsymbol{Z})) = \begin{cases}1, & g(\boldsymbol{q},\boldsymbol{Z})<c \\ 0, & \text{其他}\end{cases}$$

N_{SQ_k}为对应每个认知不确定性采样点的随机不确定性变量采样点数量。因此，基于蒙特卡罗仿真完成一次约束失效可信性或似然性分析所需样本点总数

为 $N_{SQ\_k}N_{SZ\_k}N_C$。

根据 SOMUA 方法,确定下一循环各个焦元的约束失效子似然性目标值 $Pl^{(i+1)}_{k\_T}(D_{con})$ 如下:

$$\Delta Pl^{(i)}_{con} = Pl^{(i)}(D_{con}) - P_{f\_con}$$

$$Pl^{(i+1)}_{k\_T}(D_{con}) = \begin{cases} Pl^{(i)}_k(D_{con}) - \Delta Pl^{(i)}_{con}, & Pl^{(i)}_k(D_{con}) - \Delta Pl^{(i)}_{con} > 0 \\ Pl^{(i)}_k(D_{con}), & Pl^{(i)}_k(D_{con}) - \Delta Pl^{(i)}_{con} \leqslant 0 \end{cases} \tag{7.51}$$

记 $B^{(i+1)}_{k\_con} = Pl^{(i+1)}_{k\_T}(D_{con})$。对于焦元 c_k 中的任意值 $\bar{z}$,记 $B^{(i+1)}_{k\_con}$ 分位点为

$$\Pr\{g(\boldsymbol{q}, \bar{z}) < g^{B^{(i+1)}_{k\_con}}(\boldsymbol{q}, \bar{z})\} = B^{(i+1)}_{k\_con} \tag{7.52}$$

若焦元中每个点的 $B^{(i+1)}_{k\_con}$ 分位点均大于极限状态 c,即 $\min\limits_{\boldsymbol{Z} \in c_k} g^{B^{(i+1)}_{k\_con}}(\boldsymbol{q}, \boldsymbol{Z}) \geqslant c$,则

$$\sup\limits_{\boldsymbol{Z} \in c_k}\{\Pr\{g(\boldsymbol{q}, \boldsymbol{Z}) < c\}\} \leqslant B^{(i+1)}_{k\_con} \tag{7.53}$$

由式(7.49)可知

$$Pl_k(D) \approx \max\limits_{\boldsymbol{Z} \in c_k}\Pr\{g(\boldsymbol{q}, \boldsymbol{Z}) < c\} \leqslant B^{(i+1)}_{k\_con} \tag{7.54}$$

由此可以满足 SOMUA 中的约束条件(7.24),亦即下一个循环中各个焦元的约束失效子似然性小于其目标值,以此保证整体约束失效似然性达到预定要求。因此,第 $i+1$ 次循环的不确定性约束条件等价于如下确定性约束条件:

$$\left(\min\limits_{\boldsymbol{Z} \in c_k} g^{B^{(i+1)}_{k\_con}}\right) \geqslant c, \quad 1 \leqslant k \leqslant N_C \tag{7.55}$$

同理,可以推导得到第 $i+1$ 次循环的确定性优化目标如下:

$$\min F^{(i+1)} = \max\limits_{1 \leqslant k \leqslant N_C} \max\limits_{\boldsymbol{Z} \in c_k} f^{B^{(i+1)}_{k\_obj}} \tag{7.56}$$

其中,$B^{(i+1)}_{k\_obj}$ 为目标函数在下一个循环中各个焦元的失效子似然性目标值;$f^{B^{(i+1)}_{k\_obj}}$ 为目标函数的 $B^{(i+1)}_{k\_obj}$ 分位点。

综上所述,根据第 i 循环的确定性优化问题最优解 $\boldsymbol{\mu}_X^{(i)*}$ 及其混合不确定性分析结果,对第 $i+1$ 次循环的确定性优化问题表述如下:

$$\begin{cases} \text{find} & \boldsymbol{\mu}_X^{(i+1)} \\ \min & F^{(i+1)} = \max\limits_{1 \leqslant k \leqslant N_C} \max\limits_{\boldsymbol{Z} \in c_k} f^{B^{(i+1)}_{k\_obj}}(\boldsymbol{\mu}_X^{(i+1)}) \\ \text{s. t.} & \left(\min\limits_{\boldsymbol{Z} \in c_k} g^{B^{(i+1)}_{k\_con}}\right) \geqslant c, \quad 1 \leqslant k \leqslant N_C \\ & \boldsymbol{X}^L \leqslant \boldsymbol{\mu}_X^{(i+1)} \leqslant \boldsymbol{X}^U \end{cases} \tag{7.57}$$

在第 $i+1$ 次循环的确定性优化中,需要计算各个搜索点对应的分位点值,如果基于蒙特卡罗仿真分析将导致巨大的计算量。一种有效的解决方法是在混合不确定性分析中,构造随机不确定性变量和认知不确定性变量与约束函数和目标函

数分位点映射关系的近似模型，然后在确定性优化中直接基于该近似模型对各个搜索点对应的目标和约束函数分位点进行估计，实现方法参见 12.4 节算例中的具体说明。

7.3.4 算例分析

为了说明 SOMUA 算法，本节采用一个简单的数值算例对该方法的应用进行详细说明。SOMUA-MCS 算法将在第 12 章和第 13 章中结合具体飞行器设计实例进行应用说明。定义混合不确定性优化问题如下：

$$\begin{cases} \text{find} & \mu_x \\ \min & F \\ \text{s.t.} & \text{Pl}\{f(x,p,z)>F\}\leqslant 0.1 \\ & f(x,p,z)=(x+2.5)^2+p+z \\ & \text{Pl}\{g(x,p,z)<0\}\leqslant 0.01 \\ & g(x,p,z)=-x+(z-0.7)+p \\ & -3\leqslant\mu_x\leqslant 2 \end{cases} \tag{7.58}$$

其中，优化变量为单变量 x，服从正态分布 $N(\mu_x,1.0)$；系统随机不确定性变量为单变量 p，服从正态分布 $N(2.0,1.0)$；系统认知不确定性变量为单变量 z，其可能取值全集和 BPA 函数如下：

$$c_1=[-1,0),\quad m(c_1)=0.5;\quad c_2=[0,1],\quad m(c_2)=0.5 \tag{7.59}$$

目标失效域为 $D_{\text{obj}}=\{f>F\}$，约束失效域为 $D_{\text{con}}=\{g<0\}$，极限状态值 $c=0$。采用 SOMUA 方法对该问题进行求解，优化器为 SQP。在第 1 个循环中，首先将该优化问题转化为确定性优化问题，如式(7.40)所示，其中 $z^{(1)}=0$，$\mu_p=2$。该确定性优化问题的最优解为 $\mu_x^{(1)*}=-2.5$，$F^{(1)*}=2$。基于 SLO-FORM-UUA 方法可知，目标失效似然性和约束失效似然性分别为 0.6707 和 0.0137，远超出预定要求失效水平。最优点对应逆最大可能点为

$$\begin{aligned} &[x_{1\_\text{iMPP\_obj}}^{(1)*},p_{1\_\text{iMPP\_obj}}^{(1)*},y_{1\_\text{iMPP\_obj}}^{(1)*}]=[-2.50,2.00,0.00] \\ &[x_{1\_\text{iMPP\_con}}^{(1)*},p_{1\_\text{iMPP\_con}}^{(1)*},y_{1\_\text{iMPP\_con}}^{(1)*}]=[-1.05,0.55,-1.00] \\ &[x_{2\_\text{iMPP\_obj}}^{(1)*},p_{2\_\text{iMPP\_obj}}^{(1)*},y_{2\_\text{iMPP\_obj}}^{(1)*}]=[-2.50,2.61,1.00] \\ &[x_{2\_\text{iMPP\_con}}^{(1)*},p_{2\_\text{iMPP\_con}}^{(1)*},y_{2\_\text{iMPP\_con}}^{(1)*}]=[-0.60,0.10,0.00] \end{aligned} \tag{7.60}$$

将其代入式(7.41)对第 2 个循环的确定性优化问题进行更新，对应两个焦元的确定性优化目标和约束条件如图 7.8 所示。焦元 1 中确定性约束条件的极限状态边界为点 A，坐标为 x_A。对于任意点 $\mu_x^{(2)}\leqslant x_A$，其对应逆最大可能点的约束函

数响应值为 $g(\mu_x^{(2)}-s_{1\_con}^{(2)},p_{1\_iMPP\_con}^{(1)*},y_{1\_iMPP\_con}^{(1)*})$，即点 $\mu_x^{(2)}$ 的确定性约束函数响应值 $g_1^{(2)}(\mu_x^{(2)})$ 大于 0，因此 $\mu_x^{(2)}\leqslant x_A$ 为确定性优化中焦元 1 对应的可行域。同理，焦元 2 对应的可行域为 $\mu_x^{(2)}\leqslant x_B$。由于确定性优化中各个焦元对应的确定性约束条件都必须满足，且 $x_A\leqslant x_B$，因此确定性优化的可行域为 $\mu_x^{(2)}\leqslant x_A$。在可行域中，易知点 C 为优化问题的最优点，该点使得确定性优化目标 $\max\{f_1^{(2)},f_2^{(2)}\}$ 最小。

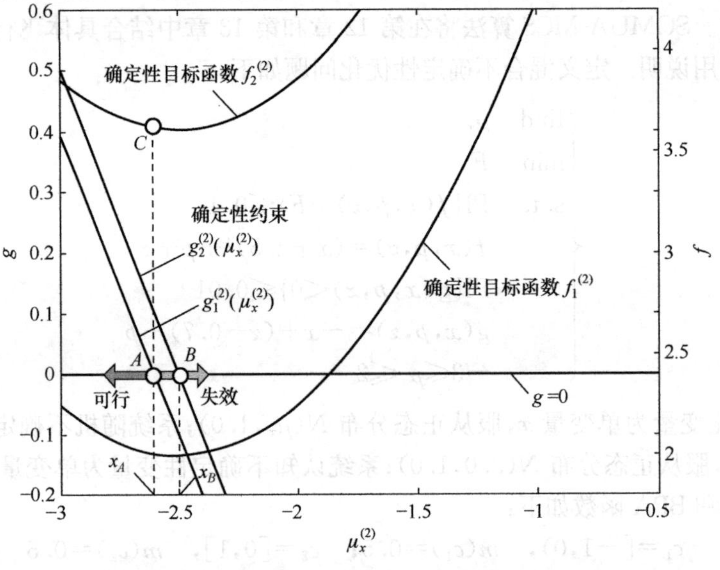

图 7.8 第 2 个循环等效确定性优化问题示意图

在 $\mu_x^{(2)*}$ 点进行不确定性分析，可得目标失效似然性和约束失效似然性分别为 0.2166 和 0.0115，二者均得到有效降低。重复上述步骤，9 个循环后满足收敛条件，收敛过程如图 7.9 所示。在第 2 个和第 3 个循环中，目标失效似然性和约束失效似然性均迅速降低并略低于预定要求失效水平，然后在后续循环中逐步提高失效似然性以进一步优化目标性能，直至最终收敛于刚好满足失效似然性要求的最优点。

为了说明 SOMUA 序贯求解的优化效率，采用传统优化-不确定性分析嵌套的优化算法求解该测试算例问题，优化结果比较如表 7.1 所示。可以看出，两个方法获得的优化方案十分接近，但是传统嵌套方法最优解处约束失效似然性超过预定水平 0.1%，不满足可靠性要求。此外，整个优化求解过程中，传统嵌套方法调用目标与约束函数的次数远远大于 SOMUA 方法，由此体现了 SOMUA 方法在计算效率方面的巨大优势。

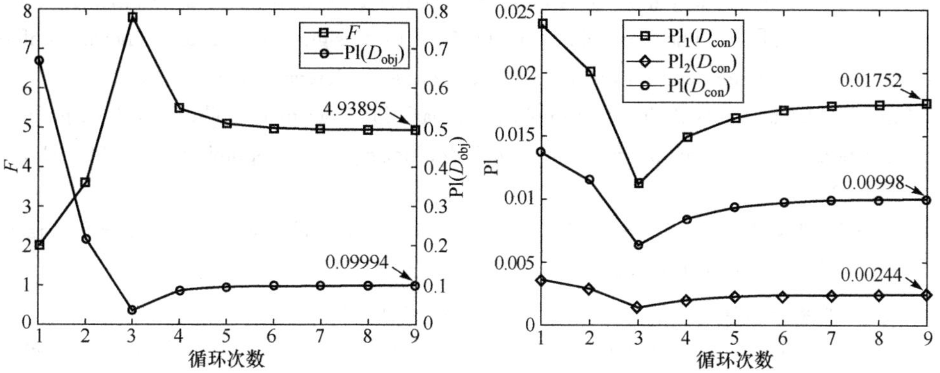

(a) 优化目标及目标失效似然性收敛过程　(b) 约束失效似然性及子似然性收敛过程

图 7.9　测试算例 SOMUA 求解收敛过程

表 7.1　SOMUA 方法测试算例优化结果

参数＼方法	SOMUA 方法	传统嵌套方法
x	−2.60076	−2.60073
Pl(F_{con})	0.00998	0.01001
F	4.93895	4.93891
Pl(F_{obj})	0.09994	0.09997
目标与约束函数调用次数	2275	169724

该算例展示了 SOMUA 方法获取混合不确定性条件下系统性能分布满足似然性要求的优化方案的有效性以及快速收敛性。虽然 SOMUA 方法与传统方法相比能够降低计算复杂度,但是该方法的计算成本仍然较高。在确定性优化中,原不确定性目标被转换为与认知不确定性变量联合分布焦元总数相同数目的确定性子优化目标,每个可靠性约束条件也转换为与焦元总数相同数目的确定性不等式约束条件,随着认知不确定性焦元总数的增多,确定性优化问题的求解复杂度将大大增大,由此降低 SOMUA 方法的求解效率。因此,在焦元数量较大情况下的不确定性优化目标与约束条件的转换方法还值得进一步研究。

参 考 文 献

[1] Choi K K, Youn B D. On probabilistic approaches for reliability-based design optimization (RBDO)[C]//The 9th AIAA/ISSMO Symposium on Multidisciplinary Analysis and Optimization, Atlanta, 2002.

[2] Du X, Chen W. Sequential optimization and reliability assessment method for efficient probabilistic design[C]//The Proceedings of ASME 2002 Design Engineering Technical Conference and Computers and Information in Engineering Conference, Montreal, 2002.

[3] Zou T, Mahadevan S. A direct decoupling approach for efficient reliability-based design optimization[J]. Journal of Structural and Multidisciplinary Optimization, 2006, 31(3): 190—200.

[4] Chen X, Hasselman T K, Neill D J. Reliability based structural design optimization for practical applications[C]//Proceedings of the 38th AIAA/ASME/ASCE/AHS Structures, Structural Dynamics, and Materials Conference, Kissimmee, 1997.

[5] Agarwal H, Renaud J, Lee J, et al. A unilevel method for reliability based design optimization [C]//Proceedings of the 45th AIAA/ASME/ASCE/AHS Structures, Structural Dynamics, and Materials Conference, Palm Springs, 2004.

[6] Park S H. Robust Design and Analysis for Quality Engineering[M]. London: Chapman and Hall, 1996.

[7] Park G, Lee T, Lee K H, et al. Robust optimization: An overview[J]. AIAA Journal, 2006, 44(1): 181—191.

[8] Beyer H, Sendhoff B. Robust optimization: A comprehensive survey[J]. Computer Methods in Applied Mechanics and Engineering, 2007, 196(33-4): 3190—3218.

[9] Mohan N S. Robust Design[D]. Bombay: Indian Institute of Technology, 2002.

[10] Taguchi G, Elsayed E A, Hsiang T C. Quality Engineering in Production Systems[M]. New York: McGraw-Hill, 1989.

[11] Chen X, Sim M, Sun P. A robust optimization perspective on stochastic programming [J]. Operations Research, 2007, 55(6): 1058—1071.

[12] Lee K, Park G. Robust optimization considering tolerances of design variables [J]. Computers and Structures, 2001, 79(1): 77—86.

[13] Chen W, Sahai A, Messac A, et al. Exploration of the effectiveness of physical programming in robust design[J]. Journal of Mechanical Design, 2000, 122(2): 155—163.

[14] Messac A, Ismail-Yahaya A. Multiobjective robust design using physical programming [J]. Structural and Multidisciplinary Optimization, 2002, 23(5): 357—371.

[15] Chen W, Wiecek M M, Zhang J. Quality utility: A compromise programming approach to robust design[J]. Journal of Mechanical Design, 1999, 121(2): 179—187.

[16] Govindaluri S M, Cho B R. Robust design modeling with correlated quality characteristics using a multicriteria decision framework [J]. Journal of Advanced Manufacturing Technology, 2007, 32(5-6): 423—433.

[17] Rai M M. Robust optimal design with differential evolution[C]//The 10th AIAA/ISSMO Multidisciplinary Analysis and Optimization Conference, Albany, 2004.

[18] Li M, Azarm S, Aute V. A multi-objective genetic algorithm for robust design optimization

[C]//Proceedings of the Conference on Genetic and Evolutionary Computation, Washington DC, 2005.

[19] Parkinson A, Sorensen C, Pouthassan N. A general approach for robust optimal design [J]. Transactions of the ASME, 1993, 115(1): 74—80.

[20] Sundaresan S, Ishii K, Houser D R. A robust optimization procedure with variations on design variables and constraints[J]. Advances in Design Automation, 1993, 69(1): 379—386.

[21] Yu J, Ishii K. Design for robustness based on manufacturing variation patterns [J]. Transactions of the ASME, 1998, 120(2): 196—202.

[22] 姚雯. 飞行器总体不确定性多学科设计优化研究[D]. 长沙: 国防科学技术大学, 2011.

[23] Tu J, Choi K K, Young H P. A new study on reliability-based design optimization[J]. Journal of Mechanical Design, 1999, 121(4): 557—564.

[24] Youn B D, Choi K K, Park Y H. Hybrid analysis method for reliability-based design optimization[J]. Journal of Mechanical Design, 2003, 125(2): 221—232.

第8章　确定性MDO过程

优化过程是指在计算机环境中求解优化问题的组织实施过程。对于多学科设计优化问题，涉及多个耦合学科的协调优化，通过对学科优化、学科协调等进行合理组织，可以有效提高求解效率，因此优化过程是多学科设计优化中一项十分重要的关键技术。由于当前UMDO过程的研究主要是在确定性MDO过程基础上，结合不确定性分析与优化方法发展而来的，因此，本章首先对目前广泛采用的确定性MDO过程进行详细介绍。第9章将对UMDO过程进行进一步阐述。

对于复杂系统的设计，由于各学科之间存在强耦合，往往需要反复迭代才能够完成一次可行设计，如果不对各学科间的耦合进行处理，巨大的计算复杂性意味着难以进行有效的优化设计。MDO过程将庞大而难以处理的复杂工程系统设计优化问题进行某种程度的分解，将其转化为多个易于处理的子问题进行优化，并对各子系统的优化进行有效协调。这种分解要求能够在保证系统整体协调的基础上保持各学科对局部设计变量进行决策的自主性，以充分发挥各学科专家的知识、经验和创造性，获取系统最优解。为了增强MDO的工程实际应用价值，理想的MDO过程应具有如下特性[1]：

(1) 优化过程应该在计算量尽可能小的条件下，不断找出更优的可行设计方案，且理想情况下能以很大几率找出全局最优解。

(2) 优化过程应按某种方式将复杂系统分解为若干个学科的设计优化问题，并且这种分解方式能尽量与现有的工程设计组织形式相一致。

(3) 能够尽可能降低所需系统分析次数。

(4) 优化过程中的流程结构清晰明确，涉及的系统分析、近似建模、设计和优化等功能以模块化形式封装和集成，从而使工业界已有学科分析和设计工具(计算机程序)不需改动(或只需很少改动)就能在优化过程中进行应用。

(5) 每个学科在设计和优化时，能够与其他学科进行定量的信息交换，从而判断该学科的设计结果对整个系统性能的影响。

(6) 尽可能实现学科的并行分析和优化。

(7) 在设计和优化过程中，允许各学科设计人员对设计过程进行干预，从而充分体现设计人员的经验和创造性。

优化过程可大致分为单级优化过程和多级优化过程两大类。单级优化过程只在系统级进行优化，各学科只进行分析或者计算，不进行优化。多级优化过程将一个复杂系统的优化问题分解为多个学科(子系统)的优化问题与学科间的协调问题。它具有以下优点[2]:①将大系统优化分解为若干个学科优化,大幅降低单个优化问题的规模;②只有解除学科之间的耦合,学科优化才能够并行进行;③与工程实际专业分工形式一致,能够实现各个学科专家的设计优化自治;④能够充分利用多处理器及分布式软、硬件条件,通过并行设计压缩设计周期。因此,尽管多级优化过程还存在收敛性未能得到证明、不如单级优化过程简单明了等缺点,但是仍得到了充分重视和大量研究,是 MDO 过程研究的重要方向。

目前常见的单级优化过程包括多学科可行方法(multidiscipline feasible procedure,MDF)、单学科可行方法(individual discipline feasible,IDF)和同时优化(all-at-once,AAO)方法。多级优化过程主要包括面向非层次系统的并行子空间优化(concurrent subspace optimization,CSSO)过程、协作优化(collaborative optimization,CO)过程和面相层次系统的目标级联分析(analytical target cascading,ATC)法,关于层次系统和非层次系统的分类及相关概念参见 2.3.1 节。由于上述优化过程各有优缺点,为了能够通过结合多种优化过程实现优势互补,近年来也发展了联合优化过程,如 MDF-CSSO。本章对上述优化过程分别进行介绍。

8.1　MDO 过程基础知识

如 2.1.2 节所述,N_D 个耦合学科构成的复杂系统确定性 MDO 问题表述如下:

$$\begin{cases}\text{find} & \boldsymbol{X}\\ \min & f\\ \text{s.t.} & \boldsymbol{g}\geqslant 0\\ & \boldsymbol{Y}_i=\mathrm{CA}_i(\boldsymbol{X}_i,\boldsymbol{Y}_{\cdot i}),\ i=1,\cdots,N_D\\ & \boldsymbol{X}=\bigcup\limits_{i=1,\cdots,N_D}\boldsymbol{X}_i,\quad \boldsymbol{Y}=\bigcup\limits_{i=1,\cdots,N_D}\boldsymbol{Y}_i,\quad \boldsymbol{Y}_{\cdot i}\subseteq\left(\bigcup\limits_{j=1,\cdots,N_D,j\neq i}\boldsymbol{Y}_j\right)\\ & \boldsymbol{X}^{\mathrm{L}}\leqslant\boldsymbol{X}\leqslant\boldsymbol{X}^{\mathrm{U}},\quad f\in\boldsymbol{Y},\quad \boldsymbol{g}\subseteq\boldsymbol{Y}\end{cases}\tag{8.1}$$

式中,$\boldsymbol{X}$ 为优化变量向量,定义域为$[\boldsymbol{X}^{\mathrm{L}},\boldsymbol{X}^{\mathrm{U}}]$;$\boldsymbol{X}_i$ 为学科 i 的局部优化变量向量,为 $\boldsymbol{X}$ 的子向量;$\boldsymbol{Y}$ 为系统状态变量向量,$\boldsymbol{Y}_i$ 是 $\boldsymbol{Y}$ 的子向量,代表学科 i 的局部状态变量向量;$\boldsymbol{Y}_{\cdot i}$为学科 i 的输入状态变量向量,亦即由其他学科 $j(j\neq i)$输出并作为学科 i 输入的耦合变量。各个学科的设计变量可以重合,即学科间可以共享设计变量,但是各个学科的输出状态变量 $\boldsymbol{Y}_i$ 互不相交。以飞机结构与气动两个学科的设计为例,两者均涉及机翼尺寸的设计,但气动学科输出的是飞机气动性能,而结构学科输出的则是飞机结构性能,两者互不重合。优化目标 f 和约束条件向量 $\boldsymbol{g}$ 为

状态向量 $\boldsymbol{Y}$ 的子向量。CA_i 为学科 i 的学科分析模型(contributing analysis, CA)。学科分析模型还可以通过学科状态方程进行描述，即

$$E_i(\boldsymbol{X}_i,\boldsymbol{Y}_{\cdot i},\boldsymbol{Y}_i)=0,\quad i=1,\cdots,N_D \tag{8.2}$$

在给定设计变量$\boldsymbol{X}_i$以及耦合输入变量$\boldsymbol{Y}_{\cdot i}$条件下，通过运行学科分析模型CA_i，或者说求解方程 E_i，即可获取学科状态变量$\boldsymbol{Y}_i$。飞行器学科模型往往十分复杂，虽然通常采用黑箱模型 CA_i 对学科输入输出进行简单描述，但是实际上求解方程 E_i 可能需要复杂的迭代过程。因此进行一次学科分析获取$\boldsymbol{Y}_i$也十分复杂耗时。如果已知全部变量$\boldsymbol{X}_i$、$\boldsymbol{Y}_{\cdot i}$和$\boldsymbol{Y}_i$，仅代入方程 E_i 进行一次计算，判断 $E_i(\boldsymbol{X}_i,\boldsymbol{Y}_{\cdot i},\boldsymbol{Y}_i)$是否为 0，则称为学科计算。由于学科之间耦合关系，需要联立求解所有学科状态方程才能得到多学科相容的系统状态变量，该过程称为系统分析，也称为多学科分析，具体概念参见 2.1.2 节多学科设计优化基本概念。

8.2 单级优化过程

在单级优化过程中，所有的优化都在系统级进行，子学科只进行学科分析或学科计算。下面分别对几种常用的单级优化过程进行介绍。

8.2.1 多学科可行方法

多学科可行方法(MDF)[3]是求解 MDO 问题最直接的方法。此处“可行”(feasible)是指设计变量与状态变量满足学科状态方程。该方法在优化搜索过程中，每一步迭代都进行一次系统多学科分析，联立求解学科状态方程组，获取该搜索点设计变量对应的多学科相容解，设计变量和状态变量满足所有学科状态方程，因此该优化过程称为 MDF。MDF 的优化模型为

$$\begin{cases}\text{find} & \boldsymbol{X} \\ \min & f \\ \text{s. t.} & \boldsymbol{g}\geqslant 0,\quad \boldsymbol{Y}_i=\mathrm{CA}_i(\boldsymbol{X}_i,\boldsymbol{Y}_{\cdot i}),\quad i=1,\cdots,N_D \\ & \boldsymbol{X}^{\mathrm{L}}\leqslant\boldsymbol{X}\leqslant\boldsymbol{X}^{\mathrm{U}} \\ \text{where} & \boldsymbol{X}=\bigcup\limits_{i=1,\cdots,N_D}\boldsymbol{X}_i,\quad \boldsymbol{Y}=\bigcup\limits_{i=1,\cdots,N_D}\boldsymbol{Y}_i,\quad \boldsymbol{Y}_{\cdot i}\subseteq\left(\bigcup\limits_{j=1,\cdots,N_D,j\neq i}\boldsymbol{Y}_j\right) \\ & f\in\boldsymbol{Y},\quad \boldsymbol{g}\subseteq\boldsymbol{Y}\end{cases} \tag{8.3}$$

可以看出，MDF 的优化模型表述没有对原 MDO 问题的数学形式作任何改动，直接将多学科系统分析作为黑箱嵌套于优化中，与传统优化问题相同，最利于直观理解和组织实现。但是，该方法需要在每一个迭代点进行系统分析，由此导致巨大的计算复杂度。此外，系统分析还需要处理多学科之间的信息交互问题，大大

增加了多学科分析的组织难度。因此，该方法不适合于大型复杂工程应用问题。

8.2.2　单学科可行方法

单学科可行方法(IDF)[4]将全体设计变量 $\boldsymbol{X}$ 和状态变量 $\boldsymbol{Y}$ 均作为独立优化变量进行优化，在每个优化迭代搜索点不进行系统分析，而仅在各学科分别进行一次学科分析 $\mathrm{CA}_i(i=1,\cdots,N_D)$，根据当前迭代点的优化变量值 $\boldsymbol{X}$ 和 $\boldsymbol{Y}_{\cdot i}$ 计算学科输出 $\bar{\boldsymbol{Y}}_i$，通过施加等式约束条件 $\boldsymbol{Y}_i=\bar{\boldsymbol{Y}}_i$，以此使优化逐步收敛到满足所有学科状态方程的多学科相容优化方案。由于在每个迭代点无需进行系统分析，只需进行学科分析获取满足单学科状态方程的 $\bar{\boldsymbol{Y}}_i$，因此该方法称为 IDF。IDF 的优化模型为

$$\begin{cases} \text{find} & \boldsymbol{X},\boldsymbol{Y} \\ \min & f \\ \text{s.t.} & \boldsymbol{g}\geqslant 0,\quad \boldsymbol{Y}_i=\bar{\boldsymbol{Y}}_i,\quad i=1,\cdots,N_D \\ & \boldsymbol{X}^{\mathrm{L}}\leqslant\boldsymbol{X}\leqslant\boldsymbol{X}^{\mathrm{U}} \\ \text{where} & \\ & \bar{\boldsymbol{Y}}_i=\mathrm{CA}_i(\boldsymbol{X}_i,\boldsymbol{Y}_{\cdot i}) \\ & \boldsymbol{X}=\bigcup\limits_{i=1,\cdots,N_D}\boldsymbol{X}_i,\quad \boldsymbol{Y}=\bigcup\limits_{i=1,\cdots,N_D}\boldsymbol{Y}_i,\quad \boldsymbol{Y}_{\cdot i}\subseteq\left(\bigcup\limits_{j=1,\cdots,N_D,j\neq i}\boldsymbol{Y}_j\right) \\ & f\in\boldsymbol{Y},\quad \boldsymbol{g}\subseteq\boldsymbol{Y} \end{cases} \tag{8.4}$$

该方法无需在各个搜索点进行系统分析获取多学科一致解，避免了复杂的多学科迭代分析，不仅能够提高各个搜索点的分析计算效率，而且能够直接应用成熟的学科分析代码，大大简化了编程和组织难度。但是，该方法通过等式约束保证学科间状态变量的相容性，增加了优化求解的复杂度，同时影响了收敛效率；加上将所有设计变量和状态变量都集成到系统级进行优化，极大地增加了优化问题的规模，因此不适合于大型工程优化。

8.2.3　同时优化方法

与 IDF 相似，同时优化(AAO)方法[5]也将全体设计变量 $\boldsymbol{X}$ 和状态变量 $\boldsymbol{Y}$ 均作为独立优化变量进行优化。但不同的是，在每个优化迭代搜索点既不进行系统分析，也不进行学科分析，而只是将当前迭代点的 $\boldsymbol{X}$ 和 $\boldsymbol{Y}$ 值直接代入学科状态方程进行一次学科计算，获取残差 $\varepsilon_i=E_i(\boldsymbol{X}_i,\boldsymbol{Y}_{\cdot i},\boldsymbol{Y}_i)$，通过施加等式约束条件 $\varepsilon_i=0$，以此保证优化过程逐步收敛到设计变量和状态变量满足所有学科状态方程的多学科相容优化方案。AAO 方法的优化模型为

$$
\begin{cases}
\text{find} & \boldsymbol{X},\boldsymbol{Y} \\
\min & f \\
\text{s. t.} & \boldsymbol{g}\geqslant 0,\quad \varepsilon_i=0,\quad i=1,\cdots,N_D \\
 & \boldsymbol{X}^{\mathrm{L}}\leqslant \boldsymbol{X}\leqslant \boldsymbol{X}^{\mathrm{U}} \\
\text{where} & \\
 & \varepsilon_i=E_i(\boldsymbol{X}_i,\boldsymbol{Y}_{\cdot i},\boldsymbol{Y}_i),\quad i=1,\cdots,N_D \\
 & \boldsymbol{X}=\bigcup\limits_{i=1,\cdots,N_D}\boldsymbol{X}_i,\quad \boldsymbol{Y}=\bigcup\limits_{i=1,\cdots,N_D}\boldsymbol{Y}_i,\quad \boldsymbol{Y}_{\cdot i}\subseteq\left(\bigcup\limits_{j=1,\cdots,N_D,j\neq i}\boldsymbol{Y}_j\right) \\
 & f\in\boldsymbol{Y},\quad \boldsymbol{g}\subseteq\boldsymbol{Y}
\end{cases}
\tag{8.5}
$$

AAO方法的特点为：由于同时对$\boldsymbol{X}$和$\boldsymbol{Y}$进行优化，迭代过程中的搜索方案可能不满足学科状态方程，直到收敛才能获得多学科相容且可行的优化解。由于在每一个搜索点无需进行系统分析和学科分析，只需将所有变量带入学科状态方程进行一次简单的学科计算，由此可以大大降低在每个搜索点的计算成本。此外，由于在每个搜索点各学科只执行一次学科计算，无需进行学科耦合和信息交互，因此无需改动学科分析代码即可直接进行集成，大大简化了编程和组织难度。但是，与单学科可行方法相似，同时优化方法将大量状态变量都集中到系统层进行优化，大大增加了优化规模与优化问题求解难度。

8.3 多级优化过程

8.3.1 并行子空间优化过程

在复杂工程系统的设计优化问题中，由于学科间存在复杂的交叉耦合关系，因此系统的分解往往是非层次型，各学科的设计、分析和优化不能独立进行。为了使各学科能够充分利用本学科已有的先进方法进行独立优化，Sobieski 于 1988 年提出了并行子空间优化过程(CSSO)[6]，用于解决非层次系统的 MDO 问题。该方法通过求解全局灵敏度方程(global sensitivity equation，GSE)实现学科解耦和并行优化，因此也称为基于灵敏度的并行子空间优化过程(CSSO-GSE)。CSSO-GSE 通过系统灵敏度信息实现子空间临时解耦和并行优化，同时通过系统协调优化子空间的交叉影响系数保持各学科方案的相容性。CSSO-GSE 可以通过并行计算提高优化效率，且支持子空间设计优化自治，使得系统优化设计的组织和协调更加方便。但是，该优化过程也存在以下不足：①基于一阶灵敏度信息估计耦合状态变量可能存在较大误差，且在优化时需要对设计变量施加移动限制策略；②要求各个子空间的优化变量互不重叠，而实际中有些设计变量同时对几个学科均有很大影响，因此不能适用于学科间有共享设计变量的情况；③一些算例表明该优化过程存在收敛问题，可能出现振荡现象。针对上述问题，1996 年 Sobieski 和 Batill 进一步提出基于响应面（response surface，RS）的并行子空间优化过程（CSSO-RS）[7,8]，通过构造响应面近似系统的耦合关系，从而实现子空间的临时解耦，进行独立并行优化。CSSO-RS 可以处理连续和离散设计变量问题以及连续/离散混合设计变量问题，具有很强的灵活性。同时，通过响应面近似对状态变量进行估计，可以减小计算量，提高优化效率。本节重点对 CSSO-RS 进行简要介绍。

CSSO-RS 流程如图 8.1 所示，主要由初始准备和优化循环两大部分组成。

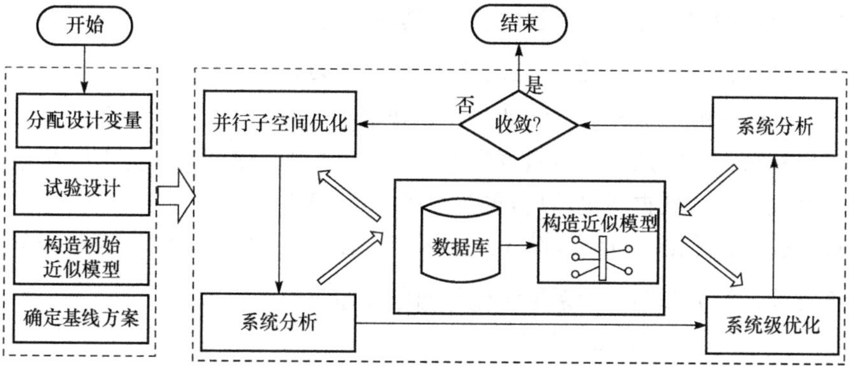

图 8.1　CSSO-RS 流程图

优化起始准备主要包括四部分：

(1) 分配设计变量。对系统优化问题进行子空间划分，将所有设计变量、约束函数等分配到各子空间中。第 i 个子空间的设计变量和输出状态变量分别记为 $\boldsymbol{X}_i$ 和 $\boldsymbol{Y}_i$，各子空间设计变量可以有重合，但是输出状态变量向量不能重合。

(2) 试验设计。采用试验设计方法在设计空间内选取一组样本点，并通过运行高精度系统分析获得各个样本点对应的系统状态向量，构成初始近似模型训练样本点集和方案数据库。

(3) 根据样本点集构造各学科状态变量的近似模型 $\widetilde{\boldsymbol{Y}}_i^{(1)}(\boldsymbol{X})(i=1,\cdots,N_D)$。

(4) 确定优化迭代的起始基线方案，开始优化循环。

优化循环包括系统分析、构造响应面、子空间并行优化和系统级优化协调四部分。其流程如下：

(1) 并行子空间优化。在各子空间优化中，只对其局部设计变量进行优化，其他子空间设计变量固定取值为系统分配基线方案中的值。该子空间的局部输出状态向量采用学科高精度模型进行计算，其他子空间状态向量采用近似模型进行估算。设有 N_D 个子空间，在第 r 个循环中，第 i 个子空间的优化问题表述为

$$\begin{cases}\text{find} & \boldsymbol{X}_i^{(r)} \\ \min & \begin{cases} f, & f\in \boldsymbol{Y}_i \\ \tilde{f}, & f\notin \boldsymbol{Y}_i \end{cases} \\ \text{s.t.} & \boldsymbol{g}_i \geqslant 0, \quad \boldsymbol{g}_i \subseteq \boldsymbol{Y}_i \\ & \boldsymbol{Y}_i = \text{CA}_i(\boldsymbol{X}_i^{(r)}, \tilde{\boldsymbol{Y}}_{\cdot i}), \quad \tilde{\boldsymbol{Y}}_j = \tilde{\boldsymbol{Y}}_j^{(r)}(\boldsymbol{X}^{(r)}), \quad j\neq i \\ & \boldsymbol{X}_j^{(r)} = \bar{\boldsymbol{x}}_j^{(r)}(j\neq i), \quad \boldsymbol{X}_i^{\text{L}} \leqslant \boldsymbol{X}_i^{(r)} \leqslant \boldsymbol{X}_i^{\text{U}}, \quad \boldsymbol{X}^{(r)} = \boldsymbol{X}_i^{(r)} \cup \boldsymbol{X}_{j|j\neq i}^{(r)} \end{cases} \tag{8.6}$$

本地状态变量$\boldsymbol{Y}_i$通过学科分析CA_i获得,带有上标"～"的非本地状态变量由响应面求出,带有"－"上标的设计变量为其他子空间的设计变量,固定取值为该循环给定的基线方案$\bar{\boldsymbol{x}}^{(r)}$中的值。记式(8.6)最优解为$\boldsymbol{x}_{i_\text{all}}^{(r)^*} = \boldsymbol{x}_i^{(r)^*} \cup \bar{\boldsymbol{x}}_{j=1,\cdots,N_D,j\neq i}^{(r)}$。

(2) 系统分析。对各子空间的优化结果$\boldsymbol{x}_{i_\text{all}}^{(r)^*}$ $(i=1,\cdots,N_D)$分别进行系统分析。将所有可行方案加入方案数据库中,并从中选出最优方案作为下一步系统级优化的基线方案。数据库更新后,重新构造响应面$\tilde{\boldsymbol{Y}}_i^{(r)}(\boldsymbol{X})$。

(3) 系统级优化。对全部设计变量$\boldsymbol{X} = \bigcup_{i=1,\cdots,N_D} \boldsymbol{X}_i$进行优化,所有状态变量由响应面计算。第$r$个循环的系统级优化问题表述为

$$\begin{cases}\text{find} & \boldsymbol{X}^{(r)} \\ \min & \tilde{f} \\ \text{s.t.} & \tilde{\boldsymbol{g}} \geqslant 0 \\ & \tilde{\boldsymbol{Y}}_i = \tilde{\boldsymbol{Y}}_i^{(r)}(\boldsymbol{X}^{(r)}), \quad i=1,\cdots,N_D \\ & \boldsymbol{X}^{\text{L}} \leqslant \boldsymbol{X}^{(r)} \leqslant \boldsymbol{X}^{\text{U}}, \quad \tilde{f}\in\tilde{\boldsymbol{Y}}, \quad \tilde{\boldsymbol{g}} \subseteq \tilde{\boldsymbol{Y}} \end{cases} \tag{8.7}$$

该优化问题的最优点记为$\boldsymbol{x}^{(r)*}$。

(4) 系统分析。如果优化结果$\boldsymbol{x}^{(r)^*}$可行且符合收敛条件,则循环结束,输出最优方案$\boldsymbol{x}^* = \boldsymbol{x}^{(r)^*}$。如果方案可行但不符合收敛条件,则将该方案加入方案数据库,重新构造响应面$\tilde{\boldsymbol{Y}}_i^{(r+1)}(\boldsymbol{X})$,并以此优化方案作为基线方案$\bar{\boldsymbol{x}}^{(r+1)} = \boldsymbol{x}^{(r)^*}$进入下一次循环,$r=r+1$。

在优化循环过程中,响应面在最优点附近的近似精度随着系统信息的不断获取和优化方案的不断入库而得到不断提高,因此基于响应面的优化结果将逐步收敛至系统最优解。

8.3.2 协同优化过程

协同优化(CO)过程首次出现于 1994 年 Kroo 等[9]的飞机初步优化设计研究中。该优化过程以其双层结构著称。在系统级,将各学科间共享的设计变量提取出来构成系统级设计变量,对系统级设计变量和学科耦合状态变量进行优化,以系统级设计变量和学科耦合状态变量取值与各学科优化输出方案保持一致为约束条

件，使原MDO问题的目标函数值最小。在学科级，对本学科局部设计变量、系统级设计变量在该学科的分量以及耦合输入该学科的状态变量进行优化，在满足本学科约束条件下，优化目标为使系统级设计变量、耦合输入该学科的状态变量和本学科输出状态变量的取值与系统级分配的目标值的差异最小。由于该方法简单易行，符合现代工程设计模式，已经得到了广泛应用。本节对常用的标准CO方法进行介绍。标准CO过程的基本流程如图8.2所示。

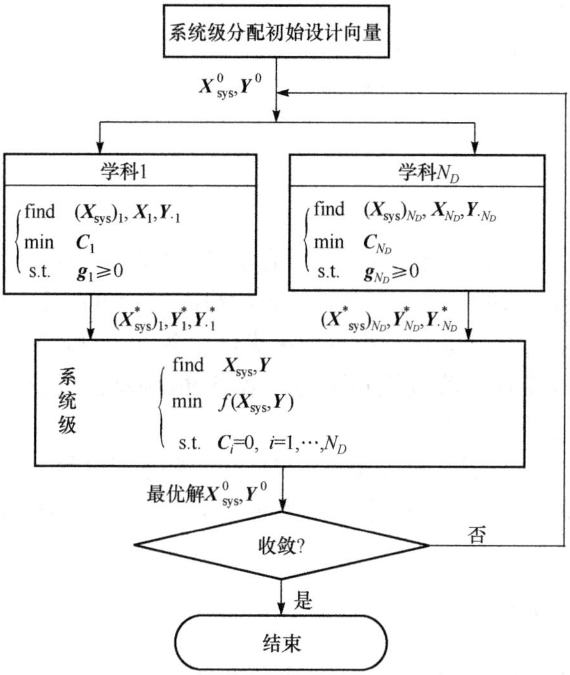

图8.2　CO计算流程

标准CO由系统级优化和学科优化两部分组成，包括以下主要步骤：

(1) 初始化。确定系统级设计变量与耦合状态变量初值，记为$\boldsymbol{X}^0_{sys}$和$\boldsymbol{Y}^0$；

(2) 系统层将$\boldsymbol{X}^0_{sys}$与$\boldsymbol{Y}^0$ 传递给各学科；

(3) 学科并行优化。学科 i 优化问题如下：

$$\begin{cases}\text{find} & (\boldsymbol{X}_{sys})_i, \boldsymbol{X}_i, \boldsymbol{Y}_{\cdot i} \\ \min & C_i = \|(\boldsymbol{X}_{sys})_i - (\boldsymbol{X}^0_{sys})_i\|_2^2 + \|\boldsymbol{Y}_{\cdot i} - \boldsymbol{Y}^0_{\cdot i}\|_2^2 + \|\boldsymbol{Y}_i - \boldsymbol{Y}^0_i\|_2^2 \\ \text{s.t.} & \boldsymbol{g}_i \geqslant 0, \quad \boldsymbol{g}_i \subseteq \boldsymbol{Y}_i, \quad \boldsymbol{Y}^0_i, \boldsymbol{Y}^0_{\cdot i} \subseteq \boldsymbol{Y}^0, \quad (\boldsymbol{X}^0_{sys})_i \subseteq \boldsymbol{X}^0_{sys} \\ & \boldsymbol{Y}_i = \text{CA}_i(\boldsymbol{X}_{sys}, \boldsymbol{X}_i, \boldsymbol{Y}_{\cdot i}) \end{cases} \tag{8.8}$$

其中，优化变量包括学科共享设计变量(系统级设计变量)在学科 i 的分量$(\boldsymbol{X}_{sys})_i$、学科设计变量$\boldsymbol{X}_i$和耦合输入学科i的状态变量$\boldsymbol{Y}_{\cdot i}$。目标为相容性约束函数C_i最小,亦即使学科i优化变量取值与系统级分配下来的目标值差异最小。约束条件仅考虑本学科局部约束条件$\boldsymbol{g}_i$。本学科输出状态变量通过学科分析CA_i计算获得。记学科i优化方案为$(\boldsymbol{X}_{\mathrm{sys}}^*)_i$,$\boldsymbol{Y}_i^*$和$\boldsymbol{Y}_{\cdot i}^*$。将各学科优化方案上传给系统级。

(4) 系统级优化。系统级优化问题如下:

$$\begin{cases}\text{find} & \boldsymbol{X}_{\mathrm{sys}},\boldsymbol{Y} \\ \min & f(\boldsymbol{X}_{\mathrm{sys}},\boldsymbol{Y}) \\ \text{s.t.} & C_i=0,\quad i=1,\cdots,N_D \\ & C_i=\|(\boldsymbol{X}_{\mathrm{sys}})_i-(\boldsymbol{X}_{\mathrm{sys}}^*)_i\|_2^2+\|\boldsymbol{Y}_{\cdot i}-\boldsymbol{Y}_{\cdot i}^*\|_2^2+\|\boldsymbol{Y}_i-\boldsymbol{Y}_i^*\|_2^2 \\ & \boldsymbol{Y}=\bigcup\limits_{i=1,\cdots,N_D}\boldsymbol{Y}_i,\quad \boldsymbol{Y}_{\cdot i}\subseteq\left(\bigcup\limits_{j=1,\cdots,N_D,j\neq i}\boldsymbol{Y}_j\right),\quad (\boldsymbol{X}_{\mathrm{sys}})_i\subseteq\boldsymbol{X}_{\mathrm{sys}}\end{cases} \tag{8.9}$$

其中,优化变量包括系统级设计变量和所有学科耦合状态变量,优化目标为使原优化目标函数值最小,约束条件为各学科相容性约束$C_i=0(i=1,\cdots,N_D)$,以此使系统级优化满足学科相容性条件。记系统级优化方案为$\boldsymbol{X}_{\mathrm{sys}}^0$和$\boldsymbol{Y}^0$。

(5) 判断收敛条件。若最优解满足收敛条件,则算法终止,并输出优化方案$\boldsymbol{X}_{\mathrm{sys}}^0$和$\boldsymbol{Y}^0$;否则,返回步骤(2)。

协同优化方法提供了一种对复杂系统优化问题进行分解与学科并行优化的有效方法,结构简单,易于实施,学科自治性强,学科间的数据传输量较少,具有较强的工程实用价值。

8.3.3 目标级联分析法

目标级联分析(ATC)法由 Kim 等[10,11]于 2001 年首次提出,它是 MDO 中适用于层次系统的方法,通过目标层级分析的方式对各层子系统独立进行优化,最后得到满足系统一致性要求的解。层次系统在工程系统中普遍存在,其显著特点是:低层子系统的输出(响应)是父层子系统的输入。一个典型三层层级系统如图 8.3 所示,分为系统、子系统以及部件三层。在设计过程中,部件的性能指标作为子系统设计的输入。同一个子系统可能需要设计多个部件,部件之间可能会存在相同的设计变量。层次系统在设计过程中需要在各层之间反复迭代,各层系统在设计过程中存在滞后,从而导致产品的设计周期较长。ATC 法通过将设计指标自系统到子系统到部件不断分流,同时各层响应由下而上不断反馈进行优化设计,可以有效减少迭代次数。另外,该方法中一旦父层系统的设计需求给定,各子系统的设计目标将相应转换得到,可独立进行设计。各层子系统并行设计,可以有效缩短设计周期。

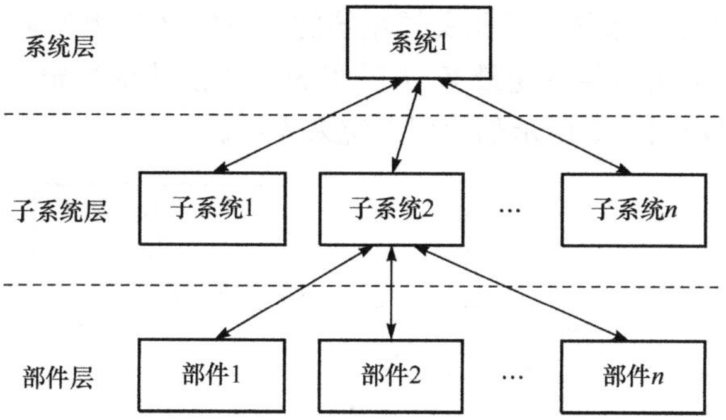

图 8.3　典型三层层级系统

ATC 法的基本思想是：把顶层系统的设计目标逐步分流下传给各层子系统，子系统在其设计空间内优化设计，并逐层反馈至顶层系统，从而实现目标级联。由于 ATC 法是针对多层层次系统的方法，且涉及变量较多，因此本节中的符号与前文介绍的其他 MDO 过程中的变量定义略有不同，本节单独进行定义。第 2 章 2.1 节中给出了优化问题的一般表述，ATC 方法中将其改写为如下形式，为简化表述，省略系统参数 $\boldsymbol{P}$。

$$\begin{cases} \text{Given} & T \\ \text{find} & \boldsymbol{X} \\ \min & \| T-R \|_2^2 \\ \text{s.t.} & \boldsymbol{g}(\boldsymbol{X}) \geqslant 0 \\ & \boldsymbol{X}^{\min} \leqslant \boldsymbol{X} \leqslant \boldsymbol{X}^{\max} \\ \text{where} & R=f(\boldsymbol{X}) \end{cases} \tag{8.10}$$

ATC 法根据问题的层次性，将该优化问题层次分解为多个子优化问题。首先采用树状图索引的方式对层次系统中的各子系统进行编号，如图 8.4 所示，定义顶层系统为 $\mathbf{O}_0$，某系统 $\mathbf{O}_i$ 的第 n 个子系统则用 $\mathbf{O}_{i\text{-}n}$ 来表示，通过系统的下标可以判断各层系统与其他层系统的关系。

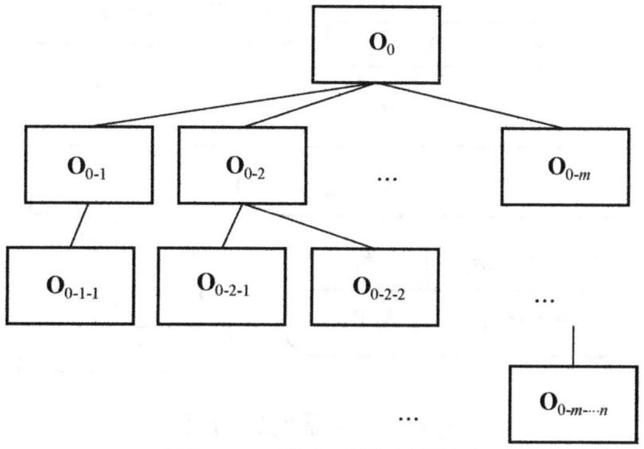

图 8.4　层次系统结构图

ATC 法中将子层系统反馈给父层系统的变量定义为相关响应 $\boldsymbol{R}$，同层各子系统中相同的变量定义为共享变量 $\boldsymbol{Y}$，子系统的本地设计变量定义为 $\boldsymbol{X}$。三个变量之间的关系可以用图 8.5 所示的双层系统来表示。

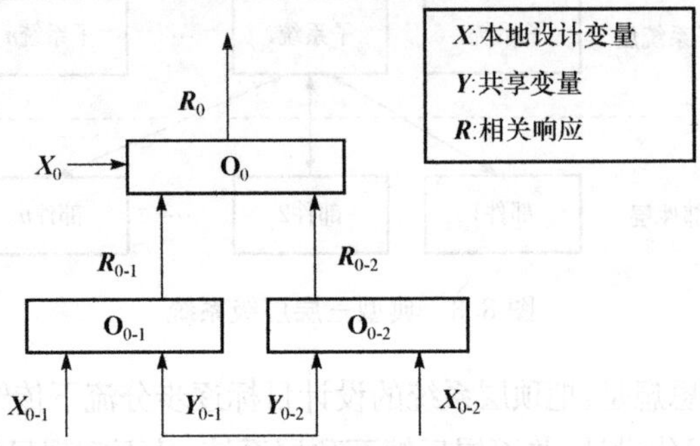

图 8.5　典型双层系统变量传播关系

在 ATC 方法中，$\boldsymbol{R}_{0\text{-}1}$ 和 $\boldsymbol{R}_{0\text{-}2}$ 作为设计变量参与其父层系统 $\mathbf{O}_0$ 的优化，获得的最优解将下传给子层系统。子层系统在其设计空间内优化，使得其输出 $\boldsymbol{R}_{0\text{-}1}$ 和 $\boldsymbol{R}_{0\text{-}2}$ 与父层系统给定的值尽量接近。另外，由于同层各子系统的共享变量最优值不一定相同，在父层系统对共享变量最优值的不一致进行协调。

图 8.6 给出了某子系统 $\mathbf{O}_i$ 的数据流，$\mathbf{O}_{i\text{-}k}$ 为其第 k 个子系统，$\mathbf{O}_q$ 为其父层系统，$\boldsymbol{R}_i$，$\boldsymbol{X}_i$ 和 $\boldsymbol{Y}_i$ 分别为 $\mathbf{O}_i$ 的相关响应、本地设计变量和共享变量。$\boldsymbol{R}_i$ 通过分析模型 $\boldsymbol{R}_i=\boldsymbol{f}_i(\boldsymbol{R}_{i\text{-}1},\cdots,\boldsymbol{R}_{i\text{-}n_{ij}},\boldsymbol{X}_i,\boldsymbol{Y}_i)$ 计算得到，其中 $\boldsymbol{R}_{i\text{-}k}$ 为 $\mathbf{O}_{i\text{-}k}$ 的相关响应。$\boldsymbol{Y}_i^a$ 表示 $\mathbf{O}_i$ 所有子系统的共享变量，子系统 $\mathbf{O}_{i\text{-}k}$ 通过选择矩阵 $\boldsymbol{S}_{i\text{-}k}$ 来判断 $\boldsymbol{Y}_i^a$ 中的哪个分量属于本子系统，$\boldsymbol{S}_{i\text{-}k}$ 由 0-1 组成。同理，$\mathbf{O}_i$ 通过选择矩阵 $\boldsymbol{S}_i$ 来判断 $\boldsymbol{Y}_q^a$ 中的哪个分量属于本系统。

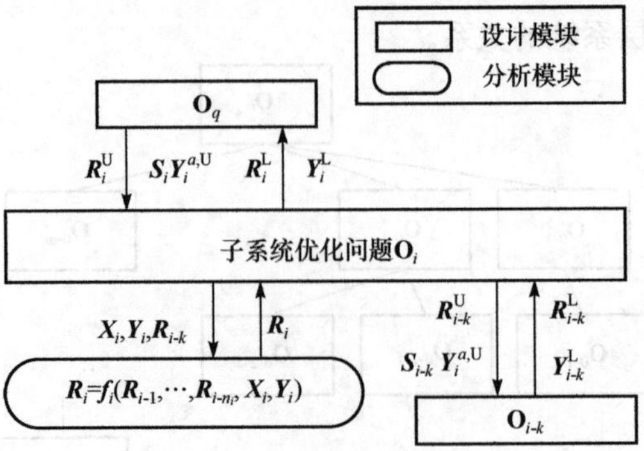

图 8.6　子系统数据流

图 8.6 中，上标 U 表示父层系统给定的目标值，而 L 表示子系统计算得到的值。在子系统 $\mathbf{O}_i$ 中，$\boldsymbol{R}_i$ 和 $\boldsymbol{Y}_i$ 的目标值，记为 $\boldsymbol{R}_i^{\mathrm{U}}$ 和 $\boldsymbol{S}_i\boldsymbol{Y}_q^{a,\mathrm{U}}$，由父层系统 $\mathbf{O}_q$ 分配给本系统；而其在本系统计算得到的值，记为 $\boldsymbol{R}_i^{\mathrm{L}}$ 和 $\boldsymbol{Y}_i^{\mathrm{L}}$，则从本系统反馈给父层系统。同理，$\boldsymbol{R}_{i\text{-}k}^{\mathrm{U}}$ 和 $\boldsymbol{S}_{i\text{-}k}\boldsymbol{Y}_i^{a,\mathrm{U}}$ 从 $\mathbf{O}_i$ 分配给 $\mathbf{O}_{i\text{-}k}$，而 $\boldsymbol{R}_{i\text{-}k}^{\mathrm{L}}$ 和 $\boldsymbol{Y}_{i\text{-}k}^{\mathrm{L}}$ 则从 $\mathbf{O}_{i\text{-}k}$ 反馈至 $\mathbf{O}_i$。

至此，子系统 $\mathbf{O}_i$ 的优化问题可以描述为：在满足本地约束以及底层相关响应和共享变量的协调约束情况下，最小化$[\boldsymbol{R}_i,\boldsymbol{Y}_i]$与其目标$[\boldsymbol{R}_i^{\mathrm{U}},\boldsymbol{S}_i\boldsymbol{Y}_q^{a,\mathrm{U}}]$之间的偏差，其数学表述如式(8.11)所示，其中 n_i 为 $\mathbf{O}_i$ 的底层子系统数目，$\boldsymbol{g}_i$ 为本地约束，上标 min 和 max 表示变量的上下界，松弛变量 $\varepsilon_i^{\boldsymbol{R}}$ 用于协调本层系统和底层系统响应值的一致性，而 $\varepsilon_i^{\boldsymbol{Y}}$ 用于协调子系统共享变量的一致性。

$$\begin{cases}\text{Given} & \boldsymbol{R}_i^{\mathrm{U}},\boldsymbol{Y}_q^{a,\mathrm{U}},\boldsymbol{R}_{i\text{-}k}^{\mathrm{L}},\boldsymbol{Y}_{i\text{-}k}^{\mathrm{L}},\boldsymbol{S}_i,\boldsymbol{S}_{i\text{-}k}, \quad k=1,\cdots,n_i \\ \text{find} & \boldsymbol{X}_i,\boldsymbol{Y}_i,\boldsymbol{R}_{i\text{-}k},\boldsymbol{Y}_i^a,\varepsilon_i^{\boldsymbol{R}},\varepsilon_i^{\boldsymbol{Y}}, \quad k=1,\cdots,n_i \\ \min & \|\boldsymbol{R}_i-\boldsymbol{R}_i^{\mathrm{U}}\|_2^2+\|\boldsymbol{Y}_i-\boldsymbol{S}_i\boldsymbol{Y}_q^{a,\mathrm{U}}\|_2^2+\varepsilon_i^{\boldsymbol{R}}+\varepsilon_i^{\boldsymbol{Y}} \\ \text{s.t.} & \sum\limits_{k=1}^{n_i}\|\boldsymbol{R}_{i\text{-}k}-\boldsymbol{R}_{i\text{-}k}^{\mathrm{L}}\|_2^2\leqslant\varepsilon_i^{\boldsymbol{R}} \\ & \sum\limits_{k=1}^{n_i}\|\boldsymbol{S}_{i\text{-}k}\boldsymbol{Y}_i^a-\boldsymbol{Y}_{i\text{-}k}^{\mathrm{L}}\|_2^2\leqslant\varepsilon_i^{\boldsymbol{Y}} \\ & \boldsymbol{g}_i(\boldsymbol{R}_{i\text{-}k},\boldsymbol{X}_i,\boldsymbol{Y}_i)\leqslant 0, \quad k=1,\cdots,n_i \\ & \boldsymbol{X}_i^{\min}\leqslant\boldsymbol{X}_i\leqslant\boldsymbol{X}_i^{\max}, \quad \boldsymbol{Y}_i^{\min}\leqslant\boldsymbol{Y}_i\leqslant\boldsymbol{Y}_i^{\max} \\ \text{where} & \boldsymbol{R}_i=\boldsymbol{f}_i(\boldsymbol{R}_{i\text{-}1},\cdots,\boldsymbol{R}_{i\text{-}n_i},\boldsymbol{X}_i,\boldsymbol{Y}_i)\end{cases} \tag{8.11}$$

对于最顶层系统，不存在共享变量 $\boldsymbol{Y}_i$，上式中消去与 $\boldsymbol{Y}_i$ 相关的项，目标函数中 $\|\boldsymbol{R}_i-\boldsymbol{R}_i^{\mathrm{U}}\|_2^2$ 项变为 $\|T-R\|_2^2$；而对于最底层系统，由于其不存在子系统，上式中消去与 $\boldsymbol{R}_{i\text{-}k}$ 和 $\boldsymbol{Y}_i^a$ 相关的项。ATC 优化过程中，通过不断迭代以匹配各层子系统中相关响应与共享变量的值，从而获得系统的一致解。

8.4　联合优化过程

8.4.1　基本思想

文献[12]～[17]对 MDO 单级和多级优化过程进行了比较，结果显示：每种优化过程各有优缺点，没有哪一个优化过程一致优于其他优化过程。一般来说，单级优化过程在收敛速度方面更加稳健，而多级优化过程计算效率和收敛速度与具体优化问题特点相关，受分解与协调策略、近似建模方法等影响很大。例如，如果原优化问题表述为 CO 格式后出现简并，则应用 CO 进行求解将存在收敛困难[18]；在 BLISS 中，如果初始近似模型精度较低或者设计变量取值空间定义不恰当，则收敛速度也会大大降低[19]。基于灵敏度的标准CSSO在收敛效率方面也不具有优势，需要大量调用系统分析和学科分析，由此导致计算成本剧增[15]；但是，如果使用近似模型取代高精度模型进行优化，则与AAO法相比系统分析次数能够降低1～2个数量级[7,20,21]。因此，MDO过程的性能与具体优化对象特点以及组织实施方法相关，优化过程的选择需要针对特定问题进行具体分析。

考虑到各个优化过程各有优缺点，如果能够结合多种优化过程实现优势互补，克服单个优化过程存在的缺点，则能大大提高优化过程求解MDO问题的能力，由此对联合优化过程提出了需求。这与多方法协作优化(multi-method collaborative optimization，MCO)的思想相似，通过结合多种寻优算法的优势提高全局优化能力[22]。Zhao和Cui也基于该思想发展了二级系统一体化协同优化过程(bi-level integrated system collaborative optimization，BLISCO)，通过结合CO和BLISS-2000的优势，以此克服单独CO和BLISS的收敛问题[19]。

基于以上联合优化过程思想，同时结合飞行器总体设计优化的工程实际特点，姚雯[23]提出将MDF和CSSO进行联合的方法(MDF-CSSO)，主要基于以下两点考虑。

(1) 在飞行器概念设计阶段，在优化目标和约束条件定义以后，需要生成候选方案并对其进行评价，从中优选设计方案。由于没有关于较优方案的先验知识，因此需要对大量候选方案进行考虑，并基于优化的方法进行寻优。在该阶段主要由系统级专家参与决策，且一般采用低精度模型以快速获取可行优化方案，以此作为基线方案展开进一步研究。该快速系统优化问题可以通过基于近似模型的MDF实现。选择MDF的原因为：首先，该优化过程直接对原MDO问题进行求解，易于组织实现且收敛效率和优化效果稳健；其次，由于采用近似模型，MDF存在的计算成本巨大的问题能够得到缓解。因此，基于近似模型的MDF是解决系统级快速获取优化基线方案的有效方法。

(2) 在完成快速优化获得基线方案后，学科专家基于其高精度学科模型对设计方案进行进一步研究和优化。由于不同学科队伍往往分布于不同地理位置，且学科分析工具的研发与应用相对独立，因此为了适应学科自治性要求，以实现各学科专家相对独立的进行方案分析和优化，需要采用基于分解和协调的优化过程对飞行器系统优化问题进行组织。由于CSSO中的子空间并行优化组织方法与真实学科组织结构以及学科优化问题表述具有较高相似性，因此是组织该阶段优化的有效方法。

由于联合MDF和CSSO对飞行器总体设计优化的MDO问题进行分阶段分层(包括系统级优化和学科级优化)组织求解，因此该优化过程又称为多阶段多层MDO过程。

8.4.2　求解算法

MDF-CSSO 联合优化过程流程如图 8.7 所示。

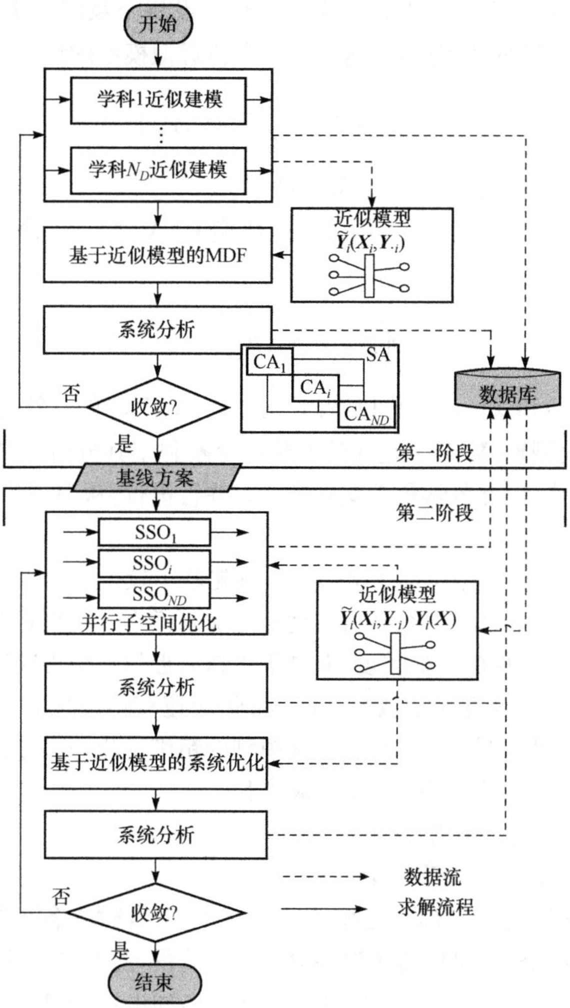

图 8.7　MDF-CSSO 联合优化过程流程图

在第一阶段，学科专家只负责构建学科高精度分析模型的近似模型，以此为基础展开基于近似模型的 MDF。对于学科 i，学科分析模型的输入既包括该学科局部设计变量，也包括来自其他学科的耦合状态变量，表述为 $\boldsymbol{Y}_i = \mathrm{CA}_i(\boldsymbol{X}_i, \boldsymbol{Y}_{\cdot i})$。该学科分析模型的近似模型相应表述为

$$\widetilde{\boldsymbol{Y}}_i = \widetilde{\boldsymbol{Y}}_i(\boldsymbol{X}_i, \boldsymbol{Y}_{\cdot i}) = \widetilde{\boldsymbol{Y}}_i(\boldsymbol{Q}_i) \tag{8.12}$$

其中，$\boldsymbol{Q}_i=[\boldsymbol{X}_i,\boldsymbol{Y}_{\cdot i}]$为学科 i 的输入向量。值得注意的是，式(8.12)所示近似模型与 MDF 中常用的以全部设计变量为输入的近似模型$\widetilde{\boldsymbol{Y}}_i(\boldsymbol{X})$不同。此处选择式(8.12)主要基于计算效率的考虑，分析如下：假设需要 N_T 个样本点构建近似模型$\widetilde{\boldsymbol{Y}}_i(\boldsymbol{X})$，则需要对每个样本点执行系统分析。设每个系统分析平均需要 N_C 次学科分析迭代才能获取相容解，则构建所有学科近似模型的计算复杂度约为

$$O\left(N_C\cdot N_T\cdot\sum_{i=1}^{N_D}O(\mathrm{CA}_i)\right)\tag{8.13}$$

式中，$O(\mathrm{CA}_i)$为学科分析 CA_i 的计算复杂度。

同样假设需要 N_T 个样本点构建近似模型$\widetilde{\boldsymbol{Y}}_i(\boldsymbol{X}_i,\boldsymbol{Y}_{\cdot i})$，则构建所有学科近似模型的计算复杂度约为

$$O\left(N_T\cdot\sum_{i=1}^{N_D}O(\mathrm{CA}_i)\right)\tag{8.14}$$

对比式(8.13)和式(8.14)可以看出，构建$\widetilde{\boldsymbol{Y}}_i(\boldsymbol{X}_i,\boldsymbol{Y}_{\cdot i})$的计算复杂度大大降低。此外，构建近似模型$\widetilde{\boldsymbol{Y}}_i(\boldsymbol{X}_i,\boldsymbol{Y}_{\cdot i})$允许各个学科专家利用其分析工具独立进行，无需学科间的耦合迭代，因此各学科近似建模可以并行进行，从而进一步提高近似建模效率。

在第一阶段基于近似模型的 MDF 中，首先基于较少的样本点构建近似模型，基于近似模型进行系统级优化；然后将优化点加入样本点集更新近似模型，提高近似模型在潜在较优区域的近似精度，并基于更新后近似模型再次进行系统级优化；重复迭代上述两个步骤直至收敛。采用 MDF 快速获得优化方案后，以此为基线方案，进入第二阶段展开基于学科高精度模型的精细优化，并采用 CSSO 组织学科并行优化与协调。MDF-CSSO 具体步骤如下。

第一阶段：基于近似模型的 MDF。

步骤 1.0：初始化，记循环次数 $r=0$。

步骤 1.1：学科近似建模。记循环次数 $r=r+1$，建立各个学科的近似模型$\widetilde{\boldsymbol{Y}}_i^{(r)}(\boldsymbol{X}_i,\boldsymbol{Y}_{\cdot i})$。训练样本可以通过试验设计方法获得，此处采用基于最大最小距离准则的最优拉丁超立方设计方法[24]进行采样。局部设计变量$\boldsymbol{X}_i$ 的定义域直接根据优化问题中给定的取值范围确定，耦合状态变量定义域在首次循环中基于以往经验进行大致估计，在后续循环中根据已取得的优化结果进行更新，例如：以前一循环最优点状态变量值为中心，上下浮动该值的 50%。同时，将前面各次循环获取的最优点也加入样本点集，以此提高在较优区域的近似精度。

步骤 1.2：基于近似模型的系统级优化。基于$\widetilde{\boldsymbol{Y}}_i^{(r)}(\boldsymbol{X}_i,\boldsymbol{Y}_{\cdot i})$进行系统级优化，优化问题表述为

$$\begin{cases}\text{find} & \boldsymbol{X}^{(r)} \\ \min & \tilde{f} \\ \text{s.t.} & \tilde{\boldsymbol{g}} \geqslant 0 \\ & \tilde{\boldsymbol{Y}}_i = \tilde{\boldsymbol{Y}}_i^{(r)}(\boldsymbol{X}_i^{(r)}, \tilde{\boldsymbol{Y}}_{\cdot i}), \quad i = 1, \cdots, N_D; \quad \tilde{\boldsymbol{Y}}_{\cdot i} \subseteq \left(\bigcup_{j=1,\cdots,N_D, j\neq i} \tilde{\boldsymbol{Y}}_j \right) \\ & \boldsymbol{X}^{\mathrm{L}} \leqslant \boldsymbol{X}^{(r)} \leqslant \boldsymbol{X}^{\mathrm{U}}, \quad \tilde{f} \in \tilde{\boldsymbol{Y}}, \quad \tilde{\boldsymbol{g}} \subseteq \tilde{\boldsymbol{Y}} \end{cases} \tag{8.15}$$

其中，状态变量上方的符号“～”表示该状态变量通过近似模型进行估算。可以看出，式(8.15)中计算状态变量的近似模型相互耦合，需要迭代求解获取相容解。但是由于近似模型的计算成本较低，因此基于近似模型的迭代计算成本能够接受。如果循环次数 $r>1$，则以前面循环获取的最优点 $\boldsymbol{x}^*$ 作为基线方案求解式(8.15)；如果 $r=1$，则基线方案任意给定。

步骤 1.3：系统分析。记式(8.15)最优点为 $\boldsymbol{x}^{(r)*}$，基于高精度模型对其进行系统分析。如果 $\boldsymbol{x}^{(r)*}$ 可行(满足所有约束条件)且优于前面循环获取的最优点，则记 $\boldsymbol{x}^* = \boldsymbol{x}^{(r)*}$。

步骤 1.4：判断是否收敛。收敛条件为：连续三个循环的最优目标值相对变化小于阈值 ε_O，即

$$\frac{1}{2}(\| f^{(r)*} - f^{(r-1)*} \| + \| f^{(r-1)*} - f^{(r-2)*} \|) \leqslant \varepsilon_O \tag{8.16}$$

如果不满足收敛条件，转至步骤 1.1，否则进入第二阶段。

第二阶段：基于近似模型的 CSSO。

步骤 2.1：记循环次数 $r=r+1$。记第一阶段最优点 $(\boldsymbol{x}^*, \boldsymbol{y}^*)$ 为基线方案 $(\bar{\boldsymbol{x}}^{(r)}, \bar{\boldsymbol{y}}^{(r)})$。基于第一阶段获取的样本点和优化方案，建立近似模型 $\tilde{\boldsymbol{Y}}_i^{(r)}(\boldsymbol{X})$ 和 $\tilde{\boldsymbol{Y}}_i^{(r)}(\boldsymbol{X}_i, \boldsymbol{Y}_{\cdot i})$。

步骤 2.2：并行子空间优化 SSO。第 i 个子空间优化问题 SSOi 记为

$$\begin{cases}\text{find} & \boldsymbol{X}_i^{(r)} \\ \min & \begin{cases} f, & f \in \boldsymbol{Y}_i \\ \tilde{f}, & f \notin \boldsymbol{Y}_i \end{cases} \\ \text{s.t.} & \boldsymbol{g}_i \geqslant 0, \quad \boldsymbol{g}_i \subseteq \boldsymbol{Y}_i \\ & \boldsymbol{Y}_i = \mathrm{CA}_i(\boldsymbol{X}_i^{(r)}, \tilde{\boldsymbol{Y}}_{\cdot i}), \\ & \tilde{\boldsymbol{Y}}_{j|j\neq i} = \tilde{\boldsymbol{Y}}_j^{(r)}(\boldsymbol{X}^{(r)}) \\ & \boldsymbol{X}_i^{\mathrm{L}} \leqslant \boldsymbol{X}_i^{(r)} \leqslant \boldsymbol{X}_i^{\mathrm{U}}, \quad \boldsymbol{X}_{j|j\neq i}^{(r)} = \bar{\boldsymbol{x}}_j^{(r)}, \quad \boldsymbol{X}^{(r)} = \boldsymbol{X}_i^{(r)} \cup \boldsymbol{X}_{j|j\neq i}^{(r)} \end{cases} \tag{8.17}$$

其中，$\boldsymbol{X}_i^{(r)}$ 为学科 i 的局部设计变量，设计空间为$[\boldsymbol{X}_i^{\mathrm{L}}, \boldsymbol{X}_i^{\mathrm{U}}]$。非本地设计变量(其他学科设计变量)$\boldsymbol{X}_{j|j\neq i}^{(r)}$不参与优化，固定取值为基线方案值$\bar{\boldsymbol{x}}_j^{(r)}$。非本地状态变量$\tilde{\boldsymbol{Y}}_{j|j\neq i}$通过近似模型$\tilde{\boldsymbol{Y}}_j^{(r)}$ 进行估算，以避免与高精度学科分析模型 CA_i 进行迭代获

取相容解。记 SSOi 的最优解为$\boldsymbol{x}_{i_\mathrm{all}}^{(r)^*}=\boldsymbol{x}_i^{(r)^*}\cup\overline{\boldsymbol{x}}_{j=1,\cdots,N_D,j\neq i}^{(r)}$。所有子空间优化可以并行进行，子空间优化搜索过程中通过高精度学科分析模型获取的数据存储至数据库，用于后期对近似模型$\widetilde{\boldsymbol{Y}}_i^{(r)}(\boldsymbol{X}_i,\boldsymbol{Y}_{\cdot i})$进行更新。

步骤 2.3：系统分析。基于高精度模型对所有子空间优化获取的最优点进行系统分析，并记可行最优点为$\boldsymbol{x}^*$。

步骤 2.4：基于近似模型的系统级优化，同步骤 1.2。

步骤 2.5：系统分析，同步骤 1.3。

步骤 2.6：判断是否收敛。当收敛条件满足，MDF-CSSO 过程结束。

上述 MDF-CSSO 流程中，所有近似模型均可以采用第 5 章介绍的近似建模方法进行构造。根据实际应用中是否具备独立验证样本点集的不同情况，相应采用 CSWO 法或 LI-RBFNN 方法进行近似建模。

参 考 文 献

[1] 王振国，陈小前，罗文彩，等．飞行器多学科设计优化理论与应用研究[M]. 北京：国防工业出版社，2006.

[2] 许林．飞行器 MDO 过程及相关技术研究与应用[D]. 长沙：国防科学技术大学，2009.

[3] Srinivas K. Evaluation of Methods for Multidisciplinary Design Optimization (MDO)-Phase I [R]. Hampton VA：NASA Langley Research Center，1998.

[4] Kodiyalam S，Sobieski J. Multidisciplinary design optimization：Some formal methods，framework requirements，and application to vehicle design[J]. International Journal of Vehicle Design，2001，25(1/2)：3—22.

[5] Dennis J E，Lewis R M. Problem formulations and other optimization issues in multidisciplinary optimization[C]//Proceedings of the AIAA/NASA/USAF/ISSMO Symposium on Fluid Dynamics，Colorado Springs，1994.

[6] Sobieszcznski-Sobieski J. Optimization by decomposition：A step from hierarchic to non-hierarchic systems[C]//The 2nd NASA/Air Force Symposium on Recent Advances in Multidisciplinary Analysis and Optimization，Hampton，1988.

[7] Sellar R S，Stelmack M A，Batill S M，et al. Response surface approximations for discipline coordination in multidisciplinary design optimization[C]//The 37th AIAA/ASME/AHS/ASC Structures，Structural Dynamics and Materials Conference，Salt Lake City，1996.

[8] Sellar R S，Batill S M，Renaud J E. Response surface based，concurrent subspace optimization for multidisciplinary system design[C]//The 34th AIAA Aerospace Sciences Meeting and Exhibit，Reno，1996.

[9] Kroo I，Altus S，Braun R，et al. Multidisciplinary Optimization Methods for Aircraft Preliminary Design[R]. NASA Langley Technical Report. 1994.

[10] Kim H M. Target Cascading in Optimal System Design[D]. Ann Arbor：University of Mich-

igan,2001.

[11] Kim H M,Michelena N F,Papalambros P Y,et al. Target cascading in optimal system design[J]. Journal of Mechanical Design,2003,125:474—480.

[12] Balling R J,Sobieszcznski-Sobieski J. Optimization of coupled systems:A critical overview of approach[J]. AIAA Journal,1996,34(1):6—17.

[13] Alexandrov N M,Kodiyalam S. Initial results of an MDO method evaluation study[C]//The 7th AIAA/USAF/NASA/ISSMO Symposium on Multidisciplinary Analysis and Optimization,St. Louis,1998.

[14] Chen S,Zhang F,Khalid M. Evaluation of three decomposition MDO algorithms[C]//Proceedings of 23rd International Congress of Aerospace Sciences,Toronto,2002.

[15] Yi S I,Shin J K,Park G J. Comparison of MDO methods with mathematical examples [J]. Structural and Multidisciplinary Optimization,2008,35(5):391—402.

[16] Tedford N P,Martins J R R A. Benchmarking multidisciplinary design optimization algorithms[J]. Optimization and Engineering,2010,11:159—183.

[17] Balling R J,Wilkinson C A. Execution of multidisciplinary design optimization approaches on common test problems[J]. AIAA Journal,1997,35(1):178—186.

[18] Demiguel V,Murray W. A local convergence analysis of bilevel decomposition algorithms [J]. Optimization and Engineering,2006,7(2):99—133.

[19] Zhao M,Cui W. On the development of bi-level integrated system collaborative optimization [J]. Structural and Multidisciplinary Optimization,2011,43(1):73—84.

[20] Sellar R S,Batill S M. Concurrent subspace optimization using gradient-enhanced neural network approximations[C]//The 6th AIAA,NASA,and ISSMO Symposium on Multidisciplinary Analysis and Optimization,Reston,1996.

[21] Simpson T W,Booker A J,Ghosh D,et al. Approximation methods in multidisciplinary analysis and optimization:A panel discussion[J]. Structure Optimization,2004,27:302—313.

[22] 罗文彩. 飞行器总体多方法协作优化设计理论与应用研究[D]. 长沙:国防科学技术大学,2003.

[23] 姚雯. 飞行器总体不确定性多学科设计优化研究[D]. 长沙:国防科学技术大学,2011.

[24] Johnson M,Moore L,Ylvisaker D. Minimax and maximin distance designs[J]. Journal of Statistical Planning and Inference,1990,26:131—148.

第 9 章 UMDO 过程

UMDO 过程是系统分析、近似建模、不确定性优化问题求解、不确定性分析等运算过程组合而成的可执行序列，是 UMDO 方法在计算环境中如何实现的过程组织。由于不确定性分析和基于不确定性的优化计算量十分巨大，在应用于大型复杂系统设计优化问题中导致计算成本极其高昂。因此，如何通过优化过程对设计优化问题合理组织，使计算复杂度降低，是提高 UMDO 方法的可行性和有效性的关键。

目前，UMDO 过程主要是以确定性 MDO 过程（参见第 8 章）为基础，结合不确定性分析与优化方法进行扩展研究。本章主要根据不同不确定性情况，对 UMDO过程进行介绍，包括单独随机不确定性条件下基于概率论的 UMDO 过程、单独认知不确定性条件下的非概率 UMDO 过程以及随机/认知不确定性混合条件下的 UMDO 过程，着重对具有代表性的基于层级优化过程（ATC）、非层级优化过程（CO）和联合优化过程（MDF-CSSO）发展而来的 UMDO 过程进行介绍。

9.1 基于概率论的 UMDO 过程

9.1.1 基于可靠性的单层优化过程

考虑 N_D 个耦合学科构成的复杂系统，优化变量 $\boldsymbol{X}$ 和系统模型参数 $\boldsymbol{P}$ 具有随机不确定性，基于可靠性的多学科设计优化（reliability-based multidisciplinary design optimization，RBMDO）问题如下：

$$\begin{cases}\text{find} & \boldsymbol{\mu_X} \\ \min & \mu_f \\ \text{s. t.} & \Pr\{\boldsymbol{g} \leqslant 0\} \leqslant \boldsymbol{P}_{\text{f\_con}} = 1 - \boldsymbol{R}_T \\ & \boldsymbol{Y}_i = \text{CA}_i(\boldsymbol{X}_i, \boldsymbol{Y}_{\cdot i}, \boldsymbol{P}_i), \quad i = 1, \cdots, N_D \\ & \boldsymbol{X} = \bigcup\limits_{i=1,\cdots,N_D} \boldsymbol{X}_i, \quad \boldsymbol{P} = \bigcup\limits_{i=1,\cdots,N_D} \boldsymbol{P}_i, \quad \boldsymbol{Y} = \bigcup\limits_{i=1,\cdots,N_D} \boldsymbol{Y}_i, \quad \boldsymbol{Y}_{\cdot i} \subseteq \left(\bigcup\limits_{j=1,\cdots,N_D, j \neq i} \boldsymbol{Y}_j \right) \\ & \boldsymbol{\mu_X} \in [\boldsymbol{X}^{\text{L}}, \boldsymbol{X}^{\text{U}}], \quad f \in \boldsymbol{Y}, \boldsymbol{g} \subseteq \boldsymbol{Y} \end{cases} \tag{9.1}$$

其中，学科分析模型 CA_i 与第 8 章确定性 MDO 过程中的学科分析模型相比，其输入向量增加了该学科模型的随机不确定性参数$\boldsymbol{P}_i$。在优化变量 $\boldsymbol{X}$ 和系统参数 $\boldsymbol{P}$ 的不确定性影响下，系统状态变量 $\boldsymbol{Y}$ 的响应值也为随机分布，一般对目标函数期望值进行优化，同时要求约束函数响应值分布满足可靠性条件。该优化问题实际为 7.1 节所述基于可靠性的一般优化问题(7.1)在多学科优化情况下的表述。对于该 RBMDO 问题，可以直接借鉴基于可靠性的单层序贯优化方法(参见 7.1.2 节)，将不确定性分析从外层迭代优化中解耦出来，将 UMDO 问题分解为确定性 MDO 和不确定性分析两个子问题序贯执行，由此构成一个单层循环进行求解。在每次单层循环中，首先根据前一次循环中不确定性分析获得的信息将可靠性约束条件转化为等价的确定性约束条件，以此将 UMDO 问题转化为确定性 MDO 问题；在完成确定性 MDO 以后，对优化方案进行不确定性分析，分析结果用于指导下一次确定性 MDO。对于确定性 MDO，可以直接采用已经得到广泛研究的确定性 MDO 过程(参见第 8 章)进行组织求解，如 MDF[1~3]、IDF[1,4]、AAO 方法[2,5]、SAND 方法[6]以及 BLISS 方法[7]等，以此提高优化求解效率。

9.1.2　概率目标级联分析法

在 ATC 方法中，通过不断迭代以匹配各层子系统中相关响应与共享变量的值，从而获得系统的一致解；各层子系统的优化相对独立。当系统存在不确定性时，层次系统中的不确定性通过相关响应逐层传播，使每一层的优化都具有不确定性，如图 9.1 所示，因此如何在层次间精确有效地传递不确定性影响至关重要。Kokkolaras 等[8]通过匹配各层子系统中相关响应与共享变量的均值，将 ATC 方法拓展到不确定性领域，实现了层次系统在随机不确定性条件下的多学科优化设计，并在汽车工业生产中得到应用。Liu 等[9]对该方法进行改进，提出了概率目标级联分析(probabilistic analytical target cascading，PATC)方法。在 PATC 法中，采用期望和标准差来描述相关响应与共享变量的不确定性，通过匹配期望和标准差来保持各层的一致性，其优化变量是确定性 ATC 方法的两倍。Xiong 等[10]进一步考虑各子系统相关响应之间的关联，采用期望、标准差及相关系数来描述相关响应的不确定性，提出了改进的 PATC 方法。在 PATC 方法中，当期望和标准差足以精确地描述相关响应/共享变量的概率特性时，其计算精度较高。但是在实际工程问题中，相关响应很可能是非正态随机变量，仅用前两阶矩来表述其概率特性将导致较大误差。Xiong 等[11]用多项式混沌展开(PCE)法(参见第 6 章)描述相关响应/共享变量的不确定性，提出了 PATC-PCE 方法。PATC-PCE 方法通过匹配 PCE 系数保持各层一致性，为非正态相关响应的层次系统不确定优化问题提供了一种解决方法。但是，PCE 项数在不确定性变量较多时将大大增加，匹配

PCE系数将使得优化求解十分困难,因此该方法在工程应用中受到很大限制。本节将介绍一种序贯 PATC(sequential PATC,SPATC)方法,该方法借鉴了SORA方法的思想,将层次系统的优化问题首先分解为确定性优化问题和不确定性分析,然后分别对这两个问题进行层次分解。该方法不需要匹配相关响应的概率特性,没有增加 ATC 优化变量个数,同时还可以解决非正态相关响应的优化问题。

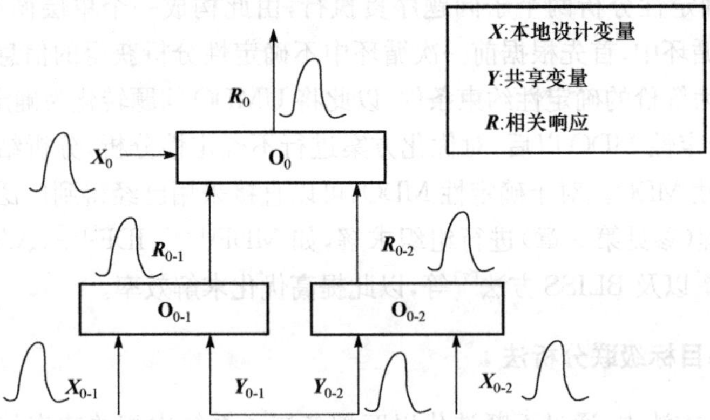

图 9.1 层次系统不确定性传播

第 8 章中式(8.11)给出了 ATC 方法中优化问题的一般表述,当系统存在随机不确定性时,其对应的概率形式表述如下:

$$\begin{cases}\text{Given} & T^{\upsilon} \\ \text{find} & \boldsymbol{X}^{\upsilon} \\ \min & \| T^{\upsilon}-R^{\upsilon} \| \\ \text{s. t.} & \Pr[g_i(\boldsymbol{X})\leqslant 0]\leqslant P_{\text{f\_con}}^{i}=1-\alpha_i, \quad i=1,\cdots,M \\ \text{where} & R=f(\boldsymbol{X})\end{cases} \tag{9.2}$$

其中,M 为约束条件个数,上标 υ 表示随机变量的某概率特性,如均值。需要说明的是,为了与 ATC 常用符号表示一致,本节亦使用 R 表示相关响应。为避免与其他章节中采用 R 作为可靠度符号产生混淆,此处将约束对应的预定可靠度要求用 α 表示。

在基于可靠性的设计优化中,通常将均值作为设计目标,而在稳健设计中则通常把均值和标准差都纳入设计目标进行考虑。根据 SORA 方法的思想,将式(9.2)所述问题分解成为确定性优化和不确定性分析。第 $k+1$ 次迭代的确定性优化问题表述如下式:

$$\begin{cases}\text{Given} & T^{\mu},T^{\sigma},\sigma_{X_j}^2,\boldsymbol{s}_m^{(k)}, \quad m=1,\cdots,M;j=1,\cdots,n \\ \text{find} & \boldsymbol{\mu}_{\boldsymbol{X}}^{(k+1)} \\ \min & \| T^{\mu}-\mu_R \|_2^2+\| T^{\sigma}-\sigma_R \|_2^2 \\ \text{s.t.} & g_m(\boldsymbol{\mu}_{\boldsymbol{X}}^{(k+1)}-\boldsymbol{s}_m^{(k)})\geqslant 0, \quad m=1,\cdots,M \\ \text{where} & \mu_R\approx f(\boldsymbol{\mu}_{\boldsymbol{X}}^{(k+1)}) \\ & \sigma_R\approx\sqrt{\sum_{j=1}^{d_{\boldsymbol{X}}}\left(\dfrac{\partial f(\boldsymbol{\mu}_{\boldsymbol{X}})}{\partial X_j}\right)^2\sigma_{X_j}^2}\end{cases} \tag{9.3}$$

其中，$\boldsymbol{s}_i^{(k)}$ 为第 k 次迭代中第 i 个约束的平移向量，通过不确定性分析求得，具体求解方法参见 7.1.2 节；$d_{\boldsymbol{X}}$ 为 $\boldsymbol{X}$ 的维数；μ 和 σ 分别表示变量的均值和方差；$R=f(\boldsymbol{X})$的均值和方差通过泰勒展开法近似计算。

1. 确定性优化层次分解

参照第 8 章式(8.11)，可以对确定性优化问题进一步层次分解，形成确定性 ATC 优化问题。对于子系统 $\mathbf{O}_i$，其优化问题表述如下式所示：

$$\begin{cases}\text{Given} & \boldsymbol{\mu}_{\boldsymbol{R}_i}^{\mathrm{U}},\boldsymbol{\mu}_{\boldsymbol{Y}_q^a}^{\mathrm{U}},\boldsymbol{\mu}_{\boldsymbol{R}_{i\text{-}k}}^{\mathrm{L}},\boldsymbol{\mu}_{\boldsymbol{Y}_{i\text{-}k}}^{\mathrm{L}},\boldsymbol{S}_i,\boldsymbol{S}_{i\text{-}k},\boldsymbol{s}_{\boldsymbol{X}_i}^m,\boldsymbol{s}_{\boldsymbol{Y}_i}^m,\boldsymbol{s}_{\boldsymbol{R}_{i\text{-}k}}^m, \quad m=1,\cdots,M_i;k=1,\cdots,n_i \\ \text{find} & \boldsymbol{\mu}_{\boldsymbol{X}_i},\boldsymbol{\mu}_{\boldsymbol{Y}_i},\boldsymbol{\mu}_{\boldsymbol{R}_{i\text{-}k}},\boldsymbol{\mu}_{\boldsymbol{Y}_i^a},\varepsilon_i^{\boldsymbol{R}},\varepsilon_i^{\boldsymbol{Y}}, \quad k=1,\cdots,n_i \\ \min & \| \boldsymbol{\mu}_{\boldsymbol{R}_i}-\boldsymbol{\mu}_{\boldsymbol{R}_i}^{\mathrm{U}} \|_2^2+\| \boldsymbol{\mu}_{\boldsymbol{Y}_i}-\boldsymbol{S}_i\boldsymbol{\mu}_{\boldsymbol{Y}_q^a}^{\mathrm{U}} \|_2^2+\varepsilon_i^{\boldsymbol{R}}+\varepsilon_i^{\boldsymbol{Y}} \\ \text{s.t.} & \sum_{k=1}^{n_i}\| \boldsymbol{\mu}_{\boldsymbol{R}_{i\text{-}k}}-\boldsymbol{\mu}_{\boldsymbol{R}_{i\text{-}k}}^{\mathrm{L}} \|_2^2\leqslant\varepsilon_i^{\boldsymbol{R}} \\ & \sum_{k=1}^{n_i}\| \boldsymbol{S}_{i\text{-}k}\boldsymbol{\mu}_{\boldsymbol{Y}_i^a}-\boldsymbol{\mu}_{\boldsymbol{Y}_{i\text{-}k}}^{\mathrm{L}} \|_2^2\leqslant\varepsilon_i^{\boldsymbol{Y}} \\ & g_{i,m}(\boldsymbol{\mu}_{\boldsymbol{R}_{i\text{-}k}}-\boldsymbol{s}_{\boldsymbol{R}_{i\text{-}k}}^m,\boldsymbol{\mu}_{\boldsymbol{X}_i}-\boldsymbol{s}_{\boldsymbol{X}_i}^m,\boldsymbol{\mu}_{\boldsymbol{Y}_i}-\boldsymbol{s}_{\boldsymbol{Y}_i}^m)\geqslant 0, \quad m=1,\cdots,M_i;k=1,\cdots,n_i \\ & \boldsymbol{\mu}_{\boldsymbol{X}_i}^{\min}\leqslant\boldsymbol{\mu}_{\boldsymbol{X}_i}\leqslant\boldsymbol{\mu}_{\boldsymbol{X}_i}^{\max}, \quad \boldsymbol{\mu}_{\boldsymbol{Y}_i}^{\min}\leqslant\boldsymbol{\mu}_{\boldsymbol{Y}_i}\leqslant\boldsymbol{\mu}_{\boldsymbol{Y}_i}^{\max} \\ \text{where} & \boldsymbol{\mu}_{\boldsymbol{R}_i}=\boldsymbol{f}_i(\boldsymbol{\mu}_{\boldsymbol{R}_{i\text{-}1}},\cdots,\boldsymbol{\mu}_{\boldsymbol{R}_{i\text{-}n_i}},\boldsymbol{\mu}_{\boldsymbol{X}_i},\boldsymbol{\mu}_{\boldsymbol{Y}_i})\end{cases} \tag{9.4}$$

其中，M_i 为 $\mathbf{O}_i$ 中的约束个数；n_i 为 $\mathbf{O}_i$ 的子系统个数；$\boldsymbol{s}_{\boldsymbol{X}_i}^m,\boldsymbol{s}_{\boldsymbol{Y}_i}^m,\boldsymbol{s}_{\boldsymbol{R}_{i\text{-}k}}^m$ 分别为本地设计变量、共享变量以及相关响应的偏移量。对于最底层系统，略去与子系统相关响应 $\boldsymbol{\mu}_{\boldsymbol{R}_{i\text{-}k}}$ 和共享变量 $\boldsymbol{\mu}_{\boldsymbol{Y}_i^a}$ 相关的项。对于最顶层系统 $\mathbf{O}_0$，不存在共享变量，上式中消去与其相关的项，其目标函数与式(9.3)中的目标函数相同，具体如下式所示：

$$\left\{\begin{array}{ll}\text{Given} & T^{\mu}, T^{\sigma}, \boldsymbol{\mu}_{\boldsymbol{R}_{0\text{-}k}}^{\mathrm{L}}, \sigma_{\boldsymbol{Z}}^{2}, \boldsymbol{S}_{0\text{-}k}, \boldsymbol{s}_{\boldsymbol{R}_{0\text{-}k}}, \boldsymbol{s}_{\boldsymbol{X}_0}, \quad k=1,\cdots,n_0 \\ \text{find} & \boldsymbol{\mu}_{\boldsymbol{Z}}, \varepsilon_0^{\boldsymbol{R}}, \varepsilon_0^{\boldsymbol{Y}} \\ \min & \| \mu_{R_0} - T^{\mu} \|_2^2 + \| \sigma_{R_0} - T^{\sigma} \|_2^2 + \varepsilon_0^{\boldsymbol{R}} + \varepsilon_0^{\boldsymbol{Y}} \\ \text{s. t.} & \sum\limits_{k=1}^{n_0} \| \boldsymbol{\mu}_{\boldsymbol{R}_{0\text{-}k}} - \boldsymbol{\mu}_{\boldsymbol{R}_{0\text{-}k}}^{\mathrm{L}} \|_2^2 \leqslant \varepsilon_0^{\boldsymbol{R}} \\ & \sum\limits_{k=1}^{n_0} \| \boldsymbol{S}_{0\text{-}k} \boldsymbol{\mu}_{\boldsymbol{Y}_0^a} - \boldsymbol{\mu}_{\boldsymbol{Y}_{0\text{-}k}}^{\mathrm{L}} \|_2^2 \leqslant \varepsilon_0^{\boldsymbol{Y}} \\ & g_{0,m}(\boldsymbol{\mu}_{\boldsymbol{R}_{0\text{-}k}} - \boldsymbol{s}_{\boldsymbol{R}_{0\text{-}k}}^{m}, \boldsymbol{\mu}_{\boldsymbol{X}_0} - \boldsymbol{s}_{\boldsymbol{X}_0}^{m}) \geqslant 0, \quad m=1,\cdots,M_0; k=1,\cdots,n_0 \\ & \boldsymbol{\mu}_{\boldsymbol{X}_0}^{\min} \leqslant \boldsymbol{\mu}_{\boldsymbol{X}_0} \leqslant \boldsymbol{\mu}_{\boldsymbol{X}_0}^{\max} \\ \text{where} & \boldsymbol{Z} = \{\boldsymbol{R}_{0\text{-}1}, \cdots, \boldsymbol{R}_{0\text{-}n_0}, \boldsymbol{X}_0\} \\ & \mu_{R_0} = f_0(\boldsymbol{\mu}_{\boldsymbol{Z}}) \\ & \sigma_{R_0} \approx \sqrt{\sum\limits_{j=1}^{d_{\boldsymbol{Z}}} \left(\dfrac{\partial f_0(\boldsymbol{\mu}_{\boldsymbol{Z}})}{\partial Z^j} \right)^2 \sigma_{Z^j}^2} \end{array}\right. \tag{9.5}$$

可以看出，对确定性优化问题进行层次分解后，需要通过不确定性分析获取相关响应的偏移向量和标准差，下面进行详细介绍。

2. 不确定性分析层次分解

1) 不确定性传播

为了计算相关响应的偏移向量和方差，首先需要构建各层之间的不确定性传播关系。对于相关响应 $R=f(\boldsymbol{X})$，其 δ 分位点可以通过逆最大可能点求得。参见 7.1.2 节可知，逆最大可能点存在以下性质：

$$\Pr[f(\boldsymbol{X})<f(\boldsymbol{X}_{\mathrm{iMPP}})]=\delta \tag{9.6}$$

因此相关响应 R 的 δ 分位点为 $R^{\delta}=f(\boldsymbol{X}_{\mathrm{iMPP}})$。

在区间[$-3,3$]或[$-4,4$]中给定一系列的 $\beta^i(i=1,\cdots,K)$，其对应的概率值 $\delta^i=\Phi(\beta^i)$ 在[0.0013，0.9987]或[3.1671×10^{-5}，0.99997]之间（接近于[0,1]）。对于每一个 δ^i，通过式(9.6)计算响应 R 分位点 R^{δ_i}，从而可以获取 R^{δ} 和 β 之间的映射关系，即得到 R 离散化的累积分布函数 $F_R(R)$。通过差分近似构造 $F_R(R)$ 如下：

$$F_R(R)=\Phi\left[\beta^j+\frac{\beta^{j+1}-\beta^j}{R^{\alpha_{j+1}}-R^{\alpha_j}}(R-R^{\delta_j})\right]$$

$$\text{where}\quad j=\begin{cases}1, & R\leqslant R^{\delta_1}\\ i, & R^{\delta_i}<R\leqslant R^{\delta_{i+1}},i=1,\cdots,K-1,\\ K-1, & R>R^{\delta_K}\end{cases}\tag{9.7}$$

对 $F_R(R)$ 求导可以得到 R 的概率密度函数如下：

$$p_R(R)=\frac{\beta^{j+1}-\beta^j}{R^{\delta_{j+1}}-R^{\delta_j}}\phi\left(\beta^j+\frac{\beta^{j+1}-\beta^j}{R^{\delta_{j+1}}-R^{\delta_j}}(R-R^{\delta_j})\right)\tag{9.8}$$

其中，$\phi(\cdot)$是标准正态分布的概率密度函数，j 的定义与式(9.7)相同。根据定义可以得到 R 的均值和方差如下：

$$\begin{aligned}\mu_R &= \int_{-\infty}^{+\infty}Rp_R(R)\mathrm{d}R\\ &\approx \sum_{j=1}^{K-1}\frac{1}{a_j}\{\phi(\beta^j)-\phi(\beta^{j+1})-b_j[\Phi(\beta^{j+1})-\Phi(\beta^j)]\}\\ \sigma_R^2 &= \int_{-\infty}^{+\infty}(R-\mu_R)^2p_R(R)\mathrm{d}R\\ &\approx \sum_{j=1}^{K-1}\frac{1}{a_j^2}[\beta^i\phi(\beta^j)-2b_i\phi(\beta^j)-(1+b_i^2)\phi(\beta^j)]\\ &\quad+\sum_{j=1}^{K-1}\frac{1}{a_j^2}[-\beta^{j+1}\phi(\beta^{j+1})+2b_i\phi(\beta^{j+1})+(1+b_i^2)\Phi(\beta^{j+1})]-\mu_R^2\end{aligned}\tag{9.9}$$

式中

$$a_j=\frac{\beta^{j+1}-\beta^j}{R^{\delta_{j+1}}-R^{\delta_j}},\quad b_j=\beta^j-a_iR^{\delta_j}$$

2) 同时概率分析法

可以通过两种方法求解相关响应的偏移向量和标准差。第一种方法首先求解式(9.3)，假设某约束 $g_j(\boldsymbol{X})$ 对应的逆最大可能点为 $\boldsymbol{X}_{\mathrm{iMPP}}^j$，子系统 $\mathbf{O}_i$ 中的约束 $g_{i,m}(\boldsymbol{R}_{i\text{-}k},\boldsymbol{X}_i,\boldsymbol{Y}_i)$ 对应于式(9.3)中的 $g_j(\boldsymbol{X})$，由于 $\mathbf{O}_i$ 中的变量满足 $\boldsymbol{X}_i\subset\boldsymbol{X},\boldsymbol{Y}_i\subset\boldsymbol{X}$，且相关响应可以写成 $\boldsymbol{R}_{i\text{-}k}=\boldsymbol{r}_{i\text{-}k}(\boldsymbol{X})$，因此对应的偏移向量可以通过下式求得：

$$\begin{cases}\boldsymbol{s}_{\boldsymbol{X}_i}^m=\boldsymbol{\mu}_{\boldsymbol{X}_i}-\boldsymbol{X}_{i,\mathrm{iMPP}}\\ \boldsymbol{s}_{\boldsymbol{Y}_i}^m=\boldsymbol{\mu}_{\boldsymbol{Y}_i}-\boldsymbol{Y}_{i,\mathrm{iMPP}}\\ \boldsymbol{s}_{\boldsymbol{R}_{i\text{-}k}}^m=\boldsymbol{r}_{i\text{-}k}(\boldsymbol{\mu}_{\boldsymbol{X}})-\boldsymbol{r}_{i\text{-}k}(\boldsymbol{X}_{\mathrm{iMPP}}^j)\end{cases}\tag{9.10}$$

只有顶层需要相关响应的标准差，顶层的相关响应 $\boldsymbol{R}_{0\text{-}k}=f_{0\text{-}k}(\boldsymbol{X})$，其标准差可以通过前文介绍的不确定性传播方法式(9.9)求得。由于该方法中所有设计变量同时参与不确定性分析，因此这种方法称为“同时概率分析法”。

3）层次概率分析法

可以看出，同时概率分析法容易组织求解，但是当 $\boldsymbol{X}$ 维数较高时，逆最大可能点的求解难度非常大，该问题在顶层约束中尤为凸显。ATC 法将高维问题层次分解为若干个低维子问题，使得每个问题的求解难度降低。为了利用 ATC 法的上述优点，可以逐层进行不确定性分析，将其称为“层次概率分析法”。对于子系统 $\mathbf{O}_i$ 中的约束 $g_{i,m}(\boldsymbol{R}_{i\text{-}k},\boldsymbol{X}_i,\boldsymbol{Y}_i)$，当 $\boldsymbol{R}_{i\text{-}k}$、$\boldsymbol{X}_i$ 和 $\boldsymbol{Y}_i$ 的累积概率分布函数已知时，可以通过不确定性分析得到其对应逆最大可能点和偏移向量：

$$\begin{cases} \boldsymbol{s}_{\boldsymbol{X}_i}^m=\boldsymbol{\mu}_{\boldsymbol{X}_i}-\boldsymbol{X}_{i,\text{iMPP}} \\ \boldsymbol{s}_{\boldsymbol{Y}_i}^m=\boldsymbol{\mu}_{\boldsymbol{Y}_i}-\boldsymbol{Y}_{i,\text{iMPP}} \\ \boldsymbol{s}_{\boldsymbol{R}_{i\text{-}k}}^m=\boldsymbol{\mu}_{\boldsymbol{R}_{i\text{-}k}}-\boldsymbol{R}_{i\text{-}k,\text{iMPP}} \end{cases} \tag{9.11}$$

由于 $\boldsymbol{R}_{i\text{-}k}=\boldsymbol{r}_{i\text{-}k}(\boldsymbol{X})$，逆最大可能点搜索问题的维数比同时概率分析法有所降低。另外，为获得 $\boldsymbol{R}_{i\text{-}k}(k=1,\cdots,n_i)$ 的累积概率密度函数，层次概率分析法从最底层开始求解。由于最底层系统不存在更低一层系统的相关响应，而本地向量和共享变量的概率分布已知，可以直接进行不确定性分析，同时，通过前文介绍的不确定性传播方法可以求得其相关响应的累积概率分布函数 $F_R(R)$。倒数第二层系统在最底层系统的相关响应累积概率分布函数确定后可以进行不确定性分析，求解式(9.11)。综上，层次系统不确定性分析方法流程图如图 9.2 所示。

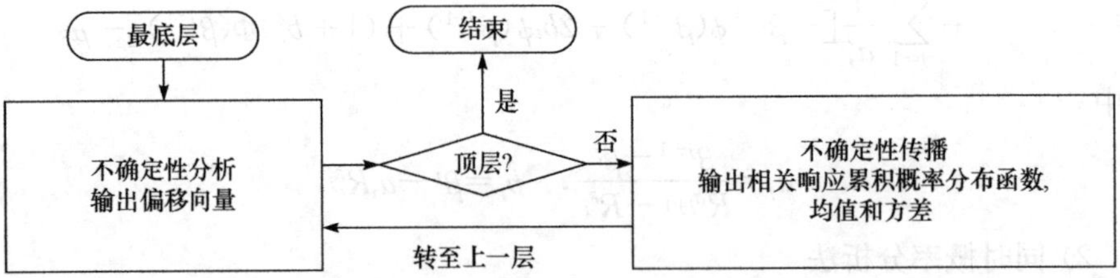

图 9.2　层次系统不确定性分析方法流程图

3. SPATC 算法

综合确定性优化层次分解和不确定性分析层次分解算法，SPATC 方法的优化过程流程如图 9.3 所示，算法步骤如下。

步骤 1：求解确定性 ATC 优化问题。第一次循环直接不考虑不确定性影响，简化为确定性 ATC 问题进行求解。从第二次循环开始，基于前一次循环不确定性分析得到的结果构建确定性 ATC 优化问题式(9.4)和式(9.5)并进行确定性优化求解。

步骤 2：不确定性分析。对步骤 1 获取的最优解进行不确定性分析，计算各个约束中所有随机变量(设计变量、相关响应和共享变量)的偏移向量和顶层响应的标准差。当不确定性变量较少时,采用同时不确定性分析方法求解,当变量较多时采用层次不确定性分析方法求解。

步骤 3:判断是否收敛。如果所有可靠性约束都满足并且系统的目标函数值收敛,停止优化,否则进入步骤 4。

步骤 4:基于步骤 2 构建新的确定性 ATC 优化问题,并转至步骤 1。

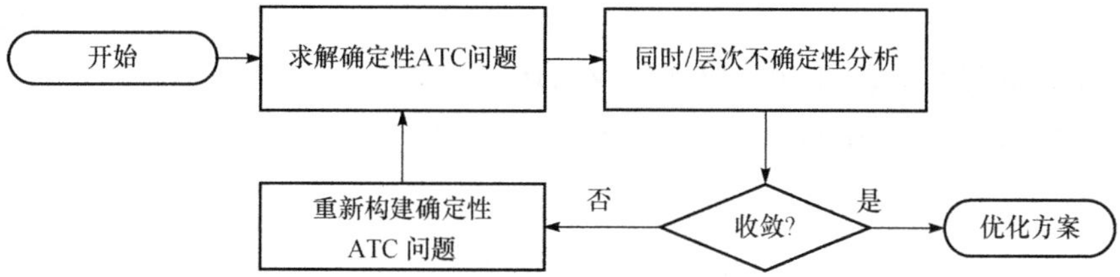

图 9.3 SPATC 方法的优化过程流程图

9.1.3 概率联合优化过程

考虑优化变量 $\boldsymbol{X}$ 和系统模型参数 $\boldsymbol{P}$ 具有随机不确定性,则由 N_D 个耦合学科构成的非层次系统 UMDO 优化问题表述如下:

$$\begin{cases}\text{find} & \boldsymbol{\mu_X} \\ \min & F(\mu_f, \sigma_f) \\ \text{s.t.} & \Pr\{\boldsymbol{g} \leqslant 0\} \leqslant \boldsymbol{P}_{\text{f\_con}} = 1 - \boldsymbol{R}_T \\ & \boldsymbol{Y}_i = \text{CA}_i(\boldsymbol{X}_i, \boldsymbol{Y}_{\cdot i}, \boldsymbol{P}_i), \quad i = 1, \cdots, N_D \\ & \boldsymbol{X} = \bigcup\limits_{i=1,\cdots,N_D} \boldsymbol{X}_i, \quad \boldsymbol{P} = \bigcup\limits_{i=1,\cdots,N_D} \boldsymbol{P}_i, \quad \boldsymbol{Y} = \bigcup\limits_{i=1,\cdots,N_D} \boldsymbol{Y}_i, \quad \boldsymbol{Y}_{\cdot i} \subseteq \left(\bigcup\limits_{j=1,\cdots,N_D, j\neq i} \boldsymbol{Y}_j\right) \\ & \boldsymbol{\mu_X} \in [\boldsymbol{X}^{\text{L}}, \boldsymbol{X}^{\text{U}}], \quad f \in \boldsymbol{Y}, \quad \boldsymbol{g} \subseteq \boldsymbol{Y}\end{cases} \tag{9.12}$$

其中,优化目标表述为原优化目标期望值和标准差的函数,以此在优化系统性能的同时增强方案稳健性。如果对其他状态变量对应的性能也有稳健性要求,可以直接将其标准差或其他代表稳健性的指标加入优化目标中。为了求解式(9.12),以第 8 章介绍的确定性 MDO 优化过程 MDF-CSSO 为基础,建立了随机不确定性联合优化过程(probabilistic MDF-CSSO,PMDF-CSSO)[12]。PMDF-CSSO 方法首先对确定性 MDF-CSSO 中各阶段的优化问题进行重新表述。

第一阶段第 r 次循环的系统级优化问题表述为

$$\begin{cases}\text{find} & \boldsymbol{\mu}_{\boldsymbol{X}}^{(r)} \\ \min & F(\mu_{\tilde{f}},\sigma_{\tilde{f}}) \\ \text{s.t.} & \Pr\{\tilde{\boldsymbol{g}} \leqslant 0\} \leqslant \boldsymbol{P}_{\text{f\_con}} \\ & \tilde{\boldsymbol{Y}}_i = \tilde{\boldsymbol{Y}}_i^{(r)}(\boldsymbol{X}_i^{(r)},\tilde{\boldsymbol{Y}}_{\cdot i},\boldsymbol{P}),\ i=1,\cdots,N_D;\quad \tilde{\boldsymbol{Y}}_{\cdot i} \subseteq \left(\bigcup_{j=1,\cdots,N_D,j\neq i} \tilde{\boldsymbol{Y}}_j\right) \\ & \boldsymbol{\mu}_{\boldsymbol{X}}^{(r)} \in [\boldsymbol{X}^{\mathrm{L}},\boldsymbol{X}^{\mathrm{U}}],\quad \tilde{f} \in \tilde{\boldsymbol{Y}},\quad \tilde{\boldsymbol{g}} \subseteq \tilde{\boldsymbol{Y}}\end{cases} \tag{9.13}$$

其中,学科近似模型表述为$\tilde{\boldsymbol{Y}}_i=\tilde{\boldsymbol{Y}}_i(\boldsymbol{X}_i,\boldsymbol{Y}_{\cdot i},\boldsymbol{P}_i)$。

第二阶段第 r 次循环的子空间 i 优化问题表述为

$$\begin{cases}\text{find} & \boldsymbol{\mu}_{\boldsymbol{X}i}^{(r)} \\ \min & \begin{cases}F(\mu_f,\sigma_f), & f\in\boldsymbol{Y}_i \\ F(\mu_{\tilde{f}},\sigma_{\tilde{f}}), & f\notin\boldsymbol{Y}_i\end{cases} \\ \text{s.t.} & \Pr\{\boldsymbol{g}_i\leqslant 0\}\leqslant\boldsymbol{P}_{\text{f\_con\_}i} \\ & \boldsymbol{Y}_i=\mathrm{CA}_i(\boldsymbol{X}_i^{(r)},\tilde{\boldsymbol{Y}}_{\cdot i},\boldsymbol{P}_i) \\ & \forall\tilde{\boldsymbol{Y}}_j\subseteq\tilde{\boldsymbol{Y}}_{\cdot i},\quad \tilde{\boldsymbol{Y}}_j=\tilde{\boldsymbol{Y}}_j^{(r)}(\boldsymbol{X}^{(r)},\boldsymbol{P}) \\ & \boldsymbol{\mu}_{\boldsymbol{X}i}^{(r)}\in[\boldsymbol{X}_i^{\mathrm{L}},\boldsymbol{X}_i^{\mathrm{U}}],\quad \boldsymbol{\mu}_{\boldsymbol{X}j|j\neq i}^{(r)}=\boldsymbol{\mu}_{\bar{\boldsymbol{X}}j}^{(r)}\end{cases} \tag{9.14}$$

其中,非本地状态变量向量由近似模型$\tilde{\boldsymbol{Y}}_i(\boldsymbol{X},\boldsymbol{P})$进行估计。

求解式(9.13)和式(9.14)的关键在于通过概率分析获得系统输出状态变量在模型输入随机不确定性和模型参数随机不确定性影响下的随机分布特点[13],并根据概率分析结果指导不确定性条件下的寻优。在求解式(9.13)和式(9.14)过程中涉及的概率分析主要包括矩估计和可靠性分析两部分,前者用于对优化目标涉及的状态变量期望值和标准差进行估计,后者对满足约束条件的可靠度进行计算。

首先对矩估计法进行讨论。为了提高计算效率,本节采用基于泰勒展开的矩估计法[14]。对于式(9.14)优化问题中的矩估计,非本地状态变量通过$\tilde{\boldsymbol{Y}}_i(\boldsymbol{X},\boldsymbol{P})$进行估算,状态变量向量$\tilde{\boldsymbol{Y}}_i$ 的第 j 个分量 $\tilde{Y}_i^j$ 的期望值和标准差估计如下:

$$\mu_{\tilde{Y}_i^j}=E(\tilde{Y}_i^j)\approx\tilde{Y}_i^j(\boldsymbol{\mu}_{\boldsymbol{X}},\boldsymbol{\mu}_{\boldsymbol{P}}) \tag{9.15}$$

$$\sigma_{\tilde{Y}_i^j}^2=\sum_{k=1}^{N_X}\left(\frac{\partial\tilde{Y}_i^j}{\partial X^k}\right)^2\sigma_{X^k}^2+\sum_{k=1}^{N_P}\left(\frac{\partial\tilde{Y}_i^j}{\partial P^k}\right)^2\sigma_{P^k}^2 \tag{9.16}$$

式中,N_X 和 N_P 分别为设计变量和模型不确定性参数的数量;$\boldsymbol{\mu}_{\boldsymbol{X}}$和$\boldsymbol{\mu}_{\boldsymbol{P}}$分别为 $\boldsymbol{X}$ 和 $\boldsymbol{P}$ 的期望值;σ_{X^k} 和 σ_{P^k} 分别为 X^k 和 P^k 的标准差,上标表示向量的第 k 个分量。

式(9.14)中学科 i 的局部状态变量通过高精度学科分析模型 CA_i 进行计算,Y_i^j 的期望值和标准差估计如下:

$$\mu_{Y_i^j}=E(Y_i^j)\approx \mathrm{CA}_i^j(\boldsymbol{\mu}_{\boldsymbol{X}_i},\boldsymbol{\mu}_{\tilde{\boldsymbol{Y}}_{\cdot i}},\boldsymbol{\mu}_{\boldsymbol{P}_i}) \tag{9.17}$$

$$\sigma_{Y_i^j}^2=\sum_{k=1}^{N_{Xi}}\left(\frac{\partial Y_i^j}{\partial X_i^k}\right)^2\sigma_{X_i^k}^2+\sum_{k=1}^{N_{Y\cdot i}}\left(\frac{\partial Y_i^j}{\partial \tilde{Y}_{\cdot i}^k}\right)^2\sigma_{\tilde{Y}_{\cdot i}^k}^2+\sum_{k=1}^{N_{Pi}}\left(\frac{\partial Y_i^j}{\partial P_i^k}\right)^2\sigma_{P_i^k}^2 \tag{9.18}$$

其中，N_{Xi}、$N_{Y\cdot i}$和N_{Pi}分别为学科i的局部设计变量、耦合输入状态变量和学科模型不确定性参数的数量，$\sigma_{\tilde{Y}_{\cdot i}^k}^2$通过式(9.16)进行计算。

对于优化问题式(9.13)中的矩估计，由于学科近似模型相互耦合，因此需要考虑不确定性因素的交叉传递影响。学科i的第j个状态变量的期望值和标准差表述为

$$\mu_{\tilde{Y}_i^j}=E(\tilde{Y}_i^j)\approx \tilde{Y}_i^j(\boldsymbol{\mu}_{\boldsymbol{X}_i},\boldsymbol{\mu}_{\tilde{\boldsymbol{Y}}_{\cdot i}},\boldsymbol{\mu}_{\boldsymbol{P}_i}) \tag{9.19}$$

$$\sigma_{\tilde{Y}_i^j}^2=\sum_{k=1}^{N_{Xi}}\left(\frac{\partial \tilde{Y}_i^j}{\partial X_i^k}\right)^2\sigma_{X_i^k}^2+\sum_{l=1,\cdots,N_D,l\neq i}\left[\sum_{k=1}^{N_{Yl}}\left(\frac{\partial \tilde{Y}_i^j}{\partial \tilde{Y}_l^k}\right)^2\sigma_{\tilde{Y}_l^k}^2\right]+\sum_{k=1}^{N_{Pi}}\left(\frac{\partial \tilde{Y}_i^j}{\partial P_i^k}\right)^2\sigma_{P_i^k}^2 \tag{9.20}$$

记$\boldsymbol{\sigma}_{\tilde{\boldsymbol{Y}}_i}^2=[\sigma_{\tilde{Y}_i^1}^2,\cdots,\sigma_{\tilde{Y}_i^{N_{Yi}}}^2]^{\mathrm{T}}$，$\boldsymbol{\sigma}_{\boldsymbol{X}_i}^2=[\sigma_{X_i^1}^2,\cdots,\sigma_{X_i^{N_{Xi}}}^2]^{\mathrm{T}}$，$\boldsymbol{\sigma}_{\boldsymbol{P}_i}^2=[\sigma_{P_i^1}^2,\cdots,\sigma_{P_i^{N_{Pi}}}^2]^{\mathrm{T}}$，$N_{Yi}$为学科$i$的局部状态变量数量，则学科$i$的局部状态变量向量的标准差可表述为

$$\boldsymbol{\sigma}_{\tilde{\boldsymbol{Y}}_i}^2=\boldsymbol{A}_i\cdot\boldsymbol{\sigma}_{\boldsymbol{X}_i}^2+\sum_{j=1,\cdots,N_D,j\neq i}\boldsymbol{B}_{ij}\cdot\boldsymbol{\sigma}_{\tilde{\boldsymbol{Y}}_j}^2+\boldsymbol{C}_i\cdot\boldsymbol{\sigma}_{\boldsymbol{P}_i}^2 \tag{9.21}$$

其中

$$\boldsymbol{A}_i=\begin{bmatrix}\left(\dfrac{\partial \tilde{Y}_i^1}{\partial X_i^1}\right)^2 & \left(\dfrac{\partial \tilde{Y}_i^1}{\partial X_i^2}\right)^2 & \cdots & \left(\dfrac{\partial \tilde{Y}_i^1}{\partial X_i^{N_{Xi}}}\right)^2\\ \left(\dfrac{\partial \tilde{Y}_i^2}{\partial X_i^1}\right)^2 & \left(\dfrac{\partial \tilde{Y}_i^2}{\partial X_i^2}\right)^2 & \cdots & \left(\dfrac{\partial \tilde{Y}_i^2}{\partial X_i^{N_{xi}}}\right)^2\\ \vdots & \vdots & & \vdots\\ \left(\dfrac{\partial \tilde{Y}_i^{N_{Yi}}}{\partial X_i^1}\right)^2 & \left(\dfrac{\partial \tilde{Y}_i^{N_{Yi}}}{\partial X_i^2}\right)^2 & \cdots & \left(\dfrac{\partial \tilde{Y}_i^{N_{Yi}}}{\partial X_i^{N_{Xi}}}\right)^2\end{bmatrix} \tag{9.22}$$

$$\boldsymbol{B}_{ij}=\begin{bmatrix}\left(\dfrac{\partial \tilde{Y}_i^1}{\partial \tilde{Y}_j^1}\right)^2 & \left(\dfrac{\partial \tilde{Y}_i^1}{\partial \tilde{Y}_j^2}\right)^2 & \cdots & \left(\dfrac{\partial \tilde{Y}_i^1}{\partial \tilde{Y}_j^{N_{Yj}}}\right)^2\\ \left(\dfrac{\partial \tilde{Y}_i^2}{\partial \tilde{Y}_j^1}\right)^2 & \left(\dfrac{\partial \tilde{Y}_i^2}{\partial \tilde{Y}_j^2}\right)^2 & \cdots & \left(\dfrac{\partial \tilde{Y}_i^2}{\partial \tilde{Y}_j^{N_{Yj}}}\right)^2\\ \vdots & \vdots & & \vdots\\ \left(\dfrac{\partial \tilde{Y}_i^{N_{Yi}}}{\partial \tilde{Y}_j^1}\right)^2 & \left(\dfrac{\partial \tilde{Y}_i^{N_{Yi}}}{\partial \tilde{Y}_j^2}\right)^2 & \cdots & \left(\dfrac{\partial \tilde{Y}_i^{N_{Yi}}}{\partial \tilde{Y}_j^{N_{Yj}}}\right)^2\end{bmatrix} \tag{9.23}$$

$$\boldsymbol{C}_i=\begin{bmatrix}\left(\dfrac{\partial\widetilde{Y}_i^1}{\partial P_i^1}\right)^2 & \left(\dfrac{\partial\widetilde{Y}_i^1}{\partial P_i^2}\right)^2 & \cdots & \left(\dfrac{\partial\widetilde{Y}_i^1}{\partial P_i^{N_{Pi}}}\right)^2\\ \left(\dfrac{\partial\widetilde{Y}_i^2}{\partial P_i^1}\right)^2 & \left(\dfrac{\partial\widetilde{Y}_i^2}{\partial P_i^2}\right)^2 & \cdots & \left(\dfrac{\partial\widetilde{Y}_i^2}{\partial P_i^{N_{Pi}}}\right)^2\\ \vdots & \vdots & & \vdots\\ \left(\dfrac{\partial\widetilde{Y}_i^{N_{Yi}}}{\partial P_i^1}\right)^2 & \left(\dfrac{\partial\widetilde{Y}_i^{N_{Yi}}}{\partial P_i^2}\right)^2 & \cdots & \left(\dfrac{\partial\widetilde{Y}_i^{N_{Yi}}}{\partial P_i^{N_{Pi}}}\right)^2\end{bmatrix} \tag{9.24}$$

所有学科的局部状态变量向量的标准差均通过式(9.21)进行描述，则共同组成如下方程组：

$$\begin{Bmatrix}\boldsymbol{\sigma}_{\widetilde{\mathbf{Y}}_1}^2\\ \boldsymbol{\sigma}_{\widetilde{\mathbf{Y}}_2}^2\\ \vdots\\ \boldsymbol{\sigma}_{\widetilde{\mathbf{Y}}_{N_D}}^2\end{Bmatrix}=\begin{bmatrix}\boldsymbol{I} & -B_{12} & \cdots & -B_{1N_D}\\ -B_{21} & \boldsymbol{I} & \cdots & -B_{2N_D}\\ \vdots & \vdots & & \vdots\\ -B_{N_D1} & -B_{N_D2} & \cdots & \boldsymbol{I}\end{bmatrix}^{-1}\begin{Bmatrix}\boldsymbol{D}_1\\ \boldsymbol{D}_2\\ \vdots\\ \boldsymbol{D}_{N_D}\end{Bmatrix} \tag{9.25}$$

$$\boldsymbol{D}_i=\boldsymbol{A}_i\cdot\boldsymbol{\sigma}_{\mathbf{X}_i}^2+\boldsymbol{C}_i\cdot\boldsymbol{\sigma}_{\boldsymbol{P}_i}^2 \tag{9.26}$$

由于式(9.22)～式(9.24)表示的常系数矩阵中的偏导数可以基于近似模型进行求解，又因为$\boldsymbol{\sigma}_{\mathbf{X}_i}^2$和$\boldsymbol{\sigma}_{\boldsymbol{P}_i}^2$已知，则通过式(9.26)可以直接求解耦合学科不确定性交叉传递影响下的系统状态变量的标准差。该多学科耦合标准差估计方法本质上与 Du 和 Chen 推导的耦合学科标准差估计方法相似[15]。至此完成优化问题式(9.13)和式(9.14)中的状态变量矩估计。

与矩估计相比，可靠性分析更加复杂且计算成本高昂，具体参见 6.2 节介绍。如果直接将可靠性分析嵌套于优化搜索中，则需要大量调用学科分析模型和系统分析模型，特别对于第二阶段采用高精度学科模型进行子空间优化，将使得计算成本难以承受。为了解决上述优化-可靠性分析嵌套的优化方法存在的困难，一种有效的方法就是采用单层优化过程思想(参见 9.1.1 节)，基于序贯优化和可靠性分析的随机不确定性优化方法 SORA(参见 7.1.2 节)，将基于可靠性的多学科设计优化问题转换为独立的确定性 MDO 问题和可靠性分析问题，然后对于确定性 MDO 问题，直接采用 MDF 或 CSSO 进行组织求解。综上，对 PMDF-CSSO 优化过程算法详细介绍如下。

第一阶段：随机不确定性条件下基于近似模型的 MDF。

步骤 1.0：初始化，记循环次数 $r=0$，设计变量向量的标准差为$\boldsymbol{\sigma_X}$，系统模型不确定性参数的期望值和标准差为$\boldsymbol{\mu_P}$和$\boldsymbol{\sigma_P}$。

步骤 1.1：学科近似建模。记 $r=r+1$，建立学科近似模型 $\widetilde{\boldsymbol{Y}}_i=\widetilde{\boldsymbol{Y}}_i^{(r)}(\boldsymbol{X}_i, \boldsymbol{Y}_{\cdot i}, \boldsymbol{P}_i)$。

步骤 1.2：基于近似模型的系统级优化。

如果 $r=1$，忽略不确定性影响，直接对确定性优化问题进行求解，其中系统模型随机不确定性参数 $\boldsymbol{P}$ 取值为其期望值 $\boldsymbol{\mu}_{\boldsymbol{P}}$。

如果 $r>1$，第 r 次循环的系统级优化为

$$\begin{cases} \text{find} & \boldsymbol{\mu}_{\boldsymbol{X}}^{(r)} \\ \min & F(\mu_{\tilde{f}}, \sigma_{\tilde{f}}) \\ \text{s.t.} & \tilde{g}_k(\boldsymbol{\mu}_{\boldsymbol{X}}^{(r)}-\boldsymbol{s}_k^{(r)}, \tilde{\boldsymbol{y}}_{\cdot gk}, \boldsymbol{p}_{k\_\text{iMPP}}^{(r-1)^*}) \geqslant 0, \quad k=1,\cdots,N_g \\ & \boldsymbol{s}_k^{(r)} = \boldsymbol{\mu}_{\boldsymbol{X}}^{(r-1)^*} - \boldsymbol{x}_{k\_\text{iMPP}}^{(r-1)^*} \\ & \widetilde{\boldsymbol{Y}}_i = \widetilde{\boldsymbol{Y}}_i^{(r)}(\boldsymbol{X}_i^{(r)}, \widetilde{\boldsymbol{Y}}_{\cdot i}, \boldsymbol{P}_i),\ i=1,\cdots,N_D; \quad \widetilde{\boldsymbol{Y}}_{\cdot i} \subseteq \left(\bigcup_{j=1,\cdots,N_D, j\neq i} \widetilde{\boldsymbol{Y}}_j\right) \\ & \boldsymbol{\mu}_{\boldsymbol{X}}^{(r)} \in [\boldsymbol{X}^{\mathrm{L}}, \boldsymbol{X}^{\mathrm{U}}], \quad \tilde{\boldsymbol{f}} \in \widetilde{\boldsymbol{Y}}, \quad \tilde{\boldsymbol{g}} \subseteq \widetilde{\boldsymbol{Y}}, \quad \tilde{\boldsymbol{y}}_{\cdot gk} \subseteq \widetilde{\boldsymbol{Y}} \end{cases} \tag{9.27}$$

其中，N_g 为约束条件数；$\tilde{\boldsymbol{y}}_{\cdot gk}$ 为第 k 个约束条件的耦合输入状态变量向量，为状态变量向量 $\widetilde{\boldsymbol{Y}}$ 的子集，根据近似模型进行计算。基于矩估计法通过求解式(9.19)和式(9.25)对 $\mu_{\tilde{f}}$ 和 $\sigma_{\tilde{f}}$ 进行计算。逆最大可能点 $\boldsymbol{x}_{k\_\text{iMPP}}^{(r-1)^*}$ 和 $\boldsymbol{p}_{k\_\text{iMPP}}^{(r-1)^*}$ 为前一循环最优点对应第 k 个约束条件的逆最大可能点。记优化结果为 $\boldsymbol{\mu}_{\boldsymbol{X}}^{(r)^*}$。

步骤 1.3：系统分析。对 $\boldsymbol{\mu}_{\boldsymbol{X}}^{(r)^*}$ 进行基于高精度模型的概率分析。采用 6.2.2 节介绍的 FORM 近似计算各个约束条件的可靠度，并基于 PMA 方法获取 $\boldsymbol{\mu}_{\boldsymbol{X}}^{(r)^*}$ 对应各个约束条件的逆最大可能点 $\boldsymbol{x}_{k\_\text{iMPP}}^{(r)^*}$ 和 $\boldsymbol{p}_{k\_\text{iMPP}}^{(r)^*}$($1\leqslant k\leqslant N_g$)。如果 $\boldsymbol{\mu}_{\boldsymbol{X}}^{(r)^*}$ 可行(满足所有可靠性约束条件)且优于前面循环获取的最优点，则记 $\boldsymbol{\mu}_{\boldsymbol{X}}^*=\boldsymbol{\mu}_{\boldsymbol{X}}^{(r)^*}$。

步骤 1.4：判断是否收敛。收敛条件为：连续三个循环的最优目标值相对变化小于阈值 ε_O，即

$$(\| F^{(r)^*}-F^{(r-1)^*} \| + \| F^{(r-1)^*}-F^{(r-2)^*} \|)/2 \leqslant \varepsilon_O \tag{9.28}$$

如果不满足收敛条件，转至步骤 1.1，否则进入第二阶段。

第二阶段：随机不确定性条件下基于近似模型的 CSSO。

步骤 2.1：记循环次数 $r=r+1$。记第一阶段最优点 $\boldsymbol{\mu}_{\boldsymbol{X}}^*$ 为基线方案 $\bar{\boldsymbol{\mu}}_{\boldsymbol{X}}^{(r)}$。基于第一阶段获取的样本点和优化方案，建立近似模型 $\widetilde{\boldsymbol{Y}}_i^{(r)}(\boldsymbol{X}, \boldsymbol{P})$ 和 $\widetilde{\boldsymbol{Y}}_i^{(r)}(\boldsymbol{X}_i, \boldsymbol{Y}_{\cdot i}, \boldsymbol{P}_i)$。

步骤 2.2：并行子空间优化。第 i 个子空间优化问题 SSOi 记为

$$
\left\{
\begin{aligned}
&\text{find} \quad \boldsymbol{\mu}_{\boldsymbol{X}i}^{(r)} \\
&\min \quad \begin{cases} F(\mu_f,\sigma_f), & f\in \boldsymbol{Y}_i \\ F(\mu_{\tilde{f}},\sigma_{\tilde{f}}), & f\notin \boldsymbol{Y}_i \end{cases} \\
&\text{s. t.} \quad g_{ji}\left(\boldsymbol{\mu}_{\boldsymbol{X}}^{(r)}-\boldsymbol{s}_i^{(r)},\tilde{\boldsymbol{y}}_{\cdot gji},\boldsymbol{p}_{k\_\text{iMPP}}^{(r-1)^*}\right)\geqslant 0, \quad j=1,\cdots,N_{g_i} \\
&\qquad \boldsymbol{s}_i^{(r)}=\boldsymbol{\mu}_{\boldsymbol{X}}^{(r-1)^*}-\boldsymbol{x}_{k\_\text{iMPP}}^{(r-1)^*} \\
&\qquad \boldsymbol{Y}_i=\text{CA}_i(\boldsymbol{X}_i^{(r)},\tilde{\boldsymbol{Y}}_{\cdot i},\boldsymbol{P}) \\
&\qquad \tilde{\boldsymbol{Y}}_{j|j\neq i}=\tilde{\boldsymbol{Y}}_j^{(r)}(\boldsymbol{X}^{(r)},\boldsymbol{P}) \\
&\qquad \boldsymbol{\mu}_{\boldsymbol{X}i}^{(r)}\in[\boldsymbol{X}_i^{\text{L}},\boldsymbol{X}_i^{\text{U}}], \quad \boldsymbol{\mu}_{\boldsymbol{X}j|j\neq i}^{(r)}=\bar{\boldsymbol{\mu}}_{\boldsymbol{X}_j}^{(r)} \\
&\qquad \tilde{\boldsymbol{y}}_{\cdot gji}\subseteq\tilde{\boldsymbol{Y}}_{\cdot i}, \quad g_{ji}\in\boldsymbol{Y}_i
\end{aligned}
\right.
\tag{9.29}
$$

其中，N_{g_i} 为学科 i 的约束条件数；g_{ji} 表示学科 i 第 j 约束函数，为本地状态变量向量 $\boldsymbol{Y}_i$ 的元素；$\tilde{\boldsymbol{y}}_{\cdot gji}$ 为学科 i 第 j 个约束函数的耦合输入状态变量向量，为状态变量向量 $\tilde{\boldsymbol{Y}}_{\cdot i}$ 的子集。基于矩估计方法，非本地状态变量向量期望值和标准差通过式(9.15)和式(9.16)求解，本地状态变量向量的期望值和标准差通过式(9.17)和式(9.18)求解。记 SSOi 的最优解为 $\boldsymbol{\mu}_{\boldsymbol{X}i\_\text{all}}^{(r)^*}=\boldsymbol{\mu}_{\boldsymbol{X}i}^{(r)^*}\cup\bar{\boldsymbol{\mu}}_{\boldsymbol{X}_{j=1,\cdots,N_D,j\neq i}}^{(r)}$。

步骤 2.3：系统分析。对各个子空间优化获取的最优点 $\boldsymbol{\mu}_{\boldsymbol{X}i\_\text{all}}^{(r)^*}$ $(1\leqslant i\leqslant N_D)$ 分别进行概率分析，方法同步骤 1.3。记所有子空间优化解中的可行最优点为 $\boldsymbol{\mu}_{\boldsymbol{X}}^{(r\_\text{sso})^*}$，基于 PMA 方法获取 $\boldsymbol{\mu}_{\boldsymbol{X}}^{(r\_\text{sso})^*}$ 对应各个约束条件的逆最大可能点 $\boldsymbol{x}_{k\_\text{iMPP}}^{(r\_\text{sso})^*}$ 和 $\boldsymbol{p}_{k\_\text{iMPP}}^{(r\_\text{sso})^*}$ $(1\leqslant k\leqslant N_g)$。

步骤 2.4：基于近似模型的系统优化，优化问题如式(9.27)所示，只是将其中 $\boldsymbol{\mu}_{\boldsymbol{X}}^{(r-1)^*}$、$\boldsymbol{x}_{k\_\text{iMPP}}^{(r-1)^*}$ 和 $\boldsymbol{p}_{k\_\text{iMPP}}^{(r-1)^*}$ 更换为步骤 2.3 系统分析获得的 $\boldsymbol{\mu}_{\boldsymbol{X}}^{(r\_\text{sso})^*}$、$\boldsymbol{x}_{k\_\text{iMPP}}^{(r\_\text{sso})^*}$ 和 $\boldsymbol{p}_{k\_\text{iMPP}}^{(r\_\text{sso})^*}$。记该步骤优化所得最优解为 $\boldsymbol{\mu}_{\boldsymbol{X}}^{(r)^*}$。

步骤 2.5：系统分析，同步骤 1.3。

步骤 2.6：判断是否收敛。当收敛条件满足，PMDF-CSSO 过程结束。

上述 PMDF-CSSO 流程中，所有近似模型均可以通过第 5 章提出的近似建模方法进行构造。

9.2 非概率 UMDO 过程

本节分别以面向层次系统的 ATC 和面向非层次系统的 CO 为基础，进一步考虑区间不确定性影响，形成基于区间的目标级联分析法和基于区间的协同优化过程，下面分别进行介绍。

9.2.1　基于区间的目标级联分析法

在确定性 ATC 基础上(参见 8.3.3 节)，考虑设计变量具有认知不确定性，通过区间描述其变化范围，形成基于区间的目标级联分析法。由于要求各层系统的约束条件在不确定性影响最坏情况下依然能够满足，因此子系统 $\mathbf{O}_i$ 的优化问题表述为如下形式：

$$\begin{cases}\text{Given} & \boldsymbol{R}_i^{\mathrm{U}},\boldsymbol{Y}_q^{a,\mathrm{U}},\boldsymbol{R}_{i\text{-}k}^{\mathrm{L}},\boldsymbol{Y}_{i\text{-}k}^{\mathrm{L}},\boldsymbol{S}_i,\boldsymbol{S}_{i\text{-}k}, \quad k=1,\cdots,n_i \\ \text{find} & \boldsymbol{X}_i,\boldsymbol{Y}_i,\boldsymbol{R}_{i\text{-}k},\boldsymbol{Y}_i^a,\varepsilon_i^{\boldsymbol{R}},\varepsilon_i^{\boldsymbol{Y}}, \quad k=1,\cdots,n_i \\ \min & \|\boldsymbol{R}_i-\boldsymbol{R}_i^{\mathrm{U}}\|_2^2+\|\boldsymbol{Y}_i-\boldsymbol{S}_i\boldsymbol{Y}_q^{a,\mathrm{U}}\|_2^2+\varepsilon_i^{\boldsymbol{R}}+\varepsilon_i^{\boldsymbol{Y}} \\ \text{s. t.} & \sum_{k=1}^{n_i}\|\boldsymbol{R}_{i\text{-}k}-\boldsymbol{R}_{i\text{-}k}^{\mathrm{L}}\|_2^2\leqslant\varepsilon_i^{\boldsymbol{R}} \\ & \sum_{k=1}^{n_i}\|\boldsymbol{S}_{i\text{-}k}\boldsymbol{Y}_i^a-\boldsymbol{Y}_{i\text{-}k}^{\mathrm{L}}\|_2^2\leqslant\varepsilon_i^{\boldsymbol{Y}} \\ & \boldsymbol{g}_i(\boldsymbol{R}_{i\text{-}k},\boldsymbol{X}_i,\boldsymbol{Y}_i)-\Delta\boldsymbol{g}_i\geqslant 0, \quad k=1,\cdots,n_i \\ & \boldsymbol{X}_i^{\min}\leqslant\boldsymbol{X}_i\leqslant\boldsymbol{X}_i^{\max}, \quad \boldsymbol{Y}_i^{\min}\leqslant\boldsymbol{Y}_i\leqslant\boldsymbol{Y}_i^{\max} \\ \text{where} & \boldsymbol{R}_i=\boldsymbol{f}_i(\boldsymbol{R}_{i\text{-}1},\cdots,\boldsymbol{R}_{i\text{-}n_i},\boldsymbol{X}_i,\boldsymbol{Y}_i) \\ & \Delta\boldsymbol{g}_i=\left|\dfrac{\partial\boldsymbol{g}_i}{\partial\boldsymbol{R}_{i\text{-}k}}\cdot\Delta\boldsymbol{R}_{i\text{-}k}+\dfrac{\partial\boldsymbol{g}_i}{\partial\boldsymbol{X}_i}\cdot\Delta\boldsymbol{X}_i+\dfrac{\partial\boldsymbol{g}_i}{\partial\boldsymbol{Y}_i}\cdot\Delta\boldsymbol{Y}_i\right|\end{cases}\tag{9.30}$$

对于最顶层系统，不存在共享变量 $\boldsymbol{Y}_i$，上式中消去与 $\boldsymbol{Y}_i$ 相关的项，目标函数中 $\|\boldsymbol{R}_i-\boldsymbol{R}_i^{\mathrm{U}}\|_2^2$ 项变为 $\|T-R\|_2^2$；对于最底层系统，由于其不存在子系统，上式中消去与 $\boldsymbol{R}_{i\text{-}k}$ 和 $\boldsymbol{Y}_i^a$ 相关的项。约束响应值的变化区间可以采用泰勒展开法进行估算。与概率目标级联分析法类似，区间目标级联分析法求解问题的关键在于各层之间的不确定性传播。一种简单的处理方式是各层系统在其最优解处计算其相关响应的不确定性变化区间 $\Delta\boldsymbol{R}_i$ 如下：

$$\Delta\boldsymbol{R}_i=\frac{\partial\boldsymbol{f}_i}{\partial\boldsymbol{R}_{i\text{-}1}}\Delta\boldsymbol{R}_{i\text{-}1}+\cdots+\frac{\partial\boldsymbol{f}_i}{\partial\boldsymbol{R}_{i\text{-}1}}\Delta\boldsymbol{R}_{i\text{-}n_i}+\frac{\partial\boldsymbol{f}_i}{\partial\boldsymbol{X}_i}\Delta\boldsymbol{X}_i+\frac{\partial\boldsymbol{f}_i}{\partial\boldsymbol{Y}_i}\Delta\boldsymbol{Y}_i\tag{9.31}$$

然后将相关响应的变化区间上传给其父层系统，并在父层系统的优化求解过程中保持子层相关响应值变化区间不变。该传递方式形式简单，与确定性 ATC 相比没有增加太多额外计算量，容易实现。但是由于 $\Delta\boldsymbol{R}_i$ 值与 $\boldsymbol{R}_i$ 值相关，在父层系统中优化 $\boldsymbol{R}_i$ 而固定 $\Delta\boldsymbol{R}_i$ 会使得计算结果不精确。为了进一步提高精度，底层系统可以在其最优解附近$[-\xi,\xi]$构建 $\Delta\boldsymbol{R}_i$ 与 $\boldsymbol{R}_i$ 映射关系的局部近似模型，例如采用第 5 章的近似方法构建式(9.32)所示线性模型：

$$\Delta\boldsymbol{R}_i=a_0+a_1\boldsymbol{R}_i+a_2\boldsymbol{R}_i^2\tag{9.32}$$

将该模型的系数上传给父层系统，父层系统在优化过程中调用此近似模型即可近似计算 $\Delta \boldsymbol{R}_i$，从而提高求解精度。

9.2.2 基于区间的协同优化过程

在确定性协同优化过程 CO 基础上（参见 8.3.2 节），Gu 等考虑区间不确定性影响，基于最坏情况思想，提出了稳健协同优化（robust CO，RCO）算法[16]。RCO 主要考虑设计变量 $\boldsymbol{X}$ 具有不确定性变化区间 $\Delta\boldsymbol{X}$ 以及学科模型 CA_i 具有模型误差 ΔCA_i，以三学科 UMDO 问题为例，其算法结构如图 9.4 所示。

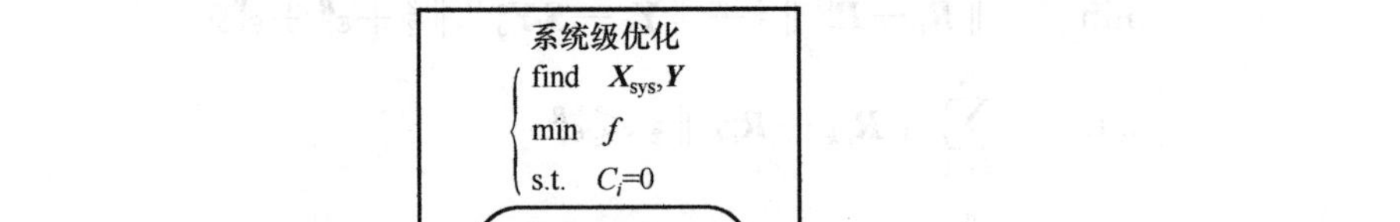

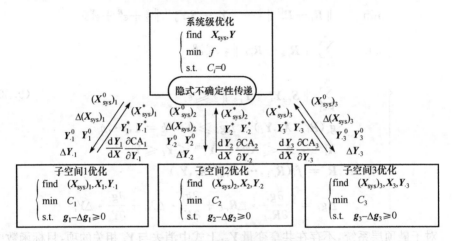

图 9.4　RCO 算法结构图[16]

RCO 系统级对学科共享变量和状态变量进行优化，以实现目标函数最小化，同时满足学科间相容性要求，优化问题表述如下：

$$\begin{cases}\text{find} & \boldsymbol{X}_{sys}, \boldsymbol{Y} \\ \text{min} & f+\gamma\sum_{i=1}^{N_D} C_i \\ & C_i = \| (\boldsymbol{X}_{sys})_i - (\boldsymbol{X}^*_{sys})_i \|_2^2 + \| \boldsymbol{Y}_{\cdot i} - \boldsymbol{Y}^*_{\cdot i} \|_2^2 + \| \boldsymbol{Y}_i - \boldsymbol{Y}^*_i \|_2^2 \\ \text{s.t.} & \boldsymbol{X}^{L}_{sys} \leqslant \boldsymbol{X}_{sys} \leqslant \boldsymbol{X}^{U}_{sys} \\ & \boldsymbol{Y} = \bigcup_{i=1,\cdots,N_D} \boldsymbol{Y}_i, \quad \boldsymbol{Y}_{\cdot i} \subseteq \left(\bigcup_{j=1,\cdots,N_D, j\neq i} \boldsymbol{Y}_j \right), \quad (\boldsymbol{X}_{sys})_i \subseteq \boldsymbol{X}_{sys} \end{cases} \tag{9.33}$$

其中，优化变量包括各个学科共享的设计变量 $\boldsymbol{X}_{sys}$ 和状态变量 $\boldsymbol{Y}$。$(\boldsymbol{X}_{sys})_i$ 为共享变量 $\boldsymbol{X}_{sys}$ 在学科 i 中的分量。γ 为惩罚因子，用于施加学科间相容性约束，即要求系统级优化获得的优化变量与状态变量取值与各个学科优化获得的变量取值的差别 C_i 越小越好且理想趋近于零。记系统级优化方案为$\boldsymbol{X}_{sys}^0$和$\boldsymbol{Y}^0$，将其传递给各学科。

在各个学科优化中，不仅要满足学科本地约束要求，同时要使学科优化方案尽量与系统级下传的优化方案保持一致，亦即设置优化目标使学科方案与系统级下传方案的区别最小化。第 i 个学科的优化问题表述为

$$\begin{cases} \text{find} \quad (\boldsymbol{X}_{sys})_i, \boldsymbol{X}_i, \boldsymbol{Y}_{\cdot i} \\ \min \quad C_i = \| (\boldsymbol{X}_{sys})_i - (\boldsymbol{X}_{sys}^0)_i \|_2^2 + \| \boldsymbol{Y}_{\cdot i} - \boldsymbol{Y}_{\cdot i}^0 \|_2^2 + \| \boldsymbol{Y}_i - \boldsymbol{Y}_i^0 \|_2^2 \\ \text{s.t.} \quad \boldsymbol{g}_i - \Delta \boldsymbol{g}_i \geqslant 0, \quad \Delta \boldsymbol{g}_i = \left| \dfrac{\partial \boldsymbol{g}_i}{\partial (\boldsymbol{X}_{sys})_i} \cdot \Delta (\boldsymbol{X}_{sys})_i + \dfrac{\partial \boldsymbol{g}_i}{\partial \boldsymbol{X}_i} \cdot \Delta \boldsymbol{X}_i + \dfrac{\partial \boldsymbol{g}_i}{\partial \boldsymbol{Y}_{\cdot i}} \cdot \Delta \boldsymbol{Y}_{\cdot i} \right| \\ \qquad \boldsymbol{Y}_i = \mathrm{CA}_i(\boldsymbol{X}_{sys}, \boldsymbol{X}_i, \boldsymbol{Y}_{\cdot i}) \\ \qquad (\boldsymbol{X}_{sys})_i^L \leqslant (\boldsymbol{X}_{sys})_i \leqslant (\boldsymbol{X}_{sys})_i^U, \quad \boldsymbol{X}_i^L \leqslant \boldsymbol{X}_i \leqslant \boldsymbol{X}_i^U \\ \qquad \boldsymbol{g}_i \subseteq \boldsymbol{Y}_i, \quad \boldsymbol{Y}_i^0, \boldsymbol{Y}_{\cdot i}^0 \subseteq \boldsymbol{Y}^0, \quad (\boldsymbol{X}_{sys}^0)_i \subseteq \boldsymbol{X}_{sys}^0, \quad \boldsymbol{Y}_{\cdot i} \subseteq \left(\bigcup_{j=1,\cdots,N_D, j\neq i} \boldsymbol{Y}_j \right) \end{cases} \tag{9.34}$$

其中，优化变量包括共享变量$\boldsymbol{X}_{sys}$在学科 i 中的分量$(\boldsymbol{X}_{sys})_i$、该学科的局部设计变量$\boldsymbol{X}_i$ 以及耦合输入该学科的状态变量 $\boldsymbol{Y}_{\cdot i}$。目标为使相容性约束函数值 C_i 最小，亦即使学科 i 优化变量取值与系统级分配下来的目标值差异最小。约束条件仅考虑本学科局部约束条件$\boldsymbol{g}_i$。本学科输出状态变量通过学科分析 CA_i 计算获得。由于优化变量 $\boldsymbol{X}=\boldsymbol{X}_{sys} \bigcup_{i=1,\cdots,N_D} \boldsymbol{X}_i$ 存在不确定性区间 $\Delta\boldsymbol{X}$ 和学科模型 CA_i 存在模型误差 $\Delta\mathrm{CA}_i$，考虑在不确定性影响的最坏条件下约束依然能够满足，则学科优化问题中的约束条件需重新表述为$\boldsymbol{g}_i - \Delta \boldsymbol{g}_i \geqslant 0$。

优化变量$(\boldsymbol{X}_{sys})_i$ 和 $\boldsymbol{X}_i$ 的不确定性变化区间由给定的优化变量 $\boldsymbol{X}$ 自身不确定性 $\Delta\boldsymbol{X}$ 确定。计算约束函数响应值变化区间 $\Delta\boldsymbol{g}_i$ 的关键在于计算耦合状态变量$\boldsymbol{Y}_{\cdot i}$的变化区间 $\Delta\boldsymbol{Y}_{\cdot i}$，RCO 提出采用一阶泰勒展开法进行近似估计。为了便于推导，将学科 i 的学科模型由式(9.34)中的 $\boldsymbol{Y}_i=\mathrm{CA}_i(\boldsymbol{X}_{sys}, \boldsymbol{X}_i, \boldsymbol{Y}_{\cdot i})$ 表述为 $\boldsymbol{Y}_i = \mathrm{CA}_i(\boldsymbol{X}, \boldsymbol{Y}_{\cdot i})$，由于$\boldsymbol{X}_{sys}$和$\boldsymbol{X}_i$ 是 $\boldsymbol{X}$ 的子向量，因此上述转换只需将 $\boldsymbol{X}$ 中不是 CA_i 模型输入变量的元素对应位置设置为零即可。通过各个学科模型的函数求导与整理可得

$$\begin{Bmatrix} \Delta\boldsymbol{Y}_1 \\ \Delta\boldsymbol{Y}_2 \\ \vdots \\ \Delta\boldsymbol{Y}_{N_D} \end{Bmatrix} = \begin{Bmatrix} \dfrac{d\boldsymbol{Y}_1}{d\boldsymbol{X}} \\ \dfrac{d\boldsymbol{Y}_2}{d\boldsymbol{X}} \\ \vdots \\ \dfrac{d\boldsymbol{Y}_{N_D}}{d\boldsymbol{X}} \end{Bmatrix} \cdot \Delta\boldsymbol{X} + \begin{bmatrix} \boldsymbol{I}_1 & -\dfrac{\partial \mathrm{CA}_1}{\partial \boldsymbol{Y}_2} & \cdots & -\dfrac{\partial \mathrm{CA}_1}{\partial \boldsymbol{Y}_{N_D}} \\ -\dfrac{\partial \mathrm{CA}_2}{\partial \boldsymbol{Y}_1} & \boldsymbol{I}_2 & \cdots & -\dfrac{\partial \mathrm{CA}_2}{\partial \boldsymbol{Y}_{N_D}} \\ \vdots & \vdots & & \vdots \\ -\dfrac{\partial \mathrm{CA}_{N_D}}{\partial \boldsymbol{Y}_1} & -\dfrac{\partial \mathrm{CA}_{N_D}}{\partial \boldsymbol{Y}_2} & \cdots & \boldsymbol{I}_{N_D} \end{bmatrix}^{-1} \cdot \begin{Bmatrix} \Delta\mathrm{CA}_1 \\ \Delta\mathrm{CA}_2 \\ \vdots \\ \Delta\mathrm{CA}_{N_D} \end{Bmatrix} \tag{9.35}$$

式(9.35)中，$\frac{\mathrm{d}\boldsymbol{Y}_i}{\mathrm{d}\boldsymbol{X}}$和$\frac{\partial \mathrm{CA}_i}{\partial \boldsymbol{Y}_j}$可以在各个学科根据学科模型 CA_i 计算，并反馈给系统级，然后在系统级求解式(9.35)计算各个耦合状态变量的变化区间，并下传给各个学科级优化用于计算 $\Delta \boldsymbol{g}_i$。记学科级优化的最优方案为$(\boldsymbol{X}_{\mathrm{sys}}^*)_i$、$\boldsymbol{Y}_i^*$ 和 $\boldsymbol{Y}_{\cdot i}^*$，将其上传给系统级，以此为基础进一步开展系统级优化。系统级和学科级优化反复迭代直至收敛。

9.3 混合不确定性 UMDO 过程

本节以姚雯等基于确定性 MDF-CSSO 优化过程提出的混合不确定性联合优化过程(MUMDF-CSSO)为例[17]，对随机/认知不确定性混合条件下基于概率论和证据理论的 UMDO 优化过程进行介绍。考虑由 N_D 个耦合学科构成的复杂非层次系统，优化变量 $\boldsymbol{X}$ 具有随机不确定性，系统模型具有随机不确定性参数 $\boldsymbol{P}$ 和认知不确定性参数 $\boldsymbol{Z}$，混合不确定性条件下的 UMDO 问题表述如下：

$$\begin{cases} \text{find} & \boldsymbol{\mu}_{\boldsymbol{X}} \\ \min & F \\ \text{s.t.} & \mathrm{Pl}\{f(\boldsymbol{X},\boldsymbol{P},\boldsymbol{Z}) > F\} \leqslant P_{\mathrm{f\_obj}} = 1 - R_{\mathrm{obj}} \\ & \mathrm{Pl}\{\boldsymbol{g}(\boldsymbol{X},\boldsymbol{P},\boldsymbol{Z}) \leqslant 0\} \leqslant \boldsymbol{P}_{\mathrm{f\_con}} = 1 - \boldsymbol{R}_{\mathrm{con}} \\ & \boldsymbol{Y}_i = \mathrm{CA}_i(\boldsymbol{X}_i, \boldsymbol{Y}_{\cdot i}, \boldsymbol{P}_i, \boldsymbol{Z}_i), \quad i = 1, \cdots, N_D \\ & \boldsymbol{X} = \bigcup\limits_{i=1,\cdots,N_D} \boldsymbol{X}_i, \quad \boldsymbol{Y} = \bigcup\limits_{i=1,\cdots,N_D} \boldsymbol{Y}_i, \quad \boldsymbol{Y}_{\cdot i} \subseteq \left(\bigcup\limits_{j=1,\cdots,N_D, j\neq i} \boldsymbol{Y}_j \right) \\ & \boldsymbol{\mu}_{\boldsymbol{X}} \in [\boldsymbol{X}^{\mathrm{L}}, \boldsymbol{X}^{\mathrm{U}}], \quad f \in \boldsymbol{Y}, \quad \boldsymbol{g} \subseteq \boldsymbol{Y} \end{cases} \tag{9.36}$$

其中，优化变量 $\boldsymbol{X}$ 的期望值为$\boldsymbol{\mu}_{\boldsymbol{X}}$，$\boldsymbol{P}_i$ 和 $\boldsymbol{Z}_i$ 为学科 i 的局部不确定性系统参数。优化目标为最小化 F，且要求原优化目标函数 f 实际响应值小于等于 F 的可信性不小于 R_{obj}，其对应目标失效的似然性指标为 $P_{\mathrm{f\_obj}}$。同时要求满足约束条件向量的可信性不小于$\boldsymbol{R}_{\mathrm{con}}$，对应约束失效的似然性指标向量为$\boldsymbol{P}_{\mathrm{f_con}}$。该优化问题实际为7.3.1节所述混合不确定性条件下的一般优化问题在多学科优化情况下的表述。为了求解式(9.36)，MUMDF-CSSO 需要首先对确定性 MDF-CSSO 中各阶段的优化问题重新表述，然后直接采用 7.3.2 节中所述基于序贯优化和混合不确定性分析的混合不确定性优化(SOMUA)方法对其进行分别求解。MUMDF-CSSO 流程如图 9.5 所示。下面对 MUMDF-CSSO 进行详细介绍。

第一阶段：混合不确定性条件下基于近似模型的 MDF。

步骤 1.0：初始化，记循环次数 $r=1$，优化变量标准差为$\boldsymbol{\sigma}_{\boldsymbol{X}}$，系统模型随机不确定性变量向量 $\boldsymbol{P}$ 的期望值和标准差分别为$\boldsymbol{\mu}_{\boldsymbol{P}}$和$\boldsymbol{\sigma}_{\boldsymbol{P}}$，系统模型认知不确定性变量向

量 Z 的取值全集为 Ω，有 N_C 个焦元，BPA 赋值函数为 m。

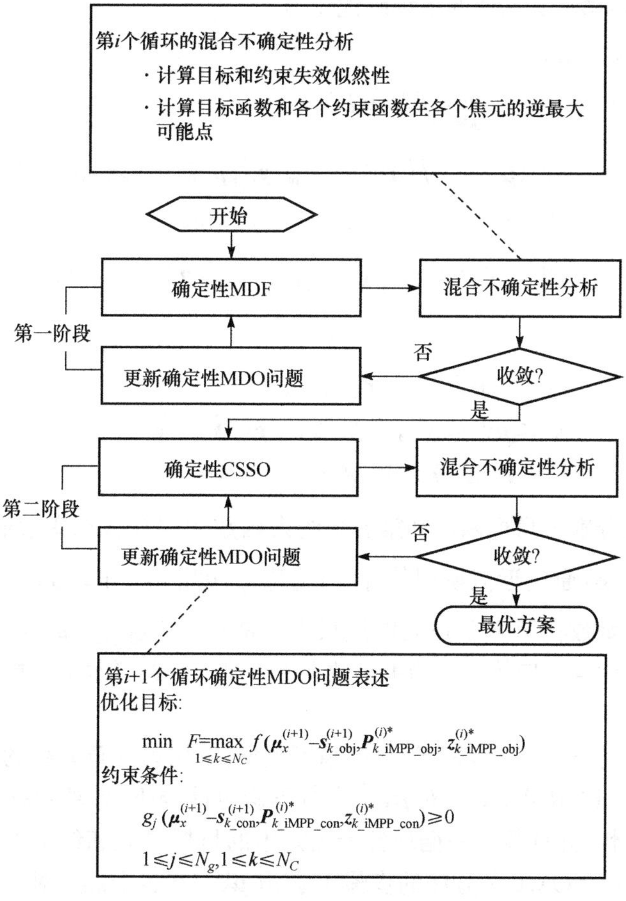

图 9.5　MUMDF-CSSO 流程图

步骤 1.1：学科近似建模。基于样本点集建立近似模型 $\tilde{\boldsymbol{Y}}_i=\tilde{\boldsymbol{Y}}_i^{(r)}(\boldsymbol{X}_i,\boldsymbol{Y}_{\cdot i},\boldsymbol{P}_i,\boldsymbol{Z}_i)$。

步骤 1.2：基于近似模型的系统级优化。

如果 $r=1$，忽略不确定性因素影响，直接求解以下确定性优化问题：

$$\begin{cases}\text{find} & \boldsymbol{\mu}_{\boldsymbol{X}}^{(1)}\\ \min & F^{(1)}=\tilde{f}(\boldsymbol{\mu}_{\boldsymbol{X}}^{(1)},\boldsymbol{\mu}_{\boldsymbol{P}},\boldsymbol{z}^{(1)})\\ \text{s.t.} & \tilde{\boldsymbol{g}}(\boldsymbol{\mu}_{\boldsymbol{X}}^{(1)},\tilde{\boldsymbol{Y}},\boldsymbol{\mu}_{\boldsymbol{P}},\boldsymbol{z}^{(1)})\geqslant 0\\ & \tilde{\boldsymbol{Y}}_i=\tilde{\boldsymbol{Y}}_i^{(1)}(\boldsymbol{X}_i,\tilde{\boldsymbol{Y}}_{\cdot i},\boldsymbol{P}_i,\boldsymbol{Z}_i),\quad i=1,\cdots,N_D\\ & \boldsymbol{X}^{\mathrm{L}}\leqslant\boldsymbol{\mu}_{\boldsymbol{X}}^{(1)}\leqslant\boldsymbol{X}^{\mathrm{U}},\quad \tilde{\boldsymbol{f}}\in\tilde{\boldsymbol{Y}},\quad \tilde{\boldsymbol{g}}\subseteq\tilde{\boldsymbol{Y}}\end{cases}\tag{9.37}$$

其中，系统模型随机不确定性参数 $\boldsymbol{P}$ 和认知不确定性参数 $\boldsymbol{Z}$ 分别固定取值为期望值$\boldsymbol{\mu}_P$和全集Ω中的某值$z^{(1)}$，如中间值或角点值。

如果$r>1$，第r次循环的系统级优化为

$$\begin{cases}\text{find} & \boldsymbol{\mu}_X^{(r)} \\ \min & F^{(r)}=\max\limits_{1\leqslant k\leqslant N_C}\tilde{f}_k^{(r)}(\boldsymbol{\mu}_X^{(r)}) \\ & \tilde{f}_k^{(r)}(\boldsymbol{\mu}_X^{(r)})=\tilde{f}\left(\boldsymbol{\mu}_X^{(r)}-\boldsymbol{s}_{k\_\text{obj}}^{(r)},\tilde{\boldsymbol{y}}_{\cdot f},\boldsymbol{p}_{k\_\text{iMPP\_obj}}^{(r-1)^*},\boldsymbol{z}_{k\_\text{iMPP\_obj}}^{(r-1)^*}\right) \\ \text{s. t.} & \tilde{g}_{jk}^{(r)}(\boldsymbol{\mu}_X^{(r)})\geqslant 0,\quad 1\leqslant j\leqslant N_g,1\leqslant k\leqslant N_C \\ & \tilde{g}_{jk}^{(r)}(\boldsymbol{\mu}_X^{(r)})=\tilde{g}_j\left(\boldsymbol{\mu}_X^{(r)}-\boldsymbol{s}_{jk\_\text{con}}^{(r-1)},\tilde{\boldsymbol{y}}_{\cdot gj},\boldsymbol{p}_{jk\_\text{iMPP\_con}}^{(r-1)^*},\boldsymbol{z}_{jk\_\text{iMPP\_con}}^{(r-1)^*}\right) \\ & \boldsymbol{s}_{k\_\text{obj}}^{(r)}=\boldsymbol{\mu}_X^{(r-1)^*}-\boldsymbol{x}_{k\_\text{iMPP\_obj}}^{(r-1)^*} \\ & \boldsymbol{s}_{jk\_\text{con}}^{(r)}=\boldsymbol{\mu}_X^{(r-1)^*}-\boldsymbol{x}_{jk\_\text{iMPP\_con}}^{(r-1)^*} \\ & \boldsymbol{X}^{\text{L}}\leqslant\boldsymbol{\mu}_X^{(r)}\leqslant\boldsymbol{X}^{\text{U}},\quad \tilde{f}\in\tilde{\boldsymbol{Y}},\quad \tilde{g}\subseteq\tilde{\boldsymbol{Y}},\quad \tilde{\boldsymbol{y}}_{\cdot f}\subseteq\tilde{\boldsymbol{Y}},\quad \tilde{\boldsymbol{y}}_{\cdot gj}\subseteq\tilde{\boldsymbol{Y}} \\ & \tilde{\boldsymbol{Y}}_i=\tilde{\boldsymbol{Y}}_i(\boldsymbol{X}_i,\boldsymbol{Y}_{\cdot i},\boldsymbol{P}_i,\boldsymbol{Z}_i),\quad i=1,\cdots,N_D\end{cases}\tag{9.38}$$

其中，$\tilde{\boldsymbol{y}}_{\cdot f}$和$\tilde{\boldsymbol{y}}_{\cdot gj}$分别为目标函数和第$j$个约束函数的耦合状态变量输入向量，是状态变量$\tilde{\boldsymbol{Y}}$的子集，通过近似模型估计。$\boldsymbol{x}_{k_\text{iMPP_obj}}^{(r-1)^*}$、$\boldsymbol{p}_{k_\text{iMPP_obj}}^{(r-1)^*}$和$\boldsymbol{z}_{k_\text{iMPP_obj}}^{(r-1)^*}$为前一循环最优点对应目标函数在第$k$个焦元的逆最大可能点，$\boldsymbol{x}_{jk\_\text{iMPP\_con}}^{(r-1)^*}$、$\boldsymbol{p}_{jk_\text{iMPP_con}}^{(r-1)^*}$和$\boldsymbol{z}_{jk_\text{iMPP_con}}^{(r-1)^*}$为前一循环最优点对应第$j$个约束函数在第$k$个焦元的逆最大可能点。记优化结果为$\boldsymbol{\mu}_X^{(r)^*}$。

步骤 1.3：系统分析。基于学科高精度模型，采用第 6 章介绍的混合不确定性分析方法 SLO-FORM-UUA 对$\boldsymbol{\mu}_X^{(r)^*}$进行不确定性分析，计算目标和各个约束条件的失效似然性，并计算下一循环各个焦元中的目标失效和约束失效子似然性目标值。然后根据 SOMUA 方法的步骤 4，获取$\boldsymbol{\mu}_X^{(r)^*}$在各个焦元对应下一循环目标失效和约束失效子似然性目标值的逆最大可能点，包括$\boldsymbol{x}_{k_\text{iMPP_obj}}^{(r)^*}$、$\boldsymbol{p}_{k_\text{iMPP_obj}}^{(r)^*}$和$\boldsymbol{z}_{k_\text{iMPP_obj}}^{(r)^*}$，以及$\boldsymbol{x}_{jk_\text{iMPP_con}}^{(r)^*}$、$\boldsymbol{p}_{jk_\text{iMPP_con}}^{(r)^*}$和$\boldsymbol{z}_{jk_\text{iMPP_con}}^{(r)^*}$（$1\leqslant j\leqslant N_g,1\leqslant k\leqslant N_C$）。如果$\boldsymbol{\mu}_X^{(r)^*}$优于前面循环所得最优点，记$\boldsymbol{\mu}_X^*=\boldsymbol{\mu}_X^{(r)^*}$。将最优点和不确定性分析过程中精确模型计算的点加入样本点集。

步骤 1.4：判断是否收敛。收敛条件为：连续三个循环的最优目标值相对变化小于阈值ε_O，即

$$\frac{1}{2}\left(\|F^{(r)^*}-F^{(r-1)^*}\|+\|F^{(r-1)^*}-F^{(r-2)^*}\|\right)\leqslant\varepsilon_O\tag{9.39}$$

如果不满足收敛条件，$r=r+1$，转至步骤 1.1；否则，记第一阶段最优点$\boldsymbol{\mu}_X^*$为基线方案$\bar{\boldsymbol{\mu}}_X$，$r=r+1$，进入第二阶段。

第二阶段:混合不确定性条件下基于近似模型的 CSSO。

步骤 2. 1:构建近似模型$\tilde{\boldsymbol{Y}}_i=\tilde{\boldsymbol{Y}}_i^{(r)}(\boldsymbol{X},\boldsymbol{P},\boldsymbol{Z})$和$\tilde{\boldsymbol{Y}}_i=\tilde{\boldsymbol{Y}}_i^{(r)}(\boldsymbol{X}_i,\boldsymbol{Y}_{\cdot i},\boldsymbol{P}_i,\boldsymbol{Z}_i)$。

步骤 2. 2:并行子空间优化 SSO。第 i 个子空间优化问题 SSOi 记为

$$
\begin{cases}
\text{find} & \boldsymbol{\mu}_{\boldsymbol{X}i}^{(r)} \\
\min & F^{(r)}=\begin{cases}\max\limits_{1\leqslant k\leqslant N_C} f_k^{(r)}(\boldsymbol{\mu}_{\boldsymbol{X}}^{(r)}-\boldsymbol{s}_{ik\_\mathrm{obj}}^{(r)},\tilde{\boldsymbol{y}}_{\cdot f},\boldsymbol{p}_{ik\_\mathrm{iMPP\_obj}}^{(r-1)^*},\boldsymbol{z}_{ik\_\mathrm{iMPP\_obj}}^{(r-1)^*}), & f\in\boldsymbol{Y}_i \\ \max\limits_{1\leqslant k\leqslant N_C} \tilde{f}_k^{(r)}(\boldsymbol{\mu}_{\boldsymbol{X}}^{(r)}-\boldsymbol{s}_{k\_\mathrm{obj}}^{(r)},\boldsymbol{p}_{k\_\mathrm{iMPP\_obj}}^{(r-1)^*},\boldsymbol{z}_{k\_\mathrm{iMPP\_obj}}^{(r-1)^*}), & f\notin\boldsymbol{Y}_i\end{cases} \\
\text{s.t.} & g_{jik}^{(r)}\geqslant 0,\quad 1\leqslant j\leqslant N_{g_i},1\leqslant k\leqslant N_C \\
& g_{jik}^{(r)}=g_{ji}(\boldsymbol{\mu}_{\boldsymbol{X}}^{(r)}-\boldsymbol{s}_{jik\_\mathrm{con}}^{(r-1)},\tilde{\boldsymbol{y}}_{\cdot gji},\boldsymbol{p}_{jik\_\mathrm{iMPP\_con}}^{(r-1)^*},\boldsymbol{z}_{jik\_\mathrm{iMPP\_con}}^{(r-1)^*}) \\
& \boldsymbol{s}_{ik\_\mathrm{obj}}^{(r)}\subseteq\boldsymbol{s}_{k\_\mathrm{obj}}^{(r)},\quad \boldsymbol{s}_{jik\_\mathrm{con}}^{(r)}\subseteq\boldsymbol{s}_{jk\_\mathrm{con}}^{(r)} \\
& \boldsymbol{Y}_i=\mathrm{CA}_i(\boldsymbol{X}_i^{(r)},\tilde{\boldsymbol{Y}}_{\cdot i},\boldsymbol{P}_i,\boldsymbol{Z}_i),\quad \tilde{\boldsymbol{Y}}_{j|j\neq i}=\tilde{\boldsymbol{Y}}_j^{(r)}(\boldsymbol{X}^{(r)},\boldsymbol{P},\boldsymbol{Z}) \\
& \boldsymbol{X}_i^{\mathrm{L}}\leqslant\boldsymbol{\mu}_{\boldsymbol{X}i}^{(r)}\leqslant X_i^{\mathrm{U}},\quad \boldsymbol{\mu}_{\boldsymbol{X}j|j\neq i}^{(r)}=\bar{\boldsymbol{\mu}}_{\boldsymbol{X}_j}^{(r)},\quad \boldsymbol{\mu}_{\boldsymbol{X}}^{(r)}=\boldsymbol{\mu}_{\boldsymbol{X}i}^{(r)}\cup\bar{\boldsymbol{\mu}}_{\boldsymbol{X}l|l\neq i}^{(r)} \\
& \tilde{\boldsymbol{y}}_{\cdot f}\subseteq\tilde{\boldsymbol{Y}}_{\cdot i},\quad \tilde{\boldsymbol{y}}_{\cdot gji}\subseteq\tilde{\boldsymbol{Y}}_{\cdot i},\quad f\in\boldsymbol{Y}_i,\quad \tilde{f}\in\tilde{\boldsymbol{Y}}_{\cdot i},\quad g_{ji}\subseteq\boldsymbol{Y}_i
\end{cases}
\tag{9.40}
$$

其中,N_{g_i} 为学科 i 的约束条件数;$\boldsymbol{s}_{ik_\mathrm{obj}}^{(r)}$和$\boldsymbol{s}_{jik_\mathrm{con}}^{(r)}$分别为第 i 学科中的目标函数和第 j 个约束函数的平移向量,为$\boldsymbol{s}_{k_\mathrm{obj}}^{(r)}$和$\boldsymbol{s}_{jk_\mathrm{con}}^{(r)}$在第 i 学科的分量。记 SSOi 的最优解为$\boldsymbol{\mu}_{\boldsymbol{X}i_\mathrm{all}}^{(r)^*}=\boldsymbol{\mu}_{\boldsymbol{X}i}^{(r)^*}\cup\bar{\boldsymbol{\mu}}_{\boldsymbol{X}_{j=1,\cdots,N_D,j\neq i}}^{(r)}$。本地状态变量采用高精度模型 CA_i 进行计算,非本地状态变量采用近似模型进行估计。

步骤 2. 3:系统分析。对所有子空间优化获取的最优点$\boldsymbol{\mu}_{\boldsymbol{X}i_\mathrm{all}}^{(r)^*}$($1\leqslant i\leqslant N_D$)分别进行不确定性分析,方法同步骤 1. 3。记所有子空间优化方案中的可行最优方案为$\boldsymbol{\mu}_{\boldsymbol{X}}^{(r_\mathrm{sso})^*}$,其对应目标函数和各个约束函数在各个焦元的逆 MPP 点为$\boldsymbol{x}_{k_\mathrm{iMPP_obj}}^{(r_\mathrm{sso})^*}$、$\boldsymbol{p}_{k_\mathrm{iMPP_obj}}^{(r_\mathrm{sso})^*}$和$\boldsymbol{z}_{k_\mathrm{iMPP_obj}}^{(r_\mathrm{sso})^*}$,以及$\boldsymbol{x}_{jk_\mathrm{iMPP_con}}^{(r_\mathrm{sso})^*}$、$\boldsymbol{p}_{jk_\mathrm{iMPP_con}}^{(r_\mathrm{sso})^*}$和$\boldsymbol{z}_{jk_\mathrm{iMPP_con}}^{(r_\mathrm{sso})^*}$($1\leqslant j\leqslant N_g,1\leqslant k\leqslant N_C$)。

步骤 2. 4:基于近似模型的系统优化,优化问题如式(9. 38)所示,只是将优化问题中的$\boldsymbol{\mu}_{\boldsymbol{X}}^{(r-1)^*}$和相应逆最大可能点更换为步骤 2. 3 中获取的$\boldsymbol{\mu}_{\boldsymbol{X}}^{(r_\mathrm{sso})^*}$和相应逆最大可能点。记该步骤优化最优解为$\boldsymbol{\mu}_{\boldsymbol{X}}^{(r)^*}$。

步骤 2. 5:系统分析,同步骤 1. 3。

步骤 2. 6:判断是否收敛。当收敛条件满足,MUMDF-CSSO 过程结束,否则 $r=r+1$,返回步骤 2. 1。

上述 MUMDF-CSSO 流程中,所有近似模型均可以通过第 5 章提出的近似建模方法进行构造。

参考文献

[1] Du X, Guo J, Beeram H. Sequential optimization and reliability assessment for multidisciplinary systems design[J]. Journal of Structural and Multidisciplinary Optimization, 2008, 35(2):117—130.

[2] Chiralaksanakul A, Mahadevan S. Decoupled approach to multidisciplinary design optimization under uncertainty[J]. Optimization and Engineering, 2007, 8(1):21—42.

[3] Yu X, Du X. Reliability-based multidisciplinary optimization for aircraft wing design [J]. Structure and Infrastructure Engineering, 2006, 2(3-4):277—289.

[4] 黄洪钟,余辉,袁亚辉,等. 基于单学科可行法的多学科可靠性设计优化[J]. 航空学报, 2009, 30(10):1871—1876.

[5] Mcdonald M, Mahadevan S. All-at-once multidisciplinary optimization with system and component-level reliability constraints[C]//The 12th AIAA/ISSMO Multidisciplinary Analysis and Optimization Conference, Victoria, 2008.

[6] Agarwal H, Renaud J E, Mack J D. A decomposition approach for reliability-based multidisciplinary design optimization[C]//The 44th AIAA/ASME/ASCE/AHS Structures, Structural Dynamics, and Materials Conference, Norfolk, 2003.

[7] Ahn J, Kwon J. An efficient strategy for reliability-based multidisciplinary design optimization using BLISS [J]. Journal of Structural and Multidisciplinary Optimization, 2006, 31(5): 363—372.

[8] Kokkolaras M, Mourelatos Z P, Papalambros P Y. Design optimization of hierarchically decomposed multilevel system under uncertainty[J]. Journal of Mechanical Design, 2006, 128(2):503—508.

[9] Liu H, Chen W, Kokkolaras M, et al. Probabilistic analytical target cascading: A moment matching formulation for multilevel optimization under Uncertainty[J]. Journal of Mechanical Design, 2006, 128(4):503—508.

[10] Xiong F, Yin X, Chen W, et al. Enhanced probabilistic analytical target cascading with application to multi-scale design[J]. Engineering Optimization, 2010, 42(6):581—592.

[11] Xiong F, Liu Y, Yang S. A new probabilistic distribution matching patc formulation using polynomial chaos expansion[J]. Engineering Optimization, 2011, 44(7):843—858.

[12] Yao W, Chen X, Ouyang Q, et al. A surrogate based multistage-multilevel optimization procedure for multidisciplinary design optimization[J]. Structural and Multidisciplinary Optimization, 2012, 45(4):559—574.

[13] Yao W, Chen X, Wei Y, et al. A game theory based composite subspace uncertainty multidisciplinary design optimization procedure[C]//The 8th World Congress on Structural and Multidisciplinary Optimization, Lisbon, Portugal, 2009.

[14] Yao W, Chen X, Luo W, et al. Review of uncertainty-based multidisciplinary design optimi-

zation methods for aerospace vehicles[J]. Progress in Aerospace Sciences, 2011, 47(6): 450—479.

[15] Du X, Chen W. An efficient approach to probabilistic uncertainty analysis in simulation-based multidisciplinary design[C]//The 38th AIAA Aerospace Sciences Meeting and Exhibit, Reno, 2000.

[16] Gu X, Renaud J E. Implicit uncertainty propagation for robust collaborative optimization [C]//Proceedings of DETC'01 ASME 2001 Design Engineering Technical Conferences and Computers and Information in Engineering Conference, Pittsburgh, 2001.

[17] 姚雯. 飞行器总体不确定性多学科设计优化研究[D]. 长沙:国防科学技术大学,2011.

第 10 章　UMDO 算例测试

本章通过两个简单的多学科设计优化标准测试算例，对书中前面章节介绍的 UMDO 方法应用以及优化效果进行说明。在第 11～13 章将以飞行器总体设计为对象，介绍飞行器 UMDO 的具体应用过程。

10.1　减速器算例

本节对 MDO 标准测试算例中的减速器优化问题[1]进行讨论。减速器优化问题为典型的非层次系统优化问题，本节采用第 9 章介绍的概率联合优化过程(PMDF-CSSO)和混合不确定性优化过程(MUMDF-CSSO)对考虑不同不确定性因素情况下的优化问题进行求解，并与第 8 章介绍的确定性联合优化过程(MDF-CSSO)的优化结果进行比较，说明考虑不确定性影响的优化效果与区别。减速器优化问题的数学模型如下：

$$
\begin{cases}
\text{find} & \boldsymbol{X}=[x_1,x_2,x_3,x_4,x_5,x_6,x_7]^{\mathrm{T}} \\
\min & f(\boldsymbol{X})=0.7854x_1x_2^2(3.3333x_3^2+14.9334x_3-43.0934) \\
 & \qquad -1.5079x_1(x_6^2+x_7^2)+7.477(x_6^3+x_7^3)+0.7854(x_4x_6^2+x_5x_7^2) \\
\text{s.t.} & g_1:27.0/(x_1x_2^2x_3)-1\leqslant 0, \qquad g_2:397.5/(x_1x_2^2x_3^2)-1\leqslant 0 \\
 & g_3:1.93x_4^3/(x_2x_3x_6^4)-1\leqslant 0, \qquad g_4:1.93x_5^3/(x_2x_3x_7^4)-1\leqslant 0 \\
 & g_5:A_1/B_1-1100\leqslant 0, \qquad g_6:A_2/B_2-850\leqslant 0 \\
 & g_7:x_2x_3-40.0\leqslant 0, \qquad g_8:5.0\leqslant x_1/x_2 \\
 & g_9:x_1/x_2\leqslant 12.0, \qquad g_{10}:(1.5x_6+1.9)/x_4-1\leqslant 0 \\
 & g_{11}:(1.1x_7+1.9)/x_5-1\leqslant 0 \\
 & A_1=\left[\left(\dfrac{745.0x_4}{x_2x_3}\right)^2+16.9\times 10^6\right]^{0.5}, \quad B_1=0.1x_6^3 \\
 & A_2=\left[\left(\dfrac{745.0x_5}{x_2x_3}\right)^2+157.5\times 10^6\right]^{0.5}, \quad B_2=0.1x_7^3 \\
 & 2.6\leqslant x_1\leqslant 3.6, \quad 0.7\leqslant x_2\leqslant 0.8, \quad 17\leqslant x_3\leqslant 28, \quad 7.3\leqslant x_4\leqslant 8.3 \\
 & 7.3\leqslant x_5\leqslant 8.3, \quad 2.9\leqslant x_6\leqslant 3.9, \quad 5.0\leqslant x_7\leqslant 5.5
\end{cases}
\tag{10.1}
$$

减速器设计问题可以分解为三个学科的设计优化问题[2]，学科 1 负责齿轮设计，学科 2 和学科 3 分别负责两个轴承的设计，各个学科的设计变量、状态变量和约束条件设置如下：

学科 1： $\boldsymbol{X}_1=[x_1,x_2,x_3]^{\mathrm{T}}$， $\boldsymbol{Y}_1=[g_1,g_2,g_7,g_8,g_9,f,y_1]^{\mathrm{T}}$， $\boldsymbol{Y}_{\cdot 1}=[y_2,y_3]^{\mathrm{T}}$

学科 2： $\boldsymbol{X}_2=[x_1,x_4,x_6]^{\mathrm{T}}$， $\boldsymbol{Y}_2=[g_3,g_5,g_{10},y_2]^{\mathrm{T}}$， $\boldsymbol{Y}_{\cdot 2}=[y_1]^{\mathrm{T}}$

学科 3： $\boldsymbol{X}_3=[x_1,x_5,x_7]^{\mathrm{T}}$， $\boldsymbol{Y}_3=[g_4,g_6,g_{11},y_3]^{\mathrm{T}}$， $\boldsymbol{Y}_{\cdot 3}=[y_1]^{\mathrm{T}}$

其中

$$
\begin{aligned}
&f=0.7854x_1x_2^2(3.3333x_3^2+14.9334x_3-43.0934)+y_2+y_3\\
&y_1=x_2x_3\\
&y_2=-1.5079x_1x_6^2+7.477x_6^3+0.7854x_4x_6^2\\
&y_3=-1.5079x_1x_7^2+7.477x_7^3+0.7854x_5x_7^2
\end{aligned}
\tag{10.2}
$$

下面针对确定性、单独随机不确定性以及混合随机和认知不确定性三种情况下的减速器优化问题，分别应用 MDF-CSSO、PMDF-CSSO 以及 MUMDF-CSSO 进行求解。

10.1.1 MDF-CSSO 优化结果

在第一阶段基于近似模型的 MDF，首先构建各个学科状态变量关于其相应学科局部输入变量的近似模型，包括 11 个约束函数、3 个耦合状态变量和 1 个目标函数。例如：目标函数 f 隶属于学科 1 的状态变量，近似模型表述为 $\tilde{f}=\tilde{f}(x_1,x_2,x_3,y_2,y_3)$，学科 2 的约束函数 g_3 近似模型表述为 $\tilde{g}_3=\tilde{g}_3(x_4,x_6,y_1)$。根据式(10.1)直接给出设计变量的定义域，根据式(10.2)计算耦合状态变量的定义域，以此确定各个学科输入变量定义域。每个学科在其输入变量定义域内均匀采样 60 个训练样本和 100 个验证样本，并通过高精度学科模型分析获取各个样本对应状态变量值，以此构建各个状态变量的近似模型。近似模型采用第 5 章提出的 CSWO 方法进行 RBFNN 形状参数优化和建模。

基于上述近似模型进行 MDF 优化，优化器采用 SQP。将优化结果加入训练样本点集，并对近似模型进行更新，以此提高在较优区域的近似精度。然后基于更新后近似模型重新进行 MDF 优化，重复上述步骤直至收敛。以第一阶段最优点作为基线方案，采用 CSSO 组织各个学科基于高精度模型进行进一步优化。首先，更新各个学科状态变量关于其学科局部输入变量的近似模型，并建立所有状态变量关于所有优化变量的近似模型，如目标函数 $\tilde{f}=\tilde{f}(x_1,x_2,x_3,x_4,x_5,x_6,x_7)$。各个子空间优化的优化器采用 SQP。在各个子空间优化中，局部状态变量直接通过学科高精度模型进行分析，如学科 1 中约束 g_1 和 g_2 直接通过式(10.1)进行计算。

对于非本学科状态变量，则通过近似模型进行估计。所有子空间优化并行进行。对各子空间的最优点分别进行高精度系统分析，选取最优方案作为基线方案进一步进行系统优化。以系统优化最优解为基线方案，各个子空间进一步分别展开优化。重复上述步骤直至收敛。

基于文献[3]中的四个不同起始方案，分别采用 MDF-CSSO、基于近似模型的单独 MDF 和单独 CSSO 求解式(10.1)所示优化问题，结果如表 10.1 所示。表中列出了每种方法从不同起始点优化获取最优点的平均收敛循环次数、平均系统分析次数和平均学科分析次数。可以看出，三种方法均收敛到全局最优点，MDF 方法的平均收敛循环次数最小，收敛速度最快，但由于对构造近似模型的样本点均需要进行系统分析，导致所需系统分析次数较大，相应调用学科分析次数也较多；CSSO 方法收敛最慢，所需系统分析次数和学科分析次数最多；MDF-CSSO 方法的平均收敛循环次数居中，但是所需系统分析次数和学科分析次数最少，因此优化计算成本最低。

表 10.1　减速器 MDF-CSSO、MDF 与 CSSO 优化结果比较

优化方法	MDF-CSSO	MDF	CSSO
起始点 1	3.5,0.7,20,7.3,7.7,3.35,5.3		
起始点 2	3.0,0.8,20,7.3,7.3,3.35,5.1		
起始点 3	3.5,0.8,17,7.5,7.6,3.00,5.5		
起始点 4	3.5,0.8,20,7.3,7.3,3.50,5.3		
最优点	3.5,0.7,17,7.3,7.7153,3.3502,5.2867		
目标值	2994.355		
收敛循环次数	11	9	26
系统分析次数	23	69	186
学科分析次数	868	1131	3250

以起始点 1 为例，MDF-CSSO 优化目标收敛过程如图 10.1 所示。首先在第一阶段通过 5 次循环收敛至较优解，然后通过第二阶段 6 次循环收敛至全局最优点。在全局最优点处目标函数和紧约束的近似模型和精确模型比较如图 10.2 所示，其中 $x_1=3.5$，$x_2=0.7$，$x_3=17$，$x_4=7.3$，$x_6=3.3502$。可以看出近似模型与精确模型在最优点附近区域能够很好吻合，从而为基于近似模型进行优化收敛于精确模型全局最优点提供了保证。

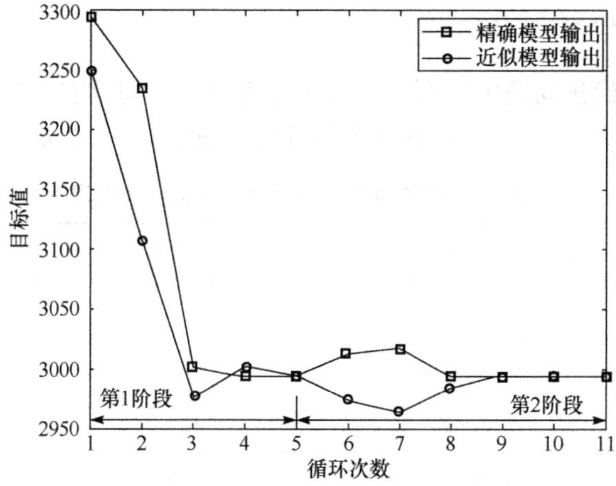

图 10.1　减速器 MDF-CSSO 优化目标值收敛过程

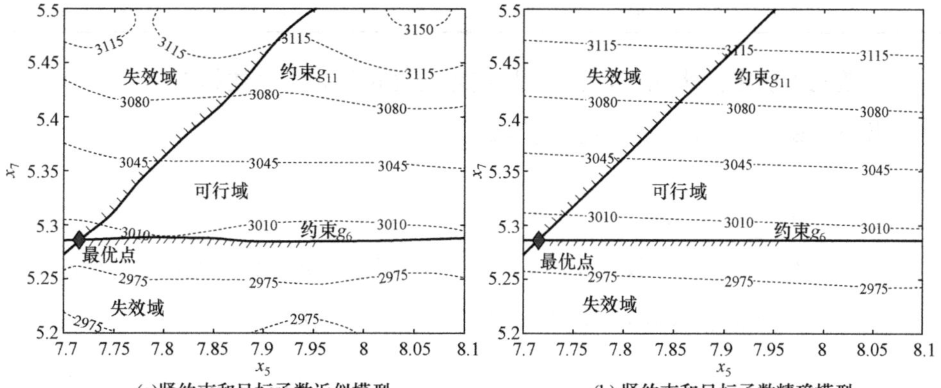

图 10.2　减速器 MDF-CSSO 最优点处精确模型与近似模型比较

该算例说明:①MDF-CSSO 能够充分应用 MDF 快速收敛的特征在第一阶段快速获取接近精确模型全局最优点的较优方案;②在第一阶段较优方案基础上,如果继续应用基于近似模型的 MDF 进行优化,则需要较多循环以提高近似模型在精确模型全局最优点附近区域的近似精度,以此最终收敛于精确模型的最优点。而 MDF-CSSO 方法采用 CSSO 组织各学科应用精确模型对第一阶段较优方案进行独立并行优化,一方面回避了上述计算成本,另一方面能够利用 CSSO 的并行策略提高效率;③以第一阶段较优方案为基础进行 CSSO,能够有效提高 CSSO 的收敛速度。由此说明,联合优化过程 MDF-CSSO 能够有效结合 MDF 和 CSSO 的优势提高收敛速度。

10.1.2 PMDF-CSSO 优化结果

考虑减速器优化问题中代表设计尺寸的优化变量均具有随机不确定性，各个尺寸的加工误差为正态分布，标准公差等级为 7，如表 10.2 所示。

表 10.2 减速器随机不确定性优化变量说明

符号	说明	分布类型	标准差
x_1	尺宽系数/cm	正态	21μm
x_2	齿轮模数/cm	正态	1μm
x_4	轴 1 轴承间距/cm	正态	30μm
x_5	轴 2 轴承间距/cm	正态	30μm
x_6	轴 1 直径/cm	正态	21μm
x_7	轴 2 直径/cm	正态	30μm

在随机不确定性影响下，式(10.1)描述的优化问题可表述如下：

$$\begin{cases}\text{find} & \boldsymbol{\mu}_{\boldsymbol{X}}=[\mu_{x_1},\mu_{x_2},x_3,\mu_{x_4},\mu_{x_5},\mu_{x_6},\mu_{x_7}]^{\mathrm{T}}\\ \min & \mu_f\\ \text{s.t.} & \Pr\{g_i\leqslant 0\}\geqslant 99\%,\quad 1\leqslant i\leqslant 11\\ & 2.6\leqslant\mu_{x_1}\leqslant 3.6,\quad 0.7\leqslant\mu_{x_2}\leqslant 0.8,\quad 17\leqslant x_3\leqslant 28,\quad 7.3\leqslant\mu_{x_4}\leqslant 8.3\\ & 7.3\leqslant\mu_{x_5}\leqslant 8.3,\quad 2.9\leqslant\mu_{x_6}\leqslant 3.9,\quad 5.0\leqslant\mu_{x_7}\leqslant 5.5\end{cases} \tag{10.3}$$

其中，优化目标为原优化目标的期望值 μ_f，不考虑稳健性要求。所有约束条件 $g_i(1\leqslant i\leqslant 11)$ 的可靠性要求为 99%。因此，优化问题(10.3)实际为基于可靠性的设计优化问题。

以 10.1.1 节确定性 MDF-CSSO 最优点为基线方案，采用 PMDF-CSSO 组织优化求解，结果如表 10.3 所示。由表可知，虽然 PMDF-CSSO 优化结果的目标性能期望值比确定性 MDF-CSSO 最优解略差，但其满足各个约束条件的可靠度均为 1，符合预定可靠度 99%的要求。而 MDF-CSSO 在约束 g_5、g_6、g_8、g_{11} 下的可靠度分别为 0.498、0.5、0.494、0.492，远低于预定要求。由此说明，PMDF-CSSO 能够通过对目标性能和约束可靠度进行合理折中，获取在不确定性影响下满足可靠性要求的最优方案。

表 10.3　单独随机不确定性条件下减速器 PMDF-CSSO 优化结果

优化方法		基线方案	PMDF-CSSO
优化变量		3.5,0.7,17,7.3,7.7153,3.3502,5.2867	3.5348,0.7,17,7.3,7.8952,3.3838,5.3396
目标值		2994.355	3054.617
约束条件	$\Pr\{g_1\leqslant 0\}$	1	1
	$\Pr\{g_2\leqslant 0\}$	1	1
	$\Pr\{g_3\leqslant 0\}$	1	1
	$\Pr\{g_4\leqslant 0\}$	1	1
	$\Pr\{g_5\leqslant 0\}$	0.498	1
	$\Pr\{g_6\leqslant 0\}$	0.5	1
	$\Pr\{g_7\leqslant 0\}$	1	1
	$\Pr\{g_8\leqslant 0\}$	0.494	1
	$\Pr\{g_9\leqslant 0\}$	1	1
	$\Pr\{g_{10}\leqslant 0\}$	1	1
	$\Pr\{g_{11}\leqslant 0\}$	0.492	1

10.1.3　MUMDF-CSSO 优化结果

除了考虑由于加工误差导致优化变量具有随机不确定性外，进一步考虑减速器模型中可能由于信息不足导致模型参数具有认知不确定性。将约束 g_5 和 g_6 表述为

$$\begin{cases} g_5: & \dfrac{A_1}{B_1}-1100\leqslant 0 \\ g_6: & \dfrac{A_2}{B_2}-850\leqslant 0 \end{cases} \tag{10.4}$$

其中

$$A_1=\left[\left(\frac{a_1x_4}{x_2x_3}\right)^2+a_2\times 10^6\right]^{0.5},\quad B_1=a_3x_6^3$$

$$A_2=\left[\left(\frac{a_1x_5}{x_2x_3}\right)^2+a_4\times 10^6\right]^{0.5},\quad B_2=a_3x_7^3$$

假设模型参数 a_1 至 a_4 具有认知不确定性，分布如下：

$$\begin{aligned} &a_1 \in [740.0, 750.0], \quad a_2 \in [16.5, 17.5] \\ &a_3 \in [0.09, 0.11], \quad a_4 \in [157, 158] \end{aligned} \tag{10.5}$$

a_1 至 a_4 在其取值区间内的 BPA 赋值为 1。重新表述减速器优化问题如下：

$$\begin{cases} \text{find} & \boldsymbol{\mu_X} = [\mu_{x_1}, \mu_{x_2}, x_3, \mu_{x_4}, \mu_{x_5}, \mu_{x_6}, \mu_{x_7}]^{\mathrm{T}} \\ \min & F \\ \text{s.t.} & \mathrm{Pl}\{f > F\} \leqslant 10\% \\ & \mathrm{Pl}\{g_i > 0\} \leqslant 1\%, \quad 1 \leqslant i \leqslant 11 \\ & 2.6 \leqslant \mu_{x_1} \leqslant 3.6, \quad 0.7 \leqslant \mu_{x_2} \leqslant 0.8, \quad 17 \leqslant x_3 \leqslant 28, \quad 7.3 \leqslant \mu_{x_4} \leqslant 8.3 \\ & 7.3 \leqslant \mu_{x_5} \leqslant 8.3, \quad 2.9 \leqslant \mu_{x_6} \leqslant 3.9, \quad 5.0 \leqslant \mu_{x_7} \leqslant 5.5 \end{cases} \tag{10.6}$$

其中，目标失效似然性要求不超过 10%，约束失效似然性要求不超过 1%。以 10.1.1 节确定性 MDF-CSSO 最优点为基线方案，采用 MUMDF-CSSO 组织求解，通过五次循环收敛至满足似然性要求的优化方案，收敛过程如图 10.3 所示。

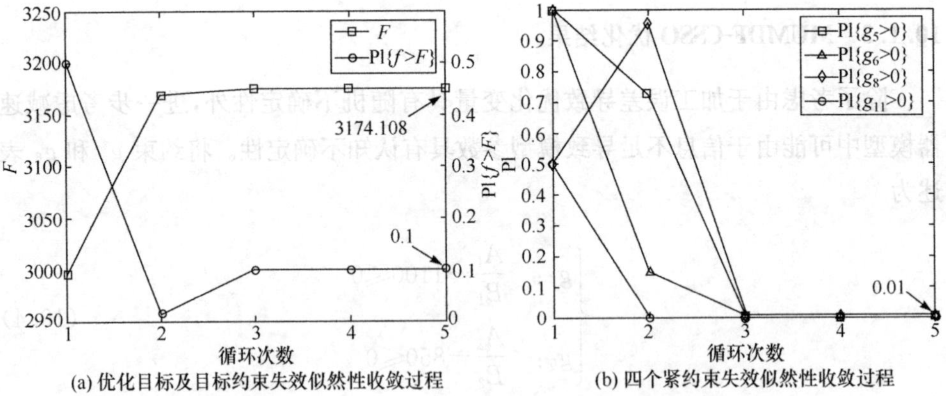

图 10.3 减速器 MUMDF-CSSO 优化目标与约束失效似然性收敛过程

在混合不确定性影响下，分别对基线方案（确定性 MDF-CSSO 最优方案）、PMDF-CSSO 最优方案和 MUMDF-CSSO 最优方案进行混合不确定性分析，结果如表 10.4 所示。

表 10.4 混合不确定性条件下减速器 MUMDF-CSSO 优化结果

优化方案		MDF-CSSO 最优方案	PMDF-CSSO 最优方案	MUMDF-CSSO 最优方案
优化变量		3.5,0.7,17,7.3,7.7153,3.3502,5.2867	3.5348,0.7,17,7.3,7.8952,3.3838,5.3396	3.5050,0.7,17,7.3,7.9348,3.4949,5.4856
目标值		2994.355	3054.617	3174.108
约束条件	$\mathrm{Pl}\{f>F\}$	0.5	0.5	0.1
	$\mathrm{Pl}\{g_1>0\}$	0	0	0
	$\mathrm{Pl}\{g_2>0\}$	0	0	0
	$\mathrm{Pl}\{g_3>0\}$	0	0	0
	$\mathrm{Pl}\{g_4>0\}$	0	0	0
	$\mathrm{Pl}\{g_5>0\}$	1	1	0.01
	$\mathrm{Pl}\{g_6>0\}$	1	1	0.01
	$\mathrm{Pl}\{g_7>0\}$	0	0	0
	$\mathrm{Pl}\{g_8>0\}$	0.5	0	0.01
	$\mathrm{Pl}\{g_9>0\}$	0	0	0
	$\mathrm{Pl}\{g_{10}>0\}$	0	0	0
	$\mathrm{Pl}\{g_{11}>0\}$	0.5	0	0

由表 10.4 可知，确定性 MDF-CSSO 最优方案在紧约束 g_5、g_6、g_8、g_{11} 的失效似然性分别为 1、1、0.5、0.5，目标失效似然性为 0.5；PMDF-CSSO 最优方案在紧约束 g_5 和 g_6 的失效似然性为 1，目标失效似然性为 0.5，均不符合预定要求。而 MUMDF-CSSO 最优方案的目标性能虽然比确定性 MDF-CSSO 和 PMDF-CSSO 最优解略差，但其所有约束条件失效似然性均不大于 1%，目标失效似然性不大于 10%，达到预定水平。该算例说明，随着需要考虑的不确定性影响增多，特别是在相同随机不确定性条件下进一步考虑认知不确定性的影响，为了保证优化方案的性能分布满足预定要求，不可避免地将导致优化方案更偏于保守。同时，该算例也说明在优化问题中是否考虑不确定性，对优化结果有很大影响。如果一味简化和忽略不确定性影响，将导致优化方案远远无法满足预定性能要求。

10.2 平面钢架结构优化

平面钢架结构优化问题由 Bailing 和 Sobieszczanski-Sobieski[4] 于 1994 年提出，为典型的层次系统优化问题。本节采用第 9 章介绍的概率目标级联分析法优化过程(SPATC)对平面钢架结构优化问题进行求解，并与确定性条件下的 ATC

优化结果进行比较。该优化问题的物理模型如图 10.4 所示,通过优化二维钢架结构的连接点位置以及 I 形截面的几何尺寸以最小化钢架质量,其数学表述如下:

$$\begin{cases} \text{find} & \boldsymbol{X} = [x_{\text{hub}}, y_{\text{hub}}, \boldsymbol{X}_{\text{cross-}i}]^{\mathrm{T}} \\ \min & M = \sum_{i=1}^{N_{\text{beams}}} m_i(\boldsymbol{X}) \\ & g_1 = \delta_x - \delta_{x\text{-max}} \leqslant 0 \\ & g_2 = \delta_y - \delta_{y\text{-max}} \leqslant 0 \\ & g_3^i = (\sigma_{\text{RH}} - \sigma_{\max})_i \leqslant 0, \quad i = 1, \cdots, N_{\text{beams}} \\ \text{s.t.} & g_4^i = (N - N_{\text{cr}}^x)_i \leqslant 0, \quad i = 1, \cdots, N_{\text{beams}} \\ & g_5^i = \left(\dfrac{N}{N_{\text{cr}}^y} - \left(\dfrac{|M|}{M_{\text{cr}}}\right)^{1.75}\right)_i - 1 \leqslant 0, \quad i = 1, \cdots, N_{\text{beams}} \\ & g_6^i = \left(\dfrac{\sigma}{\sigma_{\text{cr}}} - \left(\dfrac{\tau}{\tau_{\text{cr}}}\right)^2\right)_i - 1 \leqslant 0, \quad i = 1, \cdots, N_{\text{beams}} \\ & \boldsymbol{X}^{\min} \leqslant \boldsymbol{X} \leqslant \boldsymbol{X}^{\max} \\ \text{where} & \boldsymbol{X}_{\text{cross-}i} = [b_1, t_1, b_2, t_2, h, t_3]_i^{\mathrm{T}}, \quad i = 1, \cdots, N_{\text{beams}} \end{cases} \tag{10.7}$$

式中,N_{beams} 表示梁的数目;$[\delta_{x\text{-max}}, \delta_{y\text{-max}}]$ 和 $\sigma_{\max}$ 分别表示许用位移和许用正应力;$[x_{\text{hub}}, y_{\text{hub}}]$ 表示连接点的坐标;$[\delta_x, \delta_y]$ 表示连接点处的位移;N 和 M 分别表示梁的轴力和弯矩;σ_{RH}、σ 和 τ 分别表示截面上的 Ros-Eichinger 等效应力、正应力和切应力。

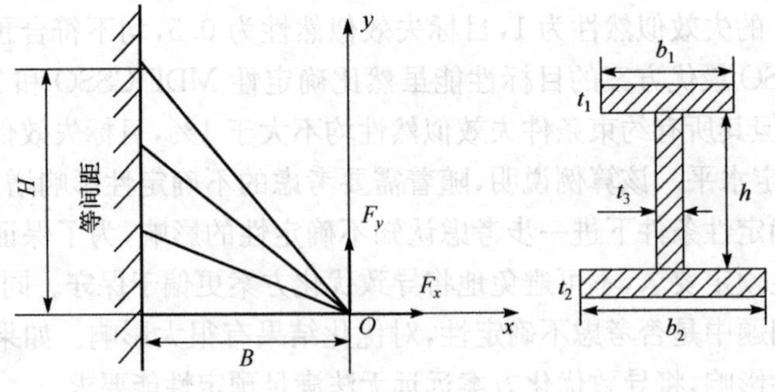

图 10.4　平面钢架结构示意图

式(10.7)中的约束包括连接点处的位移约束(g_1, g_2)、最大应力约束(g_3^i)、梁屈曲约束(g_4^i)以及 I 形截面翼缘和腹板处的屈曲约束。需要说明的是,每个梁的首尾两处、上翼缘、下翼缘和腹板处均需判断约束 $g_3^i \sim g_6^i$ 是否满足。相应参数的具体计算公式如下:

Ros-Eichinger 等效应力

$$\sigma_{RH}=\sqrt{\sigma^2+3\tau^2} \tag{10.8}$$

临界正应力

$$\begin{cases} N_{cr}^{x}=2.05\pi^2\dfrac{EI_{xx}}{L^2} \\ N_{cr}^{y}=2.05\pi^2\dfrac{EI_{yy}}{L^2} \end{cases} \tag{10.9}$$

临界弯矩

$$M_{cr}=\pi\frac{\sqrt{EI_{yy}GI_{zz}}}{L} \tag{10.10}$$

式中，L 表示梁的长度；E 为杨氏模量；G 为剪切模量；I_{xx}、I_{yy} 和 I_{zz} 为截面惯性矩。截面上翼缘、下翼缘和腹板处的临界应力值计算公式如表 10.5 所示。

表 10.5　平面钢架结构临界应力计算公式

部位	σ_{cr}	τ_{cr}
上翼缘	$0.55E(2t_1/b_1)^2$	$0.41E(2t_1/b_1)^2$
下翼缘	$0.55E(2t_2/b_2)^2$	$0.41E(2t_2/b_2)^2$
腹板	$4.3E(t_3/h)^2$	$3.6E(t_3/h)^2$

10.2.1　ATC 优化结果

问题(10.7)可以分解为一个双层系统，其中顶层系统负责优化连接点位置，底层系统负责优化各个梁的截面参数。各个梁的截面面积 A_i 以及转动惯量 I_{xx}^i 为顶层系统的优化变量，同时它们又是底层系统的输出，因此 A_i 和 I_{xx}^i 为相关响应。梁的长度 L_i 以及内力 $\boldsymbol{Q}_i$ 作为参数从顶层传递至底层系统，在底层优化中为常数。问题(10.7)的 ATC 分解设置如下：

$\mathbf{O}_0$：　$\boldsymbol{X}_0=[x_{hub},y_{hub}]^{T}$，　$R_0=M$，　$\boldsymbol{G}_0=[g_1,g_2]^{T}$

$\mathbf{O}_{0\text{-}i}$：　$\boldsymbol{X}_{0\text{-}i}=\boldsymbol{X}_{cross-i}$，　$\boldsymbol{Y}_{0\text{-}i}=[\ ]$，　$\boldsymbol{R}_{0\text{-}i}=[A_i,I_{xx}^i]^{T}$，

$\boldsymbol{G}_{0\text{-}i}=[g_3^i,g_4^i,g_5^i,g_6^i]^{T}$，　$i=1,\cdots,N_{beams}$

考虑钢架结构具有 6 根梁，各参数值以及设计变量上下限如表 10.6 和表 10.7 所示。

表 10.6　平面钢架结构优化问题参数说明

参数	值
钢架尺寸/cm	$H=200, B=150$
连接点处的作用力/kN	$F_x=F_y=20$

续表

参数	值
材料密度/(kg/cm³)	$\rho=7.85\times10^{-3}$
杨氏模量(各向同性)/(kN/cm²)	$E=20600$
泊松比	$\nu=0.3$
连接点处的最大许用位移/cm	$\delta_{x\cdot\max}=\delta_{y\cdot\max}=0.1$
许用应力/(kN/cm²)	$\sigma_{\max}=25$

表 10.7　平面钢架结构优化变量上下限

变量	下限	上限
x_{hub}/cm	−15	15
y_{hub}/cm	−20	20
b_1/cm	2	6
t_1/cm	0.1	1
b_2/cm	2	6
t_2/cm	0.1	1
h/cm	3	8
t_3/cm	0.1	1
A_i/cm²	0.7	10
I_{xx}^i/cm⁴	1	100

设计变量的初值设置为对应上下限的平均值。首先采用确定性 ATC 进行优化求解，优化器为 SQP。为了说明 ATC 分层优化的有效性，同时采用标准 MDO 过程 MDF 对该优化问题进行组织求解，结果比较如表 10.8 所示。可以看出，ATC 方法能够获取与 MDF 十分相近的优化效果，说明 ATC 方法求解的有效性。虽然在该问题中 MDF 优化结果略优于 ATC 方法，但是当梁的数目增加时，采用 MDF 的计算复杂度将大幅增加，甚至无法搜索得到较优的解，而此时 ATC 方法在计算效率方面的优势将更加明显。ATC 方法的迭代收敛过程如图 10.5 所示。

表 10.8　六梁钢架结构 ATC 方法优化结果

方法	MDF	ATC
[x_{hub}/cm, y_{hub}/cm]	[−15,20]	[−15,20]
[A_1/cm², I_{xx}^1/cm⁴]	[4.1924,69.4219]	[4.3543,46.8423]

续表

方法	MDF	ATC
$[A_2/\mathrm{cm}^2, I_{xx}^2/\mathrm{cm}^4]$	[0.7000,1.1863]	[0.7059,1.2367]
$[A_3/\mathrm{cm}^2, I_{xx}^3/\mathrm{cm}^4]$	[0.7000,1.1863]	[0.7043,1.2229]
$[A_4/\mathrm{cm}^2, I_{xx}^4/\mathrm{cm}^4]$	[0.7462,1.2904]	[0.7454,1.2955]
$[A_5/\mathrm{cm}^2, I_{xx}^5/\mathrm{cm}^4]$	[0.8749,1.6068]	[1.5221,16.1119]
$[A_6/\mathrm{cm}^2, I_{xx}^6/\mathrm{cm}^4]$	[2.4252,31.7874]	[1.8662,17.0853]
M/kg	12.66	12.84

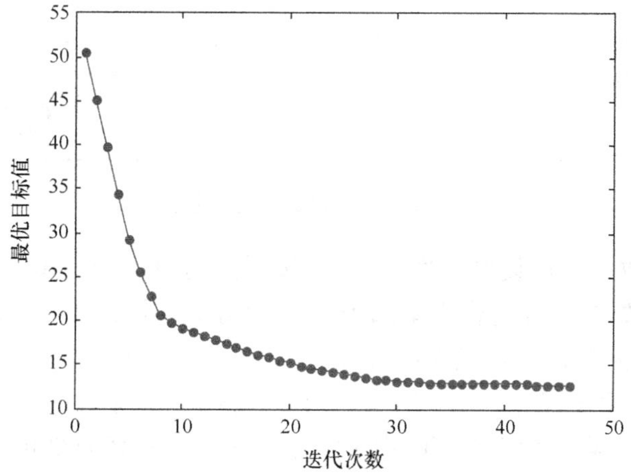

图 10.5　ATC 方法的迭代收敛过程

10.2.2　SPATC 优化结果

考虑截面尺寸 $\boldsymbol{X}_{\text{cross-}i}$ 具有不确定性，所有尺寸变量服从正态分布，且方差系数为 0.1。将质量平均值作为设计目标，即 $T^{\mu_M}=0$。随机不确定性条件下的优化问题表述如下：

$$
\begin{cases}
\text{find} & \boldsymbol{X}=[x_{\text{hub}}, y_{\text{hub}}, \boldsymbol{\mu}_{\boldsymbol{X}_{\text{cross-}i}}]^{\mathrm{T}} \\
\min & \mu_M^2 \\
\text{s.t.} & \Pr\{g_m \leqslant 0\} \geqslant 99.865\%, \quad 1 \leqslant m \leqslant 2 \\
 & \Pr\{g_m^i \leqslant 0\} \geqslant 99.865\%, \quad 3 \leqslant m \leqslant 6, i=1,\cdots,N_{\text{beams}} \\
 & \boldsymbol{X}^{\min} \leqslant \boldsymbol{X} \leqslant \boldsymbol{X}^{\max} \\
\text{where} & \boldsymbol{\mu}_{\boldsymbol{X}_{\text{cross-}i}} = [\mu_{b_1}, \mu_{t_1}, \mu_{b_2}, \mu_{t_2}, \mu_h, \mu_{t_3}]_i^{\mathrm{T}}, \quad i=1,\cdots,N_{\text{beams}}
\end{cases}
\tag{10.11}
$$

其中，尺寸变量均值上下限与确定性优化问题中相同。该问题有 36 个随机设计变量,如果直接在 ATC 框架内采用同时概率分析法将存在较大困难,因此优化中涉及的不确定性分析采用层次概率分析法(参见 9.1.2 节)。该算例的 SPATC 数据流如图 10.6 所示。在层次概率分析法中,将 A_i 和 I_{xx}^i 的概率分布函数从底层系统 $\mathbf{O}_{0\text{-}i}$ 传递给顶层系统。

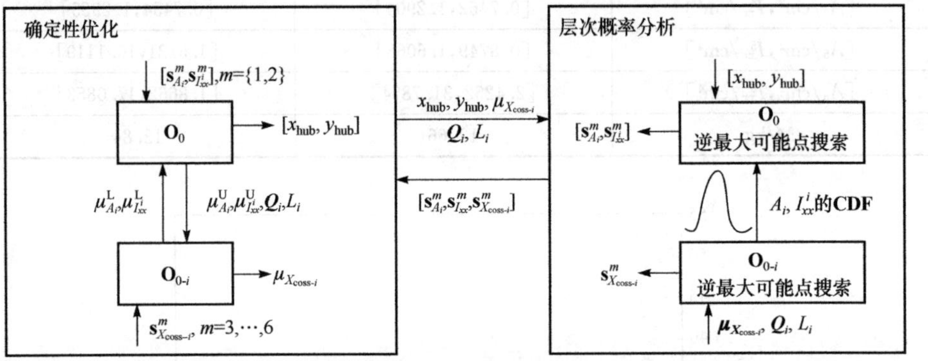

图 10.6 SPATC 方法数据流

该算例的收敛条件设置为最优目标值改变量小于 1.0×10^{-2}。SPATC 方法迭代 7 次后收敛,各个梁优化方案如表 10.9 所示,其中梁 ID 为从下至上依次编号,最优目标值为 14.59,最优连接点为[−15,20]。表 10.10 对 SPATC 最优解与确定性最优解(MDF 结果)进行了比较。其中,满足约束条件的可靠度通过蒙特卡罗方法计算,样本容量为 10^5。顶层约束 g_2 在确定性最优点处可靠度为 0.4820,不满足要求,但在 SPATC 最优点处为 0.9978,达到预定可靠性水平。其他一些硬约束条件也存在这种现象,此处不一一列举。总之,该算例优化结果说明,在考虑不确定性影响时,用 SPATC 方法能够获取满足可靠性要求的优化方案,验证了该算法的有效性。

表 10.9 六梁钢架结构不确定性设计优化结果

梁 ID	μ_{b_1}/cm	μ_{t_1}/cm	μ_{b_2}/cm	μ_{t_2}/cm	μ_h/cm	μ_{t_3}/cm
1	2.2095	1.0	2.2095	1.0	8.0	0.1
2	2.0	0.1	2.0	0.1	3.3956	0.1
3	2.0	0.1	2.0	0.1	3.4245	0.1
4	2.9198	0.1	2.9198	0.1	3.0	0.1
5	3.7135	0.1	3.7135	0.1	3.0	0.1
6	4.9911	0.1761	4.3112	0.2044	8.0	0.1048

表 10.10 六梁钢架结构 SPATC 优化结果

条件	M/kg	$\Pr\{g_1 \leqslant 0\}$	$\Pr\{g_2 \leqslant 0\}$
确定性优化	12.65	1.0	0.4820
不确定性优化	14.59	1.0	0.9978

本算例中为了提高计算效率，采用了层次概率分析法，在此对其分析精度进行测试。给定一系列 $\beta^i=-3+0.3i(i=0,\cdots,20)$，通过层次概率分析法构造 A_1 和 I_1 的近似累积概率分布函数。同时采用 MCS 方法获取的累积概率分布函数作为基准进行对比，结果如图 10.7 所示。此外，采用两种方法分别计算不确定性影响下的相关响应均值，结果如表 10.11 所示。由表可以看出，两种方法的分析结果十分吻合，验证了层次概率分析法的精度，为 SPATC 方法的不确定性优化效果提供了保证。

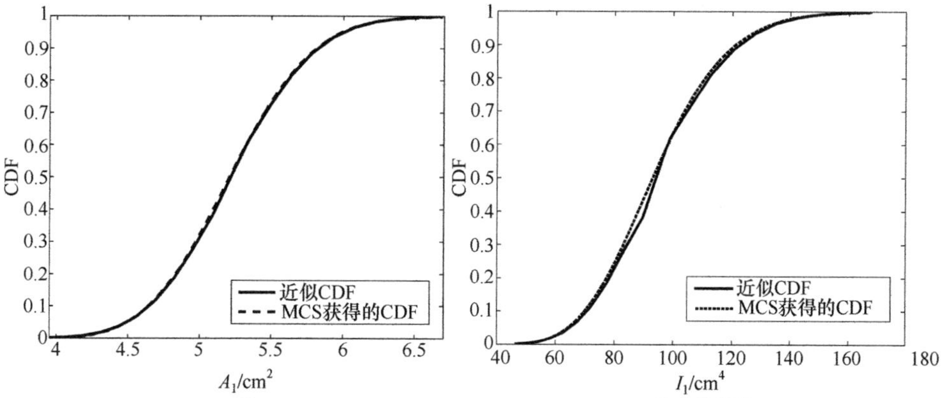

(a) A_1的CDF　(b) I_1的CDF

图 10.7 A_1 和 I_1 的概率分布函数

表 10.11 六梁钢架结构相关响应近似值

梁 ID	近似值		MCS	
	μ_A/cm^2	μ_I/cm^4	μ_A/cm^2	μ_I/cm^4
1	5.2153	95.2775	5.2188	94.3418
2	0.7390	1.5713	0.7397	1.5647
3	0.7418	1.6005	0.7426	1.5926
4	0.8830	1.6511	0.8843	1.6416
5	1.0416	2.0375	1.0426	2.0217
6	2.5958	34.4695	2.5980	34.1967

参考文献

[1] Padula S L, Alexandrov N, Green L L. MDO test suite at NASA Langley Research Center[C]//The 6th AIAA/NASA/ISSMO Symposium on Multidisciplinary Analysis and Optimization, 1996.

[2] Tosserams S, Etman L F P, Rooda J E. An augmented lagrangian decomposition method for quasi-separable problems in MDO[J]. Structural and Multidisciplinary Optimization, 2007, 34:211—227.

[3] Zhao M, Cui W. On the development of bi-level integrated system collaborative optimization [J]. Structural and Multidisciplinary Optimization, 2011, 43(1):73—84.

[4] Bailing R J, Sobieski J S. An Algorithm for Solving the System-Level Problem in Multilevel Optimization[R]. NASA-CR-195015, 1994.

第 11 章　基于 UMDO 的小卫星总体设计

随着空间技术水平的不断提高，小卫星研制技术得到了蓬勃发展。由于小卫星具有质量轻、体积小、周期短、成本低等特点，因此其设计思想与传统高价值大型航天器设计有所不同。这与传统卫星采用的成熟技术和宇航级产品相比，小卫星一般采用大量新技术和商业元器件，大大增加了其系统的不确定性。小卫星采用高密度功能集成设计，学科耦合特点突出，需要充分考虑耦合学科间的协同效应进行整体设计与优化。此外，小卫星设计生产周期短，地面试验程序简化，由此更加凸显了其需要通过设计优化提高系统稳健性和可靠性的要求。因此，UMDO 方法在小卫星总体设计中具有重要的应用价值。

本章将前面章节介绍的 UMDO 方法应用于单颗小卫星的总体设计中。首先，以某对地观测小卫星为对象，建立其概念设计阶段总体设计学科模型。其次，对小卫星概念阶段总体设计中涉及的不确定性进行提取与建模，特别是针对由于知识缺乏和信息不足导致的经验关系式简化模型中的模型参数不确定性，分别将其作为随机不确定性和认知不确定性进行建模。然后，针对将模型参数不确定性假设为随机不确定性简化处理的情况，将小卫星总体设计优化表述为单独随机不确定性条件下的 UMDO 问题，采用 PMDF-CSSO 优化过程组织求解，获得了满足稳健可靠要求的优化方案。最后，针对将模型参数不确定性直接作为认知不确定性准确处理的情况，将小卫星总体设计优化表述为随机/认知混合不确定性条件下的 UMDO 问题，采用 MUMDF-CSSO 优化过程组织求解，获得了满足目标和约束失效似然性要求的优化方案，优化效果验证了 UMDO 方法的有效性。

11.1　小卫星总体设计学科模型

本章以某对地观测小卫星为对象，参考文献[1]、[2]中的地球遥感卫星学科模型，对其总体设计学科模型进行建模。

11.1.1　轨道模型

轨道为太阳同步回归圆轨道。升交点赤经、真近点角和近地点幅角仅与具体的对地观测星下点轨迹有关，而在概念设计阶段与卫星质量估算和对地观测精度估算无关，因此不考虑上述三个变量，在优化中将其分别取为固定值 120°、0°和 0°。

轨道高度 h 为设计变量，轨道偏心率为 0，轨道倾角根据太阳同步回归轨道设计方法进行计算，以此为基础对星蚀因子、速度增量等进行估算，具体公式参见文献[1]～[4]。

11.1.2 分系统模型

1. 有效载荷

假设通过 CCD 相机对地面进行拍照，像元尺寸 $14\mu m \times 14\mu m$，工作波长范围 $\lambda = 0.4 \sim 0.9\mu m$，中心波长为 $0.65\mu m$。

该分系统以焦距 f_c 为设计变量，根据焦距和轨道高度对地面分辨率 R 进行估算，并对数据率、CCD 相机质量与功率进行计算。其中，有效载荷质量 M_{pl} 和功率 P_{pl} 根据比例缩放法进行近似估计。比例缩放的参考相机参数为：质量 28kg，功率 32W，孔径 0.26m。设计约束要求地面分辨率 $R \leqslant 30$m。

2. 结构分系统

将小卫星构型简化为长方体，垂直于发射方向的横截面为正方形。以星体结构尺寸的边长 b（垂直于发射方向的横截面边长）、高度 l（沿发射方向边长）和侧壁壁厚 t 为设计变量（假设顶板、底板和侧壁壁厚相同），根据卫星总质量 M_{sat} 及运载火箭的频率与过载特性，对结构质量 M_{str} 和星体转动惯量 (I_x, I_y, I_z) 进行计算。结构材料采用铝合金 2A14T6[5]。

结构分系统的设计需考虑强度、刚度和稳定性要求。

1）强度设计

强度设计主要考虑轴向过载和横向过载引起的等效轴向应力：

$$\sigma_{eq} = \frac{P}{A} + \frac{My_{max}}{I} \tag{11.1}$$

式中，$y_{max} = b/2$；A 为结构壳体四面侧壁在垂直发射方向的截面面积；I 为结构壳体四面侧壁在垂直发射方向的截面转动惯量；P 为小卫星承受的轴向力，$P = M_{sat} g_a$，g_a 为运载火箭轴向过载；M 为小卫星承受的弯矩，$M = M_{sat} g_l l/2$，g_l 为横向过载。

由强度设计准则可确定满足强度要求的星体最小壁厚：

$$t_{str} = \frac{\alpha}{4b\sigma}\left(P + \frac{3M}{b}\right) \tag{11.2}$$

式中，α 为安全系数；σ 为材料的拉伸屈服强度 σ_{yield} 或极限抗拉伸强度 $\sigma_{ultimate}$。

2）刚度设计

为避免小卫星和运载器的动态耦合，小卫星结构的基频必须大于运载器的自

然频率。对于长方体，按一端固定的均匀梁来计算小卫星的基频，

轴向：$f_{\text{axial}}=0.250\sqrt{\dfrac{AE}{ml}}$

横向：$f_{\text{lateral}}=0.560\sqrt{\dfrac{IE}{ml^3}}$

式中，E 为杨氏模量。

根据选定的小卫星基频可确定满足刚度要求的星体最小壁厚：

$$t_{\text{stiff}}=\max\left\{\frac{M_{\text{sat}}l}{4bE}\left(\frac{f_{\text{axial}}}{0.25}\right)^2,\frac{3M_{\text{sat}}l^3}{2b^3E}\left(\frac{f_{\text{lateral}}}{0.56}\right)^2\right\} \tag{11.3}$$

3）稳定性设计

稳定性设计采用薄壁壳局部压曲理论根据临界应力 σ_{cr} 确定最小壁厚。按单向均匀压缩矩形薄板计算其临界应力：

$$\sigma_{\text{cr}}=\frac{KE}{(b/t)^2} \tag{11.4}$$

式中，系数 K 值随 l/b 值变化。边界条件取为受力端简支，另外两边固支，此时 K 值随 l/b 值变化幅度很小，取值为 6.3，可以满足初步设计需要。由轴向等效应力和临界应力计算公式，确定满足稳定性要求的最小壁厚为

$$t_{\text{stab}}=\sqrt[3]{\frac{\alpha(Pb+3M)}{4KE}} \tag{11.5}$$

为了对结构设计方案的可靠性进行衡量，定义结构可靠性因子 F_{str} 如下：

$$F_{\text{str}}=\frac{t}{t_{\text{fail}}} \tag{11.6}$$

式中，t_{fail} 是根据强度、刚度和稳定性要求计算的临界壁厚的最大值，即 $t_{\text{fail}}=\max\{t_{\text{str}},t_{\text{stiff}},t_{\text{stab}}\}$。结构失效指标描述了设计壁厚与临界壁厚的大小关系。该指标大于 1，说明设计方案可靠；小于 1，说明设计方案不可行。

结构质量 M_{str} 由下式估算：

$$M_{\text{str}}=\rho\{l[b^2-(b-2t)^2]+2b^2t\} \tag{11.7}$$

式中，ρ 为材料密度。

3. 其他分系统

推进分系统主要根据速度增量需求估算推进剂质量 M_{fuel} 和推进分系统质量 M_{p}。

姿轨测量与姿控分系统主要根据轨道高度、卫星星体迎风面积、整星转动惯量和太阳阵质量估算分系统质量 M_{adc} 和功率 P_{adc}。姿控假设采取零动量稳定方式，通过反作用飞轮进行三轴稳定控制，并通过推力器进行飞轮卸载与控制。

电源分系统包括太阳能电池阵、蓄电池、功率调节与控制以及功率分配等部分，根据整星的功耗要求和轨道特性对电源分系统质量 M_{eps} 及其功耗 P_{eps} 进行估算。本章采用 GaAs 太阳能电池和 NiH_2 蓄电池。

数管分系统的质量 M_{dh} 一般占小卫星干质量的 4%～6%，记该比例为 c_{dh_m}；功率 P_{dh} 典型值为平均功率的 5%，记该比例为 c_{dh_p}。

测控分系统的质量 M_{ttc} 一般占小卫星干质量的 4%～6%，记该比例为 c_{ttc_m}；功率 P_{ttc} 典型值为平均功率的 5%，记该比例为 c_{ttc_p}。

热控分系统的质量 M_{tm} 一般占小卫星干质量的 4%～6%，记该比例为 c_{tm_m}；功率 P_{tm} 典型值为平均功率的 5%，记该比例为 c_{tm_p}。

上述分系统的具体学科模型详见文献[6]、[7]。

11.1.3　学科关系分析

根据 11.2 节建立的总体设计学科模型，对学科关系进行整理，并以设计结构矩阵的形式进行表述，如图 11.1 所示。图中带有下划线的符号表示对应学科的设计变量，设计结构矩阵中的符号说明如表 11.1 所示。

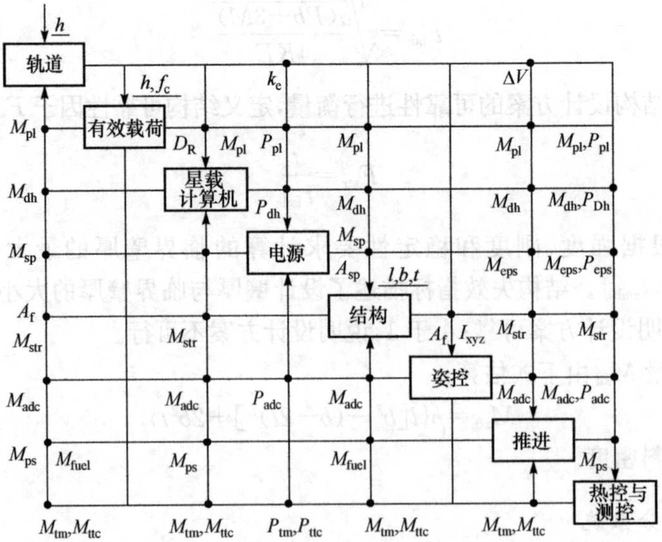

图 11.1　小卫星概念设计结构矩阵

表 11.1　小卫星概念设计符号说明

符号	说明	符号	说明	符号	说明
h	轨道高度	f_c	相机焦距	R	观测精度
k_e	星蚀率	ΔV	速度增量	S_w	覆盖带宽
b	星体宽度	l	星体高度	t	星体侧壁厚度
D_R	有效载荷数据率	M_{str}	结构质量	I_x, I_y, I_z	转动惯量
F_{str}	结构可靠性因子	V_{sat}	容积	M_{sat}	卫星质量
M_{eps}, P_{eps}	电源分系统质量与功耗	A_{sp}	太阳翼面积	M_{sp}	太阳帆板质量
M_{pl}, P_{pl}	有效载荷质量与功耗	M_{dh}, P_{dh}	OBDH 质量与功耗	A_f	迎风面积
M_{adc}, P_{adc}	ADC 质量与功耗	M_p	推进分系统质量	M_{fuel}	推进剂质量
$M_{ttc} P_{ttc}$	TTC 质量与功耗	$M_{tm} P_{tm}$	热控分系统质量与功耗		

设计结构矩阵清晰描述了小卫星总体设计的学科组成及其耦合关系。由图 11.1 可知，总体设计模型包括 5 个设计变量，分别是轨道高度 h、CCD 相机焦距 f_c、星体边长 b、星体高度 l 和星体壁厚 t。综合考虑发射运载能力等大系统接口限制，参考已有对地观测小卫星的设计方案，对 5 个设计变量的取值范围设定如下：$h \in [500\text{km}, 800\text{km}]$，$f_c \in [200\text{mm}, 300\text{mm}]$，$b \in [500\text{mm}, 1000\text{mm}]$，$l \in [500\text{mm}, 1000\text{mm}]$，$t \in [5\text{mm}, 10\text{mm}]$。

参考对地观测小卫星总体设计的一般约束条件设置[1,6]，考虑星体容积约束（仪器和设备安装要求）、结构可靠性约束、分辨率约束、轨道覆盖性能约束和卫星受晒约束（太阳电池充电要求），设置总体设计约束条件如下：分辨率 $R \leqslant 30\text{m}$，覆盖带宽 $S_w \geqslant 50\text{km}$，星蚀因子 $k_e \leqslant 0.35$，卫星容积 $V_{sat} \geqslant 0.5\text{m}^3$，结构可靠性因子 $F_{str} \geqslant 1$。

11.2　小卫星总体设计不确定性建模

本节对 11.1 节建立的对地观测小卫星总体设计学科模型中涉及的不确定性进行建模。

11.2.1　结构分系统不确定性

由于结构设计的尺寸存在加工误差，结构材料性能存在随机偏差，小卫星的力学环境也存在不确定性扰动，因此在结构设计中需要对上述不确定性进行考虑。

在总体设计学科模型中，小卫星结构设计尺寸包括边长 b、高度 l 和壁厚 t。假设各个尺寸的加工误差为正态随机分布，且标准公差等级为 3，则根据各个尺寸设计变量的取值范围确定其标准公差如表 11.2 所示。

表 11.2 结构设计变量不确定性分布

名称	符号	分布类型	标准差
结构边长/mm	b	正态	0.5
结构高度/mm	l	正态	0.5
结构壁厚/mm	t	正态	0.001

结构材料为铝合金 2A14T6[5]，其纵向极限抗拉强度、纵向拉伸屈服强度、材料杨氏模量因材料品质和加工差异等原因存在不确定性。假设小卫星发射运载器为 CZ4B[1]，发射时的力学环境参数包括运载火箭轴向基频、横向基频、轴向过载系数、横向过载系数等，也存在不确定性。假设上述不确定性参数均为正态分布，随机分布特征如表 11.3 所示。

表 11.3 结构分系统参数不确定性分布

名称	符号	分布类型	期望值	标准差
运载火箭轴向基频/Hz	f_{axial}	正态	30.0	0.3
运载火箭横向基频/Hz	f_{lateral}	正态	15.0	0.15
轴向过载系数	g_{axial}	正态	6.0	0.06
横向过载系数	g_{lateral}	正态	3.0	0.03
纵向极限抗拉强度/(N/m²)	σ_{yield}	正态	4.2×10^{8}	4.2×10^{5}
纵向拉伸屈服强度/(N/m²)	$\sigma_{\mathrm{ultimate}}$	正态	3.2×10^{8}	3.2×10^{5}
结构材料杨氏模量/(N/m²)	E	正态	7.1×10^{10}	7.1×10^{7}

11.2.2 轨道与有效载荷分系统不确定性

地球扁率、低轨大气影响等诸多因素使得轨道高度存在一定的漂移。同时，由于加工精度影响，CCD 相机焦距也存在微小随机偏差。上述不确定性导致相机对地观测分辨率也具有不确定性，在设计过程中需要考虑。假设轨道高度服从截尾正态分布，CCD 相机焦距服从正态分布，具体如表 11.4 所示。

表 11.4 轨道与有效载荷设计变量不确定性分布

名称	符号	分布类型	标准差
轨道高度/km	h	截尾正态*，$h_{\min}=\mu_h-3\sigma_h$，$h_{\max}=\mu_h+3\sigma_h$	0.5
CCD 相机焦距/mm	f_c	正态	0.1

* 轨道高度上下限由轨道期望值 μ_h 和标准差 σ_h 确定。

11.2.3　其他分系统质量与功率估算不确定性

在小卫星的质量和功率估算中，测控、数管和热控三个分系统的质量和功率均根据经验关系式进行估算。由于当前小卫星研究处于概念设计阶段，对研究对象各方面信息了解不足，经验关系式中的模型参数主要根据以往经验进行设置，将其应用于当前小卫星设计可能并不准确，由此导致上述模型自身也存在不确定性，在方案设计优化中应进行考虑。根据文献[8]对上述不确定性的灵敏度分析可知，测控和数管分系统的质量估算系数对小卫星质量的影响远远大于其他参数，因此本章也仅考虑上述两个分系统质量估算比例系数 c_{ttc_m} 和 c_{dh_m} 的不确定性。

11.1.2 节模型给出了上述分系统质量估算比例系数的可能取值区间，但是由于信息不足，无法确定其具体分布特性。下面采用两种不同方法对该不确定性进行处理：

(1) 作为随机不确定性，假设其在可能取值区间内平均分布，通过概率论进行建模，如表 11.5 所示。这样处理可以使得小卫星总体设计优化问题只涉及随机不确定性，由此单独采用概率方法即可对不确定性条件下的总体设计优化问题进行求解，降低优化难度和计算复杂度。

表 11.5　测控和数管分系统质量估算系数随机不确定性分布

名称	符号	不确定性分布
测控分系统质量估算系数	c_{ttc_m}	区间[0.04,0.06]内均匀分布
数管分系统质量估算系数	c_{dh_m}	区间[0.04,0.06]内均匀分布

(2) 直接作为认知不确定性，采用证据理论进行建模，如表 11.6 所示。这样处理能够避免对本来未知的不确定性分布进行额外假设，从而提高不确定性分析和优化结果的准确性和可信度。但是，这也使得小卫星总体设计优化问题同时涉及随机不确定性和认知不确定性，需要联合采用概率论和证据理论方法对该混合不确定性条件下的总体设计优化问题进行求解，大大增加优化难度和计算成本。表 11.6 中列出了认知不确定性的两组不同设置。设置 1 中每个参数的取值全集由两个区间构成，设置 2 在设置 1 基础上将每个区间进一步细分为两个子区间，并分别对其进行基本可信性赋值。设置 1 和设置 2 代表了不同信息量条件下建立的不同精细度的认知不确定性描述。

表 11.6 测控和数管分系统质量估算系数认知不确定性分布

设置	c_{ttc_m}		c_{dh_m}	
	区间	BPA	区间	BPA
设置 1	[0.04,0.05)	0.5	[0.04,0.05)	0.5
	[0.05,0.06]	0.5	[0.05,0.06]	0.5
设置 2	[0.04,0.045)	0.25	[0.04,0.045)	0.25
	[0.045,0.05)	0.25	[0.045,0.05)	0.25
	[0.05,0.055)	0.25	[0.05,0.055)	0.25
	[0.055,0.06]	0.25	[0.055,0.06]	0.25

11.3 小卫星总体的 UMDO 实现与结果分析

11.3.1 单独随机不确定性条件下的 UMDO

1. 优化问题描述

考虑测控和数管分系统的质量估算系数为随机不确定性，小卫星总体设计为单独随机不确定性条件下的 UMDO 问题。优化目标包括以下三个部分：①由于卫星质量与卫星成本直接正相关，因此小卫星质量期望值 $\mu_{M_{sat}}$ 越小越好；②由于卫星质量标准差与卫星成本风险直接正相关，因此小卫星质量标准差 $\sigma_{M_{sat}}$ 越小越好；③由于要求在轨运行过程中能够始终保持对地观测精度具有良好的稳定性，因此小卫星观测精度标准差 σ_R 越小越好。

小卫星总体设计优化约束条件在 11.1.3 节中进行了分析。考虑随机不确定性影响，要求所有约束满足的可靠度不小于 99%，以此保证设计方案的可靠性。

综合上述分析，单独随机不确定性条件下的小卫星总体 UMDO 数学表述如下：

$$
\begin{cases}
\text{find} & \boldsymbol{\mu}_{\boldsymbol{X}}=[\mu_h,\mu_{f_c},\mu_b,\mu_l,\mu_t] \\
\min & f=\dfrac{k_1}{w_1}\mu_{M_{sat}}+\dfrac{k_2}{w_2}\sigma_{M_{sat}}+\dfrac{k_3}{w_3}\sigma_R \\
\text{s.t.} & g_1: \Pr\{R\leqslant 30\text{m}\}\geqslant 0.99,\quad g_2: \Pr\{S_w\geqslant 50\text{km}\}\geqslant 0.99 \\
 & g_3: \Pr\{k_e\leqslant 0.35\}\geqslant 0.99,\quad g_4: \Pr\{V_{sat}\geqslant 0.5\text{m}^3\}\geqslant 0.99 \\
 & g_5: \Pr\{F_{str}>1\}\geqslant 0.99 \\
 & 500\text{km}\leqslant\mu_h\leqslant 800\text{km},\quad 200\text{mm}\leqslant\mu_{f_c}\leqslant 300\text{mm} \\
 & 500\text{mm}\leqslant\mu_b\leqslant 1000\text{mm},\quad 500\text{mm}\leqslant\mu_l\leqslant 1000\text{mm},\quad 5\text{mm}\leqslant\mu_t\leqslant 10\text{mm}
\end{cases}
\tag{11.8}
$$

其中,优化目标为三个子目标的线性和,以此将多目标优化问题简化为单目标优化问题。w_i 为调节三个子目标值数量级的比例系数,k_i 为权重系数,取值为 $k_1=0.5$,$k_2=k_3=0.25$,$w_1=100$,$w_2=1$,$w_3=0.1$。

对于上述随机不确定性 UMDO 问题,采用第 9 章介绍的 PMDF-CSSO 进行求解。首先,根据图 11.1 中设计矩阵所示小卫星总体设计学科耦合关系,对CSSO 子空间进行划分。由于轨道和有效载荷紧密耦合,共同决定对地观测精度和覆盖能力,因此将其作为一个子空间进行优化;结构学科相对独立,作为单独子空间进行优化;其他学科没有设计变量,其质量和功耗主要基于上述学科的设计变量设置进行估计,因此将其合并作为一个子空间。上述三个子空间的耦合关系如图 11.2 所示。

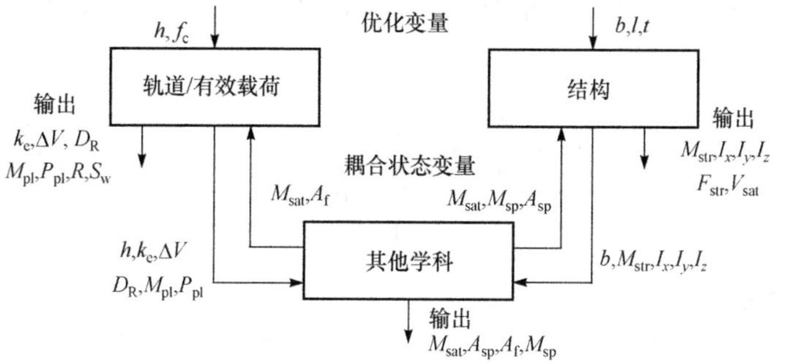

图 11.2　小卫星总体设计优化子空间划分示意图

子空间划分如下:

子空间 1:$\boldsymbol{X}_1=[h,f_c]^T$,$\boldsymbol{Y}_1=[k_e,\Delta V,D_R,M_{pl},P_{pl},R,S_w]^T$,

$\boldsymbol{Y}_{\cdot 1}=[M_{sat},A_f]^T$,$\boldsymbol{G}_1=[g_1,g_2,g_3]^T$,$\boldsymbol{P}_1=[\ ]$

子空间 2:$\boldsymbol{X}_2=[b,l,t]^T$,$\boldsymbol{Y}_2=[M_{str},I_x,I_y,I_z,F_{str},V_{sat}]^T$,

$\boldsymbol{Y}_{\cdot 2}=[M_{sat},M_{sp},A_{sp}]^T$,$\boldsymbol{G}_2=[g_4,g_5]^T$,

$\boldsymbol{P}_2=[f_{axial},f_{lateral},g_{axial},g_{lateral},\sigma_{yield},\sigma_{ultimate},E]$

子空间 3:$\boldsymbol{X}_3=[\ ]$,$\boldsymbol{Y}_3=[M_{sat},A_{sp},M_{sp},A_f]^T$,

$\boldsymbol{Y}_{\cdot 3}=[h,k_e,\Delta V,D_R,M_{pl},P_{pl},b,M_{str},I_x,I_y,I_z]^T$,

$\boldsymbol{G}_3=[\ ]$,$\boldsymbol{P}_3=[c_{ttc\_m},c_{dh\_m}]$

其中,$\boldsymbol{X}_i$、$\boldsymbol{Y}_i$、$\boldsymbol{Y}_{\cdot i}$、$\boldsymbol{G}_i$ 和$\boldsymbol{P}_i$ 分别表示学科 i 的局部设计变量向量、输出状态向量、耦合输入状态向量、约束条件向量以及局部学科模型中的随机不确定性变量。由上可知,子空间 3 不具有设计变量和约束条件,仅用于根据其他两个子空间的优化方案计算整星质量，因此在 CSSO 中实际不进行子空间优化。

2. PMDF-CSSO 组织求解与结果讨论

由于不确定性条件下的优化计算成本较高，普遍采用的方法是：首先忽略不确定性影响，直接简化为确定性优化问题进行求解，然后以此确定性优化方案为基线方案，进一步进行不确定性优化。遵循该思路，本节首先将式(11.8)简化为确定性优化问题并采用 MDF-CSSO 组织求解，收敛过程如图 11.3(a)所示。由图可知，随着优化循环的进行，近似模型在最优点附近区域的近似精度逐步提高。为了比较说明 MDF-CSSO 的有效性，对上述确定性优化问题采用确定性 MDF 进行求解，结果比较如表 11.7 所示。可以看出，MDF-CSSO 优化方案十分接近但略差于 MDF 优化方案，但是计算时间降低约 23%，由此说明 MDF-CSSO 能够显著提高优化效率。

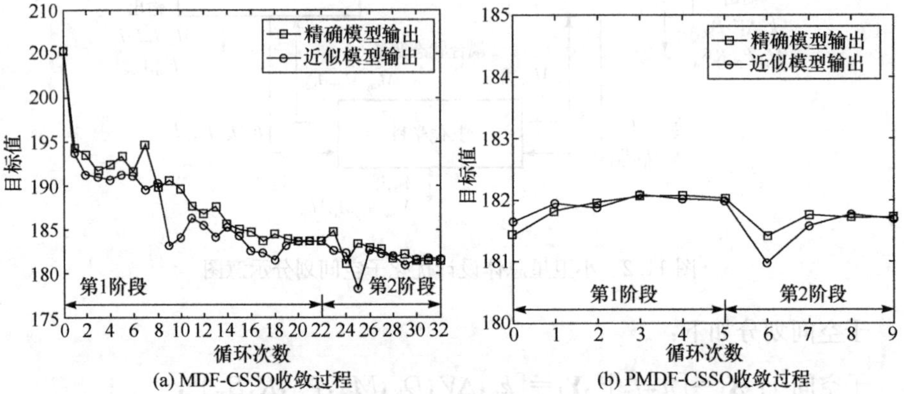

图 11.3　小卫星 MDF-CSSO 和 PMDF-CSSO 收敛过程

以 MDF-CSSO 优化结果为基线方案，进一步采用 PMDF-CSSO 对式(11.8)进行求解，收敛过程如图 11.3(b)所示，优化结果如表 11.7 所示。

表中仅列出了处于失效边界的紧约束条件，其他约束条件(松约束)的可靠度均为 1。可以看出，在确定性优化方案基础上，仅通过少量循环对优化方案进行微调，迅速收敛至随机不确定性条件下的最优解。虽然确定性优化方案的优化目标值优于考虑不确定性影响的优化方案目标值，但是确定性优化方案的观测精度和卫星容积两个紧约束的可靠度均远低于 0.99 的要求，不能满足可靠性要求。PMDF-CSSO优化方案一方面能够满足所有约束条件的可靠性要求；另一方面通过对三个子目标的综合优化，在降低卫星质量期望值的同时，也降低了卫星质量和观测精度在不确定性影响下的标准差，使得方案稳健性得到提高。

为了比较说明 PMDF-CSSO 的有效性，采用直接将不确定性分析嵌套于 MDF 优化中的传统概率 MDF 方法(PMDF)对式(11.8)进行求解。其中，PMDF 采用泰勒展开近似法进行矩估计，采用 FORM 进行可靠性分析。优化结果如表 11.7 所示。可以看出，PMDF-CSSO 优化方案十分接近但略差于 PMDF 优化方案，但是计算时间降低约 19%，大大提高优化效率。

表 11.7　单独随机不确定性条件下小卫星 PMDF-CSSO 优化结果

<table>
<tr><th></th><th>变量</th><th>基线</th><th colspan="2">MDF</th><th colspan="2">PMDF</th><th colspan="2">MDF-CSSO</th><th colspan="2">PMDF-CSSO</th></tr>
<tr><td rowspan="5">优化变量</td><td>h/km</td><td>650</td><td colspan="2">597.15</td><td colspan="2">596.55</td><td colspan="2">607.46</td><td colspan="2">607.23</td></tr>
<tr><td>f_c/mm</td><td>250</td><td colspan="2">278.67</td><td colspan="2">281.36</td><td colspan="2">285.48</td><td colspan="2">286.48</td></tr>
<tr><td>b/mm</td><td>750</td><td colspan="2">851.45</td><td colspan="2">852.95</td><td colspan="2">851.85</td><td colspan="2">852.14</td></tr>
<tr><td>l/mm</td><td>750</td><td colspan="2">706.18</td><td colspan="2">706.58</td><td colspan="2">708.00</td><td colspan="2">708.25</td></tr>
<tr><td>t/mm</td><td>7.5</td><td colspan="2">5.00</td><td colspan="2">5.00</td><td colspan="2">5.00</td><td colspan="2">5.00</td></tr>
<tr><td rowspan="2">紧约束</td><td colspan="2">R/m</td><td>30.00</td><td>Pr=0.52</td><td>29.68</td><td>Pr=1</td><td>29.93</td><td>Pr=0.69</td><td>29.67</td><td>Pr=1</td></tr>
<tr><td colspan="2">V_{sat}/m^3</td><td>0.50</td><td>Pr=0.48</td><td>0.502</td><td>Pr=1</td><td>0.501</td><td>Pr=0.81</td><td>0.502</td><td>Pr=1</td></tr>
<tr><td rowspan="4">优化目标</td><td colspan="2">$\mu_{M_{sat}}$/kg</td><td colspan="2">180.69</td><td colspan="2">181.39</td><td colspan="2">181.42</td><td colspan="2">181.71</td></tr>
<tr><td colspan="2">$\sigma_{M_{sat}}$/kg</td><td colspan="2">1.78</td><td colspan="2">1.65</td><td colspan="2">1.80</td><td colspan="2">1.69</td></tr>
<tr><td colspan="2">σ_R/m</td><td colspan="2">0.056</td><td colspan="2">0.055</td><td colspan="2">0.061</td><td colspan="2">0.059</td></tr>
<tr><td colspan="2">f</td><td colspan="2">1.488</td><td colspan="2">1.457</td><td colspan="2">1.510</td><td colspan="2">1.479</td></tr>
<tr><td rowspan="4">其他</td><td colspan="2">循环次数</td><td colspan="2">53</td><td colspan="2">12</td><td colspan="2">32</td><td colspan="2">9</td></tr>
<tr><td colspan="2">系统分析次数</td><td colspan="2">319</td><td colspan="2">12073</td><td colspan="2">54</td><td colspan="2">9013</td></tr>
<tr><td colspan="2">学科分析次数</td><td colspan="2">5231</td><td colspan="2">197974</td><td colspan="2">4250</td><td colspan="2">166450</td></tr>
<tr><td colspan="2">计算时间/s</td><td colspan="2">3828</td><td colspan="2">144876</td><td colspan="2">3110</td><td colspan="2">121807</td></tr>
</table>

在 MDF-CSSO 第一个循环获取的最优点处，对紧约束 g_1(对地观测精度约束)和优化目标关于轨道高度和相机焦距的近似模型和精确模型进行比较，如图 11.4 所示，其中 $b=913.34, l=744.06, t=5$。可以看出，虽然卫星质量近似模型的响应值与精确模型响应值相差不大，但是观测精度的近似模型与精确模型分布有较大差异，由此导致获取的优化方案偏离实际约束边界较远。

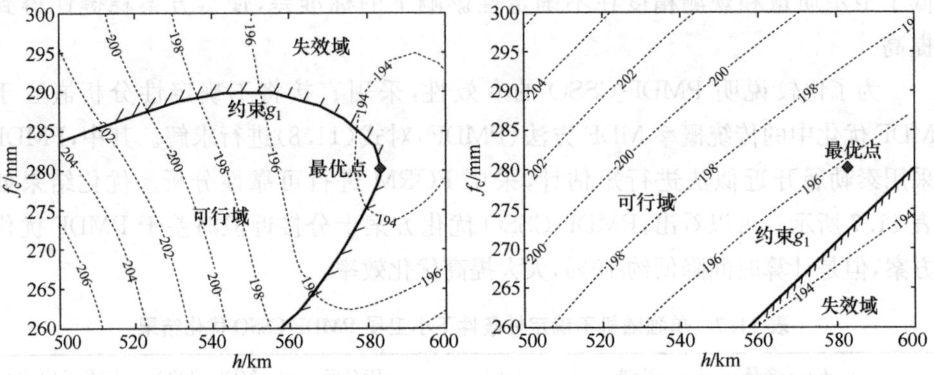

(a) 紧约束g_1和目标函数近似模型　　(b) 紧约束g_1和目标函数精确模型

图 11.4　小卫星 MDF-CSSO 首循环最优点处近似模型与精确模型比较

在 MDF-CSSO 末循环的最优点处，对紧约束 g_1 和优化目标的近似模型和精确模型再次进行比较，如图 11.5 所示，其中 $b=851.85$，$l=708.00$，$t=5$。可以看出，卫星质量和观测精度的近似模型与精确模型吻合度较高，因此基于近似模型的优化获取了与精确模型最优点十分接近的优化方案。

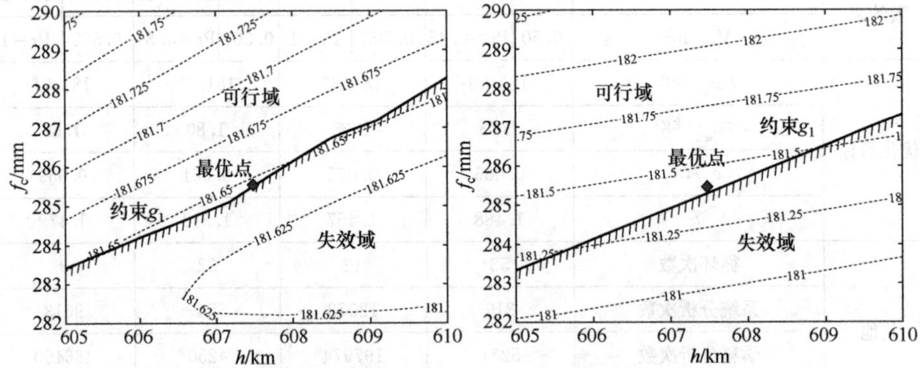

(a) 紧约束g_1和目标函数近似模型　　(b) 紧约束g_1和目标函数精确模型型

图 11.5　小卫星 MDF-CSSO 末循环最优点处近似模型与精确模型比较

在 MDF-CSSO 获取的最优点处进行不确定性分析，并通过 MCS 仿真对不确定性影响下优化方案的紧约束函数响应值的随机分布进行描述，如图 11.6(a)和(b)所示。其中，图 11.6(a)描述了 MDF-CSSO 最优点处紧约束 g_1 响应值的 MCS 散点分布，以 h 和 f_c 为自变量，$b=851.85$，$l=708.00$，$t=5$；图 11.6(b)描述了 MDF-CSSO 最优点处紧约束 g_4 响应值的 MCS 散点分布，以 b 和 l 为自变量，$h=607.46$，$f_c=285.48$，$t=5$。可以看出，在不确定性影响下，部分抽样点散布在不可行区域，使得满足硬约束的可靠度小于 0.99 的要求。以 MDF-CSSO 最优点为基线方案，通过 PMDF-CSSO 进行优化，将优化方案向可行域进行了略微移动，使得不确定性影响下优化方案的约束函数响应值均分布于可行域内，从而在略微牺牲目标性能的条件下满足了可靠性要求。PMDF-CSSO 最优点处 MCS 抽样分布如图 11.6(c)和(d)所示。其中，图 11.6(a)中以 h 和 f_c 为自变量，b=852.14，l=708.25，t=5；图 11.6(b)中以 b 和 l 为自变量，h=607.23，f_c=286.48，t=5。

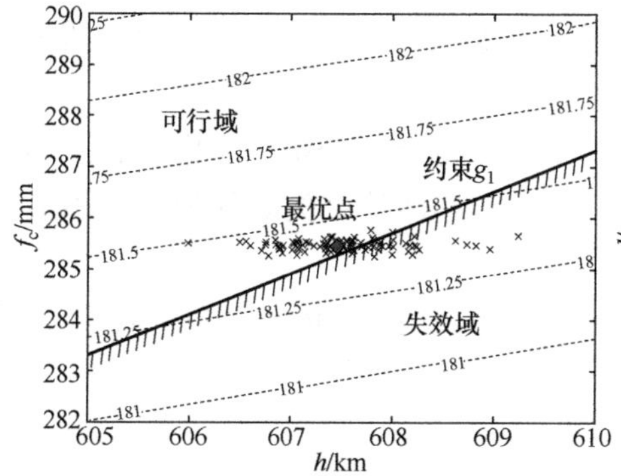

(a) MDF-CSSO最优点处紧约束g_1响应值MCS散点图

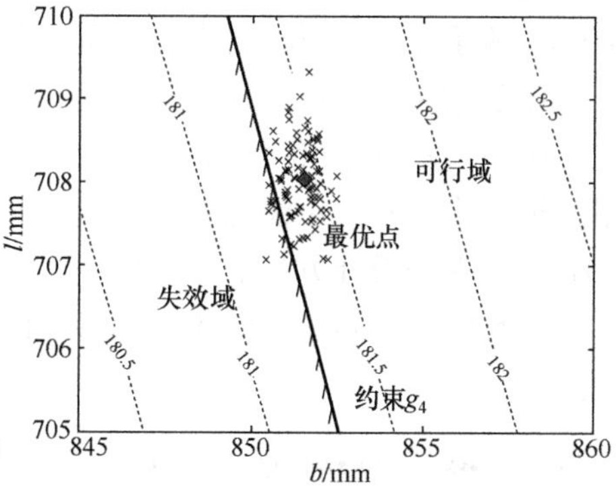

(b) MDF-CSSO最优点处紧约束g_4响应值MCS散点图

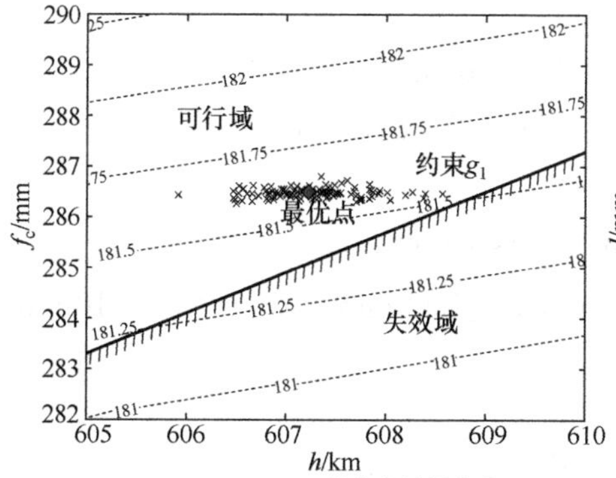

(c) PMDF-CSSO最优点处紧约束g_1响应值MCS散点图

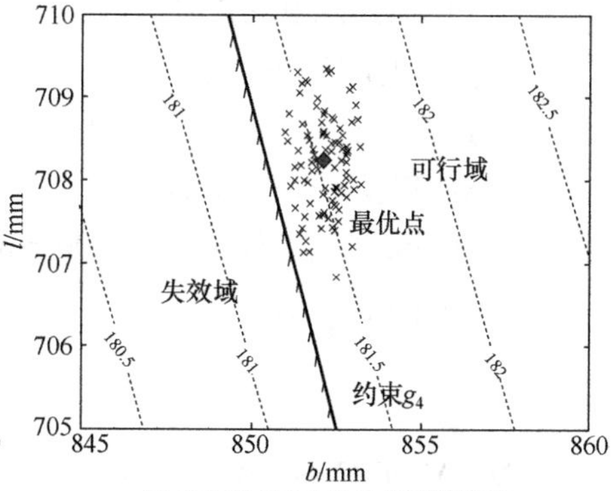

(d) PMDF-CSSO最优点处紧约束g_4响应值MCS散点图

图 11.6　小卫星 MDF-CSSO 和 PMDF-CSSO 最优点处紧约束 MCS 散点图

11.3.2　混合不确定性条件下的 UMDO

1. 优化问题描述

考虑测控和数管分系统的质量估算系数为认知不确定性，在随机/认知混合不确定性影响下，无法对卫星质量和观测精度等性能指标的期望值和标准差等进行精确的矩估计，只能获取其可能概率分布的上下限，即可信性和似然性分布。本文仅对卫星质量分布进行优化，表述如下：

$$\begin{cases} \min & F \\ \text{s.t.} & \text{Pl}\{M_{\text{sat}}(\boldsymbol{X},\boldsymbol{P},\boldsymbol{Z})>F\}\leqslant 0.1 \end{cases} \tag{11.9}$$

式中，$\boldsymbol{X}$ 为随机优化变量，分布如表 11.2 和表 11.4 所示；$\boldsymbol{P}$ 为系统模型中的随机不确定性变量，分布如表 11.3 所示；$\boldsymbol{Z}$ 为系统模型中的认知不确定性变量，分布如表 11.6 所示。优化目标要求卫星质量大于 F 的似然性不超过 0.1，即卫星质量小于 F 的可信性不小于 0.9，并使 F 最小化。

小卫星总体设计优化约束条件在 11.1.3 节中进行了分析。考虑混合不确定性影响，要求所有约束满足的可信度不小于 99%，亦即约束失效的似然性不大于 0.01，以此保证设计方案的可靠性。

综合上述分析，混合不确定性条件下的小卫星总体 UMDO 数学表述如下：

$$\begin{cases} \text{find} & \boldsymbol{\mu}_{\boldsymbol{X}}=[\mu_h,\mu_{f_c},\mu_b,\mu_l,\mu_t] \\ \min & F \\ \text{s.t.} & \text{Pl}\{M_{\text{sat}}(\boldsymbol{X},\boldsymbol{P},\boldsymbol{Z})>F\}\leqslant 0.1 \\ & g_1:\text{Pl}\{R>30\text{m}\}\leqslant 0.01,\quad g_2:\text{Pl}\{V_{\text{sat}}<0.5\text{m}^3\}\leqslant 0.01 \\ & g_3:\text{Pl}\{S_{\text{w}}<50\text{km}\}\leqslant 0.01,\quad g_4:\text{Pl}\{k_{\text{e}}>0.35\}\leqslant 0.01 \\ & g_5:\text{Pl}\{F_{\text{str}}<1\}\leqslant 0.01 \\ & 500\text{km}\leqslant\mu_h\leqslant 800\text{km},\quad 200\text{mm}\leqslant\mu_{f_c}\leqslant 300\text{mm} \\ & 500\text{mm}\leqslant\mu_b\leqslant 1000\text{mm},\quad 500\text{mm}\leqslant\mu_l\leqslant 1000\text{mm},\quad 5\text{mm}\leqslant\mu_t\leqslant 10\text{mm} \end{cases} \tag{11.10}$$

2. MUMDF-CSSO 组织求解与结果讨论

以确定性 MDF-CSSO 优化方案为基线方案，针对表 11.6 中列出的两组认知不确定性设置，分别采用第 9 章介绍的 MUMDF-CSSO 优化过程对(11.10)式优化问题进行求解，结果如表 11.8 所示。可以看出，优化结果均能满足目标失效和约束失效的似然性要求。认知不确定性设置 1 条件下 MUMDF-CSSO 优化收敛过程如图 11.7 所示。由图可知，MUMDF-CSSO 仅通过三次优化循环快速搜索到最优解附近，然后再通过三次循环使目标和约束的失效似然性逐步收敛至预定要求，验证了算法的收敛效率。

表 11.8　混合不确定性条件下小卫星 MUMDF-CSSO 优化结果

	变量名称	MUMDF-CSSO		优化-不确定性分析嵌套 MDF
		BPA1	BPA2	BPA1
设计变量	h/km	542.772	544.533	556.699
	f_c/mm	260.210	261.032	265.577
	b/mm	969.051	969.422	883.563
	l/mm	579.346	578.902	694.119
	t/mm	5.0	5.0	5.0
紧约束	$\mathrm{Pl}(D_{g1})$	0.00996	0.01	0.00834
	$\mathrm{Pl}(D_{g2})$	0.01	0.01	0.01738
优化目标	F	193.215	192.277	194.399
	$\mathrm{Pl}(D_{\mathrm{obj}})$	0.09979	0.09991	0.1
其他	循环/优化迭代	6/2957	10/11587	—/120097
	系统分析次数	23678	92678	1142000

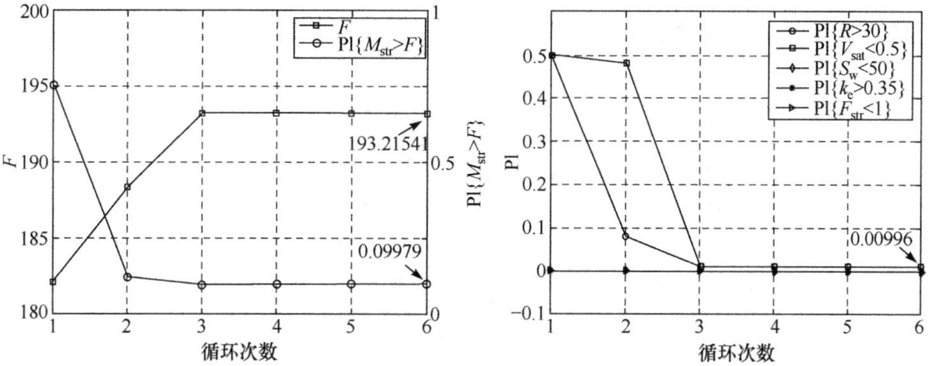

(a) 优化目标及其失效似然性收敛过程　　(b) 约束条件失效似然性收敛过程

图 11.7　认知不确定性设置 1 条件下小卫星 MUMDF-CSSO 收敛过程

MUMDF-CSSO 优化过程的核心为基于序贯优化和混合不确定性分析的混合不确定性优化算法 SOMUA。为了说明其优化效率，采用直接将混合不确定性分析嵌套于优化中的传统混合不确定性 MDF 方法对设置 1 条件下的式(11.10)所述优化问题进行求解，其中混合不确定性分析采用第 6 章介绍的混合不确定性分析方法 SLO-FORM-UUA，优化结果如表 11.8 所示。由于该方法无需进行系统和学科循环优化，因此仅记录了系统优化迭代次数。可以看出，其优化方案能够刚好满足目标失效似然性要求和紧约束条件 1 的失效似然性要求，但是距离紧约束条件 2 的失效似然性要求相差 0.7%，且优化目标值略高于相同认知不确定性设置条件下 MUMDF-CSSO 法的优化方案。此外，该方法的系统分析次数约为 MUMDF-CSSO 法的 50 倍，由此体现出 MUMDF-CSSO 法在优化效果和计算效率方面的巨大优势。

对比表 11.8 中在两组不同认知不确定性设置条件下的 MUMDF-CSSO 优化结果可以看出，由于设置 2 对认知不确定性分布的描述比设置 1 更为精细，由此在不确定性传递影响下对小卫星质量不确定性分布的描述也相应更为准确，即累积可信性分布 CBF(真实概率分布可能取值下限)和累积似然性分布 CPF(真实概率分布可能取值上限)的间隔更小，因此能够在满足目标失效似然性要求下获取更优的优化目标，如图 11.8 所示。但是，MUMDF-CSSO 中的不确定性分析和等价确定性优化需要对认知不确定性因素联合分布的每个焦元分别进行，与设置 1 中的两变量联合分布涉及的 4 个焦元相比，设置 2 中的两变量联合分布涉及 16 个焦元，由此导致计算复杂度大大增加。通过对比表 11.8 中两个设置条件下的系统分析次数可以看出，设置 2 的计算成本约为设置 1 的 4 倍。由此可知，随着对认知不确定性掌握信息的增加以及不确定性分布描述的精细度提高，会造成混合不确定性条件下的优化成本剧增，甚至达到无法承受的程度，因此提高混合不确定性条件下的不确定性分析和优化效率仍是亟须解决的关键问题。

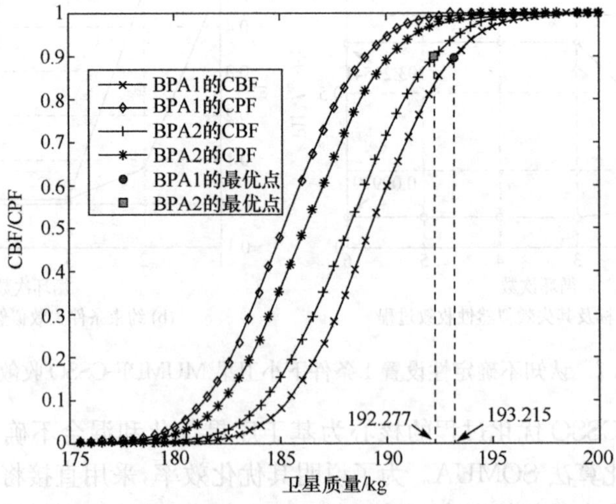

图 11.8　MUMDF-CSSO 最优点处小卫星质量 CPF 和 CBF 曲线

参考文献

[1] 李明. 遥感卫星总体参数分析与优化设计方法研究[D]. 北京：中国空间技术研究院，1996.

[2] Wertz J R, Larson W J. Space Mission Analysis and Design[M]. 3rd ed. California: Microcosm Press, 1999.
[3] 王威，郗晓宁．近地航天器轨道基础[M]. 长沙：国防科技大学出版社，2003.
[4] 徐福祥，林华宝，侯深渊．卫星工程概论[M]. 北京：中国宇航出版社，2004.
[5] 袁家军．卫星结构设计与分析[M]. 北京：中国宇航出版社，2004.
[6] 张帆．光学遥感小卫星星座总体优化设计与系统分析[D]. 哈尔滨：哈尔滨工业大学，2001.
[7] 赵勇．卫星总体多学科设计优化理论与应用研究[D]. 长沙：国防科学技术大学，2006.
[8] 姚雯，陈小前，赵勇．基于不确定性 MDO 的卫星总体优化设计研究[J]. 宇航学报．2009，30(5)：1808—1815.

第 12 章 基于 UMDO 的在轨服务系统总体设计

在轨服务技术能够突破传统航天器一次性使用的局限性，使航天器运营商能够灵活应对在轨故障和市场变换等各种不确定事件。但是，在轨服务技术在带来潜在效益的同时，也需要航天器运营商支付服务航天器研制与运营等产生的在轨服务费用。因此，需要在充分考虑航天器全寿命周期不确定性影响的条件下，对由接受服务的目标航天器和执行服务的服务航天器构成的在轨服务系统进行综合效用评价，以此判断在轨服务是否对航天器（特别是商用航天器）运营商具有经济吸引力，与传统航天器一次性使用或整星更换的运营方式相比是否具有优势。在此基础上，进一步根据效用评价指标指导在轨服务系统设计，从而实现在轨服务系统设计方案的优化。

本章基于 UMDO 方法，对考虑全寿命周期不确定性影响的在轨服务系统设计优化进行研究。首先，对在轨服务技术与在轨服务系统设计的研究背景与进展进行简单介绍。其次，对在轨服务系统效用指标进行选取和数学建模，对其全寿命周期涉及的不确定性进行提取和建模，对运营商应对不确定事件进行在轨服务决策优化的动态规划方法进行讨论，在此基础上形成基于不确定性全寿命周期仿真的在轨服务系统效用评价方法，以此建立系统方案与效用指标之间的映射关系。然后，以构建某地球同步轨道商业通信卫星在轨服务系统为对象，对前述效用评价方法进行验证，并通过灵敏度分析确定对效用指标影响较大的因素。最后，以该通信卫星在轨服务系统为对象，综合考虑随机和认知不确定性影响，将在轨服务系统设计优化表述为混合不确定性 UMDO 问题，并采用 MUMDF-CSSO 优化过程进行求解，获得混合不确定性条件下效用指标分布满足预定要求的优化方案。

12.1 在轨服务技术简介

为了增强航天器性能、延长航天器使用寿命、降低航天任务费用和风险，当今航天领域对在轨加注、在轨维修、功能更换/升级、在轨组装等在轨服务技术的需求越来越迫切[1,2]。在轨服务的概念可以上溯至 20 世纪 60 年代，主要通过航天员对航天器故障部件进行在轨维修与更换，典型代表为哈勃望远镜的在轨修复与升级，极好地证明了在轨服务在增强航天器功能、提高投资回报方面具有巨大的科学与经济效益[3]。随着航天技术的不断发展，考虑到航天员舱外活动存在生理限制和巨大风险，在轨服务渐渐向无人自主的方向发展。服务航天器除已有的航天飞机外，还出现了空间机器人、微小服务卫星等新概念服务航天器。与之对应，目标航天器需要进行特殊的"可接受在轨服务"设计，如具备接受在轨加注的管路系统与贮箱等，以此支持接受无人在轨服务。目前成功演示的无人自主在轨服务项目以日本 ETS-VII 和美国轨道快车项目为典型代表。ETS-VII 成功演示了利用安装在机器人手臂的摄像头对目标星进行监测，利用机器人手臂对目标星进行在轨可替换部件(orbital replacement unit，ORU)更换，通过更换燃料贮箱 ORU 模拟推进剂补给等，由此证明了无人航天器自主在轨服务的可行性[4,5]。轨道快车项目研制了服务航天器 Astro(autonomous space transfer and robotic orbiter vehicle)和可接受在轨服务卫星 NextSat(next generation of satellite)，于 2007 年 3 月 8 日发射升空。在为期 6 个月的飞行试验中，NextSat 与 Arstro 配合演示了燃料传输、电池组件和姿控计算机组件更换等在轨服务，为最终构建实用的在轨服务系统奠定了基础[2]。

在服务航天器和目标航天器的设计方法研究方面，主要针对其有别于传统"一次性使用"航天器的特点，围绕在轨服务效用评价以及与传统航天器相比的优势论证展开了大量研究[6]，特别对不确定性影响下的服务航天器服务模式(一对一或一对多)和任务规划(目标航天器服务策略和轨道规划等)、目标航天器接受服务的策略(接受服务次数和条件)和服务任务规划(何时何地接受服务、轨道规划等)以及服务航天器和目标航天器总体设计(寿命、可靠性、携带推进剂质量等)进行了探讨。许多研究从目标航天器运营商的角度出发，考虑目标航天器用户市场的不确定性影响，对目标航天器设计和在轨服务策略的效用进行评价，以获取优于传统航天器的能够灵活应对市场不确定性的设计方案[7~10]。为了更充分全面地对全寿命周期不确定性进行考虑，Baldessarra 提出基于全寿命周期仿真对在轨服务系统运行过程中航天器自身故障以及环境不确定性进行模拟，并在面临不确定性事件的决策点模拟目标航天器运营商进行决策，以此对在轨服务系统效用进行评价[11]。上述方法的效用评价各有侧重，且均进行了大量假设与简化，因此如何提高在轨服务系统效用评价可信度以及如何进一步基于效用评价结果指导在轨服务系统方案的设计优化，实现在轨服务效益的综合提高，仍是目前在轨服务的研究热点。本章将基于 UMDO 方法对其进行探索研究。

12.2 基于不确定性全寿命周期仿真的在轨服务系统效用评价方法

12.2.1 在轨服务系统体系结构

如果航天器运营商需要通过在轨服务灵活应对在轨故障和市场变换等不确定事件，则不仅需要使待接受服务的目标航天器具备接受在轨服务的能力，还需要通过在轨服务提供商配套开发执行在轨服务任务的服务航天器以及其他支持设备，共同构成在轨服务系统[2]。下面对在轨服务系统体系结构进行说明。

目标航天器(Target Satellite)：即在轨服务对象。为了支持在轨服务，特别是无人自主在轨服务，目标航天器需要具备可接受服务能力，如能够支持在轨更换单元 ORU 的可靠插拔、支持新组件即插即用等。

服务航天器(Servicer)：用于对目标航天器执行在轨服务操作的航天器。服务航天器能够接近目标航天器进行在轨近距离检测，并可以捕获目标航天器进行物理连接以执行维修和更新操作。服务航天器可以分为有人和无人两类。鉴于有人航天器的高风险、高成本以及空间活动范围的局限性，无人自主服务航天器具有更大优势，成为目前在轨服务领域的研究热点，本章仅对该类进行研究。

在轨仓库(Depot)：用于在轨存储支持在轨服务任务的物资和硬件设备，如推进剂、备用更换组件等。如果服务航天器可重复使用以支持多次服务任务，可以使服务航天器首先运行至在轨仓库进行推进剂补集，获取在轨服务任务所需物资，然后前往目标航天器执行服务任务。

上述体系结构如图 12.1 所示。

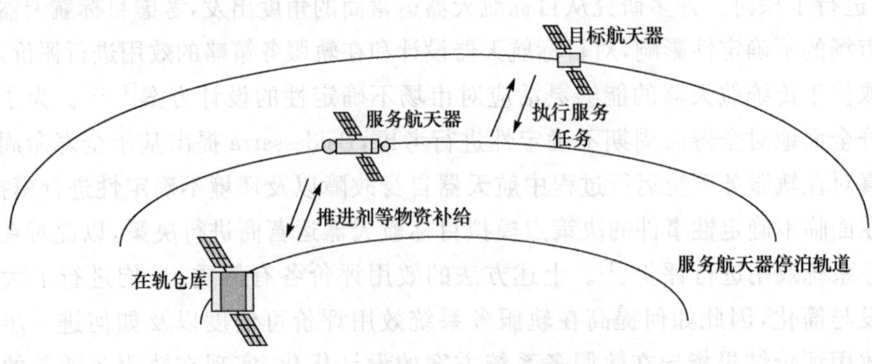

图 12.1 在轨服务体系结构示意图

12.2.2　效用评价准则与方法

在轨服务能够增加航天器的灵活性和快速响应性，由此提高应对市场价格变化、航天器在轨故障等不确定事件的能力。例如：如果目标航天器用户市场蓬勃发展，运营商可以通过在轨服务对目标航天器进行设备更新，以此提高性能和增加收益；如果目标航天器发生在轨故障，运营商可以通过在轨服务快速恢复正常运行，从而减少由于运行中断导致的收益损失。但是，在轨服务的执行也需要目标航天器运营商承担相应费用，如使目标航天器具有接受在轨服务能力的费用、涵盖服务航天器研制和发射的在轨服务费用等。如果成本过高，与传统整星更换方式相比效费比更低，则在轨服务对于目标航天器运营商来说不具有经济效益，相应也没有发展在轨服务系统的市场空间。因此，需要根据目标航天器运营商的具体航天任务要求，对在轨服务效用进行综合评价，并与传统采用不可接受在轨服务航天器设计以及发生故障等不确定事件时采取整星更换的基线方案进行比较，以此确定是否需要在轨服务以及如何优化设计在轨服务系统。

目前文献中广泛采用的在轨服务系统效用评价方法为[7~11]：从目标航天器运营商角度出发，通过衡量不确定性影响下的效用指标值，如全寿命周期成本、收益以及收益减去成本的净收益现值(net present value，NPV)等，综合判断在轨服务系统方案与传统方案相比是否具有优势。仅从目标航天器运营商的角度进行在轨服务系统效用评价的合理性在于：目标航天器运营商支付的成本既包括目标航天器自身的研制和运营成本，也包括服务航天器研制和执行在轨服务任务等产生的成本(通过在轨服务价格体现)，故能综合体现在轨服务系统成本；同时，服务航天器的任务就是为目标航天器提供支持，本身不产生其他收益，故目标航天器收益即代表了整个在轨服务系统的收益。因此，本章也采用目标航天器全寿命周期成本、收益和净收益为效用指标对整个在轨服务系统进行综合评价。总体评价准则为：成本越低越好，收益越高越好，净收益越高越好。

在轨服务系统全寿命周期中涉及的不确定性因素机理复杂，不仅包含市场价格不确定性变化过程，也包括发射失败和目标航天器在轨故障等随机事件。面对在轨故障等不确定事件时，运营商需要根据实时市场价格、预期成本与收益等多种因素进行决策，并在决策方案实施过程中亦有可能进一步发生在轨服务失败等随机事件。因此，不确定性传递影响机理复杂，不确定性与决策逻辑之间也存在交错影响，难以通过有限个的不确定性变量对所有不确定性可能状态进行描述，由此难以将效用评价指标通过在轨服务系统方案和有限个不确定性变量簇的关系式表示出来。一种解决方法是对不确定性影响和在轨服务系统任务想定进行简化，如文献[7]、[8]仅考虑市场不确定性条件下通过在轨服务对目标航天器进行寿命延长的情况，由此在轨服务系统效用指标可以表述为若干个变量的表达式，可以直接通过动态规划等数学方法进行优化决策。另一种能够真实反映上述复杂不确定性影响的途径是通过全寿命周期仿真对不确定性影响下的航天器状态演化进行模拟。文献[11]提出的基于全寿命周期仿真进行评价的方法中，在各个仿真步长内根据仿真时刻和不确定性分布特点对市场价格、目标航天器组件运行状态等进行模拟，根据预定逻辑激发在轨故障等特殊事件，并对运营商应对不确定事件的决策过程进行模拟，由此对各个时间步长内产生的成本和收益进行动态计算，从而累加获得全寿命周期考虑不确定性影响的效用指标值。但是，在应对不确定事件的决策模拟中，仅采用简单的形如"如果……则……"的逻辑判断进行决策，不能通过优化决策实现对在轨服务系统效用的优化。

姚雯提出以文献[11]中的全寿命周期仿真框架为基础，集成文献[7]和[8]中的在轨服务决策动态规划方法对运营商优化决策过程进行模拟，从而通过尽量接近真实情况的全寿命周期仿真来提高评价可信度[12]。一次全寿命周期仿真就是一次包含各种不确定性具体实现的全寿命试验，是在轨服务系统方案全寿命周期状态总体的一个样本，并由此获取该次试验对应的效用指标值。通过蒙特卡罗法进行多次全寿命周期仿真，可以获取在轨服务系统方案全寿命周期状态总体的多个样本，则通过统计方法可以对其效用指标分布特点进行分析和统计量计算，从而建立在轨服务系统方案与效用指标统计分布之间的映射关系。以此映射关系为基础，可以进一步展开在轨服务系统方案的设计与优化。

下文首先在12.2.3节建立效用指标数学模型。其次，在12.2.4节对在轨服务系统全寿命周期涉及的不确定性进行建模，并在12.2.5节中对目标航天器运营商应对不确定事件的在轨服务决策动态规划方法进行讨论。然后，在12.2.6节对在轨服务系统全寿命周期仿真流程进行阐述，最后在12.2.7节对基于全寿命周期蒙特卡罗仿真的效用评价方法进行详细介绍。

12.2.3　效用指标数学模型

1. 成本模型

从目标航天器运营商的角度，全寿命周期成本主要包括研制和发射目标航天器以获取初始运行能力(initial operating capability，IOC)的成本、后期在轨运营成本以及在轨服务成本。采用参数化成本估计关系式模型(cost estimation relationships，CERs)对上述成本进行建模。同时考虑相同货币数量在不同时间具有不同实际价值，因此以目标航天器全寿命周期开始时间 T_0(任务寿命开始时间)财年美元为参考，对其他时间产生的成本现金流进行贴现折算。

1) IOC 成本

对于给定航天任务，如果采用传统不可接受在轨服务航天器的设计方法，IOC 成本为

$$C_{\mathrm{IOC\_NS}}=(1+\Re_{\mathrm{Ins}})C_{\mathrm{Satellite}}+C_{\mathrm{Launch}} \tag{12.1}$$

式中，$C_{\mathrm{Satellite}}$ 为传统航天器的采购成本；C_{Launch} 为发射成本；$\Re_{\mathrm{Ins}}$ 为保险费与航天器成本的比例系数。

对于相同航天任务，为了支持在轨服务，除了上述传统航天器 IOC 成本外，还需支付额外费用使航天器具备接受在轨服务的能力，如安装支持在轨组件插拔的接口装置、具备支持推进剂在轨加注的贮箱及加注接口与管路系统、安装与服务航天器连接的对接机构等。假设上述额外成本与执行相同航天任务的传统航天器成本成正比，则可接受在轨服务航天器成本估算如下：

$$C_{\mathrm{IOC\_S}}=(1+\Re_{\mathrm{Ins}})(1+\Re_{\mathrm{S}})C_{\mathrm{Satellite}}+C_{\mathrm{Launch}} \tag{12.2}$$

式中，$\Re_{\mathrm{S}}$ 为使目标航天器可接受在轨服务所需的额外成本比例系数，其取值可以根据文献[13]中关于航天器可接受在轨服务能力与对应成本之间关系的初步研究结论进行设置。

航天器成本 $C_{\mathrm{Satellite}}$ 与设计寿命有关，一般寿命越长，对设备可靠性和材料属性要求越高，所需携带的相关设备和推进剂也相应增加，因此成本越高。将其表述为卫星设计寿命的函数如下[8]：

$$C_{\mathrm{Satellite}}=[1+\kappa(T_{\mathrm{D}}-3)]C_3 \tag{12.3}$$

式中，C_3 为设计寿命为 3 年的卫星成本；系数 κ 为 2.75%/年[8]。

设 IOC 成本产生时刻为 $t(t\geqslant T_0)$，记需要支付的 IOC 成本为 $C_0(t)$，则以目标航天器任务寿命开始时间 T_0 财年美元为参考，对时刻 t 产生的成本进行贴现折算，则 $C_0(t)$ 在参考时刻的现值为

$$C(t)=\mathrm{e}^{-r(t-T_0)}C_0(t) \tag{12.4}$$

式中，r 为无风险贴现率。不失一般性，根据式(12.4)可以对目标航天器全寿命周期任意时刻 t 产生的成本 $C_0(t)$ 进行贴现折算。

2) 运营成本

运营成本涵盖航天器在轨运营阶段所需的人员、硬件设备以及其他设施的成本[14]。由于在概念设计阶段难以对上述各项准确估计，因此将其作为整体统一考虑。假设单位时间内运营成本为固定值 U_O^l，则在时间 $[t_1:t_2]$ 内运营成本现值为

$$C_O^l([t_1:t_2])=\mathrm{cd}(t_1,t_2,r)U_O^l \tag{12.5}$$

其中

$$\mathrm{cd}(t_1,t_2,r)=\begin{cases}t_2-t_1, & r=0\\ [\mathrm{e}^{-r(t_1-T_0)}-\mathrm{e}^{-r(t_2-T_0)}]/r, & \text{其他}\end{cases}$$

式中，U_O^l 为航天器在运行模式 l 条件下的固定运营成本，例如：对于终止寿命的卫星，运营成本为 0。降级运行等待接受在轨服务的运营成本 U_O^{degraded} 低于正常运行状态下航天器运营成本 U_O^{normal}，定义为 $U_O^{\text{degraded}}=\eta_1 U_O^{\text{normal}}$，$\eta_1$ 为常系数。

3) 在轨服务成本

目标航天器运营商考虑的在轨服务成本是指根据在轨服务提供商确定的在轨服务价格而支付的费用。对于目标航天器运营商，亦即在轨服务用户，希望在轨服务价格越低越好。但是，在轨服务价格存在由在轨服务提供商设置的下限，该最低价格为研制和发射服务航天器以及将在轨服务所需物资（如推进剂）和硬件设备（如更换组件）转运到目标航天器的成本。对于在轨服务提供商，希望在轨服务价格越高越好。但是，也存在由在轨服务用户设置的价格上限，如果超过该上限，在轨服务与直接终止航天器任务或者进行整星更换的传统方式相比不再具有优势。因此，只有当在轨服务用户设置的上限与在轨服务提供商设置的下限之间有交集，在轨服务才具有经济吸引力[10]。本节首先基于在轨服务最低价格对在轨服务成本进行计算，然后与传统整星更换的基线方案进行比较，进而确定可以接受的在轨服务价格取值空间。

由于服务航天器主要功能是在规定时刻将目标航天器所需补给或更换物资由地面或者在轨仓库投送至目标航天器，其主要载荷为更换模块和用于加注的推进剂等，因此服务航天器的设计主要根据轨道机动要求对所需推进剂进行估算，进而对服务航天器整星干重及相应整星成本进行估计。在轨仓库只用于在轨存储物资，无需进行轨道机动，因此直接根据在轨服务系统全寿命周期需要携带的物资对在轨仓库成本进行估算即可。

服务航天器所需推进剂与其具体执行服务任务的方式有关，如一对一服务（一个服务航天器服务一个目标航天器）或者一对多服务（一个服务航天器服务多个目标航天器），服务航天器一次性使用（携带所有在轨服务任务所需的物资和轨道机动所需推进剂，完成若干预定在轨服务任务后报废）或者可重复使用（推进剂或在轨服务物资耗尽后，可通过在轨仓库进行补给实现重复使用）。本节针对最复杂的一对多可重复使用方式进行建模，其他方式可直接以此为基础进行模型简化或类似推导。对“一对多”可重复使用服务航天器的任务想定阐述如下：服务航天器平时在停泊轨道运行，执行任务时变轨至目标航天器，完成在轨服务任务后回到停泊轨道。如果服务航天器携带的在轨服务所需物资或者自身所需推进剂即将耗尽，可变轨至在轨仓库进行补给，然后回到停泊轨道，等待下一次在轨服务任务。对于该任务想定，文献[8]对服务航天器所需携带推进剂质量估算模型进行了推导，下面对其进行简要介绍。

假设目标航天器、服务航天器和在轨仓库所在轨道共面，且均为圆轨道。N

个待接受在轨服务的目标航天器均匀分布于同一轨道上，轨道半径为 r_T。N 个目标航天器接受在轨服务的任务需求总是同时发出，因此服务航天器每次执行在轨服务任务均需要对 N 个目标航天器分别进行一次服务。服务航天器首先通过一次霍曼转移从其停泊轨道（半径为 r_P）机动至第一个待服务航天器，然后通过调相依次对剩余目标航天器提供服务。在完成所有服务后，通过霍曼转移回到初始停泊轨道。假设服务航天器从在轨仓库获取一次补给，可以为上述 N 个目标航天器进行 L 次服务，亦即服务航天器对上述 N 个目标航天器完成 L 次服务后，需要机动至在轨仓库（半径为 r_D）进行补给，然后回到停泊轨道等待下一次服务任务，则服务航天器在停泊轨道与目标航天器轨道之间霍曼转移所需速度增量为

$$\Delta V_{\text{P-T}}=\left|\sqrt{\frac{2\text{GM}_e}{r_P}-\frac{2\text{GM}_e}{r_P+r_T}}-\sqrt{\frac{\text{GM}_e}{r_P}}\right|+\left|\sqrt{\frac{2\text{GM}_e}{r_T}-\frac{2\text{GM}_e}{r_P+r_T}}-\sqrt{\frac{\text{GM}_e}{r_T}}\right| \tag{12.6}$$

式中，GM_e 为地球引力常数。

服务航天器在停泊轨道与轨道仓库轨道之间霍曼转移所需速度增量为 $\Delta V_{\text{P-D}}$，只需将式(12.6)中的 r_T 替换为 r_D 即可。服务航天器从一个目标航天器调相转移至相邻目标航天器所需速度增量为

$$\Delta V_{\text{ph}}=2\left|\sqrt{2-\left(\frac{l+\varepsilon}{l-\Phi_0/(2\pi)}\right)^{2/3}}-1\right|\sqrt{\frac{\text{GM}_e}{r_T}} \tag{12.7}$$

其中

$$l=I\left(\frac{\Delta T_{\max}}{2\pi\sqrt{r_T^3/\text{GM}_e}}+\frac{\Phi_0}{2\pi}\right);\quad \varepsilon=\begin{cases}-1, & \Phi_0>0, r_{\text{ph}}>r_T\\ 1, & \Phi_0<0, r_{\text{ph}}<r_T\\ 0, & \text{其他}\end{cases}$$

式中，Φ_0 为调相角度；$\Delta T_{\max}$为预定最大调相时间；r_{ph}为调相中间转移轨道的椭圆轨道长半轴；$I(\cdot)$为取整函数。由式(12.7)可知，如果 $\Phi_0>0$，则为了减小 ΔV_{ph}需要使中间转移轨道降低，即 $r_{\text{ph}}<r_T$；如果 $\Phi_0<0$，则需要 $r_{\text{ph}}>r_T$。

基于以上原则，在仿真过程中始终有 $\varepsilon=0$。记

$$\begin{aligned}&v_H=\frac{\Delta V_{\text{P-T}}}{I_{\text{sp}}^{\text{servicer}}g},\quad v_{\text{P-T}}=\frac{2\Delta V_{\text{P-T}}+\Delta V_f}{I_{\text{sp}}^{\text{servicer}}g},\quad v_{\text{P-D}}=\frac{2\Delta V_{\text{P-D}}+\Delta V_f}{I_{\text{sp}}^{\text{servicer}}g},\\&v_{\text{ph}}=\frac{\Delta V_{\text{ph}}+\Delta V_f}{I_{\text{sp}}^{\text{servicer}}g},\quad v_D=\frac{\Delta V_D}{I_{\text{sp}}^{\text{servicer}}g}\end{aligned} \tag{12.8}$$

式中，ΔV_f 为服务航天器与目标航天器或在轨仓库最后接近与精确对接过程中所需速度增量。假设服务航天器与目标航天器或在轨仓库分离所需速度增量忽略不计，分离后直接飞回停泊轨道，ΔV_D 为服务航天器寿命终止后离轨所需速度增量，

$I_{sp}^{servicer}$为服务航天器推进器比冲，g 为自由落体加速度，则服务航天器携带推进剂质量可估计为

$$M_{fuel}^{servicer}=AM_{dry}^{servicer}+BM_C \tag{12.9}$$

其中

$$A=\exp[L(N-1)v_{ph}+Lv_{P\text{-}T}+v_{P\text{-}D}+v_D]-1$$

$$B=\begin{cases}\dfrac{\exp(Lv_{P\text{-}T})-1}{\exp(v_{P\text{-}T})-1}\exp(v_H),N=1\\ \dfrac{\exp[L(N-1)v_{ph}+Lv_{P\text{-}T}]-1}{\exp[(N-1)v_{ph}+v_{P\text{-}T}]-1}\cdot\left[\dfrac{\exp(Nv_{ph})-1}{\exp(v_{ph})-1}\exp(v_H)-N\right],\text{其他}\end{cases}$$

M_C 为服务航天器为每个目标航天器每次在轨服务输送物资的平均质量，一般包括更换模块质量 M_{comp} 和用于延长目标航天器寿命加注的推进剂质量，即

$$M_C=M_{comp}+M_{dry}^{target}\cdot\exp\left(\frac{\Delta V_{Extension}}{gI_{sp}^{target}}\right) \tag{12.10}$$

式中，$\Delta V_{Extension}$ 为目标航天器寿命延长所需轨道保持的速度增量；I_{sp}^{target} 为目标航天器推进器比冲。以地球同步轨道(GEO)航天器为例，用于克服南北漂移的速度增量为[15]

$$\Delta V_{Extension}=\Delta V_{moon}+\Delta V_{sun}\approx(36.93+14.45)T_{Extension} \tag{12.11}$$

式中，$T_{Extension}$ 为通过在轨服务延长的寿命长度。

根据携带推进剂质量，可对服务航天器干重估算如下[8]：

$$M_{dry}^{servicer}=M_0+f_pM_{fuel}^{servicer}+f_{st}(1+f_p)M_{fuel}^{servicer}+f_{stC}NM_C \tag{12.12}$$

式中，M_0 为服务航天器最小干重，包括星上计算机、姿态测量与控制、热控等航天器平台分系统质量；等式右边第二项为根据推进剂质量估算的推进系统干重，f_p 为推进系统干重质量系数；等式右边第三项为根据推进系统干重及其携带的推进剂质量估算支撑推进系统的结构质量，f_{st} 为推进系统结构质量系数；等式右边第四项为根据在轨服务投送物资质量估算所需支撑结构质量，f_{stC} 为服务航天器投送货物支撑结构系统质量系数。

将式(12.9)代入式(12.12)，可以估算服务航天器干重如下：

$$M_{dry}^{servicer}=\frac{M_0+f_{stC}NM_C+(f_p+f_{st}+f_{st}f_p)BM_C}{1-A(f_p+f_{st}+f_{st}f_p)} \tag{12.13}$$

服务航天器成本可根据其整星干重估算如下：

$$C_{servicer}=M_{dry}^{servicer}\times U_{dry}^{servicer} \tag{12.14}$$

式中，$U_{dry}^{servicer}$ 为单位干重的成本。

假设全寿命周期服务航天器共需要从在轨仓库补给 N_{Reload} 次物资，则在轨仓库需要携带 $N_{Reload}M_{fuel}^{servicer}$ 推进剂和 $N_{Reload}LM_C$ 在轨服务物资，则在轨仓库干重可估

算如下：

$$M_{dry}^{depot}=M_0+f_{st}N_{Reload}M_{fuel}^{servicer}+f_{stC}N_{Reload}LM_C \tag{12.15}$$

式中，M_0、f_{st}和 f_{stC}取值同式(12.12)。假设在轨仓库单位干重成本同 $U_{dry}^{servicer}$，则根据 M_{dry}^{depot}和式(12.14)可估算其成本。

服务航天器发射时能够根据当时预计服务次数携带相应数量的更换组件以及其他物资。服务航天器发射费用假设为 C_{Launch}。服务航天器发射后，如果对组件更换或升级有新的需求，则需要支付单独发射费用将其投送至在轨仓库，再通过服务航天器运送至目标航天器。后期升级组件发射可以通过灵活搭载其他发射任务进行，记所需发射费用为 $\eta_2 C_{Launch}$。

对不同在轨服务任务所需物资的成本假设如下：用于目标航天器平台故障组件更换的成本统一取值为

$$C_{component}=\eta_3 C_{Satellite} \tag{12.16}$$

用于有效载荷更换或升级的成本为

$$C_{payload}=\eta_4 C_{Satellite} \tag{12.17}$$

用于目标航天器平台维护(如更新太阳能帆板或电池等)和推进剂加注延长寿命的成本为

$$C_{extension}=\eta_5 C_{Satellite} T_{Extension} \tag{12.18}$$

式中，η_2、η_3、η_4 和 η_5 均为常系数；$T_{Extension}$表示延寿长度。

服务航天器成本在目标航天器运行商确定研制服务航天器的时刻产生。服务航天器发射后，以后执行在轨服务任务的成本仅包括在轨服务所需更换组件等物资的费用。

上述各项在轨服务费用根据其现金流发生时间和式(12.4)进行贴现折算。对目标航天器全寿命周期各个时刻产生的成本现值进行求和，即可计算全寿命成本现值，简称全寿命成本。

2. 收益模型

对于目标航天器运营商，特别是商用卫星，收益模型可以根据航天器为终端用户提供服务的性能以及相应市场价格进行估算。时间$[t_1:t_2]$内收益现值计算如下：

$$R([t_1:t_2])=\int_{t_1}^{t_2} e^{-r(t-T_0)}\cdot \mathrm{Cap}(t)\cdot M(t)\mathrm{d}t \tag{12.19}$$

式中，$\mathrm{Cap}(t)$为航天器在 t 时刻单位时间为终端用户提供的数据量；$M(t)$为 t 时刻单位数据量的市场价格。式(12.19)对$[t_1:t_2]$内不同时刻产生的收益现金流以 T_0 财年美元为参考进行贴现折算。对目标航天器全寿命周期各个时刻产生的收益现值进行求和，即可计算全寿命收益现值，简称收益。在后文中，凡未进行特殊说明，所有收益均指收益现值。考虑到科技随时间的不断进步，航天器性能可以通过在轨服务得到升级，从而提高收益。假设科技进步使目标航天器为终端用户提供服务的能力水平在理论上可以随时间呈指数增长，即

$$\mathrm{Cap}(t)=a\mathrm{e}^{b(t-T_0)}\cdot\mathrm{Cap}_0 \tag{12.20}$$

式中，Cap_0 为性能参考值；a 和 b 为根据具体载荷性能发展趋势确定的常系数，如 CCD 相机性能发展趋势可参考文献[11]。虽然地面科研工作的不断展开使得技术随时间不断进步，但是并不能马上将其应用于在轨运行的航天器。从新技术开发到成熟应用有一定周期，且更新成熟组件后一般需要运行一段时间再进行更新换代以提高效费比，因此要求相邻两次技术升级间隔不小于 $T_{\mathrm{Upgrade\_interval}}$。同时，当目标航天器运营商确定对其载荷进行升级时，并不能将当时最新技术水平立刻转化为产品，只能采用一定时间以前的成熟技术进行新产品开发，记该时延为 T_{Tech}。

3. 净收益模型

基于上述成本模型和收益模型，可以直接计算净收益 $V=R-C$。

由于目标航天器全寿命周期内存在组件故障、终端用户市场变化等多种不确定性，目标航天器运营商面对不确定事件又有多种可能处理方式，因此难以通过简单的解析方法对不确定性影响下的效用指标不确定性分布特点进行估算。一种有效的解决方法为全寿命周期仿真，在各个仿真步长内模拟不确定性影响下的航天器状态演变以及运营商应对不确定事件的决策过程，由此根据上述效用指标模型动态计算各时间步长内的成本和收益，由此累加获得全寿命周期的效用指标值。

12.2.4 在轨服务系统不确定性建模

1. 目标航天器不确定性

主要考虑目标航天器在轨运行过程中发生故障的不确定性，假设服务航天器不会出现在轨故障。对航天器组件的失效特征采用浴盆曲线进行描述，在寿命周期初始和尾端失效率较高，固定取值为 5%；在中间平稳段采用指数分布描述失效概率密度函数，定义如下：

$$f(t)=\begin{cases}\lambda\mathrm{e}^{-\lambda t}, & t>0\\ 0, & \text{其他}\end{cases} \tag{12.21}$$

式中，λ 为失效率，$\theta=1/\lambda$ 为平均故障间隔时间(MTTF)。如果组件在时刻 T 工作正常，则在后续 ΔT 内发生故障的条件概率为

$$\Pr\{\text{后续 }\Delta T\text{ 内发生故障}\mid T\text{ 时刻正常}\}=\frac{\int_{T}^{T+\Delta T}\lambda \mathrm{e}^{-\lambda t}\mathrm{d}t}{1-\int_{0}^{T}\lambda \mathrm{e}^{-\lambda t}\mathrm{d}t}=1-\exp(-\lambda\cdot\Delta T) \tag{12.22}$$

从高可靠性要求出发,航天器一般除了携带完成某项功能所需最小数目相同组件外,还需携带多个备份,必须组件和备份组件共同构成一个功能部件。当部件中正常组件数小于预定最小组件数,则该部件失效,需要进行在轨维修或升级。

2. 市场价格不确定性

目标航天器终端用户市场价格会随着国际经济形势变化以及其他因素影响而发生不确定波动。记 t 时刻市场价格 $M(t)$ 为

$$M(t)=X(t)M_{\mathrm{th}}(t) \tag{12.23}$$

式中,$M_{\mathrm{th}}(t)$ 为理论市场价格;$X(t)$ 为不确定系数。参考实物期权理论(real options theory)[8],如果在时刻 T 已知 $X(T)$,则在后续时刻 $t=T+t'$,变量 $x=X(t)/X(T)$ 遵循对数正态概率分布,即

$$p_t(x)=\frac{1}{\sqrt{2\pi}}\frac{1}{\sigma\sqrt{t'}}\frac{1}{x}\exp\left\{-\frac{\left[\ln x-\left(\alpha-\frac{\sigma^2}{2}\right)t'\right]^2}{2\sigma^2 t'}\right\} \tag{12.24}$$

式中,α 为市场价格漂移系数,用于描述 X 的期望变化率;σ 为市场变化系数,用于描述 X 期望变化率的变化方差;x 期望值为 $\mathrm{e}^{\alpha t'}$。由于未来市场难以预测,α 与 σ 的取值一般基于以往市场走势进行估计,由此使得市场价格模型存在较大的认知不确定性。本章将 α 与 σ 作为认知不确定性变量进行处理。

由于 $X(t)/X(T)$ 遵循对数正态概率分布,可对时间 $[t_1:t_2]$ 内的收益期望值进行计算。已知 $X(t_1)$,且 $x(t')=X(t_1+t')/X(t_1)$ 期望值为 $\mathrm{e}^{\alpha t'}$,代入式(12.19)可得

$$\begin{aligned}E\{R([t_1:t_2])\}&=E\left\{\int_{t_1}^{t_2}\mathrm{e}^{-r(t-T_0)}\cdot \mathrm{Cap}(t)\cdot M_{\mathrm{th}}(t)X(t)\mathrm{d}t\right\}\\&=\int_{0}^{t_2-t_1}\mathrm{e}^{-r(t_1+t'-T_0)}\cdot \mathrm{Cap}(t_1+t')\cdot M_{\mathrm{th}}(t_1+t')X(t_1)\mathrm{e}^{\alpha t'}\mathrm{d}t'\\&=\mathrm{e}^{-r(t_1-T_0)}X(t_1)\int_{0}^{t_2-t_1}\mathrm{e}^{(\alpha-r)t'}\cdot \mathrm{Cap}(t_1+t')\cdot M_{\mathrm{th}}(t_1+t')\mathrm{d}t'\\&=\mathrm{e}^{-r(t_1-T_0)}X(t_1)R(t_1)\end{aligned} \tag{12.25}$$

其中

$$R(t_1)=\int_0^{t_2-t_1}\mathrm{e}^{(\alpha-r)t'}\cdot \mathrm{Cap}(t_1+t')\cdot M_{\mathrm{th}}(t_1+t')\mathrm{d}t'$$

在实际编程模拟 X 的变化中，广泛采用的一种方法是将其连续变化离散化[8]，以便于在各个离散仿真时刻对市场价格进行模拟。记中间变量 $Y=\ln X$，模拟市场价格变化时间步长为 δt，则 Y 的随机变化遵循伯努利概率分布，如图 12.2 所示。

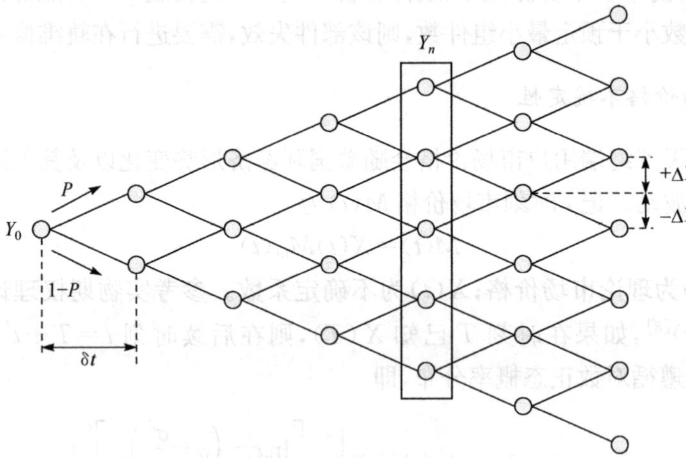

图 12.2　离散化市场价格对数的伯努利概率分布示意图[8]

如果已知当前时刻市场价格对数为 Y，则下一仿真时刻市场价格变化为 $Y+\Delta Y$ 的概率为 P，变化为 $Y-\Delta Y$ 的概率为 $1-P$。ΔY 与 P 的取值使得 X 的概率分布满足式(12.24)所描述的原连续对数正态概率分布，取值定义如下：

$$\Delta Y=\sqrt{\sigma^2\delta t+\left(\alpha-\frac{\sigma^2}{2}\right)^2\delta t^2};\quad P=\frac{1}{2}+\frac{(\alpha-\sigma^2/2)\delta t}{2\Delta Y}\tag{12.26}$$

由图 12.2 可知，设时刻 T 已知 Y 值为 Y_0，则在 n 个模拟市场价格变化时间步长后的时刻 $T+n\delta t$，Y 的可能取值有 $n+1$ 个，具体包括：

$$Y_n=\{Y_n^i\,|\,Y_n^i=Y_0+(n-2i)\Delta Y,\ i=0,1,\cdots,n\}\tag{12.27}$$

Y_n 取值为式(12.27)所示集合中的第 i 个值 Y_n^i 的概率为

$$P(Y_n^i)=\frac{n!}{i!\ (n-i)!}P^{n-i}(1-P)^i,\quad i=0,1,\cdots,n\tag{12.28}$$

因此在仿真过程中，给定任意时刻 T 的市场价格，即可对后续时刻 $T+n\delta t$ 的市场价格变化进行推演。根据时刻 $T+n\delta t$ 的市场价格，即可根据式(12.25)对以该时刻为起点的时间段[$(T+n\delta t)$：$(T+n\delta t+t')$]内收益期望值进行估计。

3. 航天器发射和在轨服务操作不确定性

假设每次运载器发射任务为独立随机事件，每次发射的失败率 P_f^L 预先给定。服务航天器每次执行在轨服务任务为独立随机事件，服务失败分为两种类型：一种是普通失败，如模块更换失败、在轨加注发生泄漏等，上述失败对目标航天器和服务航天器不会造成影响，可以通过再次执行在轨服务进行解决，或者放弃在轨服务，目标航天器继续降级运行直至寿命终期；另一种是毁灭性失败，如对接过程两航天器直接撞毁，该类失败发生后目标航天器终止寿命。记在轨服务普通失败率为 P_f^S，毁灭性失败率为 $P_{f\text{-}C}^S$。

12.2.5　运营商应对不确定性的在轨服务决策动态规划方法

如果目标航天器能够接受在轨服务，则在不确定事件（如在轨故障）或其他关键事件（如达到航天器设计寿命）发生时刻，目标航天器运营商能够具有更多决策选项，例如：面对在轨故障时，可以通过在轨服务进行维修或升级，也可以保持降级运行，还可以对整个航天器进行更换，或者直接终止航天器任务；在目标航天器设计寿命终期，市场繁荣情况下可以选择通过在轨服务延长寿命或者更换整个航天器以增加收益，市场低迷情况下可以直接终止航天器任务。上述需要目标航天器运营商进行决策的时刻称为决策时刻。决策中，决策项既包括在轨服务操作，如在轨更换和升级等，也包括传统的处理措施，如整星更换或者直接报废。由于传统处理措施可以认为是放弃在轨服务的决策项，因此本节将其统称为在轨服务决策。

根据在轨服务决策时间的安排，在轨服务可以分为以下两种模式：一种是及时服务模式，当在轨故障或者其他关键事件发生时，立刻进行决策并执行应对措施；另一种是定期服务模式，即在轨服务决策时间预先确定，如寿命终期进行决策，或者每隔一段固定时间进行一次决策。上述两种决策模式中，运营商都希望通过对所有决策时刻的决策方案进行全盘统一考虑并确定最优的决策方案组合，以此实现预期效益的最大化。文献[7]、[8]参考实物期权理论，提出了有效解决该优化决策问题的动态规划方法。动态规划中，将当前决策到最末决策这一完整决策系列获取的效用期望值分为两部分：一部分是当前决策方案确定以后，从当前决策时刻到下一次决策时刻之间的效用期望值；另一部分是当前决策方案确定以后，从下一次决策时刻开始直至在轨服务系统任务结束能够获取的最优效用期望值[16]。通过从最末决策点开始向当前决策点反向迭代优化，能够获取从当前决策时刻到最末决策时刻这一决策系列的最优在轨服务决策方案组合。但是，该方法主要应用于预先能够固定在轨服务决策时刻序列的情况。考虑到目标航天器在轨故障以及在轨服务失败等不确定事件影响，同时考虑及时服务模式需要根据不确定事件动态产生决策时刻的特点，姚雯提出将上述动态规划法与不确定性全寿命周期仿真相结合，形成考虑不确定事件动态生成决策时刻序列的动态规划方法[17]。下面首先对文献[7]、[8]中提出的面向固定决策时刻序列的动态规划方法进行详细介绍，然后对不确定动态生成决策时刻序列的动态规划方法进行深入讨论。

1. 面向固定决策时刻序列的动态规划法

设动态规划涵盖的时间范围为$[T_0:T_H]$，T_0为全寿命周期仿真开始时刻，T_H为全寿命周期仿真结束时刻。该时间范围内决策时刻序列为$\{T_1,\cdots,T_N\}$。在其中任意决策时刻$T_k(1\leqslant k\leqslant N)$，决策优化问题可以表述为如下效用函数优化问题：

$$\begin{aligned}\max_{l\in D_k}\quad \mathrm{EV}_k^{n\to l}(X_k)=&\ \mathrm{EV}_{[k,k+1]}^{n\to l}(X_k)\\&+\int_{X_{k+1}\in\Omega_{X_{k+1}}}\mathrm{EV}_{k+1}^{l\to *}(X_{k+1})P(X_{k+1}\mid X_k)\mathrm{d}X_{k+1}\end{aligned}\tag{12.29}$$

式中，n为T_k时刻决策前的航天器运行状态；l为T_k时刻决策后航天器新的运行状态；D_k为T_k时刻的决策备选项集合；X_k和X_{k+1}分别为T_k和T_{k+1}时刻市场价格不确定系数X的实际取值；$\Omega_{X_{k+1}}$为T_{k+1}时刻市场价格不确定性系数的可能取值空间；$P(X_{k+1}|X_k)$为已知T_k时刻不确定性系数取值为X_k的条件下在T_{k+1}时刻取值为X_{k+1}的条件概率；$\mathrm{EV}_k^{n\to l}(X_k)$为$T_k$时刻在市场价格不确定性系数取值为$X_k$的条件下，如果将航天器从状态$n$调整为$l$，则在时间段$T_k$至$T_H$之间获取的效用期望值；$\mathrm{EV}_{[k,k+1]}^{n\to l}(X_k)$为$T_k$时刻在市场价格不确定性系数取值为$X_k$的条件下，如果将航天器从状态$n$调整为$l$，则在时间段$[T_k:T_{k+1}]$获取的效用期望值；$\mathrm{EV}_{k+1}^{l\to *}(X_{k+1})$为下一决策时刻$T_{k+1}$在市场价格不确定性系数取值为$X_{k+1}$条件下，时间$T_{k+1}$直至$T_H$之间能够获取的最优效用期望值，"*"即该最优决策对应的决策后航天器状态。其中，$\mathrm{EV}_{[k,k+1]}^{n\to l}(X_k)$可以通过下式进行计算：

$$\begin{aligned}\mathrm{EV}_{[k,k+1]}^{n\to l}(X_k)=&\ E\left\{\int_{T_k}^{T_{k+1}}\mathrm{e}^{-r(t-T_0)}\cdot\mathrm{Cap}(t)\cdot M_{\mathrm{th}}(t)X(t)\mathrm{d}t\right\}\\&-\mathrm{e}^{-r(T_k-T_0)}C_k^{(n\to l)}-C_O^l([T_k:T_{k+1}])\end{aligned}\tag{12.30}$$

式中，$C_k^{(n\to l)}$为T_k时刻将目标航天器从状态n转化为l所需费用，如通过在轨服务延长目标航天器寿命使其从寿命终期状态改变为正常运行状态的成本；将故障航天器从故障状态转换为寿命终止状态（终止该项航天任务），所需费用为0。$C_O^l([T_k:T_{k+1}])$为目标航天器在状态l条件下于时间段$[T_k:T_{k+1}]$内的运营成本。由于$X(t)/X(T_k)$遵循对数正态分布，期望值为$\mathrm{e}^{\alpha(t-T_k)}$，将其代入式(12.30)推导

可得

$$E\left\{\int_{T_k}^{T_{k+1}} \mathrm{e}^{-r(t-T_0)} \cdot \mathrm{Cap}(t) \cdot M_{\mathrm{th}}(t)X(t)\mathrm{d}t\right\}$$
$$= \mathrm{e}^{-r(T_k-T_0)}X(T_k)R(T_k) = \mathrm{e}^{-r(T_k-T_0)}X_kR(T_k) \tag{12.31}$$

其中，$R(T_k) = \int_0^{\tau_k} \mathrm{e}^{(\alpha-r)t} \cdot \mathrm{Cap}(T_k+t) \cdot M_{\mathrm{th}}(T_k+t)\mathrm{d}t$，且 $\tau_k = T_{k+1} - T_k$。

计算 T_{k+1} 以后期望最优效用值 $\mathrm{EV}_{k+1}^{l\to *}(X_{k+1})$ 时，需要先计算不确定性参数 X 在时刻 T_{k+1} 的可能取值域 $\Omega_{X_{k+1}}$。假设 $T_{k+1} = T_k + n_k\delta t$，通过将式(12.27)和式(12.28)中的 n 取值为 n_k，Y_0 取值为 $\ln X_k$，即可确定 Y_{n_k} 的可能取值，进而确定 $X_{k+1} = \exp(Y_{n_k})$。对于域 $\Omega_{X_{k+1}}$ 中的各个 X_{k+1} 值，分别计算对应的 $\mathrm{EV}_{k+1}^{l\to *}(X_{k+1})$，其中最优状态"$*$"通过求解时刻 T_{k+1} 的决策优化问题进行获取，优化表述如式(12.29)所示，只需将代表决策时刻的所有下标 k 改为 $k+1$ 即可。在最末决策时刻 T_N，决策优化问题为

$$\max_{l\in D_N}\ \mathrm{EV}_N^{n\to l}(X_N) = \mathrm{e}^{-r(T_N-T_0)}X(T_N)R(T_N)$$
$$- \mathrm{e}^{-r(T_N-T_0)}C_N^{(n\to l)} - C_O^l([T_N:T_\mathrm{H}]) \tag{12.32}$$

从最末决策时刻 T_N 的决策优化开始，由后向前反向迭代求解式(12.29)优化问题，直至当前决策时刻 T_k，则可以获取在 T_k 时刻给定市场价格不确定性系数取值条件下，由 T_k 至 T_N 的所有决策时刻的最优决策方案组合，以及该方案组合对应的 T_k 至 T_H 之间的最优效用期望值。如果上述反向迭代优化直至 $k=1$，则可以在 T_0 时刻获取整个时间范围$[T_0:T_\mathrm{H}]$内所有决策时刻的最优决策方案组合，以及对应该最优方案组合在$[T_0:T_\mathrm{H}]$内的最优整体效用期望值，表述如下：

$$\mathrm{EV}_0^n(X_0) = \mathrm{EV}_{[0,1]}^n(X_0) + \int_{X_1\in\Omega_{X_1}} \mathrm{EV}_1^{n\to *}(X_1)P(X_1 \mid X_0)\mathrm{d}X_1 \tag{12.33}$$

其中，$\mathrm{EV}_{[0,1]}^n(X_0)$为 T_0 时刻在市场价格不确定性系数取值为 X_0 和航天器状态为 n 的条件下在时间段$[T_0:T_1]$之间获取的效用期望值，计算如下：

$$\mathrm{EV}_{[0,1]}^n(X_0) = E\left\{\int_{T_0}^{T_1} \mathrm{e}^{-r(t-T_0)} \cdot \mathrm{Cap}(t) \cdot M_{\mathrm{th}}(t)X(t)\mathrm{d}t\right\} - C_O^n([T_0:T_1]) \tag{12.34}$$

由于仿真初始化直接给出 X_0 和 n 的取值，因此可以通过上述反向推算确定$[T_0:T_\mathrm{H}]$内所有决策时刻的最优决策方案组合以及最优整体效用期望值。

上述动态规划方法适用于解决定期服务模式下的最优决策问题。但是对于及时服务模式，既包括固定周期进行延寿的决策时刻，也包括应对在轨故障等不确定事件的临时决策时刻。由于不确定事件的发生时刻无法预见，则动态规划涵盖时间范围内的决策时刻序列将动态产生，因此无法直接应用上述动态规划方法对整

体效用期望值进行估算。下面将对如何在各个动态生成决策时刻应用上述动态规划方法实现优化决策进行讨论。

2. 面向不确定动态生成决策时刻序列的动态规划方法

设在轨服务系统全寿命周期仿真涵盖时间范围为$[T_0:T_H]$。该时间范围内决策时刻包括两部分：一部分是用于固定周期延寿的决策时刻；另一部分是应对发射失败、在轨故障、在轨服务失败等不确定事件的临时决策时刻。前一部分决策时刻的数量和间隔可以预先确定，但是第一次延寿决策的具体时刻不能确定，与首次延寿前目标航天器是否发生在轨故障以及运营商应对在轨故障的措施等因素有关。记用于延寿的固定决策时刻序列为$\{T_{\mathrm{LE_1}},\cdots,T_{\mathrm{LE_}N}\}$，下标 LE 为延寿缩写(life extension)。由于不确定事件临时生成的决策时刻无法预知，记第 i 次临时生成决策时刻为 $T_{\mathrm{Temp\_}i}$，下标 Temp 为临时(temporary)缩写。在$[T_0:T_H]$内进行全寿命周期仿真。在仿真初始 T_0 时刻，目标航天器运营商一般认为航天器在其设计寿命内不会发生在轨故障，由此可以初步确定$[T_0:T_H]$范围内的决策时刻序列只包括固定周期延寿决策时刻序列 $D_0=\{T_{\mathrm{LE\_1}},\cdots,T_{\mathrm{LE\_}N}\}$，且首次延寿决策时刻为目标航天器设计寿命终期时刻 $T_{\mathrm{LE\_1}}=T_D$，以后延寿决策时刻根据延寿间隔确定。因此，在 $T_{\mathrm{LE\_1}}$ 时刻，运营商能够预见在$[T_{\mathrm{LE_1}}:T_H]$范围内的决策时刻序列$\{T_{\mathrm{LE_1}},\cdots,T_{\mathrm{LE_}N}\}$，且各个时刻固定，由此可以直接采用上述面向固定决策时刻序列的动态规划法进行决策。

设第 1 次由于发生在轨故障等不确定事件引发决策的时刻为 $T_{\mathrm{Temp\_1}}$，此时处于固定决策时刻 $T_{\mathrm{LE_}k}$和 $T_{\mathrm{LE_}k+1}$之间。对于运营商来说，此时能够预见在$[T_{\mathrm{Temp_1}}:T_H]$范围内的决策时刻序列为 $D_1=\{T_{\mathrm{Temp\_1}},T_{\mathrm{LE\_}k+1},\cdots,T_{\mathrm{LE\_}N}\}$。在 $T_{\mathrm{Temp_1}}$时刻运营商有多种决策选项，不同决策项对应目标航天器在接受在轨服务后能够继续正常工作的时间长度，如已知当前目标航天器设计寿命终期时刻为 $T_D=T_{\mathrm{LE\_}k}+T_{\mathrm{Extended\_life}}$(如果 $k=0$，则 T_D 目标航天器原设计寿命终期)，如果在 $T_{\mathrm{Temp_1}}$时刻只进行故障维修不进行延寿操作，则在轨服务后目标航天器设计寿命终期时刻 T_D 不变，下一次延寿决策时刻 $T_{\mathrm{LE\_}k+1}=T_D$；如果在 $T_{\mathrm{Temp_1}}$时刻同时进行故障维修和延寿操作，则在轨服务后目标航天器设计寿命终期变为 $T_{\mathrm{Temp\_1}}+T_{\mathrm{Extended\_life}}$，下一次延寿决策时刻也变为 $T_{\mathrm{LE\_}k+1}=T_{\mathrm{Temp\_1}}+T_{\mathrm{Extended\_life}}$。假设接受在轨服务后，目标航天器能够正常运行直至下一次延寿决策时刻，则该次在轨服务后的第一次延寿决策时刻 $T_{\mathrm{LE_}k+1}$取值即可根据 $T_{\mathrm{Temp_1}}$时刻运营商的决策项进行确定。在确定 $T_{\mathrm{LE_}k+1}$后，根据预定延寿决策时间间隔即可确定其他延寿决策时刻，由此可以确定整个决策时刻序列 D_1。因此，在 $T_{\mathrm{Temp_1}}$决策时刻，运营商首先根据不同决策项确定相应决策时刻序列 D_1；对于每个决策项对应的固定决策时刻序列，运营商即可直接采用面向固定决策时刻序列的动态规划法进行决策。后续不确定事件引发临时决策以此类推。

12.2.6　在轨服务系统全寿命周期仿真流程

在轨服务系统全寿命周期仿真逻辑是从目标航天器运营商角度出发,以目标航天器全寿命周期仿真为主线,根据目标航天器在轨服务决策时刻序列和运营商决策方案派生服务航天器研制发射、执行在轨服务等仿真支线,从而共同构成在轨服务系统的全寿命周期仿真。可接受在轨服务目标航天器及时服务模式下的在轨服务系统全寿命周期仿真流程如图 12.3 所示。可接受在轨服务目标航天器全寿命周期决策时刻及其相应决策树如图 12.4 所示。此处特别强调目标航天器可接受在轨服务,原因为:如果目标航天器为传统不可接受在轨服务的航天器,则在各个决策时刻,目标航天器运营商的可选决策项只能支持传统的整星更换或者直接报废,而不包括与在轨服务相关的选项。12.3 节实例分析中将对两者进行比较。

可接受在轨服务目标航天器全寿命周期仿真流程主要包括以下六个步骤:

(1) 发射。T_0 时刻目标航天器发射,发射失败率为 P_f^L。该时刻支付获取初始运行能力 IOC 的成本,如果目标航天器可接受在轨服务,成本为 C_{IOC_S};如果不能支持接受在轨服务,成本为 C_{IOC_NS}。如果发射成功,目标航天器进入正常运行状态。如果发射失败,运营商获取保险赔偿,额度为目标航天器成本,同时进行发射失败事件决策,决策项包括重新制造相同目标航天器并重新发射或终止该航天任务。如果选择重新制造,则从该决策时刻开始到整星制造完毕重新发射所需时间为 $T_{R\_latency}$。重新发射目标航天器时再次支付获取初始运行能力 IOC 的成本。

(2) 正常运行。首先根据离散化市场价格对数的伯努利概率分布对各个仿真步长开始时刻的市场价格进行模拟,然后根据式(12.31)对$[t:t+\Delta t]$内收益进行积分计算,同时,根据式(12.25)对该时间区间内运营成本进行计算。此外,对目标航天器关键部件的运行状态根据式(12.22)进行模拟。如果某个部件内正常状态组件数小于最小阈值,则该部件失效,目标航天器发生在轨故障。

(3) 在轨故障。如果目标航天器发生在轨故障,运营商进行在轨故障事件决策,决策项包括:终止航天任务、在轨维修故障部件、在轨维修故障部件并进行航天器延寿维护、在轨维修故障部件并升级有效载荷、在轨维修故障部件并升级有效载荷并进行航天器延寿维护。其中,升级有效载荷的选项只有在满足最小升级时间间隔 $T_{Upgrade\_interval}$ 的情况下有效。通过航天器延寿维护可以使目标航天器延长寿命 $T_{Extended\_life}$ 年。如果故障时间发生在接近目标航天器设计寿命终期的时刻,将故障维修和延寿维护同时进行可以比分开进行节省费用。

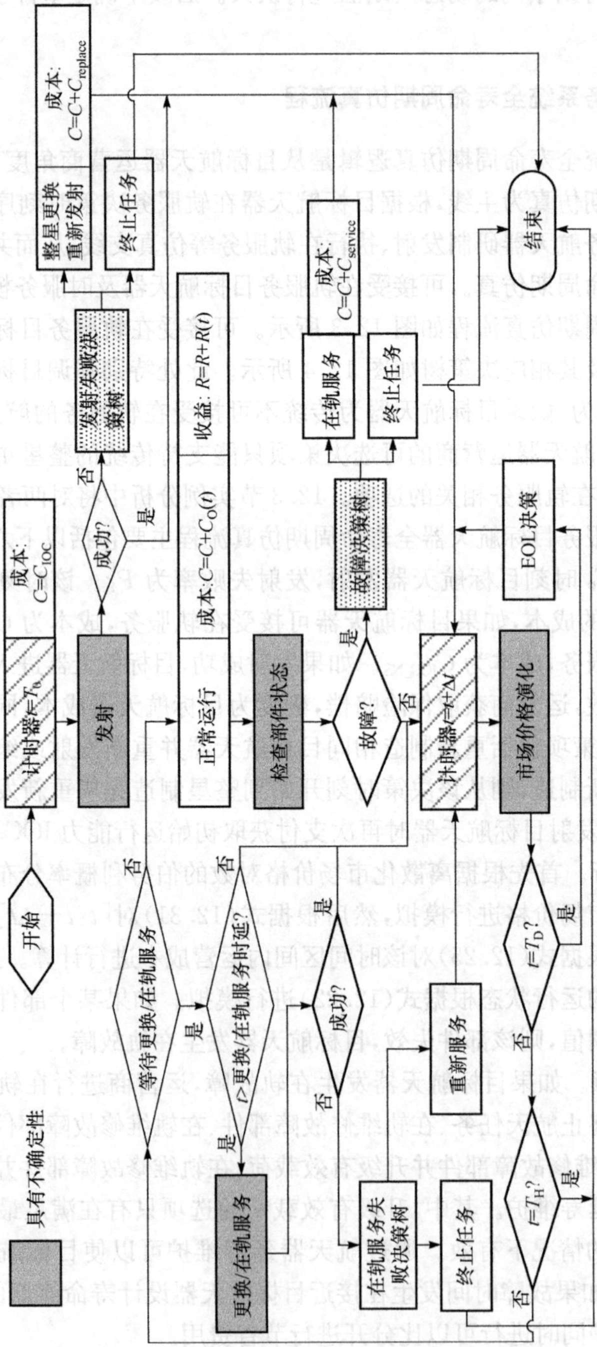

图 12.3 可接受在轨服务目标航天器及时服务模式下的在轨服务系统全寿命周期仿真流程

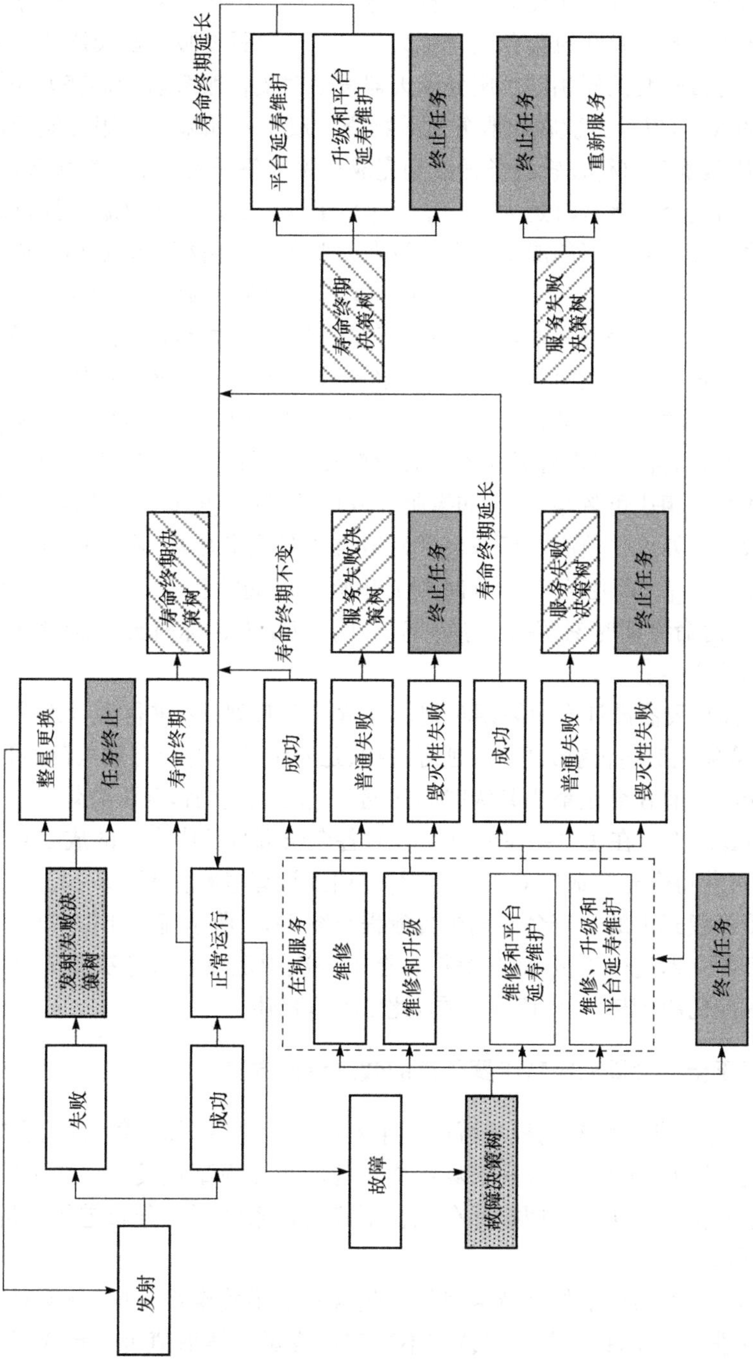

图12.4　可接受在轨服务目标航天器及时服务模式全寿命周期决策树

(4) 在轨服务。如果首次执行在轨服务,则从决策确定执行在轨服务任务到完成相关准备开始实施在轨服务的时延为 $T_{\text{R\_latency}}$,即假设服务航天器从研制到发射所需时间与目标航天器相同。服务航天器发射时支付服务航天器获取初始运行能力 IOC 的成本,以及首次在轨服务所需物资的成本。如果已有服务航天器在轨运行,则从决策确定执行在轨服务任务到完成相关准备开始实施在轨服务(主要包括轨道机动与交会对接),时延为 $T_{\text{S\_latency}}$(远小于 $T_{\text{R\_latency}}$)。在轨服务执行时刻支付该次在轨服务所需物资的成本。在等待在轨服务期间目标航天器运营成本为降级运营成本 $U_O^{\text{degraded}}=\eta_1 U_O^{\text{normal}}$。设在轨服务操作的普通失败率为 P_{f}^{S},毁灭性失败率为 $P_{\text{f}}^{\text{S\_C}}$。如果发生普通失败,运营商进行在轨服务失败事件决策,决策项包括终止航天任务或再次执行在轨服务,且在轨服务备选项与产生该次在轨服务的决策时刻运营商具有的在轨服务备选项相同。如果发生毁灭性失败,如碰撞损伤等不可修复的破坏,则直接终止航天任务。假设对接后实施在轨服务任务的时间与在轨服务准备时延相比可忽略不计,如果服务成功,则下一仿真步长目标航天器进入正常运行状态。如果在轨服务任务包含延寿维护且服务成功,则目标航天器设计寿命延长 $T_{\text{Extended\_life}}$,即由当前仿真时刻 t 开始可以继续正常工作的时间长度为 $T_{\text{Extended\_life}}$,则寿命终期时刻 T_{D} 由初始 T_0+T_{DL}(T_{DL} 为目标航天器原设计寿命长度)延长至 $t+T_{\text{Extended\_life}}$。

(5) 目标航天器设计寿命终期时刻。运营商在时刻 T_{D} 进行设计寿命终期事件决策,决策项包括终止航天任务、延寿维护、延寿维护并升级有效载荷。其中,载荷升级的选项只有在满足最小升级时间间隔 $T_{\text{Upgrade\_interval}}$ 的情况下有效。

(6) 仿真结束。在仿真结束时刻 T_{H},对各个仿真步长中产生的成本和收益进行累加,即可获得全寿命成本 C 和收益 R,并由此计算净收益 $V=R-C$。

定期服务模式下的全寿命周期仿真流程与图 12.3 所示流程相似,只是在轨故障发生时刻不立即进行决策,而是等待直至下一次预定在轨服务决策时刻。各个决策时刻对应的决策树与图 12.4 相同,此处不再赘述。

12.2.7 基于全寿命周期蒙特卡罗仿真的效用评价方法

图 12.3 中深灰色填充的模块可能发生不确定性事件,如发射失败、在轨故障等。此外,在效用估算中,对未来市场价格走势的预测模型也具有认知不确定性。采用蒙特卡罗仿真方法对效用指标在混合不确定性条件下的分布进行分析,流程如图 12.5 所示。

混合不确定性条件下的蒙特卡罗仿真包含双层不确定性分析:外层对认知不确定性变量进行抽样,针对每一组认知不确定性变量具体取值再进行内层随机变量的蒙特卡罗抽样仿真,对效用指标统计量和概率分布进行计算,然后综合所有认

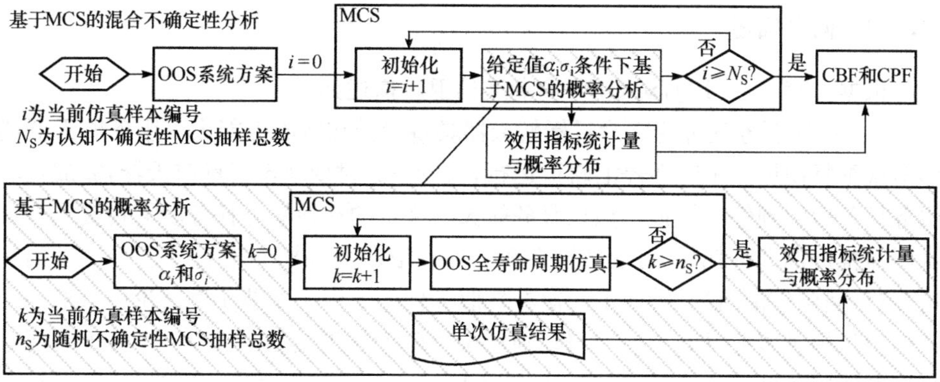

图 12.5　基于蒙特卡罗仿真的效用指标不确定性分析方法

知不确定性变量取值条件下的效用指标概率分布确定其概率分布可能取值的上下限，亦即似然性分布和可信性分布，具体参见第 7 章的 SOMUA-MCS。

对于给定在轨服务系统方案和一组市场价格认知不确定性变量取值，对全寿命周期成本和收益的期望值和方差进行无偏估计如下：

$$\mu_C \approx \frac{1}{n_S}\sum_{i=1}^{n_S} C_i;\quad \mu_R \approx \frac{1}{n_S}\sum_{i=1}^{n_S} R_i \tag{12.35}$$

$$\sigma_C \approx \sqrt{\frac{1}{n_S-1}\sum_{i=1}^{n_S}(C_i-\mu_C)^2};\quad \sigma_R \approx \sqrt{\frac{1}{n_S-1}\sum_{i=1}^{n_S}(R_i-\mu_R)^2} \tag{12.36}$$

基于蒙特卡罗仿真进行矩估计的估算误差为

$$\mathrm{err}_C = \frac{\sigma_C}{\sqrt{n_S}};\quad \mathrm{err}_R = \frac{\sigma_R}{\sqrt{n_S}} \tag{12.37}$$

由式(12.37)可以看出，基于蒙特卡罗仿真的估算误差与问题维数无关，而只与仿真样本数有关。为了保证估算精度误差在评价指标标准差的 10%以内，建议仿真次数至少为 100。根据内层蒙特卡罗仿真样本点效用指标值在各个取值区间的频率分布，近似给出其累积概率分布函数[18]。基于混合不确定性分析方法可进一步获取累积似然性分布函数和累积可信性分布函数。

12.3　在轨服务系统效用评价方法验证

以某地球同步轨道(GEO)商业通信卫星为目标航天器，对其在轨服务系统方案进行分析，以此对 12.2 节提出的基于不确定性全寿命周期仿真的在轨服务系统效用评价方法进行验证。

12.3.1 问题描述

根据文献[7]、[10]，对 GEO 商业通信卫星描述如下：

(1) 在轨服务任务想定为目标航天器具备接受在轨服务能力。服务航天器能够多次重复使用。平时在停泊轨道运行，执行任务时变轨至目标航天器，完成在轨服务任务后回到停泊轨道。如果服务航天器携带的在轨服务任务所需物资或者自身所需推进剂即将耗尽，可变轨至在轨仓库获取服务物资并对自身进行推进剂补给，然后回到停泊轨道，等待下一次在轨服务任务。由于本节实例讨论中只对一个通信卫星提供服务，即一对一服务，则每次待服务航天器数量 $N=1$。由于需要对不同在轨服务延寿长度分别进行评价，不同延寿长度需要补给不同推进剂质量，则相同服务航天器规模条件下可连续执行的服务次数不同。为了便于方案比较，假设服务航天器一次携带所有物资，不需要在轨仓库进行补给，则预计服务航天器服务次数为 $L=\mathrm{Ceil}((T_{\mathrm{H}}-T_{\mathrm{D}})/T_{\mathrm{Extended\_life}})$，其中函数 Ceil(·)表示向上取整。目标航天器为地球同步轨道，倾角为 0；服务航天器停泊轨道为圆轨道，且与目标航天器轨道共面。

(2) 仿真起始时刻 T_0 为卫星发射入轨时间，定为 2015 年。目标航天器设计寿命长度 T_{DL} 为 10 年。从设计寿命终期开始，每隔 $T_{\mathrm{Extended\_life}}$ 进行是否延寿的决策。仿真时间长度为 20 年，即仿真结束时间 T_{H} 为 2035 年。

(3) 有效载荷为 25 个 Ku 波段和 25 个 C 波段等效 36MHz 数据转发器。初始数据转发容量为 1.6Gbps。有效载荷的数据转发容量随技术进步的发展趋势由指数模型(12.20)描述。

(4) 目标航天器在轨故障主要由三种部件故障引起，包括：反作用飞轮、数据存储部件和惯导部件。各个部件中包含 n_{T} 个相同组件，各个组件失效率均为 λ，要求最小正常组件数为 n_{M}。

(5) 理论市场价格为固定值 M_{th}，且暂时不考虑市场价格模型的认知不确定性，模型参数 α 与 σ 取为固定值。

该实例分析中，全寿命周期仿真以及效用指标模型涉及的参数设置见表 12.1，其中服务航天器成本模型质量估算系数根据文献[8]进行设置。

表 12.1 GEO 商业通信卫星在轨服务系统仿真参数设置

参数符号	描述	仿真取值
T_0	仿真起始时间	2015 年
T_{H}	仿真结束时间	2035 年
T_{DL}	目标航天器设计寿命长度	10 年

续表

参数符号	描述	仿真取值
a	航天器通信性能增长系数	1.125
b		0.0575/年
Cap_0	目标航天器通信能力参考值	1.6Gbps
$\Re_{Ins}$	保险费比例	15%
$\Re_S$	目标航天器支持接受在轨服务额外成本比例系数	15%
U_O	正常状态运营成本	10%×目标航天器成本/年
r	无风险贴现率	5%/年
α	市场价格漂移系数	5%
σ	市场价格变化系数	30%
δt	市场价格变化离散步长	1 年
Δt	仿真时间步长	1/12 年(1 个月)
η_1	降级运行运营成本与正常状态运营成本之比	20%
η_2	升级组件单独发射成本与整星发射成本之比	50%
η_3	失效组件研制费用与目标航天器成本之比	1%
η_4	升级有效载荷研制费用与目标航天器成本之比	10%
η_5	目标航天器延寿所需费用与目标航天器成本之比	5%/年
M_{th}	理论市场价格	75 $M/Gbps/年
C_{Launch}	发射成本	100 $M
C_3	3 年设计寿命的目标航天器成本	125 $M
M_0	服务航天器最小干重	1000kg
f_p	服务航天器推进系统干重质量系数	0.15
f_{st}	服务航天器推进系统结构质量系数	0.15
f_{stC}	服务航天器投送货物支撑结构系统质量系数	0.3
M_{comp}	平均每次在轨服务更换模块的质量	50kg
r_P	服务航天器停泊轨道半径	41162.3km
ΔV_D	服务航天器报废离轨速度增量	70m/s
ΔV_f	最后接近与精确对接过程中的速度增量	120m/s
$I_{sp}^{servicer}$	服务航天器推进器比冲	320s
$U_{dry}^{servicer}$	服务航天器单位干重成本	0.11 $M/kg
P_f^S	在轨服务普通失败率	6%
$P_f^{S\_C}$	在轨服务毁灭性失败率	3%

续表

参数符号	描述	仿真取值
$P_{\mathrm{f}}^{\mathrm{L}}$	运载发射失败率	5%
$T_{\mathrm{Upgrade\_interval}}$	在轨组件升级最小时间间隔	5 年
T_{Tech}	新组件技术突破至成熟应用时延	3 年
$T_{\mathrm{R\_latency}}$	整星更换任务时延	3 年
$T_{\mathrm{S\_latency}}$	在轨服务任务时延	1/12 年(1 个月)
$[\lambda_1, n_{T1}, n_{M1}]$	反作用飞轮部件不确定性系数,指数分布 [失效率,组件总数,最小正常组件数]	[0.037,4,3]
$[\lambda_2, n_{T2}, n_{M2}]$	数据存储部件不确定性系数,指数分布 [失效率,组件总数,最小正常组件数]	[0.068,2,1]
$[\lambda_3, n_{T3}, n_{M3}]$	惯导部件不确定性系数,指数分布 [失效率,组件总数,最小正常组件数]	[0.047,6,3]

12.2 节提出的在轨服务系统效用估算模型中,在轨服务价格为在轨服务最小成本,但实际在轨服务提供商会制定高于该成本的价格以获取利益,但不能高于目标航天器运营商能够接受的最高价格,即如果高于该价格,运营商认为目标航天器接受在轨服务与传统航天器采取整星更换或整星报废应对不确定事件没有区别。因此,本节以不可接受在轨服务的传统 GEO 商业通信卫星为基线方案,与可接受在轨服务的方案进行比较,并以此确定在轨服务价格的可能取值空间。假设在轨服务方案和基线方案的收益期望值分别为 $\mu_{\mathrm{R\_OOS}}$ 和 $\mu_{\mathrm{R\_baseline}}$,全寿命周期成本期望值分别为 $\mu_{\mathrm{C\_OOS}}$ 和 $\mu_{\mathrm{C\_baseline}}$,在轨服务最高价格与最低价格之差为 $\mu_{\mathrm{max\_extra}}$。假设在最高在轨服务价格条件下,目标航天器运营商单位成本净收益与不可接受在轨服务的单位成本净收益相同,则 $\mu_{\mathrm{max\_extra}}$ 可由下式计算:

$$\frac{\mu_{\mathrm{R\_OOS}}-\mu_{\mathrm{C\_OOS}}-\mu_{\mathrm{max\_extra}}}{\mu_{\mathrm{C\_OOS}}+\mu_{\mathrm{max\_extra}}}=\frac{\mu_{\mathrm{R\_baseline}}-\mu_{\mathrm{C\_baseline}}}{\mu_{\mathrm{C\_baseline}}} \tag{12.38}$$

对应在轨服务的及时服务和定期服务两种模式,传统航天器决策是否更换或报废整星也有两种模式,即及时更换模式和定期更换模式。在及时更换模式下,运营商在出现在轨故障等不确定事件立刻进行是否更换或报废整星的决策,其全寿命周期决策时刻及其相应决策树如图 12.6 所示,全寿命周期仿真流程与可接受在轨服务全寿命周期仿真流程相同,如图 12.3 所示,只是将在轨服务仿真支线替换为整星更换。定期更换模式下的决策树和仿真流程与及时更换模式相似,只是出现不确定事件不立刻进行决策,而是等待直至下一次预定决策时刻。假设更换航天器寿命与原航天器相同,更换时延为 $T_{\mathrm{R\_latency}}$,在此期间故障航天器报废,运营成本为 0。假设无论是否升级载荷，更换航天器成本与原航天器成本相同。

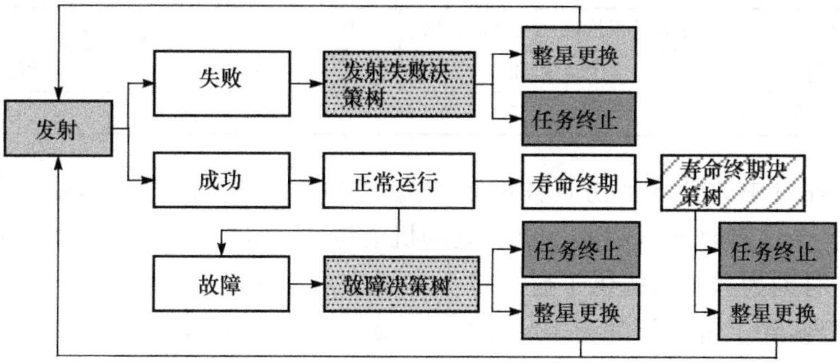

图 12.6　传统航天器及时更换模式全寿命周期决策树

12.3.2　结果分析与讨论

在不同在轨服务延寿长度 $T_{\text{Extende\_life}}$ 条件下，分别对及时服务和定期服务两种模式下的在轨服务系统方案进行效用评价，结果如表 12.2 所示。传统航天器基线方案效用评价结果如表 12.3 所示。

表 12.2　GEO 商业通信卫星在轨服务系统方案效用评价结果

服务模式	$T_{\text{Extende\_life}}$/年	净收益平均值/中间值/＄M	成本平均值/＄M	收益平均值/＄M	在轨服务价格增长空间/＄M
及时服务	10	1978/1081	686	2664	−82
	5	2475/1324	713	3188	9
	3.3	2571/1453	739	3310	11
	2.5	2662/1565	751	3413	22
	2	2693/1623	762	3455	21
	1.7	2691/1617	771	3462	14
	1.25	2682/1575	783	3465	2
	1	2678/1537	789	3467	−3
定期服务	10	1932/1104	658	2590	−79
	5	2405/1395	695	3100	−2
	3.3	2511/1449	723	3234	0
	2.5	2637/1426	746	3383	10
	2	2669/1599	757	3426	9
	1.7	2670/1663	768	3438	1
	1.25	2668/1532	775	3443	−5
	1	2659/1235	782	3441	−12

表 12.3　传统 GEO 商业通信卫星整星更换基线方案效用评价结果

更换模式	净收益平均值/中间值/＄M	成本平均值/＄M	收益平均值/＄M
及时更换	2112/1132	619	2731
定期更换	2056/1137	592	2648

上述评价中蒙特卡罗仿真样本数均为 1000。由表 12.2 可知，单次延寿长度越短，在整个仿真时间范围内可供决策的机会越多，则收益期望值越高。这是由于更多决策时刻为运营商提供了更多机会灵活应对市场变化以及其他不确定事件。可以注意到，除了延寿长度为 10 年的在轨服务系统方案，其他方案的净收益期望值均优于传统航天器方案。延寿长度为 10 年的在轨服务方案劣于传统航天器方案的原因为：如果目标航天器不发生在轨故障，则寿命终期通过在轨服务延寿 10 年的成本既包括专门为此单独研制发射一颗服务航天器的成本，也包括为了使目标航天器支持接受在轨服务而额外增加的成本，这明显高于直接制造一颗整星进行替换的成本。因此，如果只对目标航天器执行一次延寿服务，则在轨服务系统不具有优势。但是，不是延寿时间越短、在轨服务次数越多越好。在仿真时间范围内，随着服务次数的增多，服务航天器轨道机动所需推进剂也增多，由此增加服务航天器规模和成本，因此成本期望值随着延寿时间变短而增加。由于有限时间范围内市场价格变化有上界，目标航天器为终端用户提供的服务数量也有上界，故运营商的收益随着在轨服务次数增多而逐步增加直到趋于上界。因此，由收益和成本综合决定的净收益出现先快速增加后缓慢降低的变化趋势。

此外，比较及时服务和定期服务两种模式可以看出，总体来说及时服务的净收益平均值略优于定期服务。这是由于定期服务不能及时应对不确定事件，导致在轨故障等事件出现后到下一次决策采取措施之间出现运行中断，由此降低了目标航天器的收益。但是同时注意到，由于定期服务模式下进行在轨服务的时刻一般晚于及时服务模式，则在假设在轨服务物资成本不随时间变化的情况下，在轨服务成本贴现后现值相应略低，因此两种模式下净收益平均值相差不大。

通过分别比较及时和定期模式下的在轨服务方案与整星更换基线方案，可以确定两种模式下在轨服务价格以最低成本为基础的上升空间。如果该上升空间为正值，则说明在服务提供商最低服务价格和目标航天器运营商能接受的最高服务价格之间存在交集，在轨服务具有市场；反之，对于目标航天器运营商来说在轨服务方案不具有经济优势，不可取。由表 12.2 可知，在及时服务模式下，除了延寿 10 年和延寿 1 年两种极端情况，其他延寿长度条件下在轨服务均具有市场；而对于定期服务模式，只有延寿 1.7 年至 3.3 年之间的四种延寿长度具有在轨服务市场。因此，在制定在轨服务系统方案时，需要综合考虑全寿命周期成本、收益、净收益，并以此从目标航天器运营商角度出发判断在轨服务与传统整星更换的方式孰优孰劣。

12.3.3 灵敏度分析

由 12.3.2 节某 GEO 商业通信卫星在轨服务系统效用评价结果可以看出，在轨服务效用受目标航天器设计寿命、在轨服务定期延寿决策时间间隔、市场不确定性变化等因素影响很大，本节对在轨服务效用对上述因素的灵敏度进行分析。

在及时服务模式下，针对 12.3.1 节所述 GEO 商业通信卫星在轨服务系统，对不同目标航天器设计寿命 T_D和在轨服务延寿长度 $T_{Extende_life}$组合进行评价，结果如图 12.7 所示。

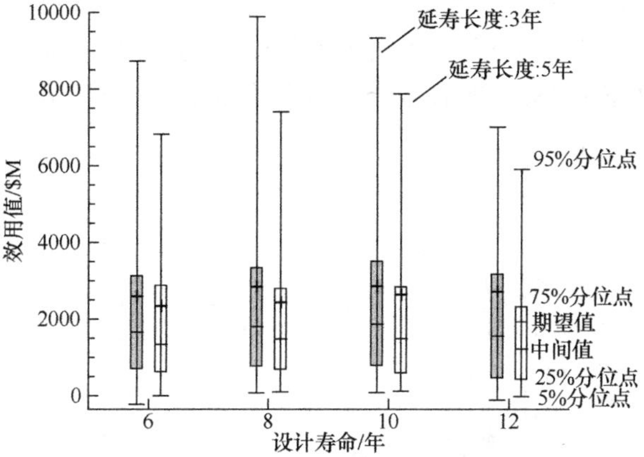

图 12.7　在轨服务系统净收益对目标航天器设计寿命的灵敏度

不同组合方案下的净收益概率分布通过盒形图对 0.05、0.25、0.75、0.95 分位点、期望值和中间值进行表示。其中，目标航天器设计寿命分别取值 6、8、10 和 12 年；对应每个设计寿命，单次延寿长度分别取值 3 和 5 年。由图 12.7 可知，对于所有目标航天器设计寿命长度，延寿 3 年均优于延寿 5 年，原因为：延寿时间越短，目标航天器达到寿命终期后定期延寿的在轨服务决策时刻间隔越短，从而能够更加灵活快速应对市场变化的不确定性，在市场繁荣时及时提高性能增加收益，在市场走势变差的情况下及时停止运营减少损失。目标航天器设计寿命对效用影响的总体趋势为：设计寿命为 8 年和 10 年的净收益分布优于 6 年和 12 年的净收益分布。其原因为：如果设计寿命太短，虽然目标航天器成本能够降低，但是用于延寿的在轨服务次数增加，服务成本相应增加；相反，如果设计寿命太长，则目标航天器成本相应增加。因此，目标航天器设计寿命长度需要根据其自身成本和在轨服务成本进行综合考虑。

在及时服务模式下，对不同市场价格变化系数 σ 和在轨服务延寿长度 $T_{Extende_life}$组合条件下的在轨服务系统效用进行评价，结果如图 12.8 所示。其中，市场价格变化系数分别取值为0.1、0.3、0.5和0.7；对应每个系数取值，延寿长度分别取值为2年、3年和5年。由图可知，对于所有延寿长度，市场价格变化系数越大，在轨服务系统净收益分布范围越大，具体体现为：0.95分位点（净收益上限）越大，0.05分位点（净收益下限）越小，同时净收益分布期望值、中间值、0.25和0.75分位点也越小。原因分析如下：由12.2.4节所述离散化市场价格对数的伯努利概率分布可知，市场价格变化系数 σ 越大，可能价格上限越大，且呈指数增长没有上界，同时可能价格下限也越小且下界为0，因此净收益分布的可能取值上限随 σ 的增大而呈指数迅速增长，同时其可能取值下限随 σ 的增大而逐步降低且降幅有界；由式(12.26)可知，仿真过程中离散化市场价格对数在每个价格变化时刻的增长概率随 σ 增大而降低，因此 σ 越大，市场价格总体分布走势降低的出现频率越高，从而导致效用分布期望值和中间值等统计量随 σ 增大而降低。对应每个 σ 值，在轨服务延寿长度越短，净收益分布越优，原因同图12.7灵敏度分析所述。

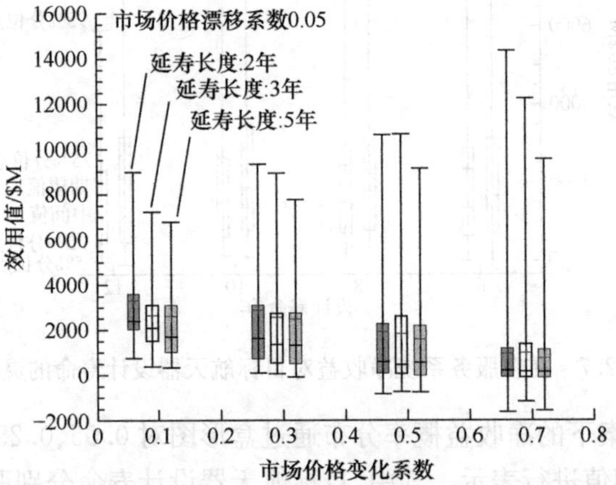

图12.8　在轨服务系统净收益对市场价格变化系数的灵敏度

综上可知，在轨服务系统净收益受目标航天器设计寿命、在轨服务定期延寿决策时刻间隔等在轨服务系统方案设置以及市场价格变化等不确定性因素影响很大，可以通过对在轨服务系统方案进行合理设置，以实现不确定性因素影响下的系统效用最优。12.4节将对基于UMDO的在轨服务系统设计优化进行深入讨论。

12.4　在轨服务系统的UMDO实现与结果分析

12.4.1　优化问题描述

以12.3节所述的GEO商业通信卫星在轨服务系统为对象，考虑全寿命周期中的各类不确定性影响，对其设计优化问题进行研究。根据灵敏度分析结果，结合 12. 2. 3 节效用模型，提取对在轨服务系统效用影响较大的五个变量作为优化变量，包括：目标航天器设计寿命 T_{DL}、在轨服务延寿长度 $T_{Extende\_life}$、在轨仓库轨道半径 r_D、服务航天器停泊轨道 r_P以及服务航天器可连续提供在轨服务的次数 L。由 12. 3 节实例分析结果可知，对本节讨论的 GEO 商用通信卫星实例来说，及时服务模式优于定期服务模式，因此优化中直接采用及时服务模式。其他仿真过程中涉及的参数取值如表 12. 1 所示。在轨服务系统设计优化中，既需要考虑发射失败、在轨故障等随机事件，又需要考虑未来市场价格走势的认知不确定性。认知不确定性变量分布如表 12. 4 所示，包括两组代表不同精细度的 BPA 设置。在混合不确定性影响下，对在轨服务系统净收益分布进行优化，即最大化 V_0，并要求实际净收益大于 V_0的可信性不小于 Bel_0。表述如下：

$$\begin{cases} \max & V_0 \\ \mathrm{s.t.} & \mathrm{Bel}(V \geqslant V_0) \geqslant \mathrm{Bel}_0 \end{cases} \tag{12.39}$$

此处设定 $\mathrm{Bel}_0=0.8$。为了便于混合不确定性分析，在优化中将其等效表述为实际净收益小于 V_0的似然性不大于 $P_f=1-\mathrm{Bel}_0$。综上，混合不确定性条件下的在轨服务系统设计优化问题表述如下：

$$\begin{cases} \text{find} & \boldsymbol{X}=[T_{DL}, T_{Extended\_life}, r_D, r_P, L] \\ \max & V_0 \\ \mathrm{s.t.} & \mathrm{Pl}(V<V_0) \leqslant P_f = 1-\mathrm{Bel}_0 \\ & 5 \leqslant T_{DL} \leqslant 12, \quad 1 \leqslant T_{Extended\_life} \leqslant 10, \quad 1 \leqslant L \leqslant 10 \\ & 40000\mathrm{km} \leqslant r_D \leqslant 42000\mathrm{km}, \quad 40000\mathrm{km} \leqslant r_P \leqslant 42000\mathrm{km} \end{cases} \tag{12.40}$$

其中，五个设计变量均作为确定性变量进行优化。为了降低在轨仓库和服务航天器入轨难度，其轨道半径取值范围低于地球同步轨道半径。

表 12.4 目标航天器终端用户市场价格认知不确定性变量分布

设置	市场价格漂移系数 α		市场价格变化 σ	
	区间	BPA	区间	BPA
设置 1	[0. 04,0. 06]	1	[0. 2,0. 4]	1
设置 2	[0. 04,0. 05)	0. 5	[0. 2,0. 3)	0. 5
	[0. 05,0. 06]	0. 5	[0. 3,0. 4]	0. 5

虽然式(12. 40)所示优化问题在形式上与第 7 章所述混合不确定性优化问题相同，但是优化问题中的状态变量(即净收益)计算方法与前面章节不确定性优化

问题中的状态变量计算方法完全不同。前面章节不确定性优化问题中状态变量均通过形如 $f(\boldsymbol{X},\boldsymbol{P},\boldsymbol{Z})$ 的关系式进行计算，给定设计方案和不确定性变量的一组具体实现值 $(\boldsymbol{x},\boldsymbol{p},\boldsymbol{z})$，即可带入关系式计算状态变量值 $f(\boldsymbol{x},\boldsymbol{p},\boldsymbol{z})$。以第 11 章所述小卫星总体设计模型为例，给定随机优化变量轨道高度、相机焦距和星体尺寸的一组实际取值，以及数管和 TTC 分系统质量估算不确定性系数的具体取值，即可计算小卫星整星质量。但是，本章给定一组优化变量取值 $\boldsymbol{x}$，只能基于全寿命周期蒙特卡罗仿真的效用评价给出净收益的统计分布，而无法简单地通过由在轨服务系统方案和有限个不确定性变量簇表述的形如 $f(\boldsymbol{X},\boldsymbol{P},\boldsymbol{Z})$ 的关系式对一个优化方案和一组不确定性变量具体实现进行状态变量的响应值计算。这种情况下，可以将第 7 章提出的基于蒙特卡罗仿真不确定性分析的 SOMUA 实现方法 SOMUA-MCS 取代 SOMUA 集成于 MUMDF-CSSO 优化过程中，以此组织求解式(12.40)所述优化问题。

12.4.2　MUMDF-CSSO 组织求解与结果讨论

首先进行子空间划分。优化问题(12.40)只包括五个确定性设计变量，分别用于对目标/服务航天器方案进行设置。以此为基础，对目标航天器平均每次接受在轨服务所需物资质量、服务航天器和在轨仓库成本进行估算，并将其共同输入效用评价模块进行该方案的净收益计算。由于在轨仓库的轨道设置直接影响服务航天器和在轨仓库的成本估算，因此将其归入服务航天器设计变量中。因此，可以将在轨服务系统设计划分为目标航天器、服务航天器以及在轨服务系统效用评价三个子空间，关系如图 12.9 所示。

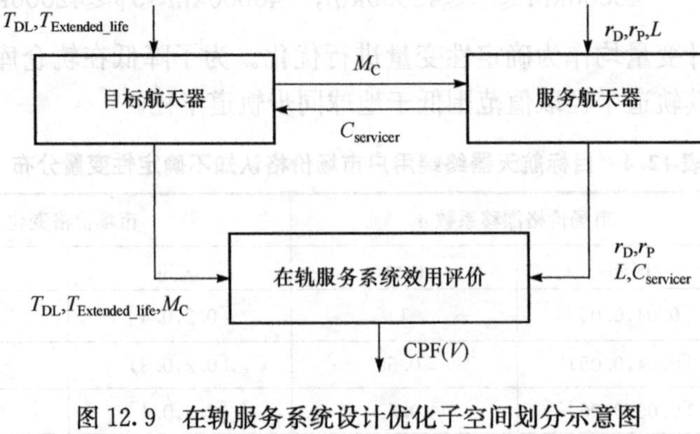

图 12.9　在轨服务系统设计优化子空间划分示意图

三个子空间设置如下。

子空间 1：$\boldsymbol{X}_1=[T_{DL}, T_{Extended\_life}]$，$\boldsymbol{Y}_1=[\boldsymbol{M}_C]$，$\boldsymbol{Y}_{\cdot 1}=[C_{servicer}]$，$\boldsymbol{G}_1=[\,]$

子空间 2：$\boldsymbol{X}_2=[r_D,r_P,L]$，$\boldsymbol{Y}_2=[C_{servicer}]$，$\boldsymbol{Y}_{\cdot 2}=[M_C]$，$\boldsymbol{G}_2=[\ ]$

子空间 3：$\boldsymbol{X}_3=[\ ]$，$\boldsymbol{Y}_3=\mathrm{CPF}(V)$，$\boldsymbol{Y}_{\cdot 3}=[T_{DL},T_{Extended\_life},M_C,r_D,r_P,L,C_{servicer}]$，$\boldsymbol{G}_3=[\ ]$

其中，子空间 3 的输出状态变量为给定在轨服务系统方案在混合不确定性条件下的分布函数。由于优化问题中仅涉及净收益似然性测度，故此处也采用累积似然性分布函数 CPF(V)进行描述。由于优化问题(12.40)没有可靠性约束条件，因此各个子空间也相应没有约束条件。该子空间划分与第 11 章小卫星总体设计优化问题的子空间划分十分相近，均包含两个有局部优化变量的子空间和一个仅用于分析计算整体方案性能指标的子空间。

由 SOMUA-MCS 方法可知，确定性优化中需要建立 V 的概率分布函数关于设计变量 $\boldsymbol{X}$ 和认知不确定性变量 $\boldsymbol{Z}$ 的近似模型。首先，在 $\boldsymbol{X}$ 和 $\boldsymbol{Z}$ 定义域内通过试验设计确定 N_T 个样本，对每个样本进行全寿命周期蒙特卡罗仿真确定概率累积分布函数$\mathrm{CDF}_{\boldsymbol{X},\boldsymbol{Z}}(V)$，建立样本点集 $T=\{(\boldsymbol{X}_k,\boldsymbol{Z}_k),\mathrm{CDF}_{\boldsymbol{X}_k,\boldsymbol{Z}_k}(V),k=1,\cdots,N_T\}$。在第 i 个循环中，根据各个样本点 $\boldsymbol{X}_k$ 和 $\boldsymbol{Z}_k$ 的累积概率分布函数$\mathrm{CDF}_{\boldsymbol{X}_k,\boldsymbol{Z}_k}(V)$计算其分位点 $V^{B_{k\_obj}^{(i+1)}}$，则基于所有样本点构成的数据对$\{(\boldsymbol{X}_k,\boldsymbol{Z}_k),V^{B_{k_obj}^{(i+1)}}(\boldsymbol{X}_k,\boldsymbol{Z}_k),k=1,\cdots,N_T\}$，可以建立目标函数概率分位点关于 $\boldsymbol{X}$ 和 $\boldsymbol{Z}$ 的近似模型 $\widetilde{V}^{B_{k\_obj}^{(i+1)}}(\boldsymbol{X},\boldsymbol{Z})$。基于该近似模型即可高效求解下一循环的确定性优化问题。

综上，采用 MUMDF-CSSO 优化过程对式(12.40)所述优化问题进行求解，其中采用 SOMUA-MCS 方法进行基于序贯优化和混合不确定性分析的不确定性优化，采用 RBFNN 建模方法建立净收益概率分布关于优化变量和认知不确定性变量的近似模型(样本数量为 100)。优化结果如表 12.5 所示。可以看出，两组认知不确定性变量设置条件下获得了相同优化方案。优化方案的在轨仓库与服务航天器轨道半径相同，且 $L=1$，说明服务航天器停泊轨道即在轨仓库运行轨道，服务航天器执行一次服务任务后直接回到停泊轨道并与在轨仓库对接获取补给，然后等待下一次服务任务。这种模式下，服务航天器可以仅需携带执行一次在轨服务任务所需推进剂，且停泊轨道与在轨仓库运营轨道相同，避免了服务航天器进行补给所需的额外轨道机动，由此降低了服务航天器规模和成本。目标航天器设计寿命为 10 年，避免了由于寿命过长导致目标航天器研制成本过高，也避免了由于寿命过短增加服务次数导致服务成本增加。延寿长度为 2 年，一方面能够通过短周期多次服务增加目标航天器运营商应对市场不确定性的灵活性，同时也避免过于频繁的在轨服务导致服务成本剧增。

表 12.5 混合不确定性条件下在轨服务系统 MUMDF-CSSO 优化结果

方案		基线方案		优化方案	
		BPA1	BPA2	BPA1	BPA2
优化变量	T_{DL}/年	8	8	10	10
	$T_{Extende\_life}$/年	6	6	2	2
	L	2	2	1	1
	r_D/km	40000	40000	42000	42000
	r_p/km	40000	40000	42000	42000
	V_0/$M	159	312	230	452
优化目标	Bel($V\geqslant V_0$)	80%	80%	82%	81%

由于目标分布可信性要求形式为 Bel($V\geqslant V_0$)，效用 $V\geqslant V_0$ 的似然性和可信性均随 V_0 增大而减小，因此采用互补累积似然性曲线(complementary CPF，CCPF)和互补累积可信性曲线(complementary CBF，CCBF)进行描述。两组认知不确定性变量设置条件下在轨服务系统最优方案净收益分布如图 12.10 所示。虽然两组设置下均收敛到相同优化方案，但是由于设置 2 的认知不确定性分布描述比设置 1 精细，因此优化方案净收益不确定性分布的描述也相应更为准确，则相同目标可信性要求下能够获得更优目标值。

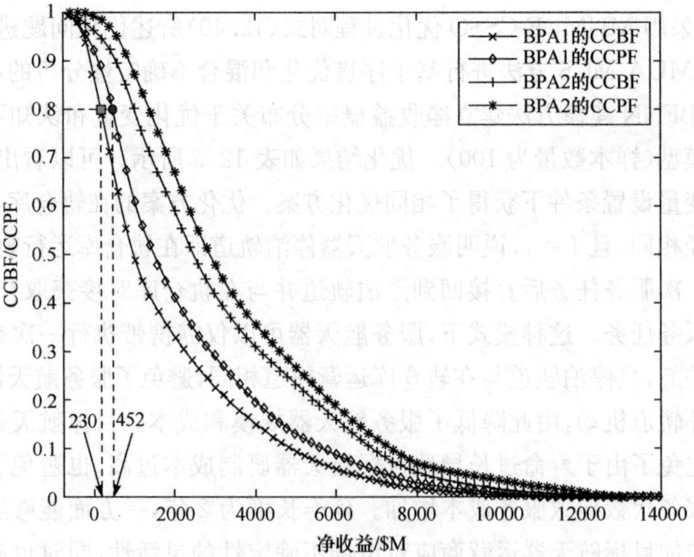

图 12.10 在轨服务系统最优方案净收益 CCPF 和 CCBF 曲线

在认知不确定性变量 $\alpha=0.05$ 和 $\sigma=0.3$ 条件下，在轨服务系统最优方案净收益概率分布 0.2 分位点关于目标航天器设计寿命 T_{DL} 与延寿长度 $T_{Extende\_life}$ 的精确模型和近似模型比较如图 12.11 所示。可以看出，近似模型与精确模型吻合度较高，由此保证了基于近似模型的优化的收敛性和优化结果的可信度。

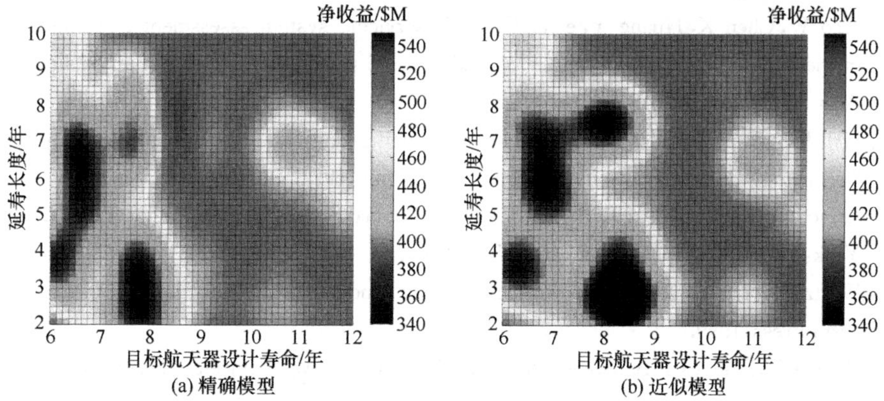

图 12.11 在轨服务系统最优方案净收益概率分布 0.2 分位点模型比较

参考文献

[1] Long A, Hastings D. Catching the wave: A unique opportunity for the development of an on-orbit satellite servicing infrastructure[C]//Space Conference and Exhibit, San Diego, 2004.

[2] 陈小前，袁建平，姚雯，等．航天器在轨服务技术[M]. 北京：宇航出版社，2009.

[3] King D. Hubble robotic servicing: Stepping stone for future exploration missions[C]//The 1st Space Exploration Conference: Continuing the Voyage of Discovery, Orlando, 2005.

[4] Oda M, Kibe K, Yamagata F. Ets-Vii, space robot in-orbit experiment satellite[C]//IEEE International Conference on Robotics and Automation, Minneapolis, 1996.

[5] Oda M. Experiences and lessons leaned from the Ets-Vii robot satellite[C]//IEEE International Conference on Robotics and Automation, San Francisco, 2000.

[6] Waltz D M. On-Orbit Servicing of Space Systems[M]. Malabar: Krieger Publishing Company, 1993.

[7] Joppin C. On-Orbit Servicing for Satellite Upgrades[D]. Cambridge: Massachusetts Institute of Technology, 2004.

[8] Lamassoure E. A Framework to Account for Flexibility in Modeling the Value of On-Orbit Servicing for Space Systems[D]. Cambridge: Massachusetts Institute of Technology, 2001.

[9] Richards M G. On-Orbit Serviceability of Space System Architectures[D]. Cambridge: Massachusetts Institute of Technology, 2006.

[10] Long A M. Framework for Evaluating Customer Value and the Feasibility of Servicing Ar-

chitectures for On-Orbit Satellite Servicing [D]. Cambridge: Massachusetts Institute of Technology, 2005.

[11] Baldessarra M. A Decision-Making Framework to Determine the Value of On-Orbit Servicing Compared to Replacement of Space Telescopes[D]. Cambridge: Massachusetts Institute of Technology, 2007.

[12] Yao W, Chen X, Huang Y, et al. On-orbit servicing system assessment and optimization methods based on lifecycle simulation under mixed aleatory and epistemic uncertainties[J]. Acta Astronautica, 2013, 87: 107—126.

[13] Hall E K, Papadopoulos M. GPS structural modifications for on-orbit servicing[C]//Space Technology Conference & Exposition, Albuquerque, 1999.

[14] Larson W J, Kirkpatrick D, Sellers J J, et al. Applied Space Systems Engineering[M]. New York: The McGraw-Hill Companies Inc., 2009.

[15] Wertz J R, Larson W J. Space Mission Analysis and Design[M]. 3rd ed. California: Microcosm Press, 1999.

[16] Dixit A K, Pindyck R S. Investment Under Uncertainty[M]. Princeton: Princeton University Press, 1994.

[17] 姚雯. 飞行器总体不确定性多学科设计优化研究[D]. 长沙:国防科学技术大学,2011.

[18]《数学手册》编写组. 数学手册[M]. 北京:高等教育出版社,1979.

第 13 章 基于 UMDO 的分离模块航天器系统总体设计

分离模块航天器系统将传统整体式航天器分解为若干个相互分离、独立飞行的模块，通过无线数据连接和无线能量传输构成一个功能完整的虚拟航天器。由于独立模块可以分批发射，在轨可以灵活更换和集成，因此能够提高应对研制、发射、在轨运行过程中各类不确定事件的能力，从而提高生存性、灵活性、响应性和经济性。但是，由于各个模块均要求具有完整的结构、热控、轨控等基础平台分系统以支持其独立飞行，与整体式航天器相比会增加额外的质量与成本，因此，需要在充分考虑航天器全寿命周期不确定性影响的条件下，对分离模块航天器系统进行综合效用评价，以此判断与传统整体式航天器相比是否具有优势。在此基础上，进一步根据效用评价指标指导方案设计，从而实现分离模块航天器系统的设计优化。

本章基于 UMDO 方法，对考虑全寿命周期不确定性影响的分离模块航天器系统设计优化进行讨论。首先，对分离模块航天器系统的研究背景与进展进行简单介绍。其次，提出了基于不确定性全寿命周期仿真的分离模块航天器系统效用评价方法，以此建立分离模块航天器系统方案与系统效用之间的映射关系；重点对效用指标和全寿命周期涉及的不确定性进行提取和建模，确定了分离模块航天器系统全寿命周期运营逻辑、时序以及仿真流程，并基于面向对象的编程方法搭建了模块化仿真体系结构，以此为基础构建了基于全寿命周期蒙特卡罗仿真的效用评价软件。然后，以某对地观测分离模块航天器系统为对象，对前述分离模块航天器系统效用评价方法的可行性进行验证。最后，仍以前述对地观测分离模块航天器系统为对象，针对是否考虑市场价格模型认知不确定性的两种不同情况，分别采用第 9 章介绍的单独随机不确定性 PMDF-CSSO 和随机/认知混合不确定性 MUMDF-CSSO优化过程进行求解，获得了满足稳健性和可靠性要求的优化方案。

13.1 分离模块航天器系统简介

针对传统单颗航天器和卫星星座在快速任务响应、在轨故障维修和系统重构升级等方面存在的不足，2005 年美国科学家提出了一种全新的分离模块航天器系统概念[1]，将传统的整体式航天器分解为若干个相互分离、独立飞行的模块，在轨运行期间通过无线数据连接和无线能量传输构成一个功能完整的虚拟航天器系统。分离模块航天器不同于卫星星座和编队，它不是常规的功能完备的多颗卫星的集合体，而是异构型模块化航天器（如独立的电源模块、有效载荷模块、通信模块等）的集群，具有很强的机动性和灵活性。分离模块航天器在生存性、灵活性、响应性、经济性等方面具有独特的优势，能够灵活应对研制、发射、在轨运行过程中的不确定性影响，从而提高航天器的效益，降低风险与成本，如通过模块分批发射以避免由于一次发射失败导致整个航天器报废，在轨运行过程中通过单个故障模块的更换或升级以快速恢复航天器系统正常运行。与传统整体式航天器相比，分离模块航天器的其他优势分析参见文献[2]。基于以上优点，该概念一经提出就引起了美国政府的高度重视，美国国防高级研究计划局（DARPA）于 2007 年迅速制定了分离模块航天器系统 F6 计划（future，fast，flexible，free-flying，fractionated spacecraft united by information exchange），即"未来、快速、灵活、模块化、自由飞行、通过信息交换进行集成的航天器系统"，并投入了大量经费不遗余力地推进[3]。F6 项目的启动使多个航天工业巨头加入到该新型航天器系统的研究中，近 5 年相关研究文献呈迅速增长趋势。其中，大部分研究工作主要围绕分离模块航天器系统的传统属性（质量、成本等）和非传统属性（灵活性、快速响应性等）的评价展开，并与传统整体式航天器进行比较，以此论证分离模块航天器系统的可行性和先进性。

在多个效用指标情况下，多方案比较和方案优化都存在较大困难，因此 Mathieu 引入了多属性决策空间搜索方法（multi-attribute trade space exploration，MATE）[4]，通过将各个指标对应属性值（除成本外）转化为相应无量纲效用值，然后基于多属性效用理论[5]将其合成为一个综合效用指标，并与成本共同构成二维决策空间。Brown 等[6]提出将系统稳健性、灵活性和响应性等多个属性对应价值转化为货币值融入系统全寿命成本中，将全寿命成本作为具有随机不确定性的风险调节成本，通过在不确定性条件下进行全寿命周期蒙特卡罗仿真获得其分布特征，从而对系统进行综合评价。以此为基础，Brown 等[7]进一步提出采用全寿命周期收益减去风险调节成本的风险调节净收益现值（risk adjusted net present value）作为综合评价效用指标。基于以上效用指标指导分离模块航天器系统进行设计和优化的方法称为价值中心设计方法（value-centric design methodology，VCDM）。该方法能够充分利用优化方法提高设计方案的性能，因此具有基于需求的设计和基于成本的设计等传统方法无可比拟的优势[8]。

基于以上评价方法研究，目前已经形成了一系列分离模块航天器系统评价软件，主要包括佐治亚理工学院研发的分离模块航天器体系评价工具 GT-FAST[9,10]、轨道科学公司研制的基于 VCDM 的分离模块航天器系统设计软件 PIVOT[11]、波音公司研制的风险调节成本估计软件 RAFTIMATE[12]、洛克希德·马丁公司研制的 F6 单方案评价和多方案决策系统 SVM[13] 以及诺斯罗普·格鲁门公司研制的 F6 方案设计和多属性分析软件[14]。文献[7]对上述研究工作进行了全面总结。由于分离模块航天器的研究刚刚起步，许多相关技术的成熟度距离支持飞行验证还有较大差距，目前采用的总体设计与效用评价模型也均基于大量假设和简化，因此对分离模块航天器系统的高可信度效用评价以及基于效用评价的方案设计优化成为目前分离模块航天器的热点研究问题。本章将基于 UMDO 方法对其进行探索研究。

13.2　基于不确定性全寿命周期仿真的分离模块航天器系统效用评价方法

13.2.1　分离模块航天器系统体系结构

为了准确表述分离模块航天器系统的体系结构，国内外广泛采用了以下几个术语对其进行分层定义。

组件(component)：亦称为可分离式组件，是分离模块航天器系统的最小单元。根据航天器模块分离粒度的不同，这些组件可以代表某个分系统或者某个具体的仪器设备(如有效载荷)。

模块(module)：由多个组件及其必备的支撑分系统，如结构、热控等，构成的一个可自由飞行的航天器单元。

星簇(cluster)：亦称为星簇体系(architecture)，指由多个模块编队飞行构成的一个独立分离模块航天器系统。

在设计过程中，一个具体的分离模块航天器系统及其发射方案被统称为一个设计方案(design)。上述概念的层级关系如图 13.1 所示。

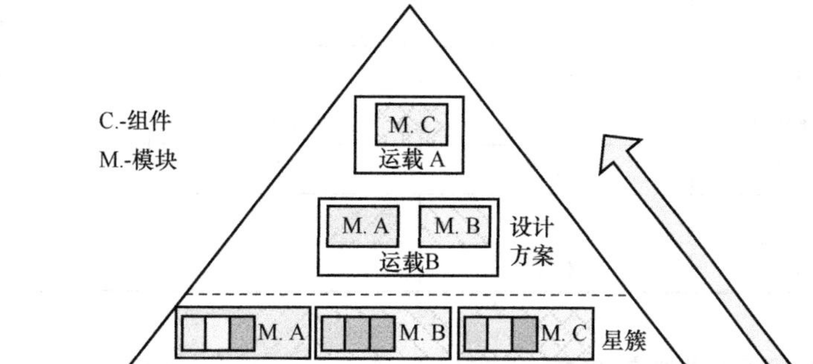

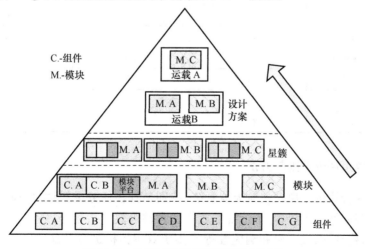

图 13.1　分离模块航天器系统体系结构

对于可分离式组件，美国轨道科学公司根据 DARPA 的 F6 项目计划提出了研究方案[9,10,15]，主要包括以下类型：①有效载荷，如对地观测载荷组件（EO）；②测控组件，如 TDRSS 接收机，通过中继卫星实现对星簇进行近连续测控；③高带宽下传通信组件（HBD），提供大容量数据的高速下传；④大容量数据存储组件（SSR），存储由有效载荷产生大量数据的硬盘；⑤任务数据处理器组件（MDP），专门处理复杂任务数据的高性能计算机。本章也基于上述五种可分离式组件对分离模块航天器系统方案进行讨论，各组件具体参数如表 13.1 所示。

表 13.1 可分离组件主要参数

组件	质量/kg	功耗/W	成本/＄M	技术成熟度（TRL）	平均故障间隔时间（MTTF）/月
EO	40	15	15	9	72
TDRSS	4	25	5	5	84
HBD	10	25	2	9	72
SSR	8	100	2	7	72
MDP	8	18	1	6	84

星簇中的多个模块可以通过多个运载器分批发射，因此发射方案的选择比传统航天器单次发射更为灵活。本章采用美国 6 个运载器作为备选运载器，包括 Minotaur I、Taurus Standard、Taurus XL、Pegasus XL、Delta II 和 Athena II，其发射能力（近地轨道发射质量）、可靠性、发射成本（FY08）等如表 13.2 所示[16,17]。

表 13.2 运载器主要参数

运载器	运载能力/kg	单发成本/＄M	可靠性
Pegasus XL	450	22	0.935
Minotaur I	580	23	0.951
Taurus Standard	1130	28	0.944
Taurus XL	1390	31	0.944
Athena II	1700	44	0.888
Delta II	2500	48	0.988

13.2.2 效用评价准则与方法

为了综合评价分离模块航天器系统，特别是其在任务灵活性、快速响应性、性能稳健性等方面的优势，除了传统的成本和收益等效用指标外，还需对可维护性、可扩展性、稳健性、灵活性和响应性等非传统效用指标进行考虑[1~3]。由 13.1 节研究进展介绍可知，风险调节全寿命成本和风险调节净收益现值两个指标能够综合体现航天器系统的成本、效益和风险以及其他多个非传统属性，因此本章也将其作为效用评价指标，简称为全寿命成本和净收益。总体评价准则为：全寿命成本越低越好，净收益越高越好。

与 12.2.2 节对在轨服务系统效用评价方法分析相似，由于分离模块航天器系统全寿命周期涉及的不确定性交错影响机理复杂，难以将效用指标通过分离模块航天器系统方案和有限个不确定性变量簇的关系式表示出来，因此目前分离模块航天器系统评价方法主要采用基于全寿命周期仿真的方法。通过对不确定性影响下的航天器状态演化进行全寿命周期仿真，从而真实模拟不确定性影响并由此估算效用指标值。一次全寿命周期仿真就是一次包含各种不确定性具体实现的全寿命试验，并获取该次试验对应的效用指标值。通过蒙特卡罗法进行多次全寿命周期仿真，可以获取给定分离模块航天器系统方案的效用指标值的多个样本，由此可以通过统计方法对其分布特点进行分析和统计量计算（如期望值和标准差），从而建立分离模块航天器系统方案与效用指标统计分布之间的映射关系。

下文中，首先在 13.2.3 节建立效用指标数学模型，然后在 13.2.4 节对分离模块航天器系统全寿命周期涉及的不确定性进行建模，最后在 13.2.5 节对全寿命周期仿真流程进行阐述，对基于全寿命周期蒙特卡罗仿真的效用评价方法进行详细介绍。

13.2.3　效用指标数学模型

由于全寿命成本和净收益的估算需要涉及分离模块航天器系统运行轨道、模块质量、功耗和成本等信息，因此首先对分离模块航天器系统总体设计学科模型进行介绍，然后以此为基础对效用指标计算模型进行讨论。

1. 学科模型

分离模块航天器系统总体设计学科模型主要包括以下三部分：

(1) 轨道。轨道由六个经典轨道根数进行描述，包括轨道高度、偏心率、轨道倾角、升交点赤经、近地点幅角和真近点角。

(2) 可分离组件。假设可分离组件为支持批量生产、长期存储、快速组装的标准产品，本章考虑的备选可分离组件及其质量、功耗、成本、技术成熟度和可靠性参数如表 13.1 所示。

(3) 模块。一个模块包括若干个可分离组件和一个支持可分离组件工作的模块平台。对于模块平台，可分离组件可作为其有效载荷。模块平台可与小卫星平台类比，具有支持整个模块独立运行的基本分系统，如结构、热控、姿轨控、电源等。各个分系统的设计与建模采用目前已有的典型小卫星设计模型。在概念设计阶段，根据模块平台携带的有效载荷——可分离式组件，采用经验估计关系式对模块整体的质量、功耗和成本等指标进行估算[18,19]。

2. 风险调节全寿命成本模型

分离模块航天器系统全寿命成本主要考虑五大部分：航天器成本、发射成本、地面设备成本、运营成本以及风险导致额外成本。假设目前已有地面设备能够经微小调整即可应用于分离模块航天器系统，则地面设备成本忽略不计。本章采用参数化成本估算关系式对上述各项成本进行建模，并以分离模块航天器全寿命周期开始时间 T_0 财年美元为参考，对其他时间产生的成本现金流进行贴现折算。

1) 航天器成本

假设航天器系统成本为所有组成模块成本之和。考虑到各个模块均为小卫星级别，因此根据小卫星成本模型（small satellite costing model，SSCM）[19]对其进行估算。各个模块成本包括非重复成本和重复成本两部分。非重复成本主要包括研发、测试、评价费用（research，develop，test，and evaluation，RDT&E），具体包括：设计分析、原型样机和测试模型研制等。重复成本包括飞行单元制造、集成测试等。

对第 i 类模块的首个单元，模块成本 C_{M}^{i1} 包括非重复成本和重复成本两部分，以 T_0 财年美元为参考，模块成本现值为

$$C_{\mathrm{M}}^{i1}=\mathrm{e}^{-r(T_{\mathrm{M}}^{i1}-T_0)}(\mathrm{NRE}_{\mathrm{M}}^{i1}+\mathrm{REC}_{\mathrm{M}}^{i1}) \tag{13.1}$$

式中，r 为无风险贴现率，定义为 5%/年；T_{M}^{i1} 为模块成本 C_{M}^{i1} 支付时间；$\mathrm{NRE}_{\mathrm{M}}^{i1}$ 和 $\mathrm{REC}_{\mathrm{M}}^{i1}$ 分别为第 i 类模块研制的非重复成本和重复成本，根据模块搭载的有效载荷（可分离组件），基于文献[19]中的小卫星成本模型进行计算。具体如下：

$$\mathrm{NRE}_{\mathrm{M}}^{i1}=(C_{\mathrm{M\_Bus}}^{i1}+C_{\mathrm{M\_Payload}}^{i1})\times 60\%+(C_{\mathrm{M\_Prog}}^{i1}+C_{\mathrm{M\_Frac}}^{i1})\times 50\% \tag{13.2}$$

$$\mathrm{REC}_{\mathrm{M}}^{i1}=(C_{\mathrm{M\_Bus}}^{i1}+C_{\mathrm{M\_Payload}}^{i1})\times 40\%+(C_{\mathrm{M\_Prog}}^{i1}+C_{\mathrm{M\_Frac}}^{i1})\times 50\%+C_{\mathrm{M\_IAT}}^{i1} \tag{13.3}$$

式中

$$\begin{aligned}
C_{\mathrm{M_Bus}}^{i1}&=C_{\mathrm{M_Payload}}^{i1}/40\%\\
C_{\mathrm{M_IAT}}^{i1}&=C_{\mathrm{M_Bus}}^{i1}\times 13.9\%\\
C_{\mathrm{M_Prog}}^{i1}&=C_{\mathrm{M_Bus}}^{i1}\times 22.9\%\\
C_{\mathrm{M_Frac}}^{i1}&=15\,\$\mathrm{M}
\end{aligned} \tag{13.4}$$

$C_{\mathrm{M\_Payload}}^{i1}$ 为模块有效载荷成本，根据所选可分离组件类型和数量查询表 13.1 获得，以此为基础估算模块平台成本 $C_{\mathrm{M\_Bus}}^{i1}$、模块集成测试成本 $C_{\mathrm{M\_IAT}}^{i1}$ 以及模块研制管理等其他成本 $C_{\mathrm{M\_Prog}}^{i1}$；$C_{\mathrm{M\_Frac}}^{i1}$ 为支持各个分离模块无线虚拟集成以及在轨物理连

接组装的相关设备成本。

对于第 i 类第 j ($j>1$) 个模块，只考虑非重复成本，模块成本现值 C_{M}^{ij} 估算如下：

$$C_{\mathrm{M}}^{ij}=\mathrm{e}^{-r\left(T_{M}^{ij}-T_0\right)}\cdot \mathrm{REC}_{\mathrm{M}}^{ij}=\mathrm{e}^{-r\left(T_{\mathrm{M}}^{ij}-T_0\right)}\cdot \mathrm{REC}_{\mathrm{M}}^{i1}\times j^{(\ln L/\ln 2)} \tag{13.5}$$

式中，L 为该模块研制生产的学习率，本章取值为 0.85[11]；T_{M}^{ij} 为模块成本 C_{M}^{ij} 支付时间。

2) 发射成本

由于单个模块均为小卫星级别，由其发射质量决定的发射成本部分与运载单发成本相比很小，因此本章仅考虑运载器单发成本。分离模块航天器系统所有模块发射需要支付的发射成本现值合计为

$$C_{\mathrm{L}}=\sum_{i=1}^{N_{\mathrm{L}}}\mathrm{e}^{-r\left(T_{\mathrm{L}}^{i}-T_0\right)}C_{\mathrm{L}}^{i} \tag{13.6}$$

式中，N_{L} 为总共预计发射次数；C_{L}^{i} 为第 i 次发射的发射成本；T_{L}^{i} 为第 i 次发射的时刻。备选发射运载器及其发射能力、成本和可靠性等指标参见表 13.2。

3) 运营成本

航天器运营成本主要包括人员、硬件、设备等费用[20]。单位时间内的运营成本根据在轨模块数量确定，假设如下：首批入轨模块运营成本为 2 $M/年，后续每加入一批模块，运营成本增加 50%，即

$$U_{\mathrm{O}}(t)=\begin{cases}0, & \mathrm{Batch}(t)=0\\ 2\,\$\mathrm{M}\times(1+50\%)^{\mathrm{Batch}(t)-1}, & \mathrm{Batch}(t)>0\end{cases} \tag{13.7}$$

式中，Batch(t)表示时刻 t 已经发射入轨的模块批次。

全寿命周期内运营成本现值 C_{O} 为

$$C_{\mathrm{O}}=\int_{T_0}^{T_{\mathrm{H}}}\mathrm{e}^{-r(t-T_0)}U_{O}(t)\mathrm{d}t \tag{13.8}$$

式中，T_{H} 为全寿命周期仿真的结束时刻。至此，根据确定性航天器成本估算关系式估算可得分离模块航天器系统全寿命成本为

$$C_{\mathrm{E}}=C_{\mathrm{L}}+C_{\mathrm{O}}+\sum_{i=1}^{N_{\mathrm{M\_type}}}\sum_{j=1}^{N_{\mathrm{M\_type\_}i}}C_{\mathrm{M}}^{ij} \tag{13.9}$$

式中，$N_{\mathrm{M\_type}}$ 为模块类型数；$N_{\mathrm{M\_type\_}i}$ 为分离模块航天器系统包含第 i 类模块的模块数。

4) 风险导致额外成本

由于航天器研制、发射和在轨运行过程中存在各种不确定性，可能导致任务延期、发射失败、在轨故障、在轨任务更换等问题。为了使航天器完成预定任务，不同航天器方案需要花费不同成本来应对上述不确定事件，如分离模块航天器系统可

以通过单个故障模块更换使其恢复正常运行状态，而传统整体式航天器需要整星更换。因此，为了衡量分离模块航天器系统应对上述不确定事件的任务灵活性、快速响应性和性能稳健性，可以将上述不确定性带来的额外成本增长风险转化为以货币度量的风险成本 C_{risk}，然后与航天器系统的其他成本与收益进行综合考虑，对方案优劣进行判断。本章主要考虑发射失败和在轨故障导致的额外风险成本。由于各个模块具有独立飞行能力，在轨模块更换是通过发射更换模块并与原航天器系统虚拟集成实现，无需专门的服务航天器进行复杂在轨更换操作，因此不考虑在轨更换的风险。

(1) 发射失败。

如果发射失败，则该次发射所携带的模块全部进行重新研制，并重新发射。假设重新发射的模块和运载器不变，且不考虑保险，则发射失败风险成本现值为

$$C_{L\_fail} = \sum_{i \in \boldsymbol{I}_{L\_fail}} (C_L^i + C_M^{L\_i}) \tag{13.10}$$

式中，$\boldsymbol{I}_{L_fail}$是发射失败运载器对应的发射编号；C_L^i 为重新发射成本现值；$C_M^{L\_i}$ 为重新制造发射失败运载器 i 携带的所有模块的成本现值。

(2) 在轨故障。

如果某个模块在轨出现故障，可以通过发射同型模块替换故障模块实现在轨维修，则在轨故障维修成本为该新模块的研制成本与发射成本之和。

$$C_{O\_fail} = \sum_{i \in \boldsymbol{I}_{O\_fail}} C_L^i + \sum_{i \in \boldsymbol{I}_{M\_O\_fail}} C_M^i \tag{13.11}$$

式中，$\boldsymbol{I}_{O_fail}$为在轨故障后发射更换模块的发射运载编号；$\boldsymbol{I}_{M_O_fail}$为在轨故障模块的编号。

综上所述，风险导致额外成本现值共计为

$$C_R = C_{L\_fail} + C_{O\_fail} \tag{13.12}$$

对分离模块航天器系统全寿命周期中产生的各项成本现值求和，则全寿命成本现值为

$$C = C_E + C_R \tag{13.13}$$

在后文中凡未特殊说明，全寿命成本均指全寿命成本现值。

3. 风险调节净收益现值模型

由于不确定事件的发生直接影响航天器系统向终端用户提供服务数据的数量和质量，航天器系统在不确定性影响下的性能能够通过服务数据总量得到体现，因此本章根据航天器系统为其终端用户累积提供的服务数据总量对全寿命周期收益进行计算，而无需考虑各个时刻航天器系统的具体状态，即只需记录全寿命周期内

向终端用户下传服务数据量总量，而航天器全寿命周期内是否经受过故障则无需考虑，由此可以大大简化不确定性条件下的收益计算。

洛马公司提出了根据下传数据量及其固定单位价格计算收益[13]。波音公司提出了根据系统成本对收益进行计算，且始终保证一定的利润比例[12]。轨道科学公司根据市场需求、所占份额和航天器用户市场价格的动态变化进行收益计算[11]。借鉴文献[13]，本章定义时间段$[t_1:t_2]$内收益模型如下：

$$R([t_1:t_2])=\int_{t_1}^{t_2}\mathrm{e}^{-r(t-T_0)}\cdot N_{\mathrm{Payload\_Data}}(t)\cdot S_{\mathrm{Payload\_Data}}(t)\cdot P_{\mathrm{Data\_price}}(t)\mathrm{d}t \tag{13.14}$$

由于本章备选有效载荷可分离组件仅包括对地观测组件 EO，因此记$N_{\mathrm{Payload_Data}}$为航天器系统$t$时刻单位时间为终端用户下传的照片数量，$S_{\mathrm{Payload_Data}}$为单张照片对地覆盖面积，$P_{\mathrm{Data_price}}$为照片对地单位覆盖面积的市场价格，由对地分辨率决定。将市场价格表述为时间的函数，以此体现市场价格随时间的变化。其中，下传照片数量、单张照片覆盖面积和观测精度根据轨道设计、载荷性能以及通信能力进行估算[18,19]。式(13.14)对不同时刻产生的收益现金流以T_0财年美元为参考进行贴现折算。对分离模块航天器系统全寿命周期各个时刻产生的收益现值进行求和，即可计算全寿命收益现值，简称为收益。在后文中，凡未进行特殊说明，所有收益均指收益现值。

根据成本模型(含风险成本)和收益模型，可以进一步定义风险调节净收益现值如下：

$$\mathrm{Net}=R-C \tag{13.15}$$

13.2.4　分离模块航天器系统不确定性建模

1. 航天器系统不确定性

主要考虑各个模块包括的可分离组件和模块平台的不确定性。各个组件或模块平台的失效特征采用浴盆曲线进行描述，在寿命周期初始和尾端失效率较高，固定取值为 5%；在中间平稳段采用指数模型对失效分布密度函数进行建模，即

$$f(t)=\lambda\mathrm{e}^{-\lambda t} \tag{13.16}$$

式中，λ为失效率，$\theta=1/\lambda$是平均故障间隔时间。各个可分离组件平均故障间隔时间如表 13.1 所示。模块平台所有分系统可靠性采用平台总体平均故障间隔时间表示，本章假设为 60 个月(5 年)。

组件和模块平台故障状态决定模块整体故障状态，进而影响分离模块航天器整体运行状态以及是否需要更换模块的决策。主要考虑以下四种场景：

(1) 如果模块平台失效，则整个模块失效。如果星簇中没有其他模块能够取

代该模块执行预定功能，则需要更换新模块。

(2) 如果模块只包括一个可分离组件且该组件发生故障，如果星簇中没有其他模块能够取代该模块执行预定功能，则需要更换新模块。

(3) 如果模块包含多个同样类型互为备份的可分离组件，则当所有组件失效时模块失效。如果星簇中没有其他模块能够取代该模块执行预定功能，则需要更换新模块。

(4) 如果模块包含多种不同类型的可分离组件执行相应功能，且不同类型组件功能互不影响，则当同一类型的所有组件失效，该模块的该功能失效。如果星簇中没有其他模块能够取代该模块执行该功能，则需要更换新模块。

组件和模块的不确定性转化为在轨故障风险，通过在轨故障风险导致额外成本 $C_{\mathrm{O\_fail}}$ 进行度量。

此外，由于地球扁率、低轨大气影响、入轨精度等诸多因素，使轨道高度存在一定的漂移，由此对观测精度和地面通信覆盖特征产生影响。假设轨道高度为截尾正态分布，期望值为 μ_h，标准差为 $\sigma_h = 1\mathrm{km}$，下限为 $h_{\min} = \mu_h - 3\sigma_h$，上限为 $h_{\max} = \mu_h + 3\sigma_h$[21]。

2. 成本模型不确定性

成本 C_{E} 主要根据以往小卫星工程数据和经验关系式进行近似估算，模型本身存在不确定性，主要包括以下三部分：

(1) 可分离组件研制成本和发射成本数据来源于参考文献，可能存在不准确性。假设可分离组件研制成本(决定模块研制成本的主要因素)和发射成本为正态分布，则各项成本期望值分别如表 13.1 和表 13.2 所示，标准差系数(标准差与期望值之比)为 1%。

(2) CERs 成本估算模型自身的不确定性，由小卫星成本模型 SSCM 的标准差进行量化[19]。

(3) 由于不可预见的技术困难导致的成本增长，成本变化标准差可根据技术成熟度(TRL)进行估算，例如：技术成熟度 6 代表技术风险较低，则相应成本增长标准差约为初始预估产品成本的 10%(或更低)。TRL 与对应成本增长标准差参见文献[19]。

假设上述各项成本模型中的不确定性相互独立，则上述所有标准差平方和的方根即可作为模块成本估算不确定性的标准差。

3. 市场不确定性

由于市场价格会随着用户变化以及其他因素影响而发生不确定性波动，因此本章也采用第 12 章所述市场价格不确定性模型对 $P_{\mathrm{Data\_price}}(t)$ 随时间变化的趋势进行描述。记 $P_{\mathrm{Data\_price}}(t)=X(t)\cdot M_{\mathrm{th}}(t)$，其中 $M_{\mathrm{th}}(t)$ 为理论市场价格，$X(t)$ 为不确定性系数。已知时刻 T 系数 X 取值为 $X(T)$，则 $X(t)/X(T)$ 遵循对数正态概率分布。$X(t)$ 分布采用离散化市场价格对数的伯努利概率分布进行编程实现。市场价格漂移系数 α 和市场变化系数 σ 也作为认知不确定性变量。在分离模块航天器系统全寿命周期蒙特卡罗仿真评价中，首先根据 α 与 σ 的认知不确定性分布对其进行抽样，然后对每一组 α 与 σ 取值分别进行全寿命周期蒙特卡罗仿真，获得该认知不确定性设置下分离模块航天器系统方案的效用指标概率分布，由此可以根据证据理论获得该方案在混合不确定性条件下的效用指标概率分布上下限，亦即似然性和可信性分布。

4. 发射运载器不确定性

发射运载器不确定性主要考虑运载器的可靠性。假设每次发射任务为独立随机事件，每次任务的可靠性(成功率)如表 13.2 所示。发射不确定性转化为发射风险，通过发射风险导致额外成本 $C_{\mathrm{L\_fail}}$ 进行度量。

13.2.5 基于全寿命周期蒙特卡罗仿真的效用评价方法

1. 全寿命周期仿真流程以及蒙特卡罗仿真方法

全寿命周期仿真根据分离模块航天器系统全寿命周期真实时序进行编程实现。以分离模块航天器系统通过两批次发射入轨为例，全寿命周期仿真时序如图 13.2 所示，仿真过程主要包括以下五个步骤：

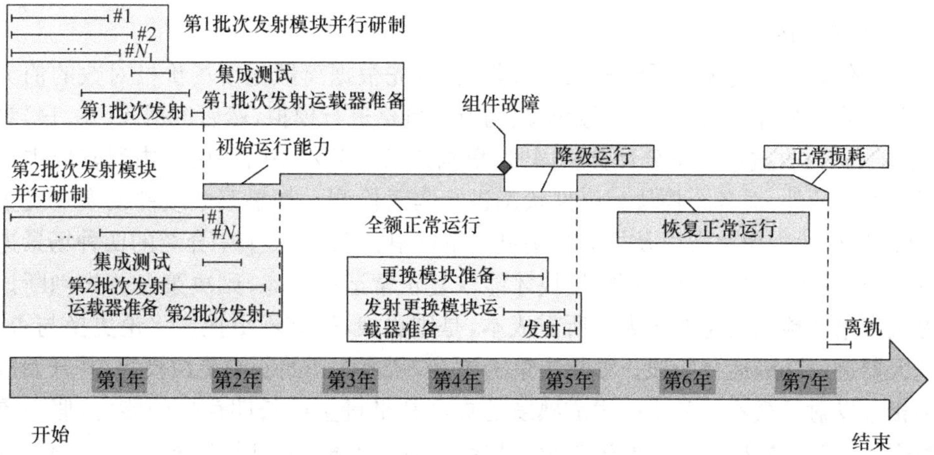

图 13.2　分离模块航天器系统全寿命周期仿真时序

1）模块研发与制造

T_0 时刻航天器系统研制项目启动，首批发射模块开始研制并组装测试。首批发射运载器的准备工作也同步进行。同时，第二批模块研制任务和发射运载器准备工作也逐步开展。由于各个模块可以由多家承包商分别独立研制，因此上述模块研制可以并行进行。研制和发射准备过程没有考虑时间节点滞后问题。模块开始研制时刻支付该模块成本。

2）首批发射并具备初始运行能力

当首批发射模块和运载器均完成发射准备后，执行首批发射任务，将第一批模块发射投送至预定轨道。在完成初始入轨调整和状态检查后，首批模块形成初始运行能力，开始执行预定任务。由于发射存在不确定性，如果首批发射失败，则所有搭载模块全部重新研制，且运载器也重新进行准备。从重新研制到发射入轨所需时延为 $T_{\mathrm{R\_latency}}$。如果发射成功，考虑到首批模块入轨和第二批模块入轨的时间间隔与全寿命周期相比可忽略不计，则在该段时间内假设不会出现组件故障，且假设组件和模块故障仅在所有批次发射完成后才进行考虑。各批模块发射时刻支付该次发射费用。

3）后续模块批次逐步部署

当第二批发射模块及其相应运载器准备完毕，执行第二次发射任务，将第二批模块投送入轨，并与第一批模块汇合。在完成初始入轨调整和状态检查后，两批模块进行虚拟集成，共同组成新的星簇并按要求形成预定构型。至此，通过两个批次的发射和在轨集成，分离模块航天器系统部署完毕，达到预定性能要求并开始全额执行指定任务。如果航天器需要更多批次发射入轨，则重复该步骤直到所有批次发射完毕。

4）全额运行

在分离模块航天器系统全额运行阶段，首先根据离散化市场价格对数的伯努利概率分布对各个仿真步长开始时刻的市场价格进行模拟，然后根据式(13.14)对$[t:t+\Delta t]$内收益进行积分计算。同时，根据式(13.8)对该时间区间内运营成本进行计算。此外，对各个模块和组件状态进行实时检测。如果某个组件或模块发生故障，则模块失效状态以及相应模块更换策略根据 13.2.4 节中介绍的四种场景进行判断和决策。如果需要更换模块才能恢复正常运行状态，则决策者首先判断该更换带来的预期效益能否大于所需成本，是则更换，否则不更换。无论更换与否，航天器进入降级运行阶段。如果决策为更换，则地面开始研制更换模块，并开始准备相应发射运载器。基于技术成熟度的提高和批量生产长期存贮的能力，假设更换模块研制和发射准备时间较首批模块研制时间更短，记时延为 $\eta T_{\mathrm{R\_latency}}(\eta<1)$，这体现了分离模块航天器系统快速响应在轨故障的能力。在轨故障模块更换后，

航天器系统恢复正常水平。在以后阶段，重复该步骤对航天器状态进行检测并对故障进行处理。

5）寿命周期结束，离轨处理

根据上述时序，全寿命周期仿真流程如图 13.3 所示。

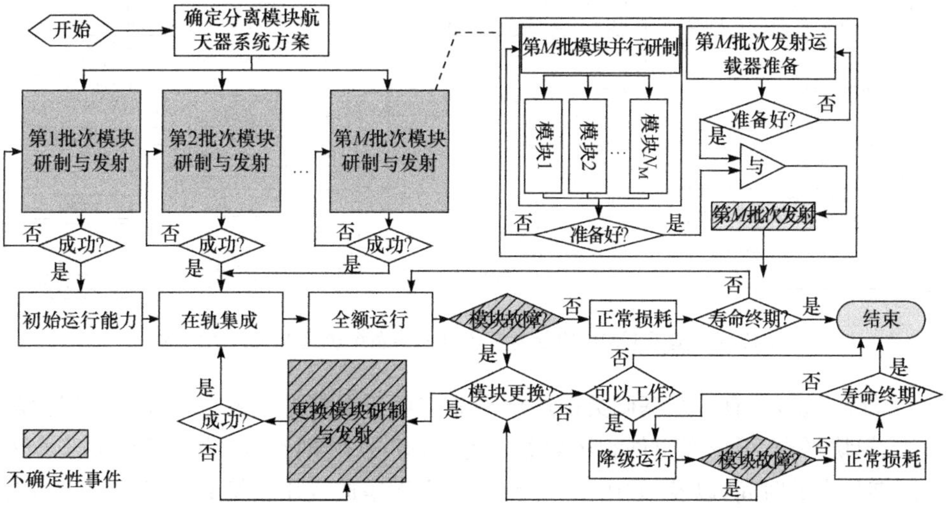

图 13.3　分离模块航天器系统全寿命周期仿真流程图

图 13.3 中有斜线填充的模块为需要考虑随机不确定性事件影响的模块，如发射失败、在轨故障等。此外，还需考虑由于对未来用户市场价格走势了解不足，导致市场价格不确定性模型也具有认知不确定性。因此，采用蒙特卡罗仿真方法对效用指标在混合不确定性条件下的分布进行分析，方法与 12.2.7 节所述基于全寿命周期蒙特卡罗仿真的效用评价方法相同，只需将图 12.5 中在轨服务系统全寿命周期仿真替换为分离模块航天器系统全寿命周期仿真即可。

对于给定分离模块航天器系统方案和一组市场价格认知不确定性变量取值，在蒙特卡罗仿真样本充足的条件下，根据式(12.35)和式(12.36)计算风险调节全寿命成本和净收益的期望值和标准差，并根据蒙特卡罗仿真样本点效用指标值在各个取值区间的频率分布，可以近似给出其累积概率分布函数。基于第 6 章介绍的证据理论方法，即可进一步获取其累积似然性分布函数和累积可信性分布函数。

2. 全寿命周期仿真模块体系结构

前述分离模块航天器系统的全寿命周期仿真通过面向对象方法进行编程实现，以此使仿真程序具有较好的可维护性和可扩展性。基于 UML 语言描述的仿真模块架构如图 13.4 所示，各个模块用类表示，模块间关系通过连线进行说明[22]。

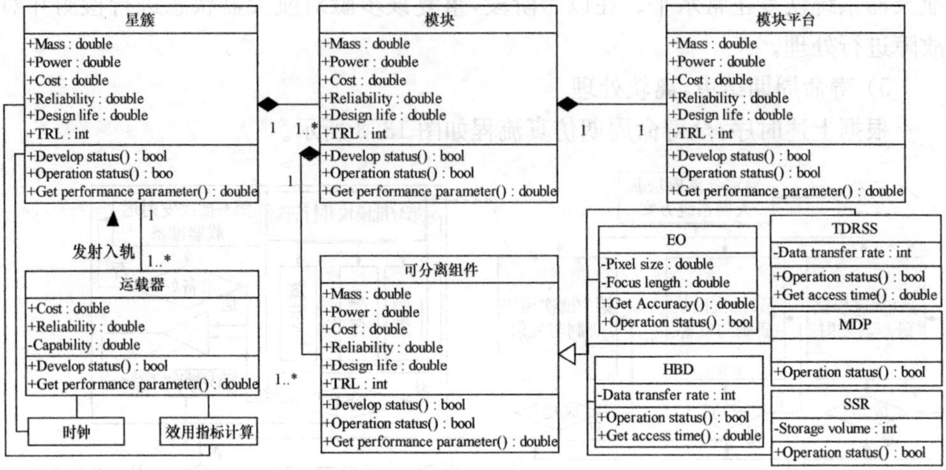

图 13.4　基于 UML 的分离模块航天器系统仿真模块体系结构

总体来说，共有五个基础类描述全寿命周期仿真涉及的各个对象，包括星簇、模块、模块平台、可分离组件和运载器。此外，有一个“时钟”类专门负责同步全寿命周期仿真的时间，以及“效用指标计算类”用于集成效用估算数学模型。以可分离组件为父类，可派生对应表 13.1 中列举的五个具体组件对象的子类，即：任务载荷组件 EO、中际卫星测控接收组件（TDRSS）、宽带下传通信组件（HBD）、大容量数据存储组件（SSR）以及任务数据处理器组件（MDP）。各个类中的特征参数和功能函数用于对所描述对象的特征和行为进行建模。例如：功能函数“研制状态”和“运行状态”分别用于根据仿真时钟的时间获取模块研制和在轨运行状态。对于可分离组件和模块平台，函数“运行状态”根据具体对象的不确定性模型（概率分布特征、可靠性、MTTF 等）随机产生性能和状态，以此真实模拟航天器系统的故障状态。各个类之间的关系通过连线说明。一个星簇由一个或多个模块组成；每个模块由一个模块平台和一个或多个可分离组件构成；一个星簇对应一个或多个运载器以完成分批发射；时钟对所有对象的仿真时间进行管理；效用指标类与上述所有对象交互，实时获取与效用指标计算相关信息，以此根据航天器状态计算每个仿真步长内的成本与收益。

3. 仿真输入输出定义

上述全寿命周期蒙特卡罗仿真的输入包括分离模块航天器系统设计及其任务轨道设计。如 13.2.1 节所述，一个分离模块航天器系统设计包括两大部分：一部分是星簇组成方案，如包含多少个模块和每个模块包含哪些组件等；另一部分是发射方案，如每个模块的发射批次及其对应运载器。星簇组成方案表述如下：

$$N_{\mathrm{M}} = \sum_{i=1}^{N_{\mathrm{M\_type}}} N_{\mathrm{M\_type\_}i}, \quad \mathrm{M\_type\_}i = 1,2,\cdots,N_{\mathrm{M\_type}}$$
$$\boldsymbol{x}_i = [n_{i1}, n_{i2}, n_{i3}, n_{i4}, n_{i5}], \quad i = 1,2,\cdots,N_{\mathrm{M}} \tag{13.17}$$

式中，N_{M} 为模块数量总数；$N_{\mathrm{M\_type}}$ 为模块类型数量；$N_{\mathrm{M\_type\_}i}$ 为第 i 类模块的数量；$\boldsymbol{x}_i$ 是第 i 个模块的可分离组件组成方案；n_{ij} 为第 i 个模块上携带第 j 类（该编号与表 13.1 中组件编号一致）可分离组件的数量。发射方案表述如下：

$$\boldsymbol{l}=[l_1, l_2, \cdots, l_{N_{\mathrm{L}}}], \quad l_i \in \{1,2,3,4,5,6\} \tag{13.18}$$

式中，N_{L} 为运载批次总数；l_i 是第 i 批次对应运载器编号，编号顺序与表 13.2 中编号顺序一致。各个模块的发射批次由下式描述：

$$\boldsymbol{s}=[s_1, s_2, \cdots, s_{N_{\mathrm{M}}}] \tag{13.19}$$

其中，s_i 为第 i 个模块的发射批次，如首批发射的 $s_i=1$。

任务轨道包括六个轨道根数：轨道半长轴 a，偏心率 e，轨道倾角 i，升交点赤经 Ω，近地点辐角 ω，真近点角 υ。

在给定一组认知不确定性变量取值 α 和 σ 条件下，仿真输出为风险调节全寿命成本和净收益的期望值、标准差以及累积概率分布函数。在给定 α 和 σ 的可能取值全集和基本可信性赋值函数条件下，仿真输出为风险调节全寿命成本和净收益的累积可信性分布和累积似然性分布。

13.3　分离模块航天器系统效用评价方法验证

13.3.1　问题描述

以某对地观测分离模块航天器系统为对象，其概念阶段总体设计问题如下：

(1) 任务寿命为 5 年，起始时间 T_0 为 2015 年，终止时间 T_{H} 为 2020 年。仿真时间步长 Δt 为 1 个月，市场价格变化离散仿真步长 δt 为 1 年。

(2) 轨道。轨道设计为太阳同步回归圆轨道。升交点赤经、真近点角和近地点幅角仅与对地观测星下点轨迹有关，而在概念设计阶段与航天器系统质量估算和对地观测精度估算无关，因此上述三个变量可以在设计优化中取为固定值，分别为 120°、0°和 0°。轨道设计变量包括轨道高度 h，偏心率为 0，轨道倾角根据太阳同步回归轨道设计方法进行计算，以此为基础对星蚀因子、覆盖特性（包括对目标区域观测覆盖范围和地面通信覆盖范围）、速度增量等进行估算，具体公式参见文献[19]和[23]。该实例分析中定义轨道高度为 500km。

(3) 可分离组件。可分离组件的质量、功耗、成本、技术成熟度和可靠性参数如表 13.1 所示。星簇中至少有一个模块携带有效载荷对地观测组件 EO，性能参数假设如下：单幅照片像素 8000×8000，CCD 微元为 8μm，每个像素 2 比特；相机对地观测视场角为 1.9°；每天下传照片数量根据轨道、通信链路进行计算。数据下传模式有以下四种：

① 载荷模块具有 EO 组件、SSR 组件和 HBD 组件，通过本模块直接下传；

② 如果①无法下传所有数据，或者载荷模块仅具备 EO 和 SSR 组件，则在星簇中通过其他模块携带的 HBD 进行下传；

③ 如果前两步无法下传所有数据，或者载荷模块仅具备 EO 组件，则在星簇中通过其他具备 SSR 和 HBD 组件的模块进行下传；

④ 如果前三步均无法下传所有数据，或者载荷模块仅具备 EO 组件，则在星簇中通过单独携带 SSR 组件和单独携带 HBD 组件的模块配合进行下传。

(4) 市场价格走势模型的认知不确定性变量设置。理论市场价格 $M_{\text{th}}(t)$取为固定值。设照片价格仅与分辨率 R_{es}有关，定义如下：

$$M_{\text{th}}(t)=\begin{cases}30\,\$/\text{m}^2, & R_{\text{es}}\in[0\text{m},1\text{m})\\ 20\,\$/\text{m}^2, & R_{\text{es}}\in[1\text{m},2\text{m})\\ 10\,\$/\text{m}^2, & R_{\text{es}}\in[2\text{m},5\text{m}]\end{cases} \tag{13.20}$$

根据航天器系统在时间段 Δt 内下传数据总量除以单幅照片数据量即可获取照片总数，根据轨道高度和 EO 组件即可计算对地观测精度和照片覆盖面积，基于 13.2.4 节市场价格不确定性模型对 t 时刻实际市场价格进行估计，进而根据式(13.14)计算$[t:t+\Delta t]$时间段内收益。市场价格认知不确定性变量设置为固定值 $\alpha=0$ 和 $\sigma=0$，即实际市场价格与理论市场价格相同，不考虑市场价格变化不确定性。

综上所述，该实例分析中分离模块航天器系统仿真参数设置如表 13.3 所示。

表 13.3 对地观测分离模块航天器系统实例仿真参数设置

参数符号	描述	仿真取值
T_0	仿真起始时间	2015 年
T_{H}	仿真结束时间	2020 年
r	无风险贴现率	5%/年
α	市场价格漂移系数	0
σ	市场价格变化系数	0
δt	市场价格随机变化离散步长	1 年
Δt	仿真时间步长	1/12 年(1 个月)
$T_{\text{R\_latency}}$	首批模块研制至发射所需时间	1 年
η	模块更换时延系数	60%
L	模块研制生产学习率	0.85
h	分离模块航天器系统运行轨道	500km

13.3.2　结果分析与讨论

基于全寿命周期蒙特卡罗仿真效用评价工具，对五个代表不同航天器分离程度的设计方案进行效用评价，结果如表 13.4 所示。方案 1 为单模块方案，实质就是传统整体式航天器方案，以此与分离模块航天器系统方案进行对比。方案 5 为完全分离方案，亦即可分离组件完全分散到各个模块，一个可分离组件对应一个单独模块。每个方案的蒙特卡罗仿真次数均为 100。仿真结果包括风险调节全寿命成本和净收益的期望值和标准差。蒙特卡罗仿真样本点散布图如图 13.5 所示。图中椭圆代表风险调节全寿命成本和净收益的分布方差和协方差，其中心位置对应效用指标期望值，半长轴与样本标准差相同，椭圆半长轴与坐标轴夹角根据协方差矩阵特征向量进行确定。仿真结果表明，总体来说分离模块航天器比传统整体式航天器更具优势，且更高分离度对应更高风险调节净收益，但同时全寿命成本也相应增大。这与文献[1]、[4]中的研究结果一致，即分离模块航天器的非传统属性优势（灵活性、快速响应性等）随着分离程度的提高而更加显著，表现为风险调节净收益的提高，但同时分离模块航天器总体质量和成本也会随之提高。由于项目经费投入的有限性，因此方案决策时需要在净收益和成本之间进行折中。

表 13.4　对地观测分离模块航天器系统不同分离方案效用评价结果

变量		方案 1	方案 2	方案 3	方案 4	方案 5
仿真输入	模块 1　$\boldsymbol{x}_1$	[1,1,1,1,1]	[1,1,1,0,0]	[1,1,0,0,0]	[1,0,0,0,0]	[1,0,0,0,0]
	模块 2　$\boldsymbol{x}_2$	—	[0,0,0,1,1]	[0,0,1,1,0]	[0,0,1,1,0]	[0,1,0,0,0]
	模块 3　$\boldsymbol{x}_3$	—	—	[0,0,1,1,1]	[0,1,0,0,0]	[0,0,1,0,0]
	模块 4　$\boldsymbol{x}_4$	—	—	—	[0,0,0,1,1]	[0,0,0,1,0]
	模块 5　$\boldsymbol{x}_5$	—	—	—	—	[0,0,0,0,1]
	运载器　$\boldsymbol{l}$	[2]	[1,1]	[1,1]	[1,1]	[1,1]
	发射批次　$\boldsymbol{s}$	[1]	[1,2]	[1,1,2]	[1,1,2,2]	[1,1,2,2,2]
仿真输出	μ_{Net}/\$M	110	147	263	300	325
	σ_{Net}/\$M	45	76	81	95	103
	μ_{Cost}/\$M	140	201	243	270	302
	σ_{Cost}/\$M	32	28	38	48	50

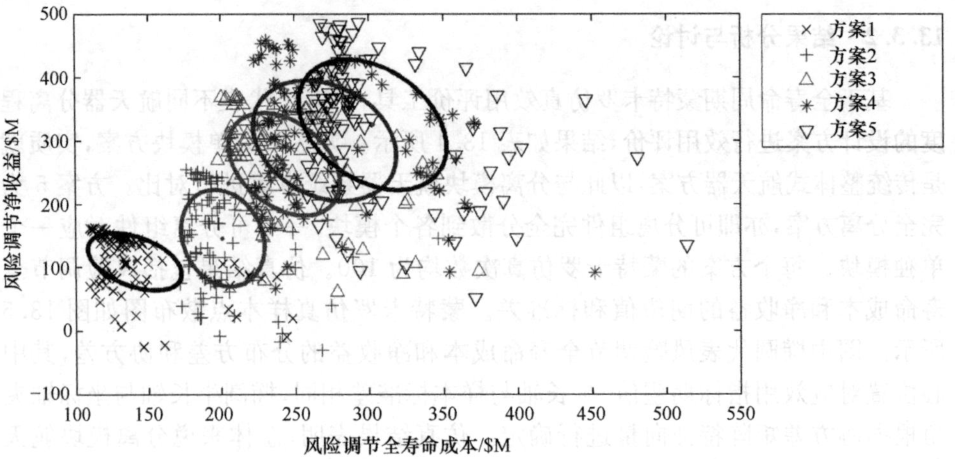

图 13.5 对地观测分离模块航天器系统不同分离方案 MCS 仿真结果

同时，表 13.4 中数据显示，风险调节全寿命成本和净收益的标准差随着分离程度的提高而变大，这是由于随着模块数量和发射批次的增多，发生故障的机会增多，由此导致标准差变大。特别是净收益的标准差随着分离程度的提高而迅速增大，这是由于在轨故障会导致下传至终端用户的数据量降低，从而使收益受到明显影响。可以通过快速执行在轨故障模块更换来降低收益损失，或者提前部署可能失效模块，以此避免或降低中断服务时间。

由表 13.4 可知，综合比较两个效用指标的期望值和标准差，方案 3(三模块方案)能够在风险调节全寿命成本和净收益间取得较好折中。为了进一步深入探究三模块方案，对六个具有不同组件结构和发射方案的三模块方案进行进一步比较，结果如表 13.5 所示。其中，方案 3A 与表 13.4 中的方案 3 相同。

表 13.5 对地观测分离模块航天器系统不同三模块组成方案效用评价结果

变量		方案 3A	方案 3B	方案 3C	方案 3D	方案 3E	方案 3F
仿真输入	模块 1 $\boldsymbol{x}_1$	[1,1,0,0,0]	[1,1,0,0,0]	[1,1,0,0,0]	[1,1,1,1,0]	[1,1,1,1,0]	[1,1,0,0,0]
	模块 2 $\boldsymbol{x}_2$	[0,0,1,1,0]	[0,0,1,1,0]	[0,0,1,1,0]	[0,0,1,1,0]	[0,0,1,1,0]	[0,0,1,1,0]
	模块 3 $\boldsymbol{x}_3$	[0,0,1,1,1]	[0,0,0,0,1]	[0,0,0,0,1]	[0,0,0,1,1]	[0,0,0,1,1]	[0,0,0,0,1]
	运载器 $\boldsymbol{l}$	[1,1]	[2]	[1,1]	[2]	[1,1]	[1,1,1]
	发射批次 $\boldsymbol{s}$	[1,1,2]	[1,1,1]	[1,1,2]	[1,1,1]	[1,2,2]	[1,2,3]
仿真输出	μ_{Net}/ $M	263	233	259	238	254	244
	σ_{Net}/ $M	81	78	76	79	78	81
	μ_{Cost}/ $M	243	205	226	214	237	247
	σ_{Cost}/ $M	38	35	32	32	43	32

蒙特卡罗仿真样本点的分布特征通过协方差矩阵确定的椭圆进行描述，如图 13.6 所示。结果表明，对于具有相同模块组成的方案，如方案 3B 和 3C 以及方案 3D 和 3E，多次分批发射较单次发射而言能够获得更高风险调节净收益，但同时全寿命成本也随之增大。这与通过分批发射分散降低发射失败风险的初衷一致。但是，如果发射分批次数过多导致的发射成本增加超过了收益的增加，则会使净收益降低，如方案 3F 所示。方案 3A 和 3C 具有相同发射方案，但是方案 3A 比 3C 多具备一个 HBD 组件和一个 SSR 组件进行备份。由于模块 2 和模块 3 的数据存储和传输功能可以互为备份，从而可以降低由于 HBD 或 SSR 故障导致的模块更换和航天器任务中断时间以及由此造成对收益的影响，因此方案 3A 的风险调节净收益期望值能够较 3C 得到提高。但是，备份的增加也使得成本期望值增大。同时，由于方案 3A 的模块 3 成本高于 3C 的模块 3 成本，仅考虑 MDP 发生故障导致的模块 3 更换情况下，3A 的成本变化大于 3C，由此 3A 的成本和净收益标准差也相应较 3C 略高。

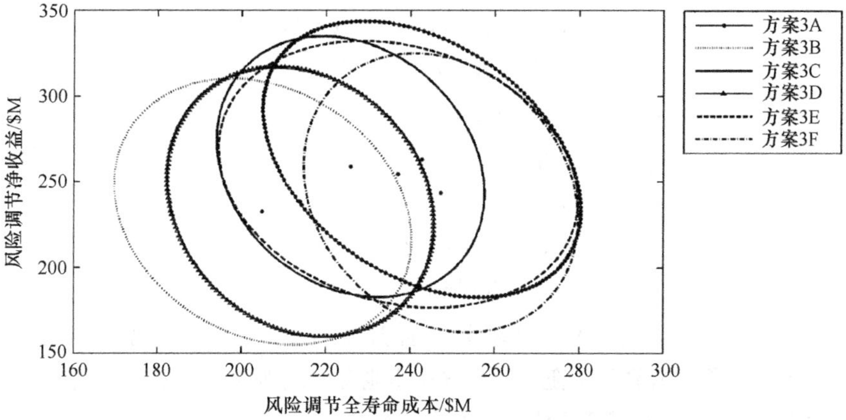

图 13.6　对地观测分离模块航天器系统不同三模块组成方案 MCS 仿真结果

总之，不同设计方案各有优势和劣势，需要根据具体任务要求和偏好进行决策。如果将上述效用指标用于指导设计，可以实现分离模块航天器系统的设计优化，在 13.4 节将对此进行深入讨论。

13.4　分离模块航天器系统的 UMDO 实现与结果分析

以 13.3 节所述某对地观测分离模块航天器系统为对象，基于 UMDO 方法，对其概念阶段考虑全寿命周期不确定性影响的总体设计优化问题进行研究。首先，不考虑市场价格变化影响，认知不确定性变量设置为固定值 $\alpha=0$ 和 $\sigma=0$，由此在单独随机不确定性条件下对分离模块航天器系统方案进行优化。然后，考虑市场价格变化的认知不确定性影响，进一步在混合不确定性条件下进行方案优化。

13.4.1 单独随机不确定性条件下的 UMDO

1. 优化问题描述

1) 优化目标

采用风险调节净收益作为优化目标，在随机不确定性影响条件下，该指标期望值越大越好，标准差越小越好。

2) 设计变量

由 13.3 节结果分析可知，对于本节研究对象，三模块体系结构比其他模块分离方案更具优势。为了简化优化问题，本章仅对三模块体系结构进行优化。因此，优化中模块数固定为 3，优化设计变量为航天器运行轨道高度（太阳同步圆轨道）、各个模块携带组件的类型和数量以及所有模块的发射方案，具体如下：

$$\begin{cases} \boldsymbol{x}_i=[n_{i1},n_{i2},n_{i3},n_{i4},n_{i5}], \quad i=1,2,3 \\ n_{ij}\in\{0,1,2,3\}, \quad i=1,2,3,\ j=1,2,\cdots,5 \\ \boldsymbol{l}=[l_1,l_2,\cdots,l_{N_{\mathrm{L}}}] \\ l_i\in\{1,2,3,4,5,6\} \\ \boldsymbol{s}=[s_1,s_2,s_3] \\ s_i\in\{1,2,3\}, \quad i=1,2,3 \\ \mu_h\in[500\mathrm{km},600\mathrm{km}] \end{cases} \tag{13.21}$$

式中，μ_h 为轨道高度期望值，概率分布描述见 13.2.4 节，其他符号说明参见 13.2.5 节。除了轨道高度为随机变量外，其他变量均为描述分离模块航天器系统体系结构和发射方案的离散变量，作为确定性优化变量。综上，优化变量向量为

$$\boldsymbol{X}=\{\boldsymbol{x}_1,\boldsymbol{x}_2,\boldsymbol{x}_3,\boldsymbol{l},\boldsymbol{s},\mu_h\} \tag{13.22}$$

3) 约束条件

主要针对分离模块航天器系统的体系结构与模块发射方案进行约束设置。假设分离模块航天器系统至少包含每类可分离组件各一个，则

$$\sum_{i=1}^{3} n_{ij} \geqslant 1, \quad j=1,2,3,4,5 \tag{13.23}$$

假设每个模块所携带可分离组件数量不超过 3 个，则

$$\sum_{j=1}^{5} n_{ij} \leqslant 3, \quad i=1,2,3 \tag{13.24}$$

由于只考虑发射批次，不考虑发射顺序，则不妨假设第一个模块属于编号为 1 的发射批次，则

$$\begin{cases} s_1=1 \\ [s_2,s_3]\in\{[1,1],[1,2],[2,1],[2,2],[2,3]\} \end{cases} \tag{13.25}$$

同时，要求同一批次发射模块的总质量不超过所选运载器的运载能力，则

$$\sum_{k=1,\cdots,3,s_k=q} m_k \leqslant m_{\mathrm{L\_}q} \tag{13.26}$$

式中，$m_{\mathrm{L_}q}$表示第 q 批发射的运载器运载能力，不等式左边求和项表示所有第 q 批发射的模块质量之和。

由于模块学科模型主要采用经验公式对模块质量和成本等进行估算，不涉及分系统的具体设计，因此没有对分系统设计提出约束条件。

综合上述，对优化目标和约束条件的分析，对单独随机不确定性条件下的分离模块航天器系统 UMDO 问题表述如下：

$$\begin{cases} \text{find} \quad \boldsymbol{X}=\{\boldsymbol{x}_1,\boldsymbol{x}_2,\boldsymbol{x}_3,\boldsymbol{l},\boldsymbol{s},\mu_h\} \\ \min \quad f=-\dfrac{k_1}{w_1}\mu_{\mathrm{Net}}+\dfrac{k_2}{w_2}\sigma_{\mathrm{Net}} \\ \text{s. t.} \quad \displaystyle\sum_{i=1}^{3} n_{ij}\geqslant 1, \quad j=1,2,3,4,5 \\ \qquad \displaystyle\sum_{j=1}^{5} n_{ij}\leqslant 3, \quad i=1,2,3 \\ \qquad n_{ij}\in\{0,1,2,3\}, \quad i=1,2,3, j=1,2,\cdots,5 \\ \qquad l_i\in\{1,2,3,4,5,6\}, \quad i=1,2,3 \\ \qquad s_1=1, \quad [s_2,s_3]\in\{[1,1],[1,2],[2,1],[2,2],[2,3]\} \\ \qquad \displaystyle\sum_{k=1,\cdots,3,s_k=q} m_k\leqslant m_{\mathrm{L\_}q} \\ \qquad \mu_h\in[500,600] \end{cases} \tag{13.27}$$

式中，μ_{Net}为风险调节净收益的期望值；σ_{Net}为风险调节净收益的标准差。取加权因子$k_1=k_2=0.5$(两个子目标同等重要)，比例因子 $w_1=100$，$w_2=100$。由于约束条件没有可靠性要求，因此该不确定性优化问题实际为稳健优化问题。

2. PMDF-CSSO 组织求解与结果讨论

式(13.27)所示 UMDO 问题具有以下特点：①虽然分离模块航天器系统包含多个独立模块，理论上各个模块可以分别作为子空间进行独立优化，但是在本章讨论的概念阶段总体设计优化问题中，各个模块的可分离组件配置方案和发射方案紧密耦合，不仅所有设计变量的取值需要通过约束条件进行协调限制，而且优化目标值需要以所有设计变量取值为输入通过全寿命周期蒙特卡罗仿真才能获得，因

此难以将其拆分为若干个子问题进行独立设计与优化；②优化问题为离散-连续变量混合优化问题；③系统分析模型为全寿命周期蒙特卡罗仿真，直接输出效用指标的期望值和标准差，无需对其单独进行不确定性分析。

针对第一个特点，不再进行子空间划分和并行优化，因此直接采用第 9 章提出的 PMDF-CSSO 第一阶段系统单层优化过程进行组织求解。针对第二个特点，采用适于求解非线性混合离散连续变量优化问题的组合型法 MDCP[24] 作为优化器。针对第三个特点，借鉴 SOMUA-MCS 不确定性优化方法，对 SORA 进行适应性改进，形成基于蒙特卡罗仿真不确定性分析的 SORA 实现方法 SORA-MCS，并将其集成于 PMDF-CSSO 第一阶段系统单层优化过程中，以此对式(13.27)所述优化问题进行求解。优化过程中如何根据样本点的效用指标概率分布建立近似模型、如何根据不确定性分析结果确定下一循环的确定性优化问题等具体实现方法与 12.4.2 节所述方法思路相近，此处不再赘述。优化起始方案设置为文献[9]中的 PF0248 方案，优化结果如表 13.6 所示。

表 13.6　单独随机不确定性条件下分离模块航天器系统 PMDF-CSSO 优化结果

变量		基线方案	优化结果
优化变量	模块 1　$\boldsymbol{x}_1$	[1,0,0,0,0]	[1,1,0,0,0]
	模块 2　$\boldsymbol{x}_2$	[0,1,1,0,1]	[0,0,1,1,0]
	模块 3　$\boldsymbol{x}_3$	[0,0,0,1,0]	[0,0,0,0,1]
	运载器　$\boldsymbol{l}$	[1,1]	[1,1]
	发射批次　$\boldsymbol{s}$	[1,1,2]	[1,1,2]
	轨道高度 $\mu_{\rm h}$/km	550	500
优化目标	$\mu_{\rm Net}$/\$M	74	259
	$\sigma_{\rm Net}$/\$M	85	76
其他参数	$\mu_{\rm Cost}$/\$M	242	226
	$\sigma_{\rm Cost}$/\$M	44	32
循环次数		—	18

由表 13.6 可以看出，通过 18 次迭代循环收敛得到优化方案。该优化方案与表 13.5 中方案 3C 相同。优化后方案第一批发射入轨的模块 1 和模块 2 具备了大容量数据存储和下传能力，与基线方案相比大大提高了第一批入轨模块的有效载荷数据下传能力，因此净收益期望值也相应提高，约为基线方案的 3.5 倍。同时，基线方案中各个模块搭载组件数量不均衡，特别是对于组件相对集中的模块 2，如果该模块上单个组件发生故障，会导致整个模块(包括该模块上其他正常组件)的更换，由此增大了成本变化风险，并相应对净收益变化造成不利影响。优化后对各个模块的组件配置进行了平衡，由此使净收益标准差降低约 11%。总之，优化方

案的净收益及其稳健性均有所提高，优化效果显著。

13.4.2　混合不确定性条件下的 UMDO

1. 优化问题描述

如果进一步考虑市场价格走势模型存在的认知不确定性，则分离模块航天器系统方案优化为随机/认知混合不确定性优化问题。优化设计变量和约束条件设置同 13.4.1 节。优化目标重新表述为在混合不确定性条件下对净收益分布进行优化，即最大化 Net_0，并要求实际值大于 Net_0 的可信性不小于Bel_0。表述如下：

$$\begin{cases}\max & \mathrm{Net}_0\\ \mathrm{s.t.} & \mathrm{Bel}(\mathrm{Net}\geqslant\mathrm{Net}_0)\geqslant\mathrm{Bel}_0\end{cases}\tag{13.28}$$

本章设定$\mathrm{Bel}_0=0.8$。为了便于混合不确定性分析，在优化中将其等效表述为实际效用小于 Net_0 的似然性不大于 $P_{\mathrm{f}}=1-\mathrm{Bel}_0$。综上，对混合不确定性条件下的分离模块航天器系统优化问题表述如下：

$$\begin{cases}\text{find} & \boldsymbol{X}=\{\boldsymbol{x}_1,\boldsymbol{x}_2,\boldsymbol{x}_3,\boldsymbol{l},\boldsymbol{s},\mu_h\}\\ \max & \mathrm{Net}_0\\ \mathrm{s.t.} & \mathrm{Pl}(\mathrm{Net}<\mathrm{Net}_0)\leqslant P_{\mathrm{f}}=1-\mathrm{Bel}_0\\ & n_{ij}\in\{0,1,2,3\},\quad i=1,2,3,j=1,2,\cdots,5\\ & \sum\limits_{i=1}^{3}n_{ij}\geqslant 1,\quad j=1,2,3,4,5;\quad \sum\limits_{j=1}^{5}n_{ij}\leqslant 3,\quad i=1,2,3\\ & l_i\in\{1,2,3,4,5,6\},\quad i=1,2,3\\ & s_1=1,\quad [s_2,s_3]\in\{[1,1],[1,2],[2,1],[2,2],[2,3]\}\\ & \sum\limits_{k=1,\cdots,3,s_k=q}m_k\leqslant m_{\mathrm{L}\_q}\\ & \mu_h\in[500,600]\end{cases}\tag{13.29}$$

优化变量中，除了轨道高度为随机变量外(概率分布见 13.2.4.1 节)，其他变量均为描述分离模块航天器体系结构和发射方案的离散变量，作为确定性变量进行优化。描述市场价格变化的认知不确定性变量 α 和 σ 的分布如表 12.4 所示。

2. MUMDF-CSSO 组织求解与结果讨论

采用集成 SOMUA-MCS 的 MUMDF-CSSO 第一阶段系统单层优化过程对式(13.29)所示混合不确定性优化问题进行求解，具体实现过程与 12.4.2 节相同，此处不再赘述。基线方案为表 13.6 中单独随机不确定性条件下的优化方案，基线方案优化目标 Net_0 取值为表 13.6 中优化方案的期望值 μ_{Net}。优化结果如表 13.7 所示。

表 13.7　混合不确定性条件下分离模块航天器系统 MUMDF-CSSO 优化结果

变量		基线方案		优化方案	
		BPA1	BPA2	BPA1	BPA2
优化变量	模块 1　x_1	[1,1,0,0,0]	[1,1,0,0,0]	[1,1,0,0,0]	[1,1,0,0,0]
	模块 2　x_2	[0,0,1,1,0]	[0,0,1,1,0]	[0,0,1,1,0]	[0,0,1,1,0]
	模块 3　x_3	[0,0,0,0,1]	[0,0,0,0,1]	[0,0,0,0,1]	[0,0,0,0,1]
	运载器　l	[1,1]	[1,1]	[1,1]	[1,1]
	发射批次　s	[1,1,2]	[1,1,2]	[1,1,2]	[1,1,2]
	轨道高度 μ_h/km	500	500	500	500
优化目标	Net_0/＄M	259	259	50	96
	$Bel(Net \geqslant Net_0)$	0.30	0.47	0.8	0.8
循环次数		—	—	4	4

可以看出，两组认知不确定性变量设置条件下获取的优化方案均与基线方案相同，4 次循环主要用于调整优化目标值 Net_0 使其满足目标可信性约束条件。由于目标约束可信性要求形式为 $Bel(Net \geqslant Net_0)$，$Net \geqslant Net_0$ 的似然性和可信性均随 Net_0 增大而减小，因此采用互补累积似然性曲线（CCPF）和互补累积可信性曲线（CCBF）进行描述，如图 13.7 所示。可以看出，对于两组认知不确定性参数设置，虽然优化方案相同，但是由于设置 2 的认知不确定性分布描述较设置 1 更为精细，在认知不确定性传递影响下对净收益不确定性分布的描述也相应更为准确，因此相同目标可信性要求下能够获得的目标值更优。

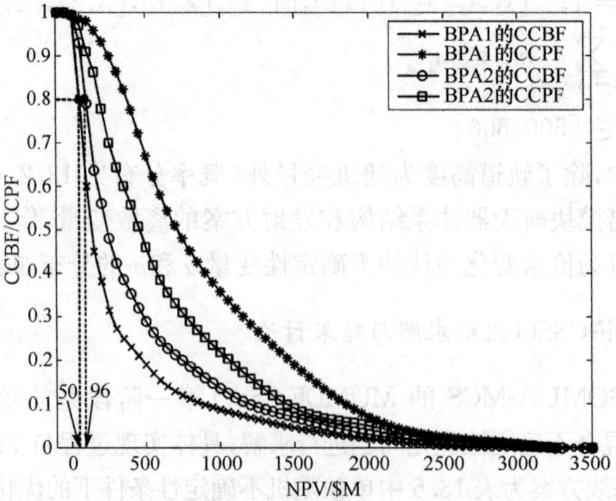

图 13.7　对地观测分离模块航天器系统优化方案净收益 CCPF 和 CCBF 曲线

参 考 文 献

[1] Mathieu C, Weigel A L. Assessing the flexibility provided by fractionated spacecraft[C]//AIAA Space 2005 Conference, Long Beach CA, 2005.

[2] Brown O, Eremenko P. The value proposition for fractionated space architectures[C]//AIAA Space 2006 Conference & Exposition, San Jose CA, 2006.

[3] Brown O, Eremenko P. Fractionated space architectures: A vision for responsive space[C]//The 4th Responsive Space Conference, Los Angeles CA, 2006.

[4] Mathieu C. Assessing the Fractionated Spacecraft Concept[D]. Cambridge: Massachusetts Institute of Technology, 2006.

[5] Keeney R L, Raiffa H. Decisions with Multiple Objectives: Preferences and Value Tradeoffs [M]. New York: John and Wiley, 1976.

[6] Brown O, Long A, Shah N, et al. System lifecycle cost under uncertainty as a design metric encompassing the value of architectural flexibility[C]//AIAA Space 2007 Conference & Exposition, Long Beach CA, 2007.

[7] Brown O, Eremenko P, Collopy P D. Value-centric design methodologies for fractionated spacecraft: Progress summary from phase 1 of the DARPA System F6 program[C]//AIAA Space 2009 Conference & Exposition, Pasadena, 2009.

[8] Brown O, Eremenko P. Application of value-centric design to space architectures: The case of fractionated spacecraft[C]//Space 2008 Conference and Exposition. AIAA-2008-7869. 2008.

[9] Lafleur J M, Saleh J H. Exploring the F6 fractionated spacecraft trade space with Gt-Fast [C]//AIAA Space 2009 Conference & Exposition, Pasadena, 2009.

[10] Lafleur J M, Saleh J H. Gt-Fast: A point design tool for rapid fractionated spacecraft sizing and synthesis [C]//AIAA Space 2009 Conference & Exposition, Pasadena, 2009.

[11] Eichenberg-Bicknell E, Wisniewski M J, Choi S W, et al. Using a value-centric tool to optimize lifecycle cost, value and risk of spacecraft architectures[C]//AIAA Space 2009 Conference & Exposition, Pasadena, 2009.

[12] Mccormick D, Barrett B, Burnside-Clapp M. Analyzing fractionated satellite architectures using raftimate-A boeing tool for value-centric Design[C]//AIAA 2009 Conference & Exposition, Pasadena, 2009.

[13] Maciuca D B, Chow J K, Siddiqi A, et al. A modular, high-fidelity tool to model the utility of fractionated space systems[C]//AIAA Space 2009 Conference & Exposition, Pasadena, 2009.

[14] Hill L, Leavitt K, Voshell W, et al. A value centric design approach to earth observing missions[C]. AIAA Paper 2009—6764. 2009.

[15] Lobosco D M, Cameron G E, Golding R A, et al. The pleiades fractionated space system architecture and the future of national security space[C]//AIAA SPACE 2008 Conference & Exposition, San Diego, 2008.

[16] Isakowitz S J, Hopkins J B, Hopkins J J P. International Reference Guide to Space Launch Systems[M]. 4th ed. Reston: American Institute of Aeronautics and Astronautics, 2004.

[17] Brown O. Common Launch Vehicle Data for Econometric Analysis[R]. DARPA/TTO Memorandum, 2008.

[18] 徐福祥,林华宝,侯深渊. 卫星工程概论[M]. 北京:中国宇航出版社,2004.

[19] Wertz J R, Larson W J. Space Mission Analysis and Design[M]. 3rd ed. California: Microcosm Press, 1999.

[20] Larson W J, Kirkpatrick D, Sellers J J, et al. Applied Space Systems Engineering[M]. New York: The McGraw-Hill Companies Inc., 2009.

[21] 姚雯,陈小前,赵勇. 基于不确定性 MDO 的卫星总体优化设计研究[J]. 宇航学报,2009, 30(5):1808—1815.

[22] Schmuller J. Sams Teach Yourself UML in 24 Hours[M]. 2nd ed. New York: The Sams Publishing, 2002.

[23] 王威,郗晓宁. 近地航天器轨道基础[M]. 长沙:国防科学技术大学出版社,2003.

[24] 陈立周,路鹏. 工程离散变量优化设计方法——原理与应用[M]. 北京:机械工业出版社,1989.